金企鹅计算机畅销图书系列

# Flash 动画设计案例教程

北京金企鹅文化发展中心　策划

臧丽娜　孙志义　姜鹏　郑延斌　主编



航空工业出版社

北　京

## 内 容 提 要

Flash CS3是目前最优秀的动画制作软件之一，本书采用最新的项目教学法与传统教学法相结合的方式，循序渐进地介绍了Flash动画制作原理、绘图工具、填充工具、编辑工具、动画造型设计、图层和帧、逐帧动画、元件与库、补间动画、特效动画、声音、图片和视频、动作脚本、行为和组件、导出与上传动画等内容。

本书具有如下特点：(1) 以就业为目标，从传统偏重知识的传授转为培养学生的实际操作技能，满足社会实际就业需要；(2) 以任务为驱动，以练带学，让学生在实施项目任务的过程中有兴趣学习，轻松掌握相关技能；(3) 以软件的典型应用为主线、以软件的功能为副线，让学生在实现相关案例的过程中，能系统地学习软件的功能；(4) 包含大量实用技巧和练习，附赠教学课件、视频演示和素材。

本书可作为各大中专院校以及各类计算机教育培训机构的动画制作教材，也可供广大初、中级动画爱好者自学使用。

图书在版编目（CIP）数据

Flash动画设计案例教程 / 臧丽娜，孙志义，姜鹏主编. 北京：航空工业出版社，2009. 9
ISBN 978-7-80243-365-6

Ⅰ. F… Ⅱ. ①臧…②孙…③姜… Ⅲ. 动画—设计—图形软件，Flash—教材 Ⅳ. TP391.41

中国版本图书馆CIP数据核字（2009）第135031号

Flash动画设计案例教程
Flash Donghua Sheji Anli Jiaocheng

航空工业出版社出版发行
（北京市安定门外小关东里14号 100029）
发行部电话：010-64815615 010-64978486

北京忠信印刷有限责任公司印刷 全国各地新华书店经售
2009年9月第1版 2009年9月第1次印刷
开本：787×1092 1/16 印张：17.75 字数：421千字
印数：1—5000 定价：28.00元

# 序

Flash CS3 是由 Adobe 公司推出的动画制作软件，它以制作简单、易于传播、交互性强和制作成本低等特点在网页广告、动画短片、网站制作等领域中得到极为广泛的应用。正因为如此，越来越多的人员加入到学习 Flash 动画制作的行列。他们一方面希望能够提高自己的动画制作水平和工作效率，另一方面希望在激烈的竞争环境中加重自己的就业砝码。

## 本套丛书特色

- **以就业为目标**：从传统偏重知识的传授转为培养学生的实际操作技能，满足社会实际就业需要。
- **以任务为驱动，以练带学**：让学生在实施项目任务的过程中有兴趣学习，轻松掌握相关技能。
- **以软件的典型应用（案例）为主线**：让学生在最短时间内获得一种成就感，从而调动学生的学习兴趣。而且，学生在学完某个案例后，便能将所学知识轻松应用到实际工作中。例如，在学完“项目五　乒乓男孩——绘图技巧”后，便能利用 Flash 设计出各种动画造型和背景。
- **以软件的功能为副线**：将软件的功能巧妙地融入到各个案例和后续的延伸阅读中。学生在学完全部案例后，便掌握了软件的全部重要功能，从而让学生具备举一反三的能力。例如，在“项目五　乒乓男孩——绘图技巧”中，便融入了大量人物造型绘制技巧。
- **合理安排案例和知识点**：精心挑选案例，以及合理安排案例下的知识点，使两条线都清楚明了，从而既方便教师教学，又让学生能循序渐进地学习。
- **语言简炼，讲解简洁，图示丰富**：避开枯燥的讲解，同时，在介绍概念时尽量做到语言简洁、易懂，并善用比喻和图示。
- **精心设计成果检验**：每个案例后都精心设计了相关的成果检验，检验学生学习的效果。
- **提供完整的素材与适应教学要求的课件和视频**：完整的素材可以帮助学生根据书中内容进行上机练习。适应教学要求的课件可以减轻教师教学的负担。此外，提供的视频真实演绎了书中每个案例实现的过程。
- **适应教学要求**：在安排各个案例时都严格控制篇幅和难易程度，从而照顾教师教学的需要。
- **配套网站，配套售后服务**：如果读者在学习中有什么疑问，可登录我们的网站 www.bjjqe.com 去寻求帮助，我们将会及时解答。

## 本书读者对象与学习目标

本书可作为各大中专院校以及各类计算机教育培训机构的动画制作教材，也可供广大初、中级动画爱好者自学使用。

本书旨在使读者成为一个合格的 Flash 动画制作工作者，包括：（1）掌握 Flash 软件的功能；（2）能制作出贺卡、网页广告、动画短剧、音乐 MTV 等动画作品。

## 本书内容提要

- **项目一**　通过制作小球跳动动画，让学生熟悉 Flash CS3 工作界面，了解 Flash 动画制作原理，掌握新建、保存和打开文档、缩放舞台等操作。
- **项目二**　通过绘制风车小屋图形，让学生掌握在 Flash 中绘制图形的方法。
- **项目三**　通过绘制偷汽水的老鼠图形，让学生掌握为图形填充颜色的方法。
- **项目四**　通过绘制拜年娃娃图形，让学生掌握编辑图形的方法。
- **项目五**　通过绘制乒乓男孩图形，让学生掌握绘制动画人物造型和背景的技巧。
- **项目六**　通过制作小熊跳舞动画，让学生掌握帧和图层基本操作，以及逐帧动画的制作方法。
- **项目七**　通过制作奥运五环动画，让学生掌握元件的应用，以及补间动画的制作方法。
- **项目八**　通过制作天体运动动画，让学生掌握遮罩动画和路径引导动画的制作方法。
- **项目九**　通过制作音乐 MTV 动画，让学生掌握在动画中应用声音的方法。
- **项目十**　通过制作外星人看足球动画，让学生掌握使用外部位图和视频的方法。
- **项目十一**　通过制作脑筋急转弯动画，让学生掌握使用动作脚本的方法。
- **项目十二**　通过制作太空影院动画，让学生掌握应用行为的方法。
- **项目十三**　通过制作家具订单动画，让学生掌握应用组件的方法。
- **项目十四**　介绍优化、导出、发布和上传动画的方法。

## 本书附赠光盘内容

本书附赠了专业、精彩、针对性强的多媒体教学课件光盘，并配有视频，真实演绎书中每一个实例的实现过程，非常适合老师上课教学，也可作为学生自学的有力辅助工具。

## 本书作者

本书由北京金企鹅文化发展中心策划，臧丽娜、孙志义、姜鹏、郑延斌主编，并邀请一线计算机专家参与编写，编写人员有：高冲、郭玲文、白冰、关方、侯盼盼、顾升路、郭燕、贾洪亮、单振华、丁永卫、常春英等。

编　者

2009．7

# 目　录

## 项目一　小球跳动——Flash 动画制作入门

Flash 动画是如何制作出来的呢？需要用到哪些工具？需要了解哪些概念？现在，让我们通过制作小球跳动的动画，开始 Flash 动画制作之旅……



## 项目二　风车小屋——绘制图形

图形是 Flash 动画最基本的组成元素，一个 Flash 动画品质的高低，很大程度上是由创作者的绘图能力和审美水平所决定。本项目通过绘制风车小屋，让你领略 Flash CS3 强大的图形绘制功能，即使你对绘画一无所知，也能很快上手……

## 项目三 偷汽水的小老鼠——填充图形

色彩是 Flash 动画不可缺少的组成部分，一部色彩运用得当的作品，不但可以给人强烈的视觉冲击，还可以更好地突出作品的主题。本项目通过绘制偷汽水的小老鼠，让你在 Flash 的色彩世界里自由驰骋……



## 项目四 拜年娃娃——编辑图形

Flash CS3 具有强大的图形编辑功能，利用这些功能并配合前面所学的绘图工具，不但可以制作出精美的动画造型，还可以节省我们绘制图形的时间。本项目通过绘制拜年娃娃，让你领略 Flash CS3 编辑工具的神奇……

## 项目五 乒乓男孩——绘图技巧

对于没有学习过绘画技术的用户，即使已经掌握了 Flash 中绘图工具和编辑工具的用法，但要绘制出专业的动画造型，也不是一件容易的事。本项目通过绘制乒乓男孩，让你掌握卡通人物、动物绘制技法和透视技巧，从而轻松绘制出专业的动画造型和背景……



## 项目六 小熊跳舞——动画基础与逐帧动画

学会了图形的绘制和编辑后，从本项目开始，我们将讲解在 Flash 中制作动画的方法。从前面的学习我们知道，帧是构成 Flash 动画的最基本单位，此外，制作大多数动画时，都需要用到图层，因此，本项目通过制作小熊跳舞动画，让你掌握帧、图层基本操作和逐帧动画制作方法……



# 项目七　奥运五环——元件与补间动画

由于逐帧动画制作难度较大，因此易于实现的补间动画在 Flash 中得到了更为广泛的应用。补间动画分为动画补间动画和形状补间动画两种类型，其中动画补间动画的组成元素主要是元件实例。本项目通过制作奥运五环动画，让你掌握元件使用和补间动画制作方法……

## 项目八 天体运动——特殊动画

逐渐显示的文字、奇妙的百叶窗和放大镜、翩翩起舞的蝴蝶、月亮环绕地球运动……这些特殊效果的动画是怎么制作出来的呢？本项目通过制作天体运动动画，让你掌握引导路径动画、遮罩动画、时间轴特效动画的制作方法……



## 项目九 制作音乐 MTV——声音应用

在 Flash 动画中恰当地加上声音能使动画更加生动，例如为下雨的场景加上雨声、风声，或为贺卡加上一段优美的音乐，对于音乐 MTV 或动画短剧来说，更是离不开声音。本项目通过制作音乐 MTV 动画，让你掌握在 Flash 中应用声音的方法……



## 项目十 外星人看足球——应用位图和视频

对于绘画功底不是很好的用户来说，善于在动画中使用外部素材，可以减少绘制图形的麻烦。本项目通过制作外星人看足球动画，让你掌握在 Flash 中应用外部位图和视频的方法……

## 项目十一　脑筋急转弯——应用动作脚本

利用 Flash 中的动作脚本可以实现 Flash 作品与观众的互动，比如控制动画播放进程、制作 Flash 课件和 Flash 游戏等，还可以做出很多特殊动画效果，如下雪、下雨等。本项目通过制作脑筋急转弯动画，让你掌握动作脚本的应用方法……



## 项目十二　太空影院——应用行为

行为相当于已编写好的动作脚本，可以使用它控制影片剪辑实例、视频和声音的播放。对于不擅长使用动作脚本的用户，行为无疑是制作交互动画的好帮手。本项目通过制作太空影院动画，让你领略 Flash 行为的妙处……

# 项目十三　家具订单——应用组件

利用 Flash 提供的组件，用户只需经过简单的参数设置，以及编写简单的动作脚本，便能完成只有专业编程人员才能实现的交互动画，例如调查问卷、产品订单等。本项目通过制作家具订单动画，让你领略 Flash 的组件的神奇……



# 项目十四　将动画上传到网络

要让众多观众欣赏到你制作的 Flash 动画，需要将其导出或发布成.swf 格式的影片，并上传到 Internet 上……

# 项目一　小球跳动——Flash动画制作入门

**课时分配：8学时**

**学习目标**

| |
|---|
| 认识 Flash CS3 的工作界面 |
| 掌握 Flash 的特点和应用领域 |
| 掌握帧和图层的概念 |
| 掌握 Flash 动画的制作原理和组成元素 |
| 掌握 Flash 的文件基本操作和舞台设置 |
| 掌握 Flash 动画的类型 |

**模块分配**

| | |
|---|---|
| 任务一 | 熟悉 Flash CS3 工作界面 |
| 任务二 | 制作小球跳动动画 |

**作品成品预览**

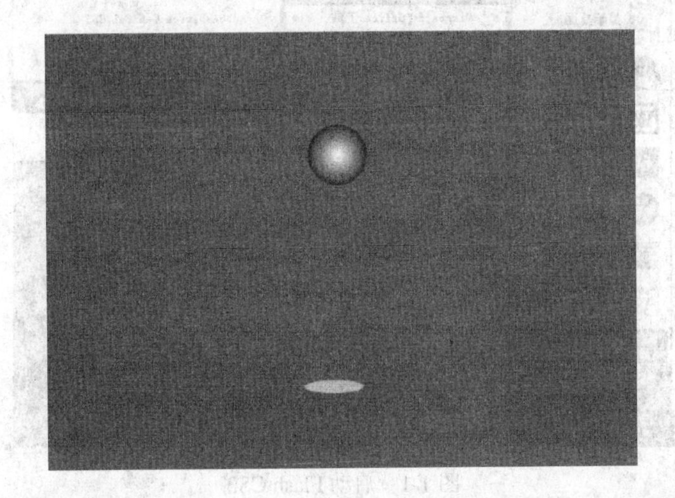

素材位置

实例位置：光盘\素材与实例\项目一\小球跳动.fla

本项目通过制作小球跳动动画，让大家认识 Flash CS3 的工作界面，了解 Flash 动画的制作原理和相关概念，掌握 Flash 文档的基本操作和缩放舞台、使用辅助工具的方法。

# 任务一　熟悉 Flash CS3 工作界面

## 学习目标

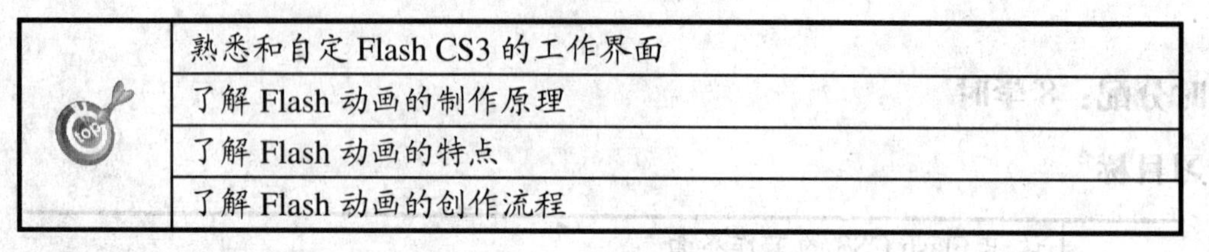

| | 熟悉和自定 Flash CS3 的工作界面 |
|---|---|
| | 了解 Flash 动画的制作原理 |
| | 了解 Flash 动画的特点 |
| | 了解 Flash 动画的创作流程 |

## 一、启动 Flash CS3

要制作 Flash 动画，需要启动 Flash 软件并进入其操作界面进行操作。下面是启动 Flash CS3 的操作步骤：

**步骤 1**　单击“开始”按钮，在弹出的菜单中选择“所有程序”>“Adobe Design Premium CS3”>“Adobe Flash CS3 Professional”，如图 1-1 所示。

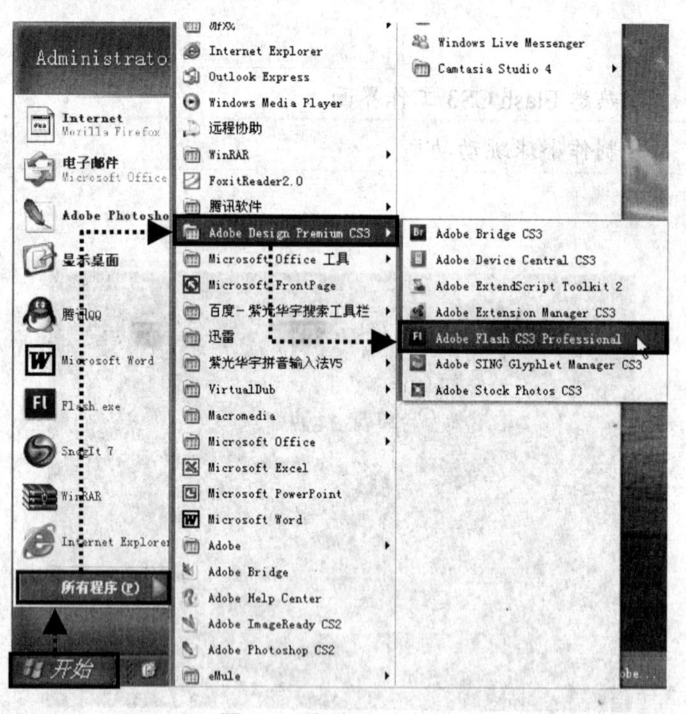


图 1-1　启动 Flash CS3

**步骤 2**　在打开的 Flash 开始页中，单击“Flash 文件（ActionScript 3.0）”或者“Flash 文件（ActionScript 2.0）”选项，如图 1-2 所示，即可进入 Flash CS3 的工作界面。ActionScript 是 Flash 自带的编程语言，它后面的数字是版本号，这里我们选择“Flash 文件（ActionScript 2.0）”。

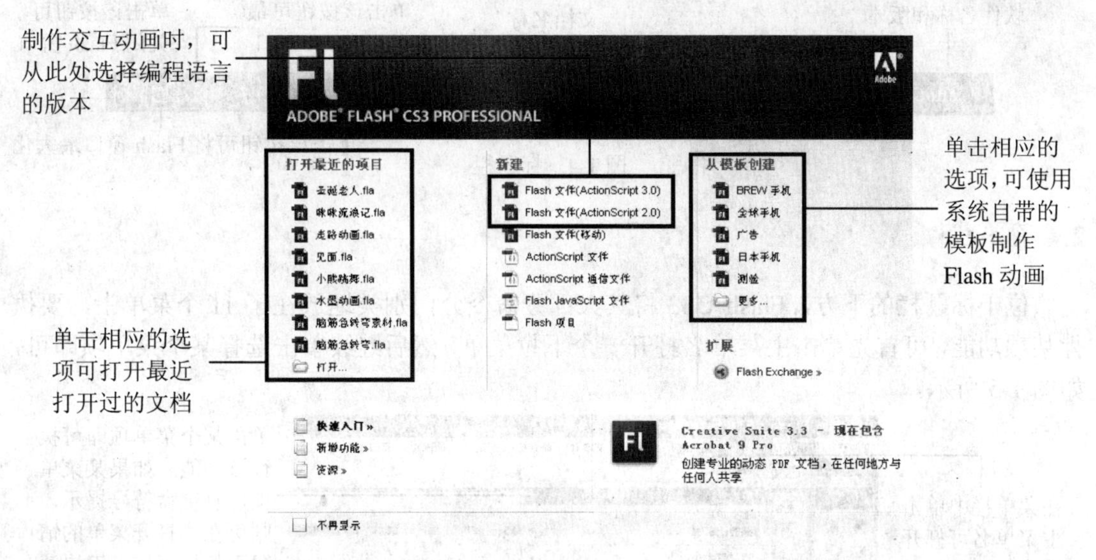


图 1-2　Flash CS3 开始页

## 二、熟悉 Flash CS3 工作界面

Flash CS3 的工作界面由标题栏、菜单栏、主工具栏、文档选项卡、时间轴面板、编辑栏、舞台、工具箱和多个控制面板等组成，如图 1-3 所示。下面我们分别介绍工作界面中各组成部分的功能和作用。

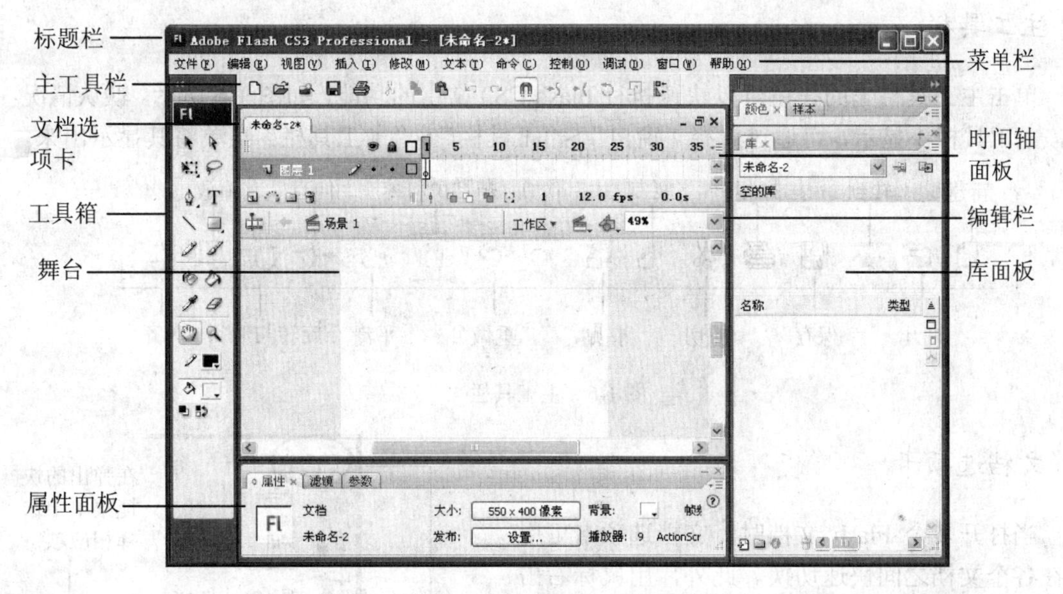


图 1-3　Flash CS3 工作界面

### 1. 标题栏

标题栏位于工作界面的顶部，自左向右依次为软件的名称和版本、当前编辑的文档名称、软件控制按钮，如图 1-4 所示。

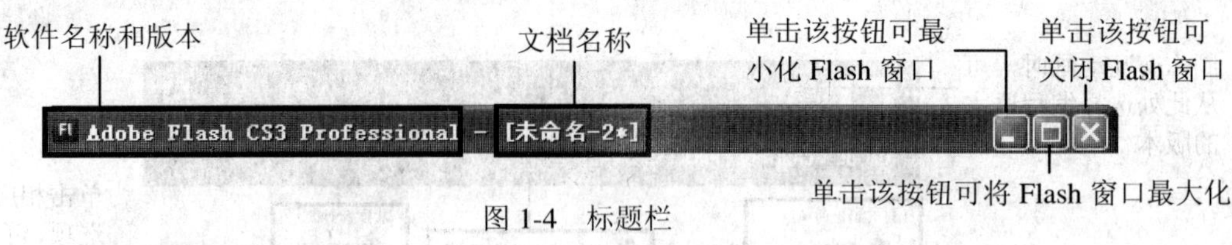


图 1-4　标题栏

## 2. 菜单栏

位于标题栏的下方，Flash CS3 将其大部分命令分门别类地放在了 11 个菜单中，要执行某项功能，可首先单击主菜单名打开一个下拉菜单，然后继续单击选择某个菜单项即可，如图 1-5 所示。

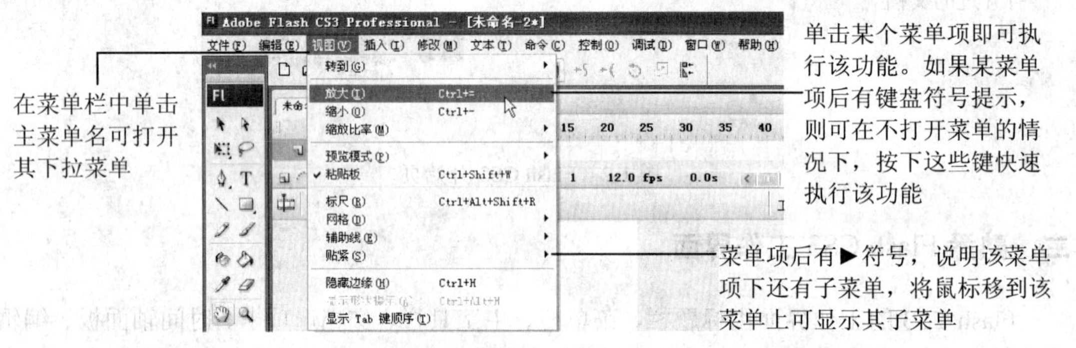


图 1-5　菜单栏

## 3. 主工具栏

单击主工具栏上的按钮可以快速执行 Flash CS3 常用的功能，如图 1-6 所示。默认情况下，主工具栏不显示，可通过选择“窗口”>“工具栏”>“主工具栏”菜单将其显示出来。

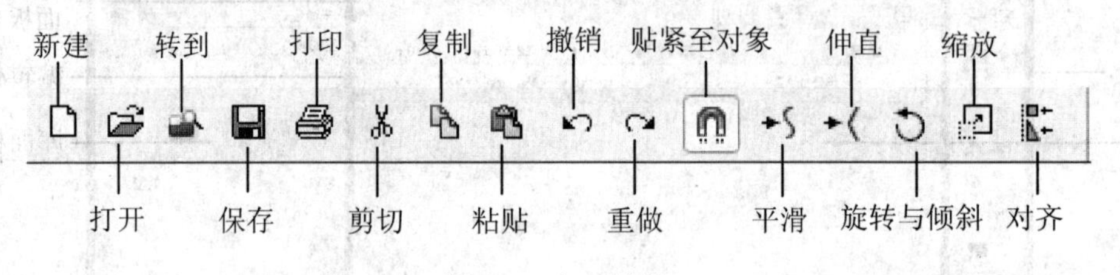


图 1-6　主工具栏

## 4. 文档选项卡

当打开多个 Flash 文档时，文档选项卡可用来在各个文档之间快速切换。此外，用鼠标右击文档选项卡，利用弹出的快捷菜单可以快速执行新建、打开、关闭和保存文档等操作，如图 1-7 所示。

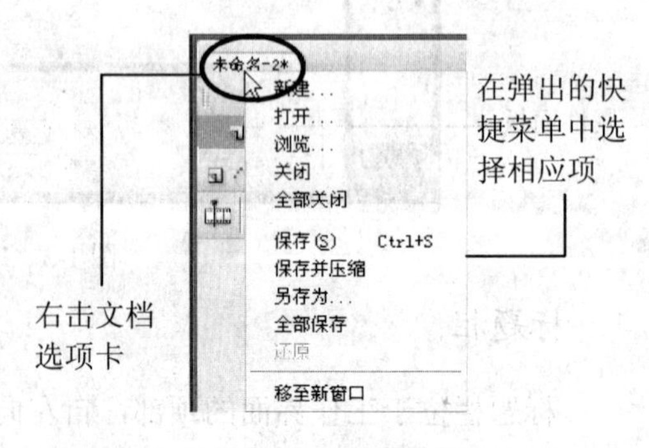


图 1-7　文档选项卡

5. 时间轴

“时间轴”面板以图层和时间轴的方式组织文档内容，如图 1-8 所示。与电影胶片类似，Flash 动画的基本单位为帧，多个帧上的画面连续播放，便形成了动画。图层就像堆叠在一起的多张幻灯片，每个图层都有独立的时间轴。如此一来，多个图层综合运用，便能形成复杂的动画。

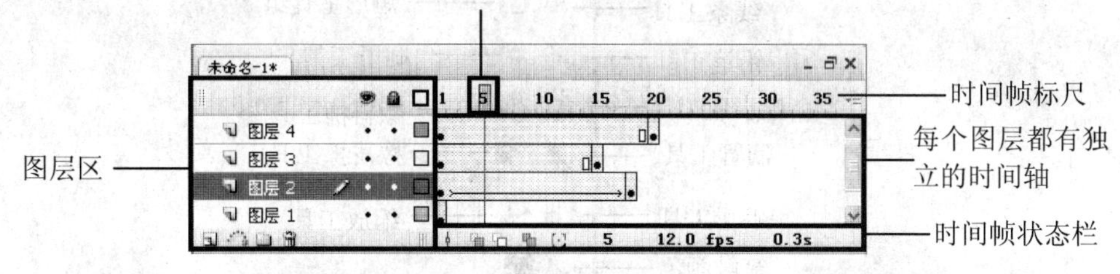


图 1-8　“时间轴”面板

“时间轴”面板的左侧区域显示了动画中包含的图层名称及其相应状态，下面是一组创建、删除图层的按钮；右侧区域显示了各图层的时间轴，其中，播放头用来定位显示哪个帧的内容；状态栏显示了当前帧的编号、帧频，以及动画播放到当前帧的运行时间。

6. 编辑栏

利用编辑栏可以在打开的场景和元件之间切换，或者选择要打开的元件，还可以调整视图的显示比例。默认状态下，编辑栏位于时间轴面板的下方，如图 1-9 所示。

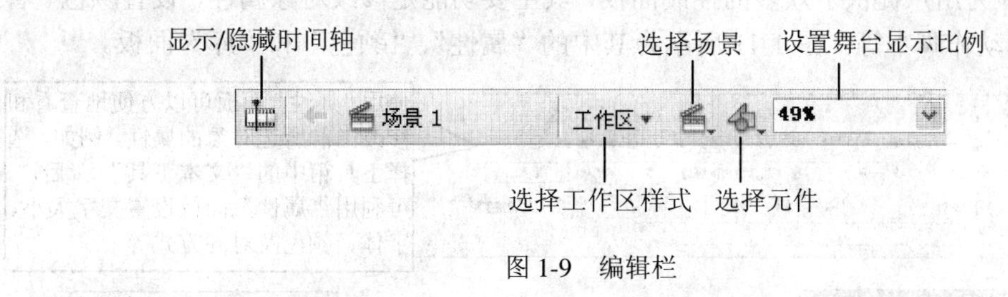


图 1-9　编辑栏

7. 舞台

舞台也称场景，它是用户创作和编辑作品的场所。在工具箱中选择绘图或编辑工具，并在时间轴面板中选择需要处理的帧后，便可以在舞台中绘制或编辑该帧上的图形。注意，位于舞台外的内容在播放动画时不会被显示。

8. 工具箱

利用工具箱中的工具可绘制、选择和修改图形，给图形填充颜色，缩放或平移舞台等，如图 1-10 所示。要使用某工具，只需单击该工具即可。另外，部分工具的右下角带有黑色小三角◢，表示该工具中隐藏着其他工具，在该工具上按住鼠标左键不放，可从弹出的工具列表中选择其他工具。

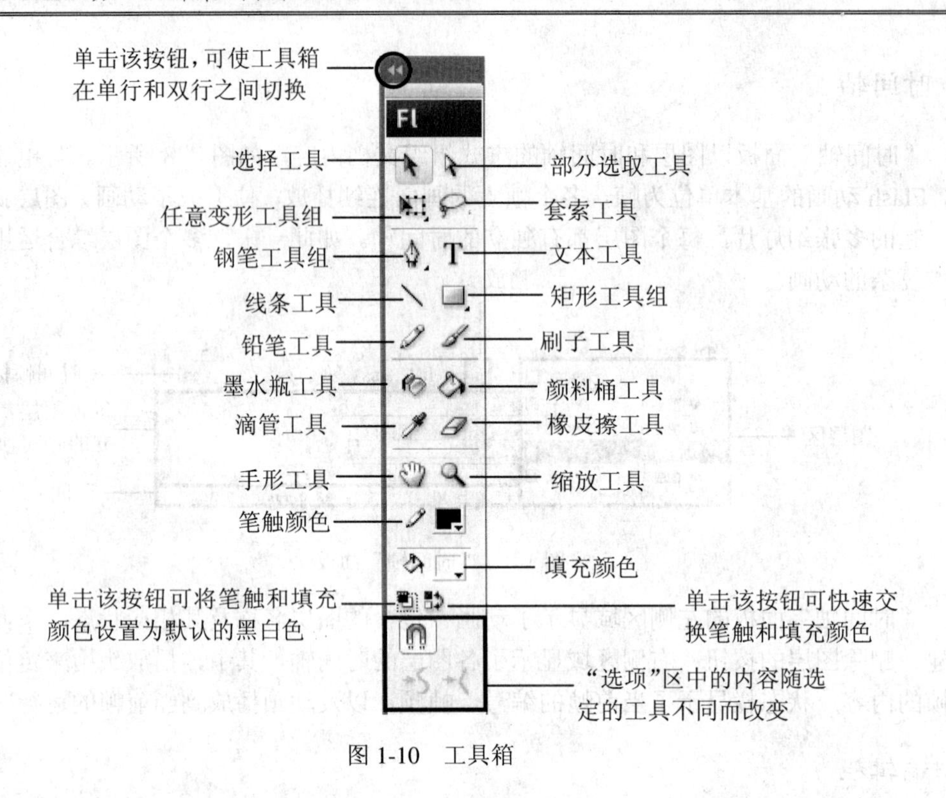


图 1-10　工具箱

## 9. 控制面板

Flash CS3 为用户提供了众多的控制面板，其主要功能是修改对象属性、设置颜色、管理元件、编辑动作脚本等。图 1-11 所示为其中的"属性"、"颜色"和"库"面板。

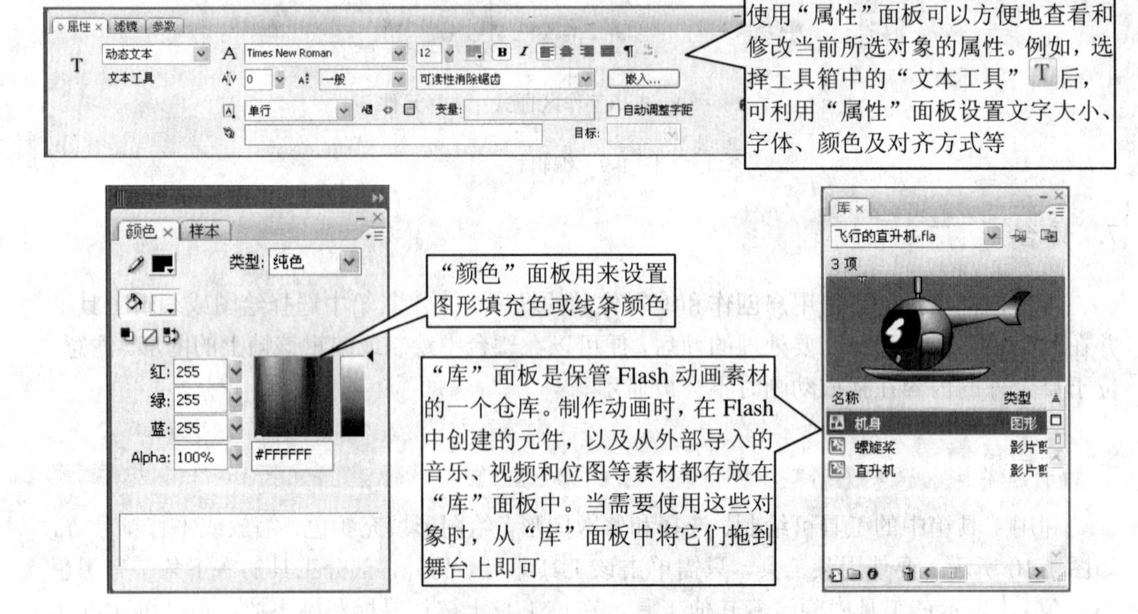


图 1-11　Flash CS3 提供的控制面板

## 三、自定 Flash CS3 工作界面

**步骤 1**　启动 Flash CS3 后，如果在默认的工作界面中没有需要的面板，可以选择“窗口”菜单中的面板名称菜单项（如“库”、“对齐”等）来打开它，图 1-12 左图所示为打开“动作”面板的操作。此外，用户也可以使用快捷键来打开相应面板，例如按【F9】键可打开“动作”面板。

**步骤 2**　如果想将不需要的面板关闭，可单击该面板右上角的“关闭”按钮；要隐藏或显示打开的面板，只需单击该面板标题栏的空白处或标题栏上的“最小化”按钮或“还原”按钮即可，如图 1-12 中图和右图所示。

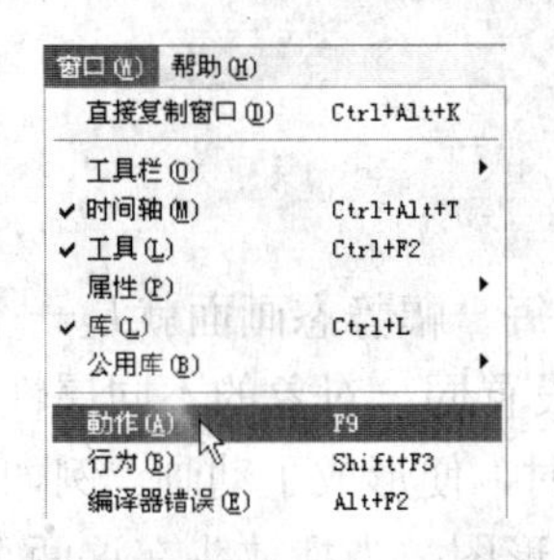


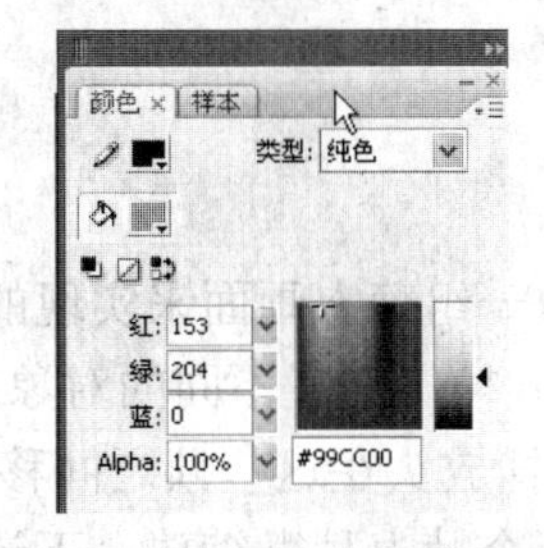


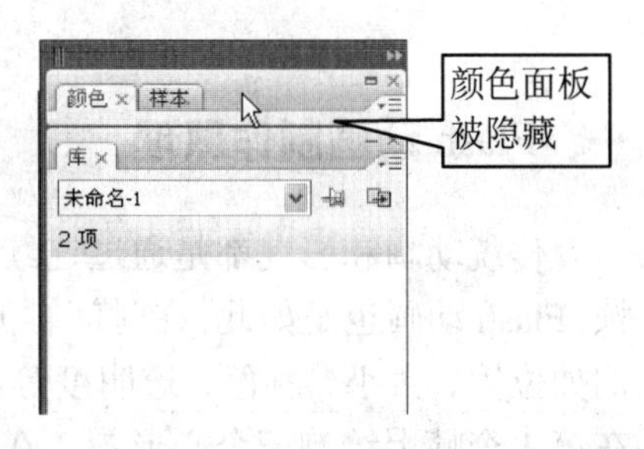


图 1-12　打开、显示和隐藏面板

**步骤 3**　单击舞台右侧控制面板上方的“折叠为图标”按钮，可将控制面板转化为图标形式；单击“展开停靠”按钮可重新展开控制面板，如图 1-13 左图所示。将右侧的控制面板转化为图标形式后，单击某个图标即可展开相应面板，如图 1-13 右图所示。

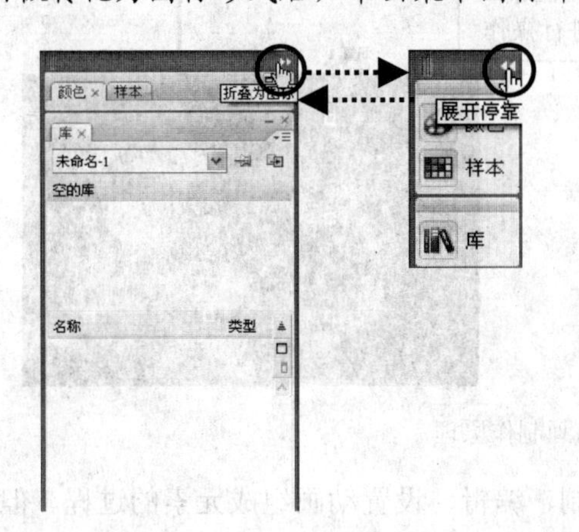


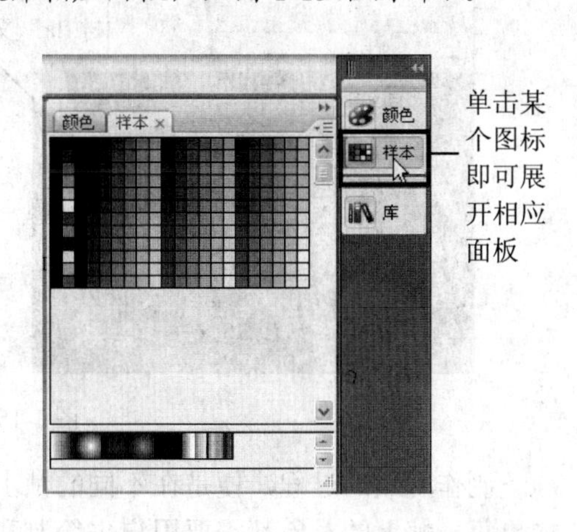


图 1-13　折叠和展开面板

**步骤 4**　如果希望将调整好的工作界面保存，可以选择“窗口”>“工作区”>“保存当前…”菜单，在打开的“保存工作区布局”对话框中输入保存名称，然后单击“确定”按钮，如图 1-14 左图所示。

**步骤 5**　保存工作界面后，可以选择“窗口”>“工作区”>工作区名称菜单（如本例中的“界面”），打开保存的工作界面，如图 1-14 右图所示。

**步骤 6** 如果希望恢复 Flash CS3 的默认工作界面布局，可选择“窗口”>“工作区”>“默认”菜单。

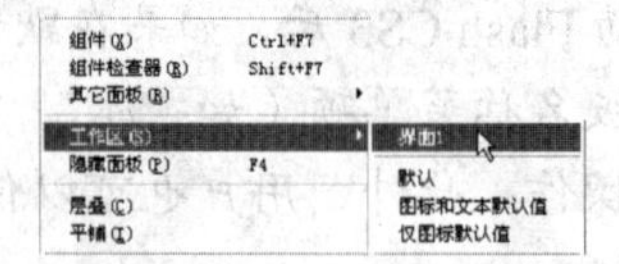


图 1-14　保存和打开保存的工作界面

# 延伸阅读

## 一、Flash 动画制作原理

传统动画和影视都是通过连续播放一组静态画面来实现的，每一幅静态画面就是一个帧，Flash 动画也是如此。在时间轴的不同帧上放置不同的对象或设置同一对象的不同属性，例如位置、大小、颜色、透明度等，当播放头在这些帧之间移动时，便形成了动画。例如，在第 1 个帧上绘制一个心形图，在另一个帧上稍微缩放一下该心形图，当播放头在这两个关键帧之间跳转时，便会形成一颗怦怦跳动的心动画，如图 1-15 所示。

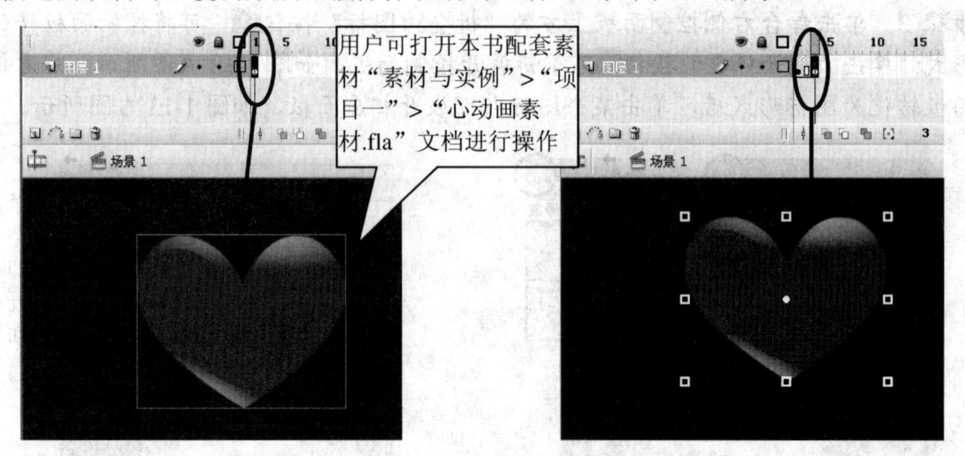


图 1-15　动画制作原理

制作动画的过程，便是在不同的帧上绘制、编辑、设置动画组成元素的过程。但是，如果每一帧上的对象都需要用户去绘制和设置，这样制作一个动画便会花去用户很多时间，为此，Flash 提供了多种功能辅助动画制作：利用元件可使一个对象多次重复使用；利用补间功能可自动生成各帧上的对象；利用遮罩、路径引导功能可以制作出特殊动画。这些都将在后面陆续讲到。

## 二、Flash 动画的特点

目前，Flash 动画被广泛用于制作网页、网页广告、音乐 MTV 和短剧、多媒体教学课

件、游戏、产品展示动画和电子相册等。Flash 动画之所以如此流行，是与其自身的特点密不可分的：

- **画面清晰：**Flash 动画主要由矢量图形组成，矢量图形具有存储容量小，并且在缩放时不会失真的优点。这就使得 Flash 动画具有存储容量小，而且在缩放播放窗口时不会影响画面清晰度的优点。

除了矢量图形外，Flash 的组成元素还可以是位图图像、声音、视频等。

- **体积小：**在将 Flash 动画导出或发布为.swf 影片的过程中，程序会压缩、优化动画组成元素（例如位图图像、音乐和视频等），这就进一步减少了动画的存储容量，使其更方便在网络上传输。

我们在 Flash 软件中编辑制作的文档被称为 Flash 源文件，扩展名为.fla，制作好 Flash 动画后，还应在 Flash 软件中将其导出或发布为.swf 格式的影片，这样才能在本地电脑或网络上播放。

- **适合在网上播放：**发布后的.swf 动画影片具有“流”媒体的特点，在网上可以边下载边播放，而不像 GIF 动画那样要把整个文件下载完了才能播放。
- **互动性强：**通过为 Flash 动画添加动作脚本可使其具有交互性，从而让观众参与其中，例如让观众控制动画的播放进程，参与 Flash 智力小游戏等。
- **制作简单：**Flash 动画的制作比较简单，一个动画爱好者在掌握了软件的用法以后，只需拥有一台电脑和一套软件就可以制作出 Flash 动画。
- **制作成本低：**与传统的动画制作方法相比，用 Flash 软件制作动画可以大幅度降低制作成本，缩短制作时间。

## 三、Flash 动画创作流程

就像拍一部电影一样，创作一个优秀的 Flash 动画作品也要经过许多环节，每一个环节都关系到作品的最终质量。下面我们以制作 Flash 影片为例介绍 Flash 动画的创作流程。

### 1. 前期策划

在着手制作动画前，我们应首先明确制作动画的目的以及要达到的效果，然后确定剧情和角色，有条件的话可以请专业人士编写剧本。准备好这些后，还要根据剧情确定创作风格。比如，如果是比较严肃的题材，我们应该使用比较写实的风格；如果是轻松愉快的题材，可以使用 Q 版造型来制作动画。

2. 准备素材

做好前期策划后，便可以开始根据策划的内容绘制角色造型、背景以及要使用的道具。当然，也可以从网上搜集动画中要用到的素材，比如声音素材、图像素材和视频素材等。

3. 制作动画

一切准备就绪就可以开始制作动画了。这主要包括为角色造型添加动作、角色与背景的合成、声音与动画的同步等。这一步最能体现出制作者的水平，它要求制作者不但要熟练掌握软件的使用方法，还需要掌握一定的动画知识。

4. 后期调试

后期调试包括调试动画和测试动画两方面。调试动画主要是对动画的各个细节，例如动画片段的衔接、场景的切换、声音与动画的协调等进行调整，使整个动画显得流畅、和谐。测试动画是对动画的最终播放效果、网上播放效果进行检测，以保证动画能完美地展现在欣赏者面前。

5. 发布作品

动画制作好并调试无误后，便可以将其导出或发布为.swf 格式的影片，并传到网络上供人们欣赏及下载。

# 任务二　制作小球跳动动画

**学习目标**

| 掌握新建、保存、打开、关闭文档和预览动画的方法 |
|---|
| 了解制作 Flash 动画的一般过程 |
| 了解绘图工具和元件 |
| 了解帧和图层 |

## 一、新建和设置文档属性

要制作 Flash 动画，首先需要创建一个文档并设置其属性，下面是具体操作方法。

**步骤 1**　启动 Flash 时，在其开始页单击“Flash 文件（ActionScript 2.0）”或“Flash 文件（ActionScript 3.0）”可创建一个新文档。另外还可使用以下两种方法创建文档：

- 选择“文件”>“新建”菜单（或按快捷键【Ctrl+N】），打开“新建文档”对话框，选择要创建的文档类型，单击“确定”按钮创建一个新文档，如图 1-16 所示。

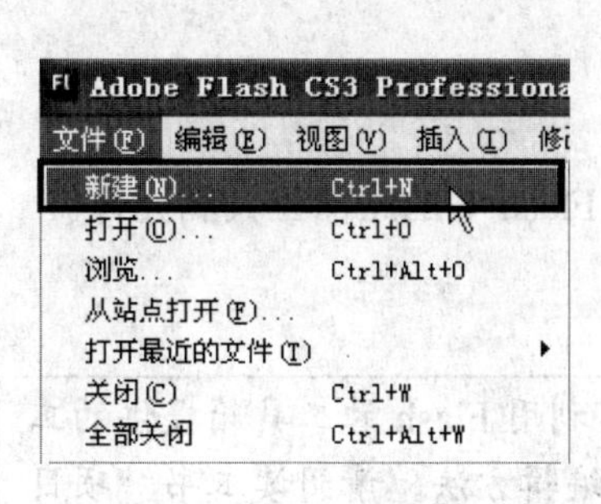


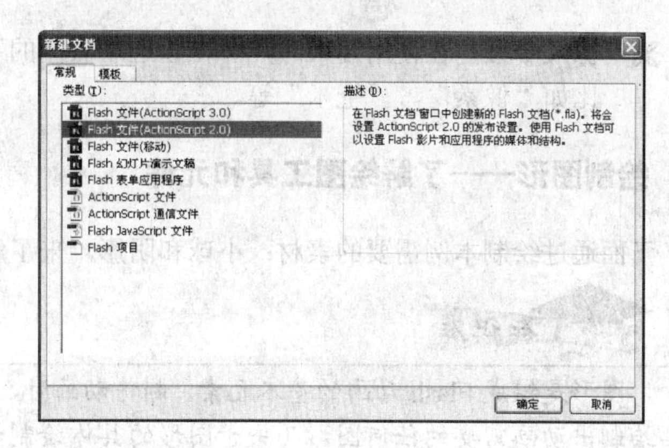


图 1-16　利用菜单命令新建文档

- 单击主工具栏上的"新建"按钮可快速创建一个新文档。

**步骤 2**　新建 Flash 文档后，要做的第一件事就是设置其属性（包括舞台尺寸、背景颜色等）。为此，可在"属性"面板中单击"文档属性"按钮 550 x 400 像素 ，如图 1-17 所示。

**步骤 3**　在"文档属性"对话框中单击"背景颜色"后的色块，从弹出的调色板中选择蓝色。其他参数保持默认设置，单击"确定"按钮，如图 1-18 所示。

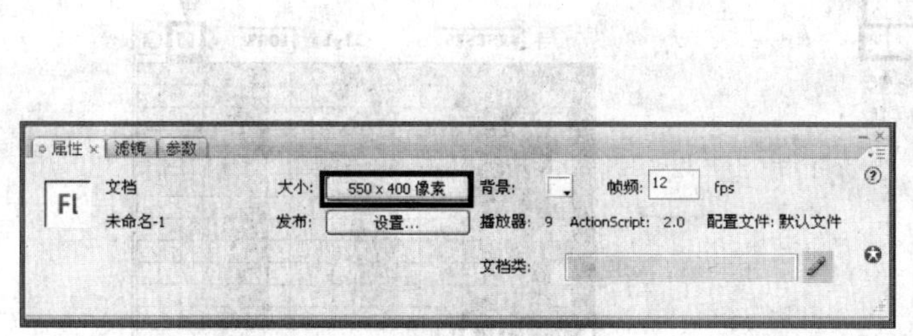


图 1-17　"属性"面板

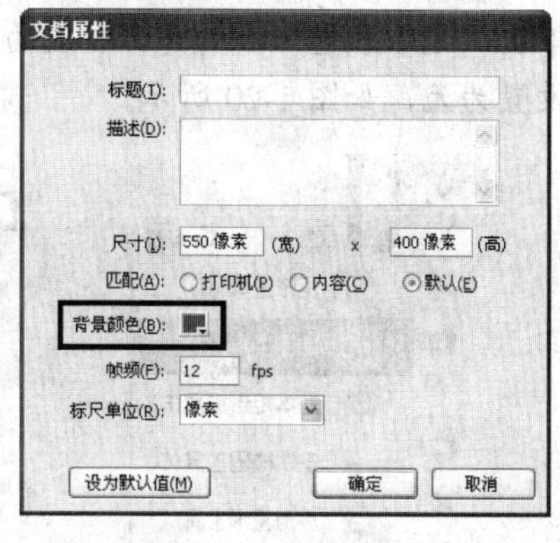


图 1-18　"文档属性"对话框

"文档属性"对话框中各选项意义如下：

- **标题和描述：**将动画传到网上后，如果希望别人能通过搜索引擎搜索到动画，可以在此处输入动画标题和描述作为搜索关键词。
- **尺寸：**Flash 动画的最小尺寸可设置为 1 像素×1 像素，最大尺寸可设置为 2880 像素×2880 像素。
- **匹配：**设置舞台尺寸所依据的标准，其中要将舞台大小设置为最大可用打印区域，可选择"打印机"单选钮。
- **背景颜色：**单击该选项右侧的色块，可在弹出的"拾色器"面板中设置舞台的颜色。如果不为动画另外绘制背景，则舞台颜色便是动画背景颜色。
- **帧频：**是指动画的播放速度，单位是"fps"，即每秒播放多少帧。帧频越高，动画播放的速度越快。常用的帧频为 12、18、24 和 25。

⌘ **标尺单位：**在使用标尺时，可在该选项右侧的下拉列表中选择标尺的度量单位，比如“像素”、“毫米”等。

## 二、绘制图形——了解绘图工具和元件

下面通过绘制本例需要的素材：小球和阴影，来了解 Flash 中的绘图工具和元件。

图形是组成 Flash 动画的基本元素。制作动画时，可利用 Flash 的工具箱提供的工具绘制出动画需要的任何图形（关于图形的具体绘制和编辑方法，请阅读本书“项目二”～“项目五”内容）。

元件是指可以在动画场景中反复使用的一种动画元素。它可以是一个图形，也可以是一个小动画，或者是一个按钮。制作动画时，我们通常需要将绘制的图形转换为元件（或先创建元件，然后在元件内部绘制图形），以后可以重复使用这些元件，而不会增加 Flash 文件大小（关于元件的类型和具体使用方法，请阅读本书“项目七”内容）。

**步骤 1** 在工具箱中单击选择“椭圆工具”，如图 1-19 所示。打开“颜色”面板，单击“笔触颜色”按钮右边的色块，在打开的调色板中单击按钮，将椭圆的轮廓线设置为无，如图 1-20 所示。

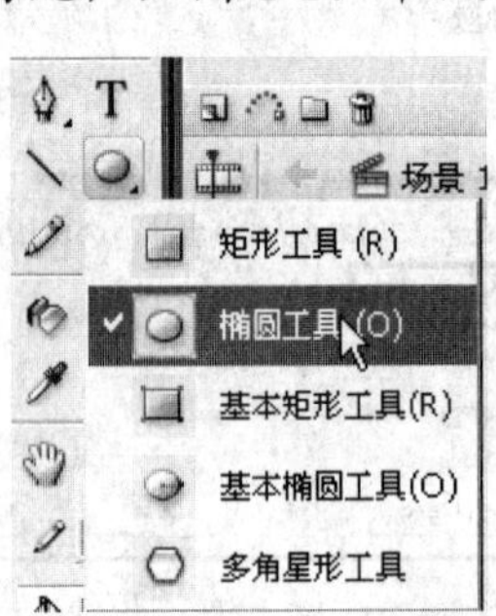


图 1-19 选择“椭圆工具”

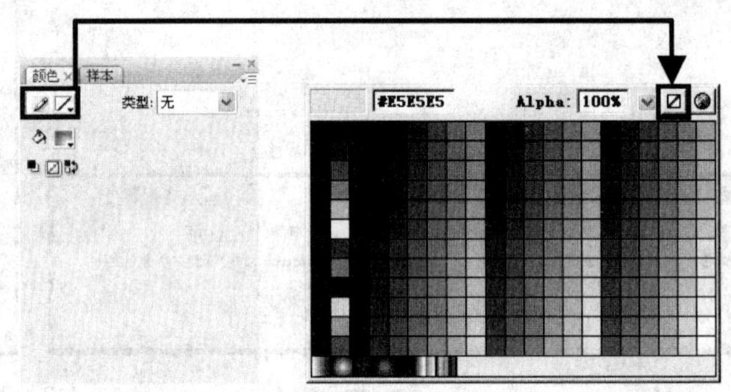


图 1-20 将椭圆轮廓线设置为无

**步骤 2** 在“颜色”面板中单击按下“填充颜色”按钮，在“类型”下拉列表中选择“放射状”，然后单击颜色条左边的色标，将其颜色设置为白色，单击右边的色标，将其颜色设置为大红色，具体操作如图 1-21 所示。

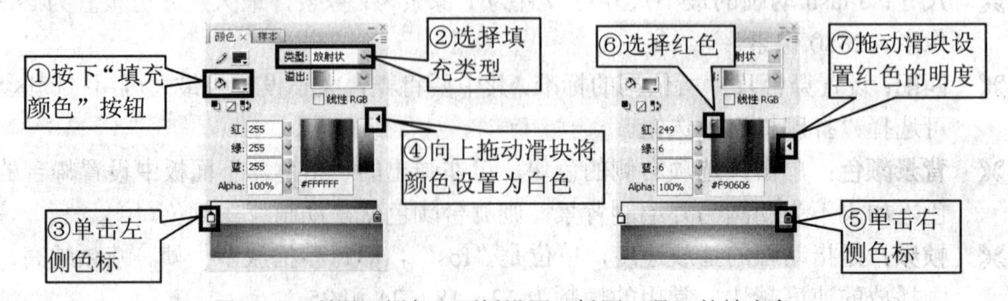


图 1-21 利用“颜色”面板设置“椭圆工具”的填充色

在 Flash 中绘制的矢量图形由轮廓线（其样式和颜色由笔触决定）和填充组成。选中某绘图工具后，可利用“属性”面板来设置其填充色，以及笔触颜色、高度和样式等。如果需要将笔触颜色或填充色设置为无，可单击调色板中的☐按钮。

**步骤 3**　设置好“椭圆工具”的颜色后，在舞台上按住【Shift】键拖动鼠标，释放鼠标后绘制一个正圆，如图 1-22 所示。

**步骤 4**　从“属性”面板中将“椭圆工具”填充色重新设置为灰色，然后在小球的下侧绘制一个椭圆，如图 1-23 所示。

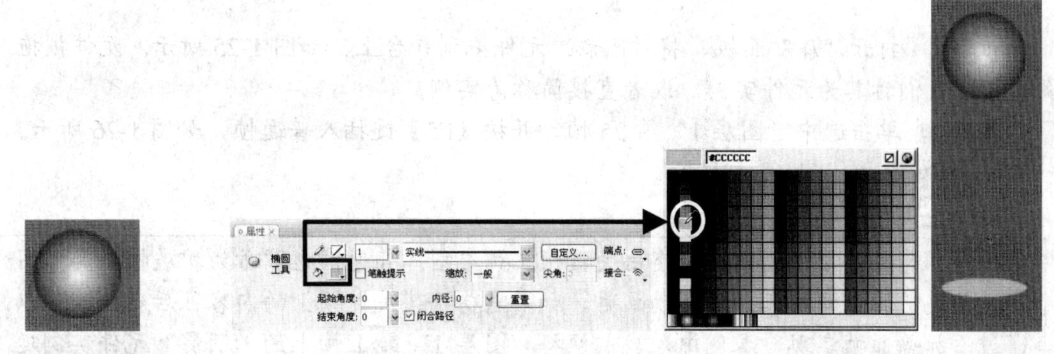

图 1-22　绘制正圆　　　　图 1-23　绘制椭圆

**步骤 5**　单击工具箱中的“选择工具”，并单击舞台上的小球将其选中，然后按【F8】键，打开“转换为元件”对话框，在该对话框的“名称”文本框中输入“小球”，并选择“图形”单选钮，最后单击“确定”按钮，将小球转换为元件，如图 1-24 左图所示；用同样的方法，将椭圆转换为名为“阴影”的图形元件。

将图形转换为元件后，此时的图形已变成了元件的一个实例。

**步骤 6**　创建好元件后，它们将自动保存在“库”面板中，如图 1-24 右图所示。本例中，我们先单击“选择工具”，然后按住【Shift】键依次单击舞台上的“小球”和“阴影”实例将其选中，再按【Delete】键将其删除。

## 三、制作动画——了解帧和图层

准备好本例需要的动画素材后，便可以利用“时间轴”面板中的图层和帧将其制作成动画（关于帧、图层的详细使用方法，请阅读本书“项目七”内容；关于 Flash 动画的类型和具体制作方法，请阅读本书“项目七”～“项目十四”内容）。

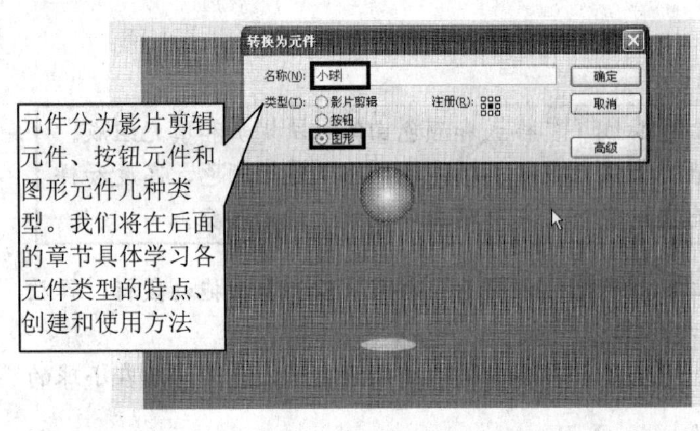


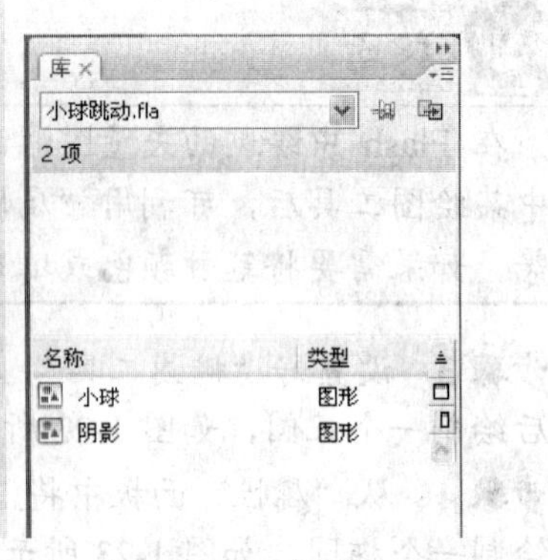


图 1-24　将图形转换为元件

**步骤 1**　打开“库”面板，将“阴影”元件拖到舞台上，如图 1-25 所示。元件被拖入舞台后，我们称其为元件实例，或者直接简称为实例。

**步骤 2**　单击选中“图层 1”第 25 帧，并按【F5】键插入普通帧，如图 1-26 所示。

帧分为普通帧、关键帧和空白关键帧三种类型。普通帧也被称为扩展帧，其作用是延伸关键帧上的内容。制作动画时，如果需要将某关键帧上的内容往后延伸，可以通过添加普通帧实现。本例中，我们便将“图层 1”第 1 帧上的“阴影”元件实例延伸到了第 25 帧。

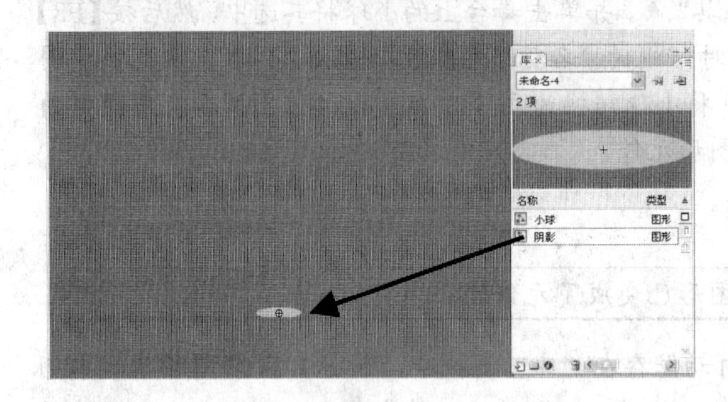


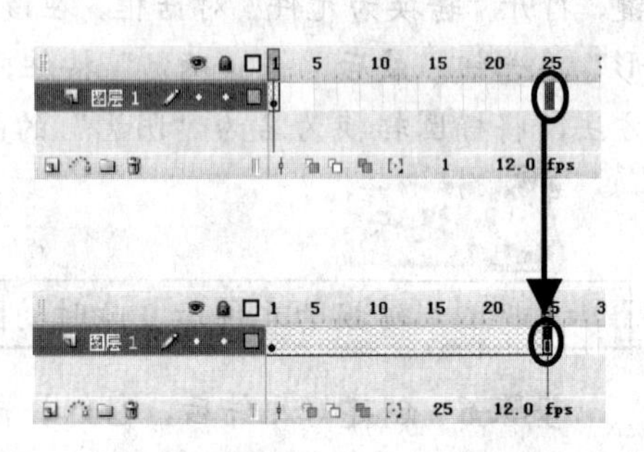


图 1-25　从“库”面板中将“阴影”元件拖到舞台　　　图 1-26　在“图层 1”第 25 帧插入普通帧

**步骤 3**　单击“时间轴”面板左下角的“插入图层”按钮，新建一个图层，如图 1-27 所示；从“库”面板中将“小球”元件拖到舞台，放在“阴影”元件实例的正上方，如图 1-28 所示。如此一来，便设置好了“图层 2”第 1 帧上的对象。

图层就像堆叠在一起的多张幻灯片，每个图层都有独立的时间轴。如此一来，多个图层综合运用，便能形成复杂的动画。

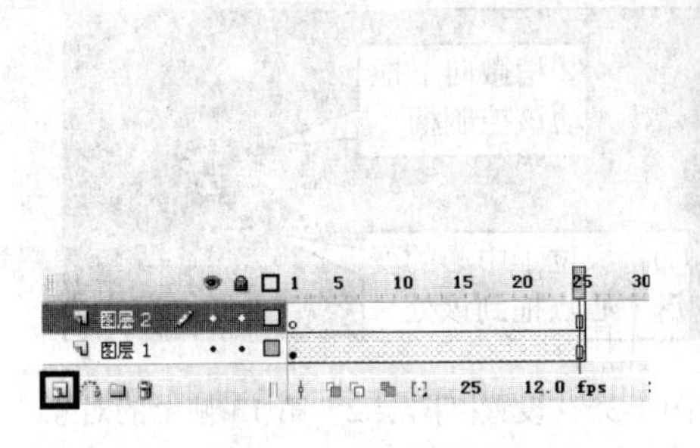

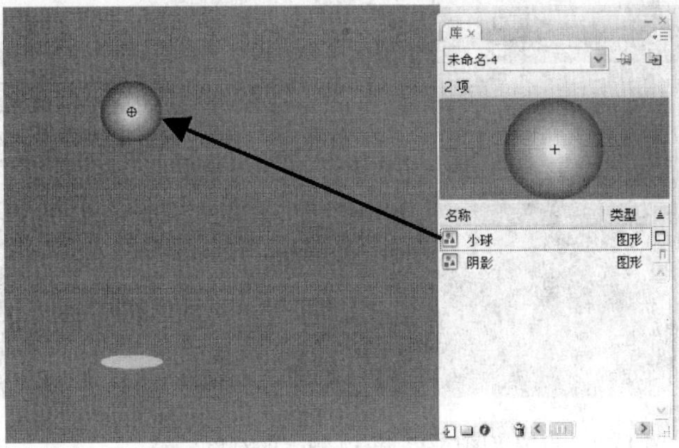

图 1-27　新建图层

图 1-28　从“库”面板中将“小球”元件拖到舞台

**步骤 4**　单击选中“图层 2”第 12 帧，按【F6】键插入关键帧，如图 1-29 所示；用同样的方法在该图层第 25 帧插入关键帧，如图 1-30 所示。

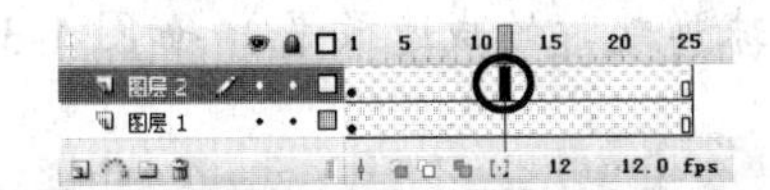

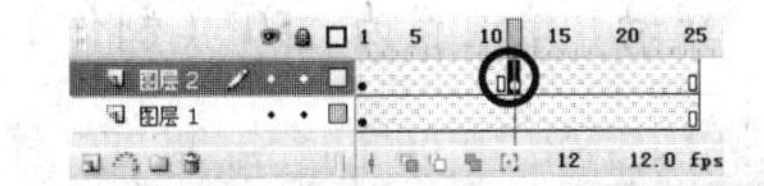


图 1-29　在“图层 2”第 12 帧插入关键帧

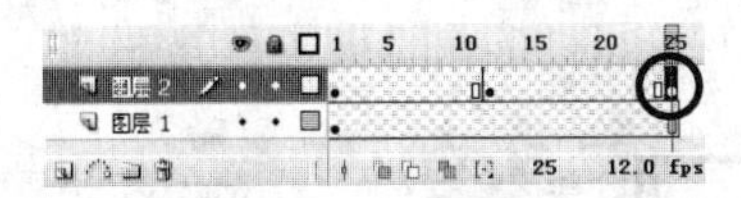


图 1-30　在第 25 帧插入关键帧

关键帧用于定义动画的变化。制作动画时，在不同的关键帧上绘制或编辑对象，再通过一些简单的设置便能形成动画。创建关键帧后，如果上一个关键帧中有内容，则该内容会自动延伸到新创建的关键帧以及两个关键帧之间的所有普通帧上。在 Flash 中有内容的关键帧用实心圆表示，无内容的关键帧用空心圆表示，被称为空白关键帧。

**步骤 5**　单击“图层 2”第 12 帧，然后在工具箱中选择“选择工具”，再单击“小球”元件实例并竖直向下拖动，放置在“阴影”元件实例上，如图 1-31 所示。

当需要添加或修改某一关键帧中的内容时，可先在该帧处单击以将播放头转到该帧，然后在舞台上绘制、拖入或修改相关对象即可。

**步骤 6**　分别在“图层 2”第 13 帧、第 14 帧插入关键帧。在工具箱中选择“任意变形工具”，单击第 13 帧上的“小球”元件实例，然后执行图 1-32 所示操作制作小球落地时的挤压效果。

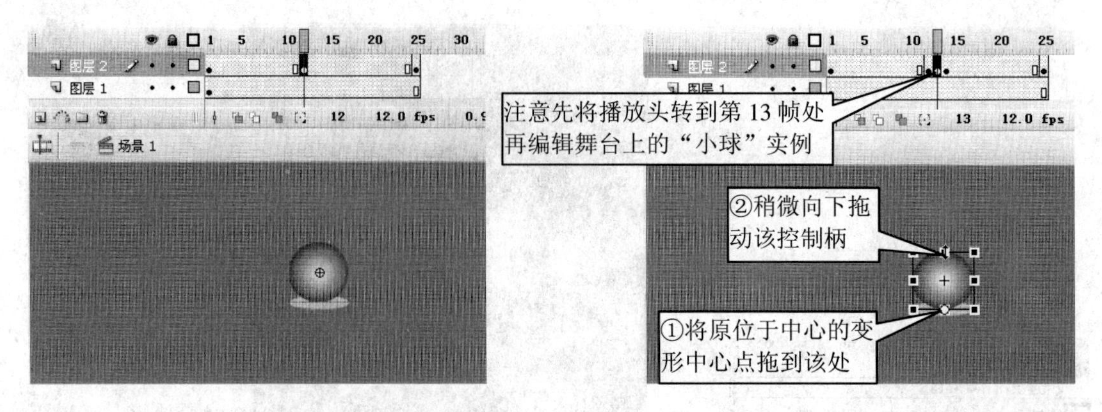


图 1-31　设置“图层 2”第 12 帧上的对象　　　图 1-32　设置“图层 2”第 13 帧上的对象

**步骤 7**　选中“图层 2”中第 1 帧至第 12 帧之间的任意一帧，从“属性”面板的“补间”下拉列表中选择“动画”选项，并在“缓动”文本框中输入“-50”（制作小球下落时的加速效果），如图 1-33 左图所示；用同样的方法在该图层第 14 帧至第 25 帧之间创建补间动画，并将“缓动”值设置为“50”（制作小球弹起时的减速效果），如图 1-33 右图所示。

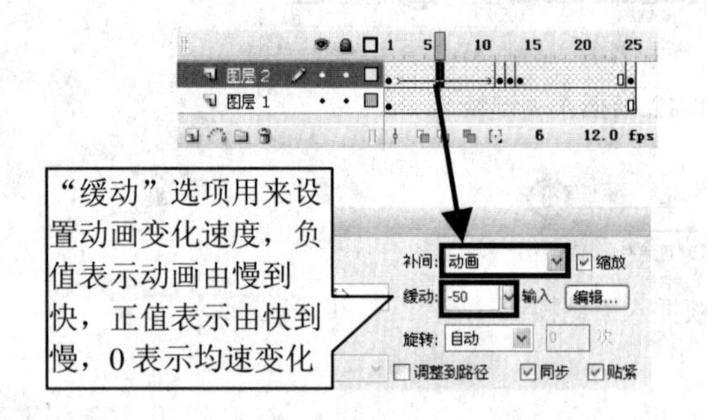


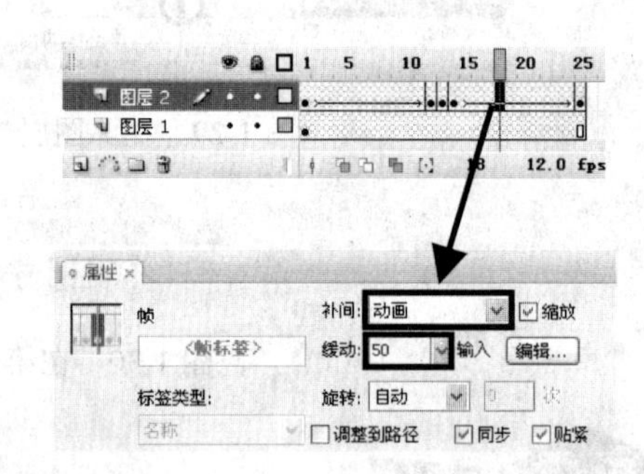


图 1-33　创建补间动画

补间动画是 Flash 的一种动画类型。制作补间动画时，我们不必一帧帧地去绘制各关键帧上的内容，而只需定义好前后两个关键帧中的内容即可。

## 四、保存、预览、关闭和打开动画

动画制作好后，需要测试一下播放效果。如果测试有问题，可修改文档；如果没问题，则将动画保存。

**步骤 1**　要保存文档，可选择“文件”>“保存”菜单，或按快捷键【Ctrl+S】，打开“另存为”对话框。在“另存为”对话框中选择文档保存路径、输入文件名并选择保存格式，然后单击“保存”按钮即可保存文档，如图 1-34 所示。

用户最好在新建文档后，便执行保存文档的操作，并在制作动画的过程中经常保存文档，以避免发生意外使制作的文档丢失。对文档执行第 2 次保存操作时，不会再打开“另存为”对话框。如果希望将文档换名保存，可以选择“文件”>“另存为”菜单，或按快捷键【Ctrl+Shift+S】，在打开的“另存为”对话框中重新设置文档保存路径和文件名，单击“保存”按钮，将文档另行保存。

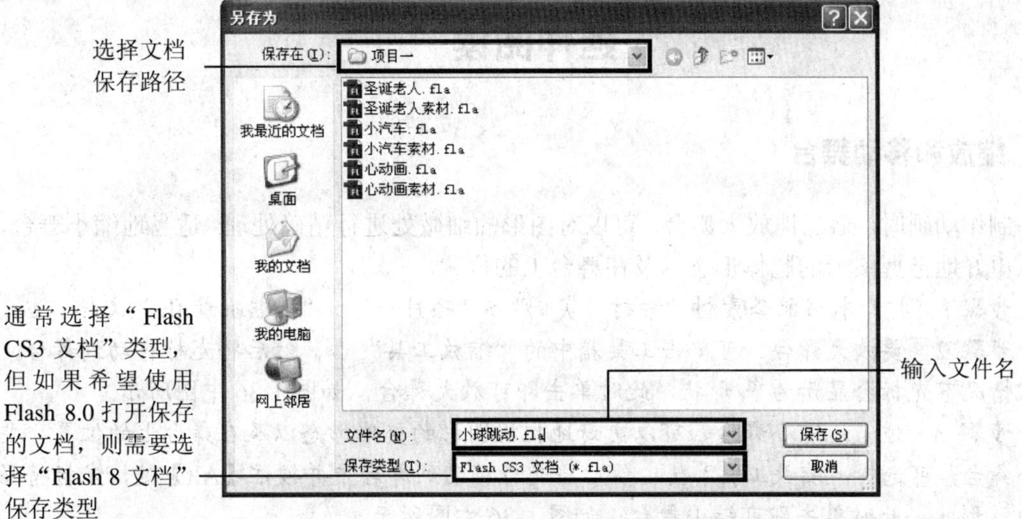


图 1-34　“另存为”对话框

**步骤 2**　在制作动画的过程中，按下【Enter】键，可以在编辑环境中预览动画的播放效果；反复按【Enter】键可在暂停预览和重新预览之间切换。

**步骤 3**　如果希望预览动画的实际播放效果，可按【Ctrl+Enter】组合键，打开 Flash Player 播放器进行测试；预览完毕后，关闭 Flash Player 播放器即可，此时会在保存文档的文件夹中生成一个与文档同名的.swf 影片文件，如图 1-35 所示。

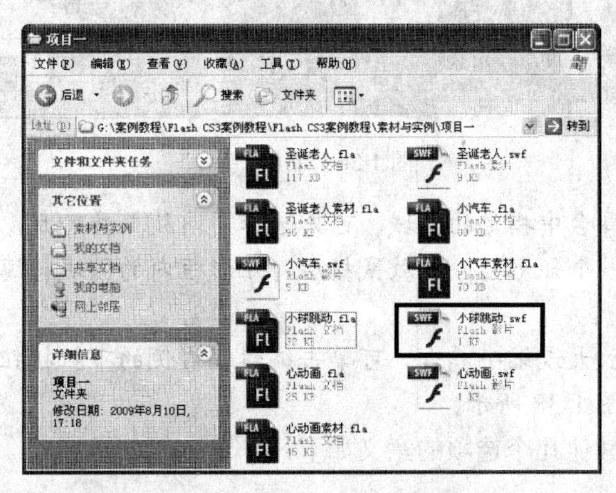


图 1-35　预览动画后生成的.swf 影片文件

**步骤 4** 当不需要编辑某个文档时，可单击文档选项卡右侧的“关闭”按钮×将其关闭。

**步骤 5** 如果要打开先前制作的 Flash 文档进行编辑，可以使用下面几种方法。

- 启动 Flash CS3 后，选择“文件”>“打开”菜单，或按快捷键【Ctrl+O】，在打开的“打开”对话框中找到并选择要打开的文档，单击“打开”按钮。
- 打开存放文档的文件夹，然后双击文档图标。
- 启动 Flash 时，在开始页左侧的“打开最近项目”下单击最近打开的文档名称。

# 延伸阅读

## 一、缩放和移动舞台

制作动画时，适当地放大舞台，可以对图形的细微处进行精确处理；适当地缩小舞台，可以更好地把握图形的整体形态以及在舞台上的位置。

**步骤 1** 打开本书配套素材“素材与实例”>“项目一”>“小熊跳舞.fla”文档。

**步骤 2** 要放大舞台，可单击工具箱中的“缩放工具”，然后将光标移动到舞台，默认情况下光标会显示为形状，此时单击即可放大舞台，如图 1-36 中图所示。

**步骤 3** 适当地缩小舞台，可以更好地把握图形的整体形态以及在舞台上的位置。要缩小舞台，可选择“缩放工具”，然后将光标移动到舞台中并按住【Alt】键，光标将显示为形状，此时单击即可缩小舞台，如图 1-36 右图所示。

图 1-36 缩放舞台

**步骤 4** 要放大舞台中指定的区域，可先选择“缩放工具”，然后在舞台中按住鼠标左键并拖动，拖出一个矩形框，释放鼠标后，矩形框内的区域将填满整个绘图区域，如图 1-37 所示。

**步骤 5** 要精确放大或缩小舞台，可单击编辑栏右侧的下拉按钮，从打开的下拉列表中选择显示比例，如图 1-38 所示。

缩放下拉列表中其他几个选项的意义如下：

- 要缩放舞台以使其适合目前的窗口空间，可选择“符合窗口大小”选项，或选择“视图”>“缩放比率”>“符合窗口大小”菜单，还可双击工具箱中的“手形工具”。
- 要显示当前帧中的全部内容（包括舞台外的对象），可选择“显示全部”选项，或选择“视图”>“缩放比率”>“显示全部”菜单。
- 要显示整个舞台，可选择“显示帧”选项，或选择“视图”>“缩放比率”>“显示帧”菜单。

图 1-37　放大舞台指定区域

也可直接输入缩放百分比，并按【Enter】键确认

200%
符合窗口大小
显示帧
显示全部
25%
50%
100%
200%
400%
800%

图 1-38　缩放下拉列表

利用快捷键【Ctrl++】或【Ctrl+-】可快速将舞台放大 200%或缩小 50%。

**步骤 6**　将舞台放大后，如果希望查看没有显示的区域，可拖动舞台下方或右侧的滚动条，如图 1-39 所示。也可以选择工具箱中的“手形工具”，然后在舞台上按住鼠标左键并拖动来移动舞台，如图 1-40 所示。

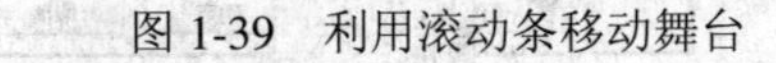

图 1-39　利用滚动条移动舞台

图 1-40　使用“手形工具”移动舞台

在使用其他工具绘图的时候，可以按住键盘上的空格键快速切换到“手形工具”，松开空格键后会切换回刚才使用的工具。

## 二、使用网格、标尺和辅助线

在绘图或移动对象时，利用网格、标尺和辅助线可以精确安排对象的位置，并可以使不同对象相互对齐。要注意的是，网格和辅助线都不会在播放动画时显示。

**步骤 1** 打开本书配套素材“素材与实例”>“项目一”>“小花.fla”文档。

**步骤 2** 选择“视图”>“网格”>“显示网格”菜单，在舞台上显示网格，图 1-41 所示为使用网格对齐对象的效果。

**步骤 3** 选择“视图”>“网格”>“编辑网格”菜单，在打开的“网格”对话框中可以设置网格线的颜色、网格的尺寸以及对象是否贴紧网格对齐等，如图 1-42 所示。

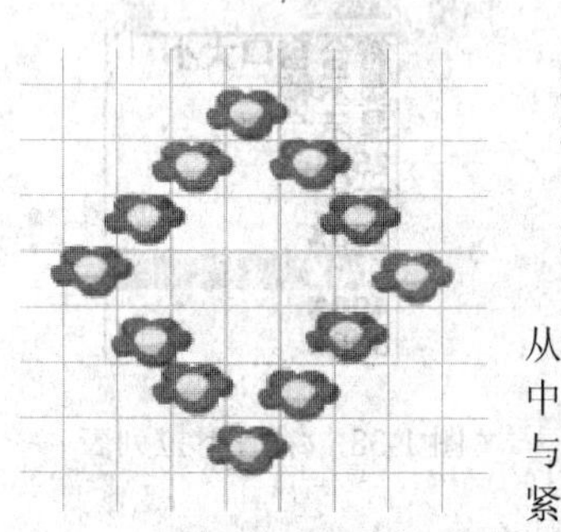

图 1-41 显示网格线

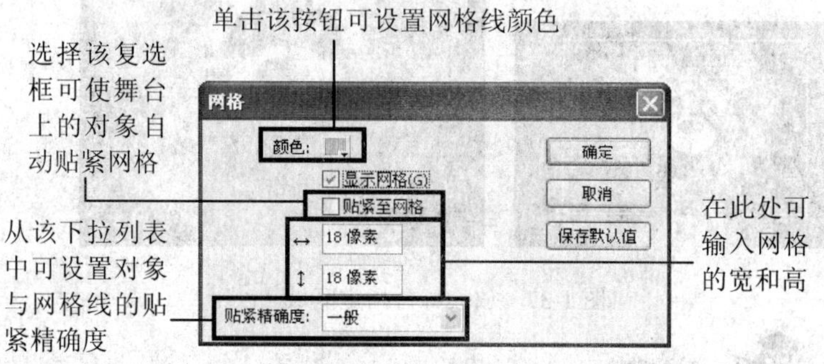


图 1-42 “网格”对话框

**步骤 4** 使用标尺可以精确定位对象在舞台上的位置，选择“视图”>“标尺”菜单，即可在视图中显示标尺，如图 1-43 所示。

**步骤 5** 选择“修改”>“文档...”菜单，打开“文档属性”对话框，在对话框的“标尺单位”下拉列表中可以选择标尺的度量单位。这里我们保持默认的“像素”选项不变，单击“确定”按钮，如图 1-44 所示。

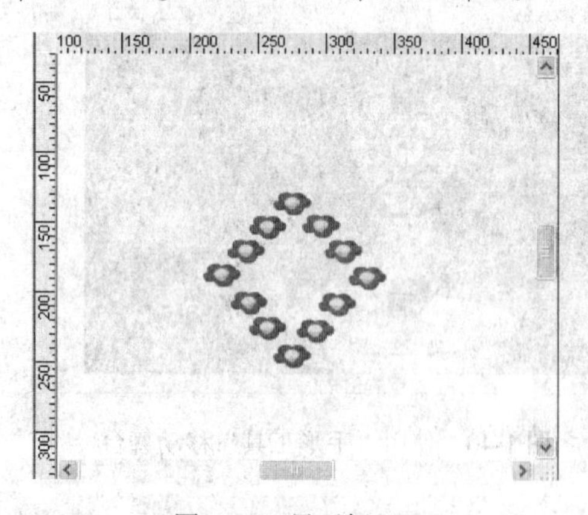


图 1-43 显示标尺

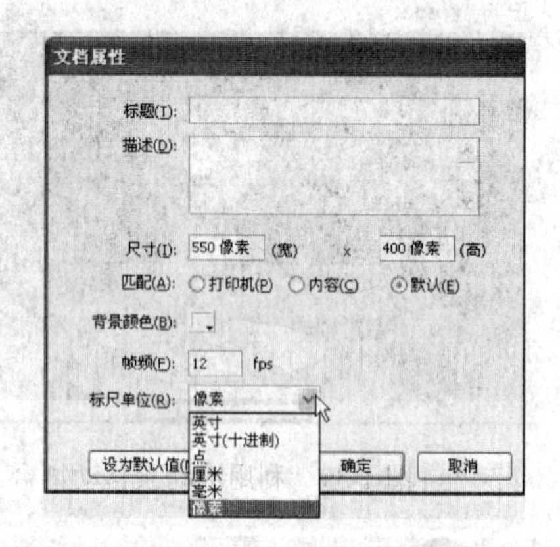


图 1-44 选择标尺度量单位

**步骤 6** 利用辅助线可以使对象对齐到舞台中某一纵线或横线上。在舞台上方或左侧的标尺上按住鼠标左键并拖动，可拖出水平或垂直辅助线，如图 1-45 所示。反复操作可拖

出多条辅助线。

**步骤 7**　拖出辅助线后，便可以将对象放置在辅助线处，对象会自动贴紧辅助线，如图 1-46 所示。

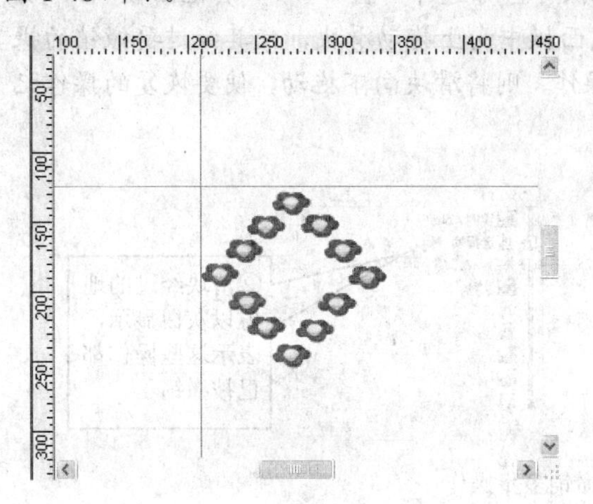


图 1-45　拖出辅助线

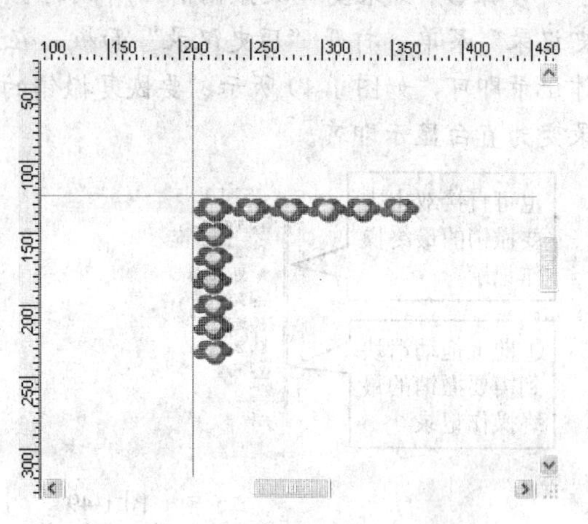


图 1-46　将对象放置在辅助线处

**步骤 8**　要移动辅助线，可以选择工具箱中的“选择工具”，然后将光标移动到辅助线上，按住鼠标左键并拖动；要避免误移动辅助线，可以选择“视图”>“辅助线”>“锁定辅助线”菜单，将辅助线锁定，重新选择该菜单可解除辅助线的锁定。

**步骤 9**　要编辑辅助线，可以选择“视图”>“辅助线”>“编辑辅助线”菜单，在打开的“辅助线”对话框中设置辅助线的颜色、贴紧精确度等参数，如图 1-47 所示。

**步骤 10**　要清除单条辅助线，只需使用“选择工具”将其拖出舞台即可；要清除全部辅助线，可选择“视图”>“辅助线”>“清除辅助线”菜单，如图 1-48 所示。

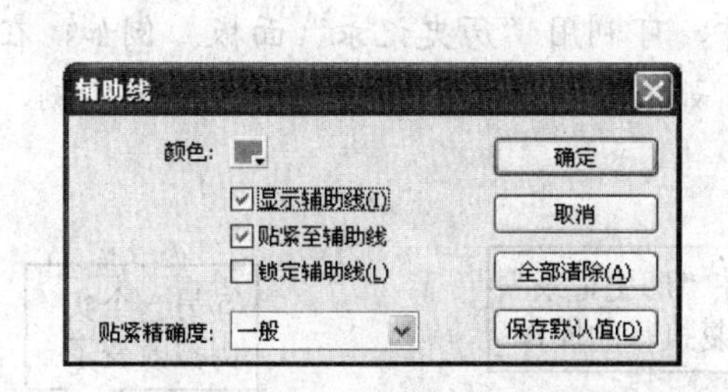


图 1-47　“辅助线”对话框

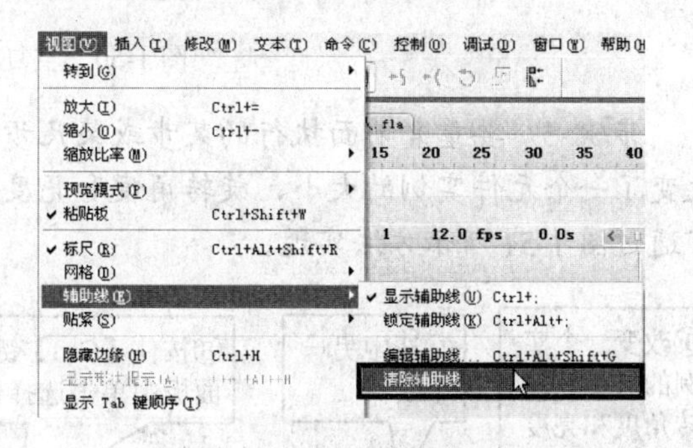


图 1-48　清除全部辅助线

## 三、操作的撤销、重做与重复

在制作 Flash 动画时，如果某些操作不符合要求，可以将其撤销；此外，如果某些操作需要被多次使用，还可以利用重复命令快速执行这些操作。

**步骤 1**　要撤销前一步操作，可选择“编辑”>“撤销 × × ×”菜单，按快捷键【Ctrl+Z】，或单击工具栏上的“撤销”按钮。连续执行可撤销前面进行过的多步操作。

**步骤 2** 要恢复前一步撤销的操作，可选择“编辑”>“重做×××”菜单，按快捷键【Ctrl+Y】，或单击工具栏上的“重做”按钮↪。连续执行可恢复多步撤销的操作。

**步骤 3** 如果要一次撤销前面所做的多步操作，可选择“窗口”>“其他面板”>“历史记录”菜单，打开“历史记录”面板，在该面板中向上拖动滑块，使其经过要撤销的操作记录即可，如图 1-49 所示。要恢复撤销的操作，则将滑块向下拖动，使要恢复的操作记录变为直白显示即可。

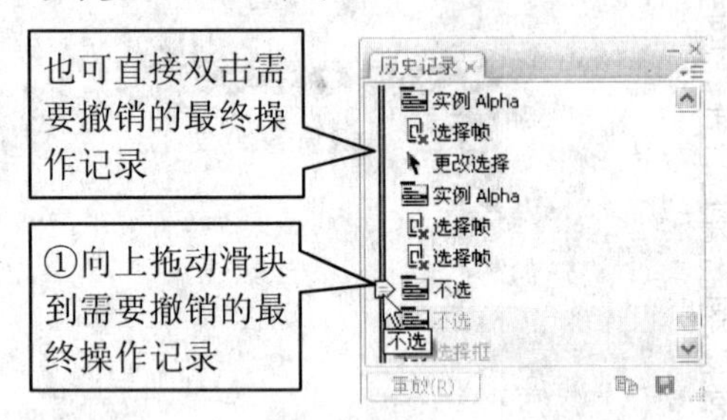

图 1-49 一次撤销多步操作

**步骤 4** 要重复前一步操作，可选择“编辑”>“重复”菜单。例如，舞台上有两个对象，如图 1-50 左图所示，我们将其中一个对象水平翻转，如图 1-50 中图所示。此时如果要将另一个对象也水平翻转，可选中该对象，然后选择“编辑”>“重复”菜单即可，效果如图 1-50 右图所示。

图 1-50 重复前一个操作

**步骤 5** 要重复前面执行的某步或某几步操作，可利用“历史记录”面板。例如，在改变了一个元件实例的大小、旋转角度和亮度后，如果要将这些操作应用于另一个实例，可通过图 1-51 所示方法实现。

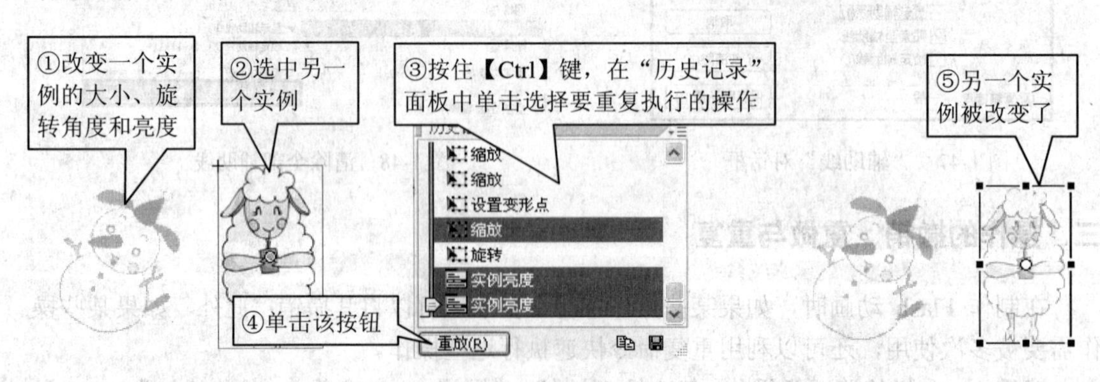


图 1-51 重复指定的操作

选择“历史记录”面板中的记录时，按住【Shift】键单击，可同时选中连续的多个记录；按住【Ctrl】键单击，可同时选中不连续的多个记录。要清除历史记录，可单击面板右上角的按钮，从弹出的面板菜单中选择“清除历史记录”菜单项。默认情况下，在“历史记录”面板中保存了 100 步操作，选择“编辑”>“首选参数”菜单，在“首先参数”对话框的 100 层级 文本框中可设置“历史记录”面板中保留的最多步骤数。

## 检测与评价

本项目主要通过制作“小球跳动”动画的实例，让读者了解了 Flash 动画的制作原理、特点、创作流程、相关概念等。其中，任务一第二小节中对“时间轴”面板的讲解是一个重点，延伸阅读中对 Flash 动画原理的讲解也是重点，任务二全节都是重点，学完该节内容后，用户应对使用 Flash CS3 制作动画的手法、流程，以及相关概念有一定的了解。

## 成果检验

运用本章所学知识，制作如图 1-52 所示的小汽车动画，本例最终效果请参考本书配套素材“素材与实例”>“项目一”>“小汽车.fla”。

图 1-52　小汽车动画截图

**提示**

（1）打开本书配套素材“素材与实例”>“项目一”>“小汽车素材.fla”文档，使用“选择工具”将“图层 2”上的小汽车移动到舞台右侧边界外。

（2）在“图层 1”的第 40 帧处插入普通帧，在“图层 2”的第 40 帧处插入关键帧。

（3）使用“选择工具”将“图层 2”第 40 帧上的小汽车水平移动到舞台左侧边界外。

（4）在“图层 2”中第 1 帧与第 40 帧之间的任意帧上右击鼠标，在弹出的快捷菜单中选择“创建补间动画”菜单项。

（5）保存文档，并按快捷键【Ctrl+Enter】预览动画效果。

# 项目二　风车小屋——绘制图形

**课时分配**：10 学时

**学习目标**

| 掌握使用绘图工具绘制图形的方法 |
| --- |
| 掌握输入文字的方法 |

**模块分配**

| 任务一 | 风车底座——绘制和调整线条 |
| --- | --- |
| 任务二 | 小屋、风车、月亮和星星——绘制几何图形 |
| 任务三 | 绘制麦田和夜空——使用“钢笔工具” |
| 任务四 | 输入和美化文字 |

**作品成品预览**

素材位置

实例位置：光盘\素材与实例\项目二\风车小屋.fla

图形是组成 Flash 动画的基本元素，本项目将通过绘制风车小屋来学习使用 Flash 的绘图工具绘制图形，以及使用文本工具输入文本的方法。

# 任务一 风车底座——绘制和调整线条

## 学习目标

| | |
|---|---|
|  | 掌握“线条工具”的使用方法 |
| | 掌握“铅笔工具”的使用方法 |
| | 掌握使用“选择工具”调整和移动对象的方法 |

## 一、使用“线条工具”绘制风车底座轮廓

利用“线条工具”可以绘制不同粗细、颜色和形状的线条。在工具箱中单击或按快捷键【N】选中“线条工具”后，可通过“属性”面板设置其相关属性，如图 2-1 所示，然后在舞台中按住鼠标左健不放并拖动，释放鼠标后即可绘制一条直线。

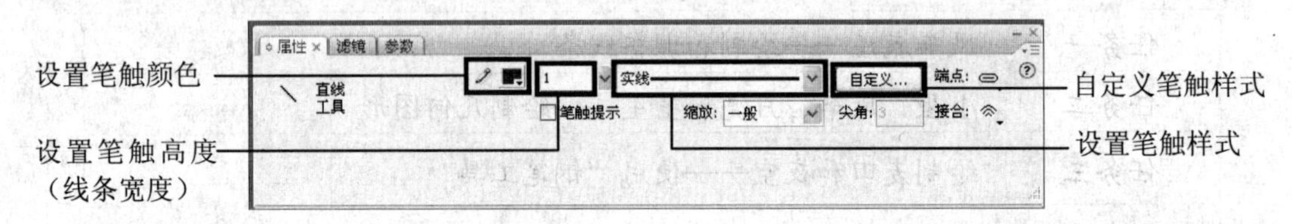


图 2-1 线条工具的属性

下面通过绘制风车底座的轮廓来学习“线条工具”的用法。

**步骤 1** 新建一个 Flash 文档，将宽度设为“800 像素”、高度设为“600 像素”，如图 2-2 所示。

**步骤 2** 在工具箱中选择“线条工具”，然后打开“属性”面板，将笔触高度设为 1、笔触样式设为实线、笔触颜色设为黑色，如图 2-3 所示。

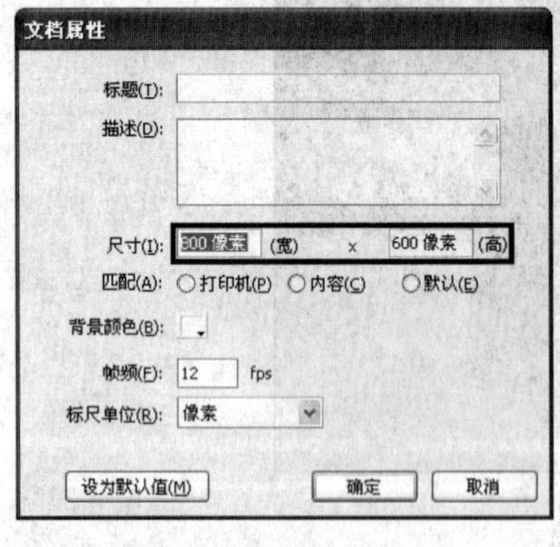


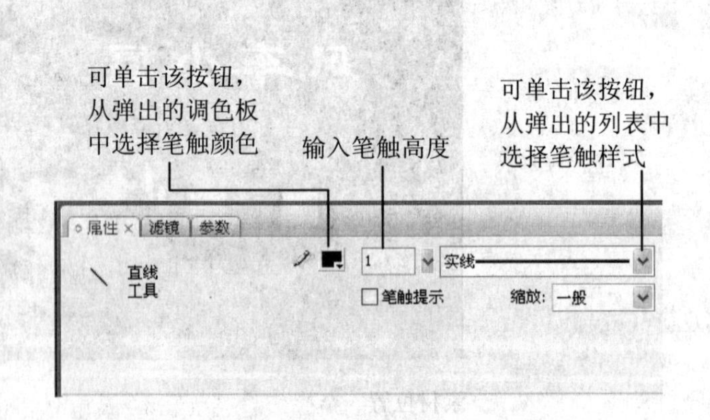


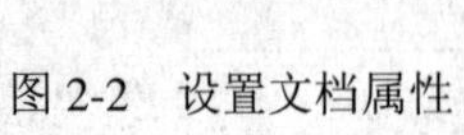
图 2-2 设置文档属性

图 2-3 设置“线条工具”属性

**步骤 3** 按下工具箱选项区的“贴紧至对象”按钮，如图 2-4 所示。然后将光标移

动到舞台偏右位置，绘制图 2-5 所示的风车底座。

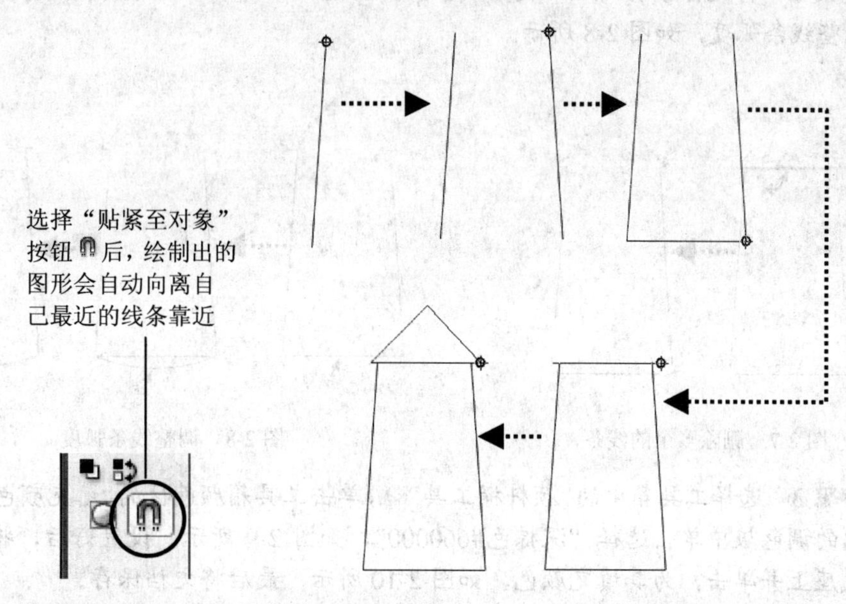


图 2-4　单击“贴紧至对象”按钮　　图 2-5　绘制风车底座

## 二、使用“选择工具”调整风车底座

在工具箱中单击或按快捷键【V】选中“选择工具”后，在舞台中的对象上单击可选中对象；“选择工具”的另一个重要作用是调整图形的形状，如图 2-6 所示。

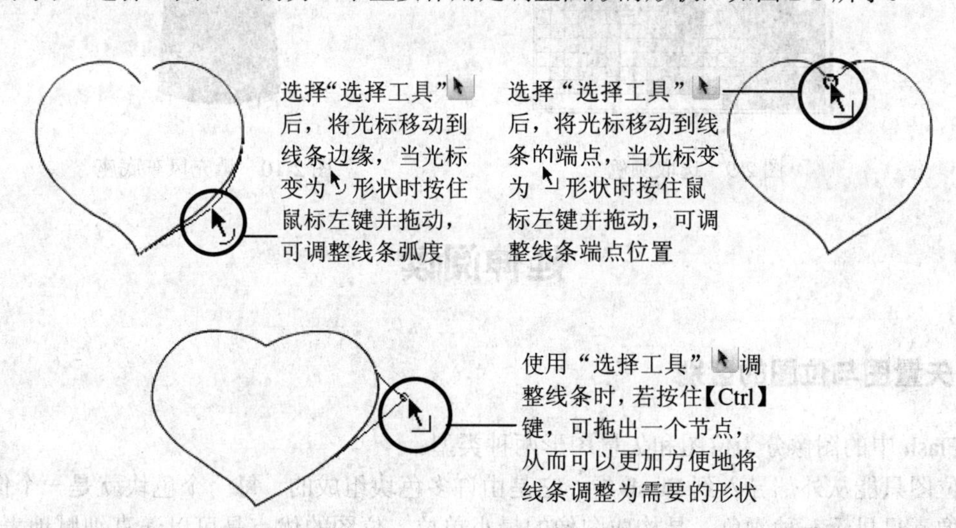


图 2-6　调整对象形状

下面通过调整风车底座的轮廓，学习使用“选择工具”调整线条形状的方法。

**步骤 1**　在工具箱中选中“选择工具”，然后单击风车多余的线段将其选中，再按

【Delete】键删除，如图 2-7 所示。

**步骤 2** 将光标移动到风车底边线条上，当光标标为形状时按住鼠标左键并向下拖动，调整线条弧度，如图 2-8 所示。

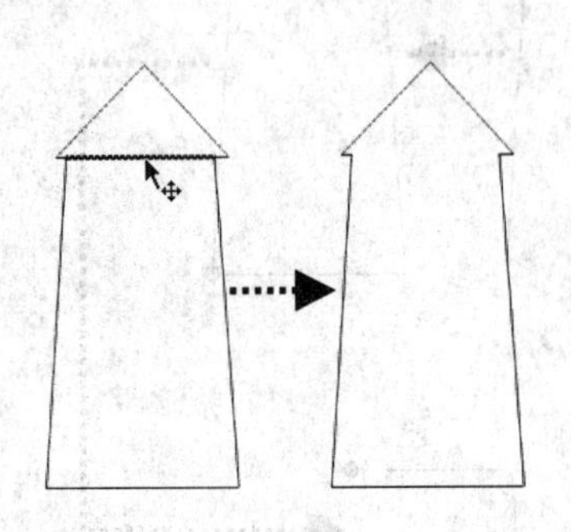

图 2-7 删除多余的线条

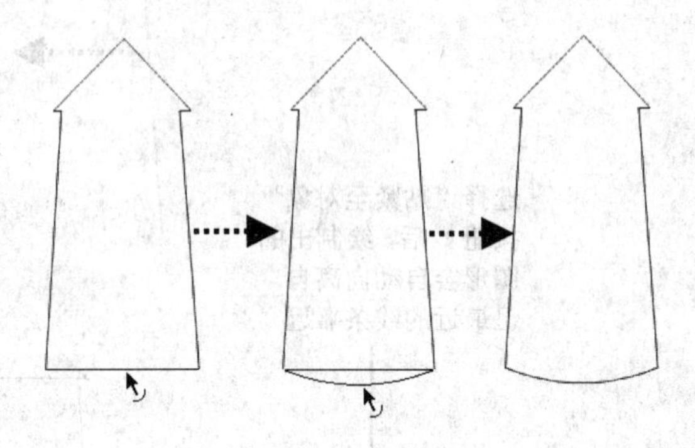

图 2-8 调整线条弧度

**步骤 3** 选择工具箱中的"颜料桶工具"，单击工具箱颜色区的"填充颜色"按钮，在弹出的调色板中单击选择"深棕色#660000"，如图 2-9 所示。设置好后，将光标移动到风车底座上并单击，为其填充颜色，如图 2-10 所示。最后将文档保存。

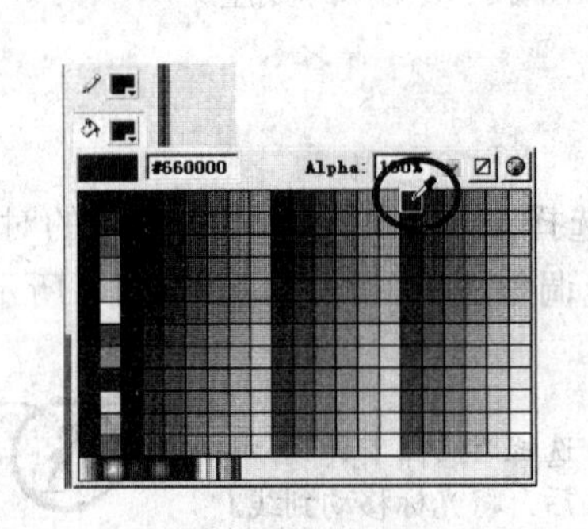


图 2-9 选取颜色

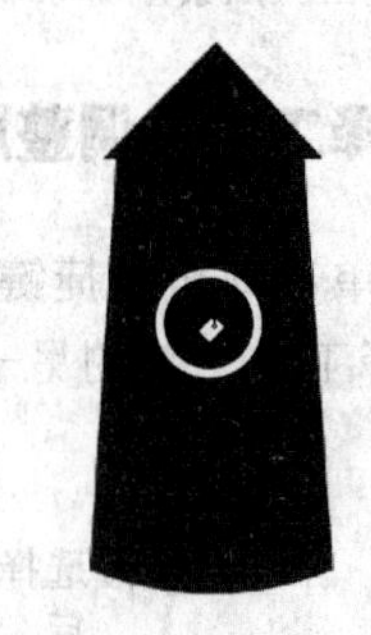

图 2-10 填充风车底座

# 延伸阅读

## 一、矢量图与位图的区别

Flash 中的图像分为位图和矢量图形两种类型。

位图只能从外部导入到 Flash 中，它是由许多色块组成的，每一个色块就是一个像素，每个像素只显示一种颜色，是构成图像的最小单位。位图的优点是可以逼真细腻地表现自然界的景物。缺点是在改变图像大小时，会使图像变模糊，如图 2-11 所示。我们有时使用位图作为动画的背景。

在 Flash 中绘制的图形属于矢量图形，矢量图形记录的是图形的几何形状、线条粗细

和色彩等，例如，可以使用“选择工具”单击选中矢量图形的某段线条，或选中某个填充并进行设置。矢量图形的优点是无论怎样改变图形的大小都不会失真，如图 2-12 所示，缺点是难以表现色彩层次丰富的逼真图像效果。

图 2-11　位图

图 2-12　矢量图形

## 二、对象绘制模式

选中“线条工具”后，在工具箱中会出现一个“对象绘制”按钮，如图 2-13 所示。当“对象绘制”按钮处于按下状态时，绘制出的图形会自动组合成整体对象，方便选择或移动。这种模式下绘图的缺点是：必须使用“选择工具”双击图形进入其编辑模式，才能对图形的形状或填充进行调整。所以除了一些特殊情况外，一般不使用此模式。

例如，在普通模式下绘制两条交叉的直线，它们会相互切割，如图 2-14 所示。而在对象绘制模式下绘制的直线之间相互不会受到影响，如图 2-15 所示。

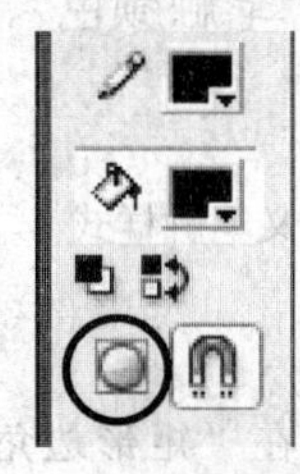

图 2-13　“对象绘制”按钮

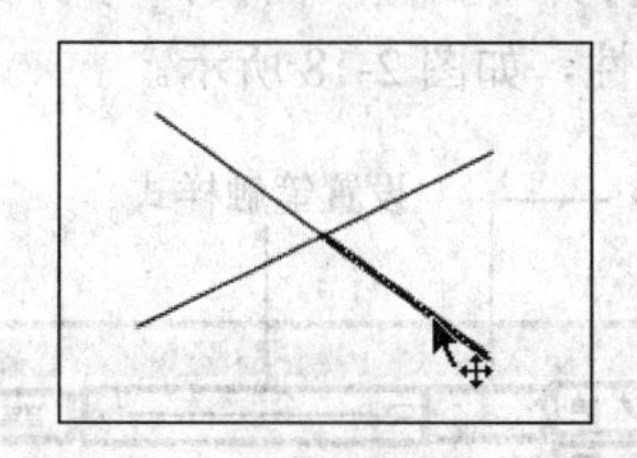

图 2-14　相互切割的线条

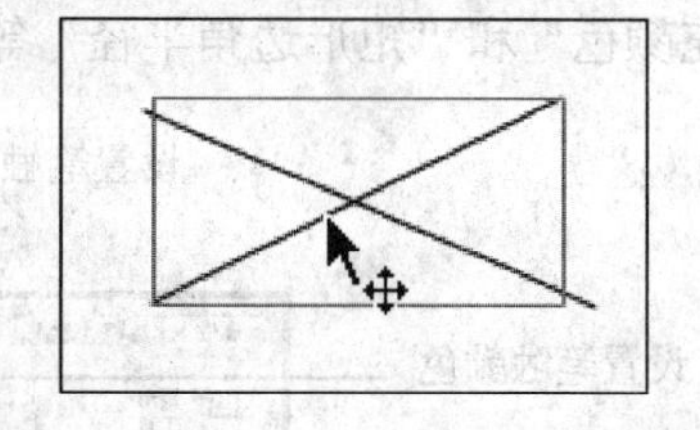

图 2-15　对象绘制

## 三、“铅笔工具”的使用

使用“铅笔工具”可以绘制任意形状的线条和图形。在工具箱中选中“铅笔工具”后，选项区域会出现一个“铅笔模式”按钮，单击该按钮，可从弹出下拉列表中选择铅笔模式，如图 2-16 所示。

设置好铅笔模式后，将光标移动到舞台上，鼠标光标会变为形状，此时在舞台上单击并任意拖动便可绘制出图形。图 2-17 所示为不同模式下绘制的图形。

图 2-16　铅笔工具的 3 种模式　　　　图 2-17　使用 3 种模式绘制的图形

# 任务二　小屋、风车、月亮和星星——绘制几何图形

## 学习目标

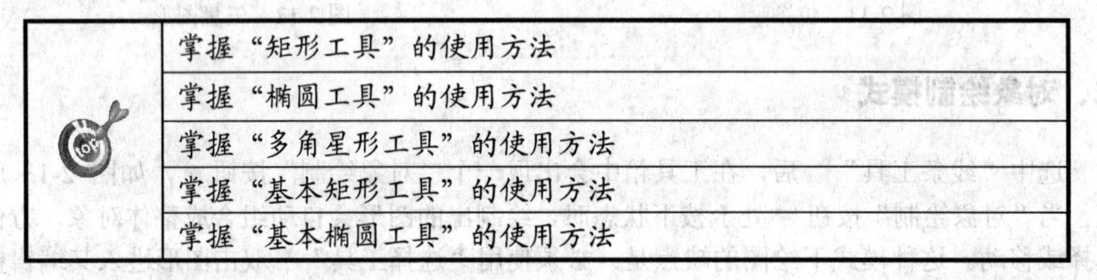

| 掌握“矩形工具”的使用方法 |
| --- |
| 掌握“椭圆工具”的使用方法 |
| 掌握“多角星形工具”的使用方法 |
| 掌握“基本矩形工具”的使用方法 |
| 掌握“基本椭圆工具”的使用方法 |

## 一、使用“矩形工具”绘制小屋

使用“矩形工具”可以绘制出矩形、正方形和圆角矩形。在工具箱中单击或按快捷键【R】选择“矩形工具”后，打开“属性”面板，可以设置矩形的“笔触颜色”、“填充颜色”和“矩形边角半径”等属性，如图 2-18 所示。

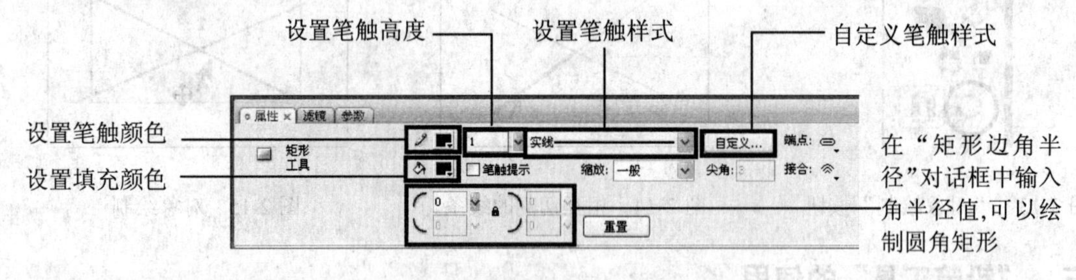


图 2-18　“矩形工具”的“属性”面板

设置好后，在舞台中拖动即可绘制出相关图形。下面利用“矩形工具”绘制小屋。

**步骤 1**　打开前面保存的文档，选择工具箱中的“矩形工具”，然后打开“属性”面板，将“填充颜色”设为“深蓝色#000066”，其他参数保持不变，如图 2-19 所示。

**步骤 2**　将光标移动到舞台偏左位置，按住鼠标左键不放并拖动，绘制一个图 2-20 所示的矩形。

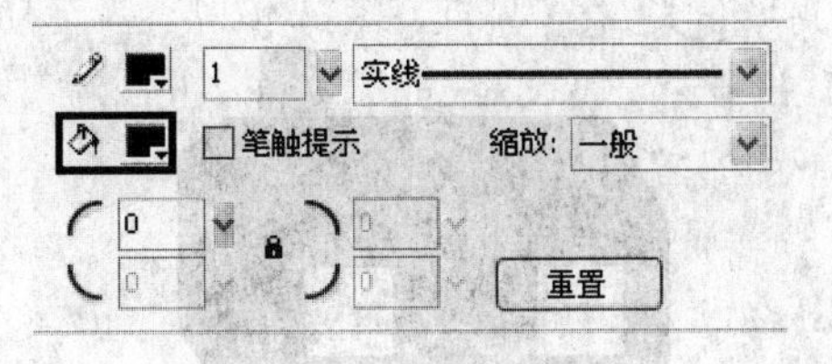

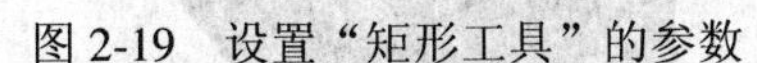
图 2-19　设置“矩形工具”的参数

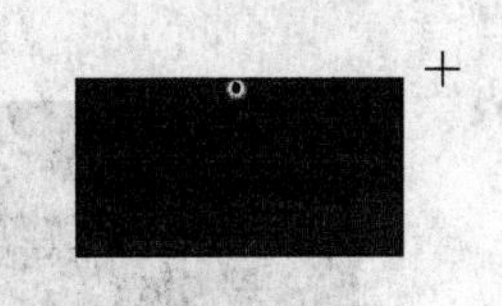
图 2-20　绘制矩形

**步骤 3**　选择“线条工具”，然后在矩形右侧绘制两条图 2-21 所示的线段，作为小屋的侧面。

**步骤 4**　继续使用“线条工具”绘制小屋的房顶，如图 2-22 所示。

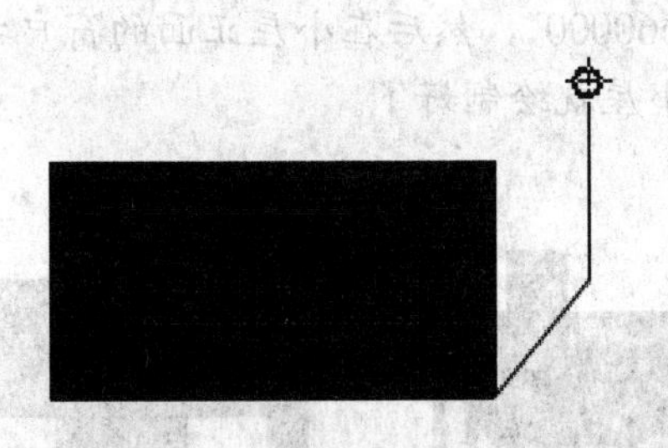
图 2-21　绘制小屋侧面

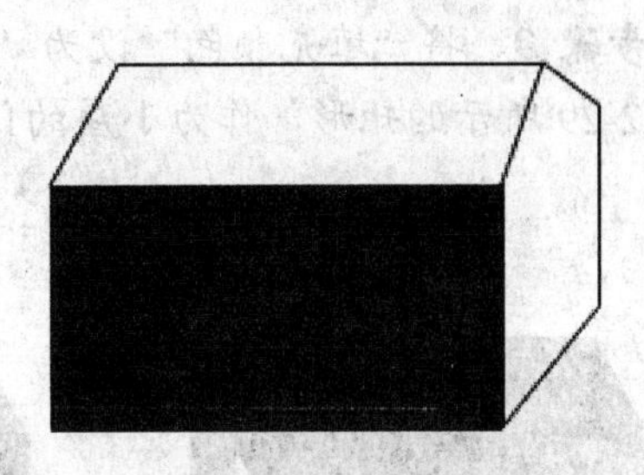
图 2-22　绘制小屋房顶

**步骤 5**　选择工具箱中的“颜料桶工具”，单击工具箱颜色区的“填充颜色”按钮，在弹出的调色板中选择深蓝色（#000066），然后单击小屋侧面填充颜色，如图 2-23 所示。再将“填充颜色”设为深棕色（#660000），为小屋的房顶填充颜色，如图 2-24 所示。

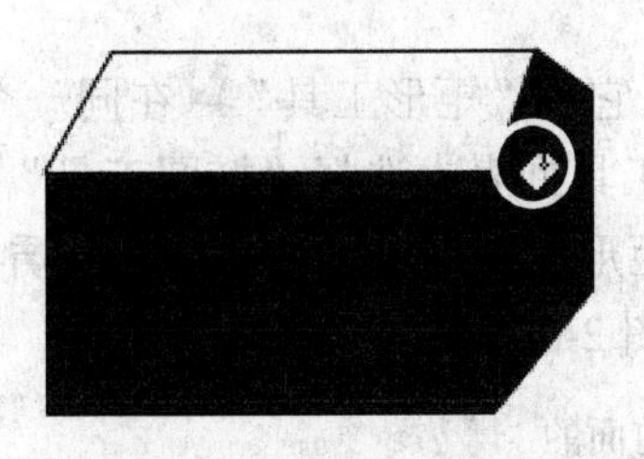
图 2-23　填充小屋侧面

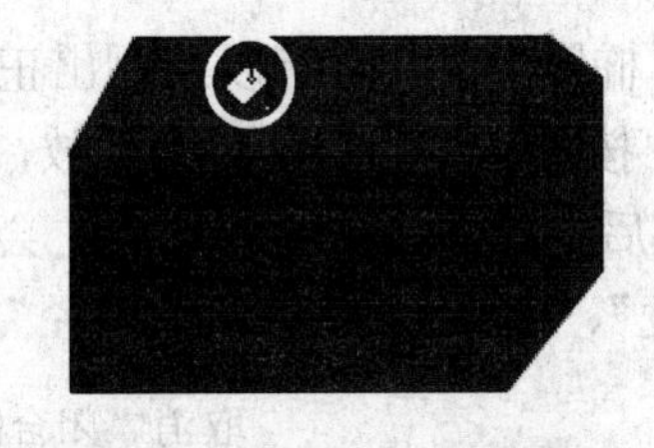
图 2-24　填充小屋房顶

**步骤 6**　选择“矩形工具”，将“填充颜色”设为“深蓝色#000066”，然后在小屋的房顶上绘制一个图 2-25 所示的矩形，作为小屋的烟囱。

**步骤 7**　将“填充颜色”设为“黄色#FFFF00”，然后在按住【Shift】键的同时，在小屋的正面绘制 2 个正方形，作为小屋的窗户，如图 2-26 所示。

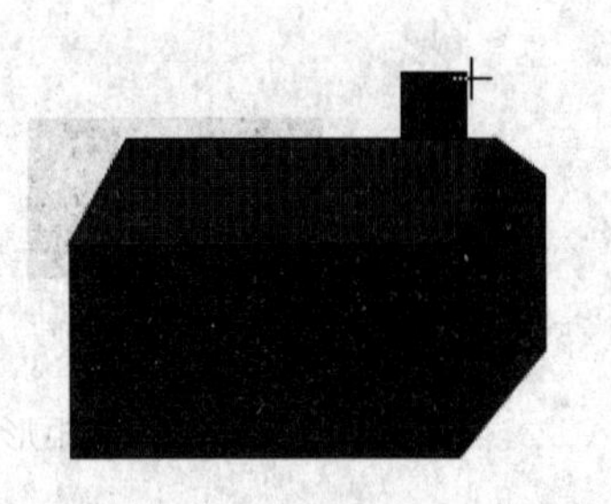

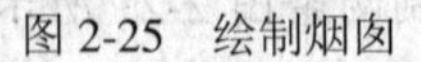
图 2-25 绘制烟囱

图 2-26 绘制窗户

**步骤 8** 使用“矩形工具”在小屋的侧面绘制一个矩形，然后使用“选择工具”将其调整为图 2-27 所示的形状。利用同样的方法，再制作一个窗户，如图 2-28 所示。

**步骤 9** 将“填充颜色”设为“深棕色#660000”，然后在小屋正面的窗户之间绘制一个图 2-29 所示的矩形，作为小屋的门。这样小屋就绘制好了。

图 2-27 制作侧面的窗户

图 2-28 制作第 2 个窗户

图 2-29 绘制小屋的门

## 二、使用“椭圆工具”绘制风车和月亮

利用“椭圆工具”可以绘制出正圆和椭圆。它与“矩形工具”在同一个工具组中，在工具箱中按住“矩形工具”不放，在弹出的工具列表中选择“椭圆工具”或按下快捷键【O】后，打开“属性”面板，会发现与“矩形工具”的参数大同小异，只是多了“起始角度”、“结束角度”和“内径”选项，如图 2-30 所示。

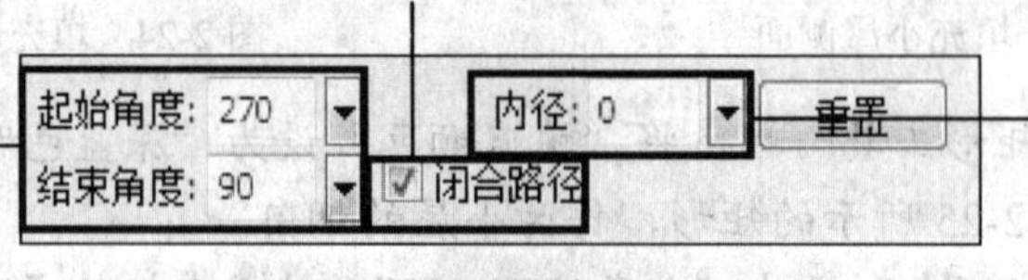


图 2-30 “椭圆工具”选项

下面通过绘制风车和月亮来熟悉椭圆工具”的使用方法：

**步骤 1** 单击“时间轴”面板左下方的“插入图层”按钮，在“图层 1”上方新建“图层 2”，如图 2-31 所示。

**步骤 2** 选择“椭圆工具”，单击工具箱颜色区的“填充颜色”按钮，在弹出的调色板中，将填充颜色设为“无填充色”，如图 2-32 所示。

单击某图层可将其置于当前层，这样在舞台上绘制的图形便位于该图层中

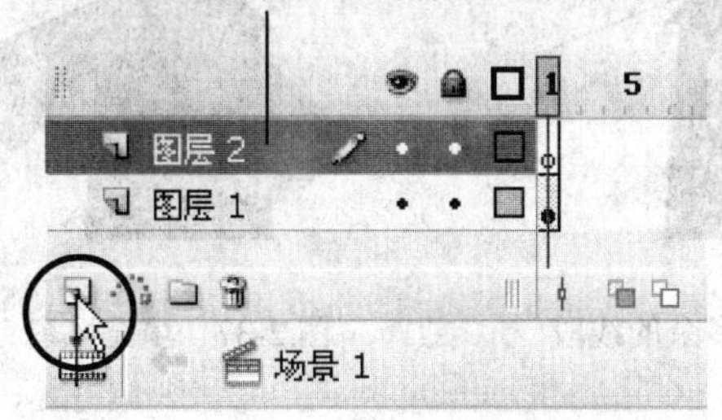


图 2-31 新建图层

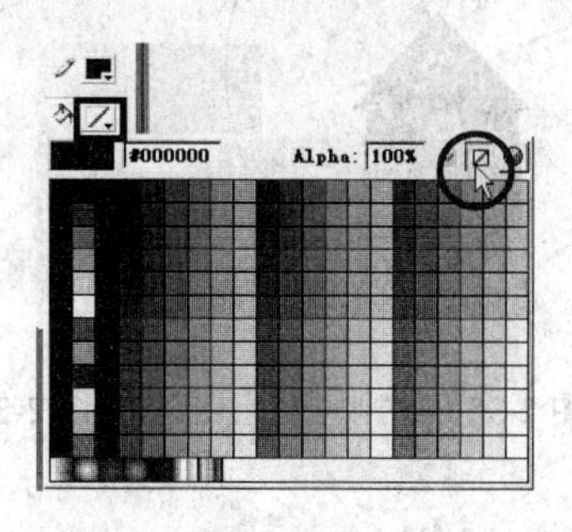


图 2-32 设置填充颜色

**步骤 3** 将光标移动到风车底座的偏上位置，然后在按住【Shift+Alt】键的同时按住鼠标左键并拖动，在“图层 2”上绘制一个正圆，如图 2-33 所示。在不同的图层上绘制图形，可以避免图形之间粘在一起。

**步骤 4** 将光标移动到正圆的圆心位置，再按住【Shift+Alt】键绘制一个较小的同心正圆，如图 2-34 所示。

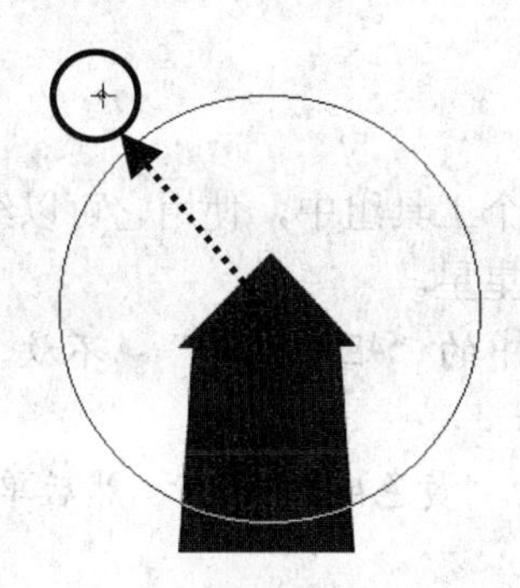

图 2-33 绘制正圆

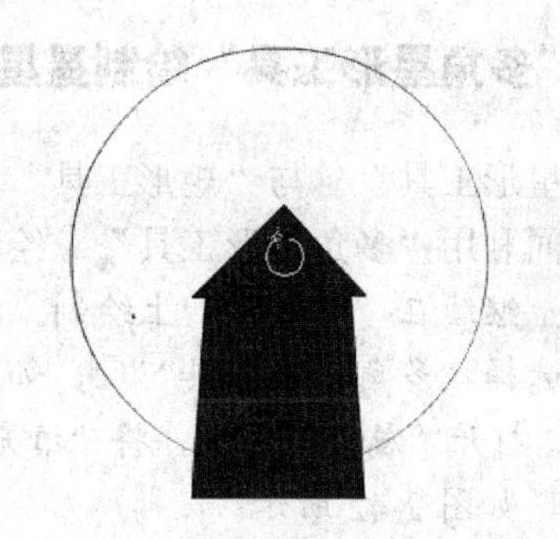

图 2-34 绘制较小的同心正圆

**步骤 5** 选择“线条工具”，在两个正圆之间绘制线段，制作风车的扇叶，如图 2-35 所示。

**步骤 6** 使用“选择工具”选中多余的线段，然后按【Delete】键将其删除，如图 2-36 所示。

**步骤 7** 选择工具箱中的“颜料桶工具”，将“填充颜色”设为“棕色#996600”，然后为风车的风扇填充颜色，如图 2-37 所示。

**步骤 8** 下面我们绘制月亮，选择“椭圆工具”，将“填充颜色”设为“黄色#FFFF00”，然后在按住【Shift】键的同时，在舞台左上角绘制一个正圆，如图 2-38 所示。

**步骤 9** 使用“椭圆工具”在绘制的正圆右面再绘制一个正圆，如图 2-39 所示。使用“选择工具”选中第 2 个正圆，按【Delete】键将其删除，如图 2-40 所示。

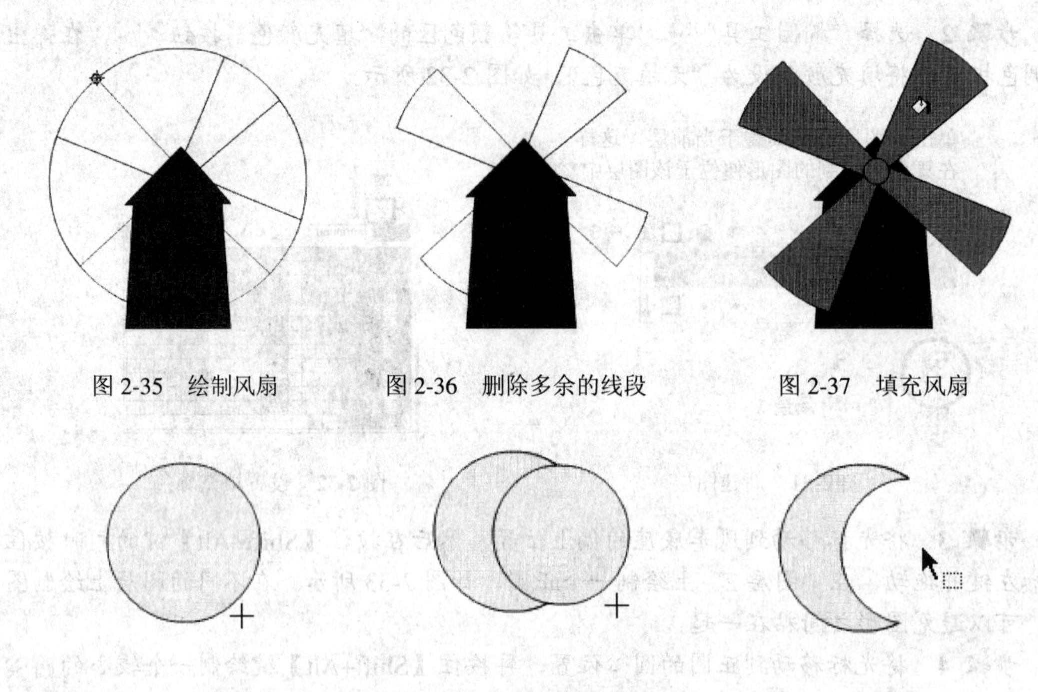

图 2-35 绘制风扇　　图 2-36 删除多余的线段　　图 2-37 填充风扇

图 2-38 绘制正圆　　图 2-39 绘制第 2 个正圆　　图 2-40 删除第 2 个正圆

## 三、使用“多角星形工具”绘制星星

“多角星形工具”与“矩形工具”也在同一个工具组中，使用它可以绘制多边形和星形。下面利用“多角星形工具”绘制夜空中的星星。

**步骤 1** 继续在“图层 2”上绘制。按住工具箱中的“矩形工具”不放，在弹出的工具列表中选择“多角星形工具”，如图 2-41 所示。

**步骤 2** 打开“属性”面板，将“填充颜色”设为“黄色#FFFF00”，然后单击“选项”按钮 选项... ，如图 2-42 所示。

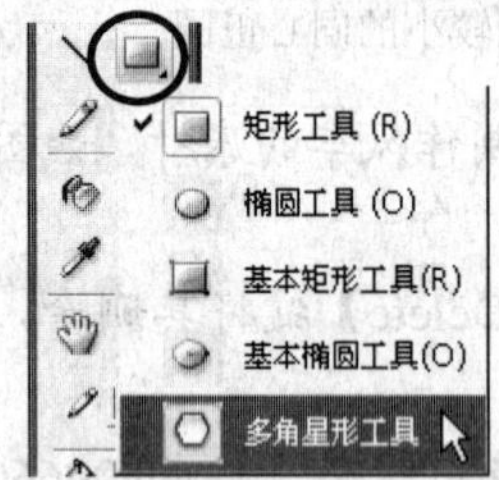

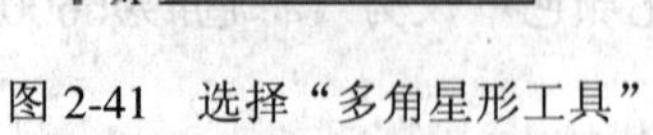

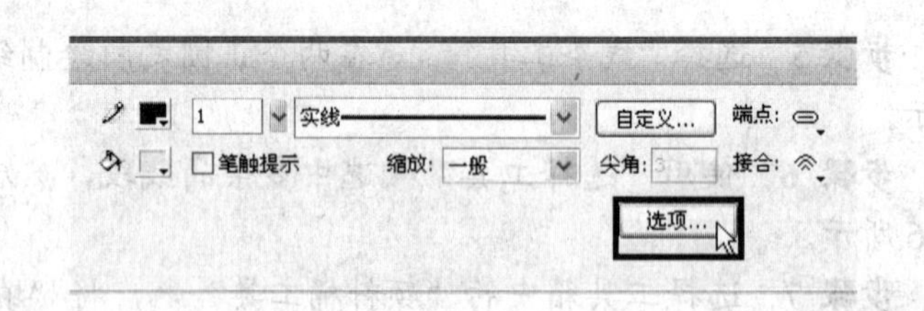


图 2-41 选择“多角星形工具”　　图 2-42 单击“选项”按钮

**步骤 3** 在打开的“工具设置”对话框中，将“样式”设为“星形”、“边数”设为“5”、“星形顶点大小”设为“0.5”，如图 2-43 所示。

**步骤 4** 设置好参数后，在舞台上方绘制多个大小不一的五角星，如图 2-44 所示。

图 2-43　“工具设置”对话框　　图 2-44　绘制星星

# 延伸阅读

## 一、“基本矩形工具”的使用

“基本矩形工具”是 Flash CS3 新增的工具之一，它的使用方法与“矩形工具”基本一样。所不同的是，使用“选择工具”拖动其边角上的节点，可以改变矩形的圆角弧度，如图 2-45 所示。

此外，选中用“基本矩形工具”绘制的矩形后，可以通过“属性”面板更改其圆角弧度，如图 2-46 所示。而使用“矩形工具”绘制的矩形不能做到这一点。

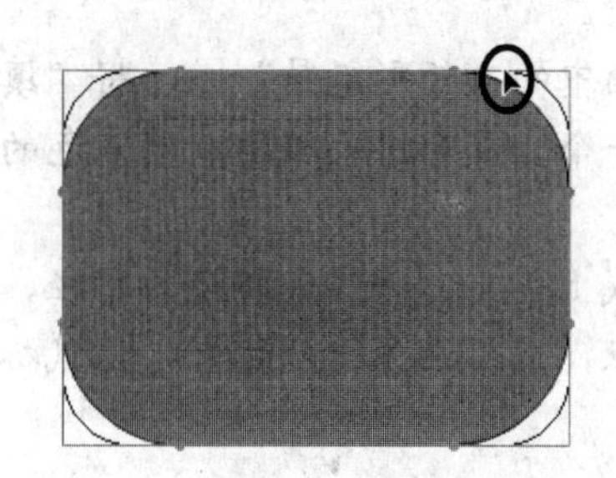

图 2-45　改变矩形的圆角弧度

图 2-46　通过“属性”面板改变矩形的圆角弧度

## 二、“基本椭圆工具”的使用

“基本椭圆工具”也是 Flash CS3 新增的工具之一，它的使用方法与“椭圆工具”基本一样。所不同的是，使用“选择工具”拖动椭圆外围的节点，可以将椭圆变为扇形，或改变扇形的起始角度和结束角度，如图 2-47 所示；拖动椭圆内部的节点，可将椭圆变为空心圆，或改变空心圆的内径大小，如图 2-48 所示。

选中用“基本椭圆工具”绘制的椭圆后，可以通过“属性”面板更改椭圆的起始角度、结束角度以及内径。

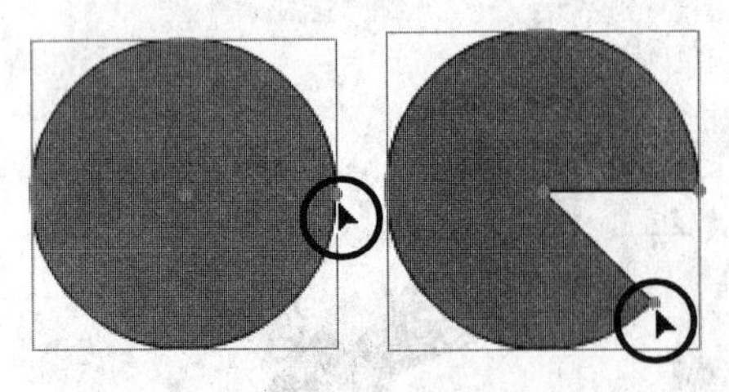

图 2-47　改变起始角度和结束角度

图 2-48　改变内径数值

# 任务三　绘制麦田和夜空——使用“钢笔工具”

## 学习目标

| | |
|---|---|
|  | 掌握“钢笔工具”的使用方法 |
| | 掌握“添加锚点工具”的使用方法 |
| | 掌握“删除锚点工具”的使用方法 |
| | 掌握“转换锚点工具”的使用方法 |

使用“钢笔工具”可以绘制直线线段和曲线，它的强项是可以通过调节曲线的曲率绘制平滑的曲线。下面使用“钢笔工具”绘制麦田和夜空。

**步骤 1**　单击“图层 1”将其置为当前层。选择工具箱中的“矩形工具”，将“填充颜色”设为“无颜色”，然后在“图层 1”上绘制一个比舞台略大、没有填充色的矩形，如图 2-49 所示。

**步骤 2**　选择“钢笔工具”，在舞台左侧的矩形边线上单击，将线条转换为路径，将光标移动到路径上，当光标呈形状时单击确定一个描点，然后在另一个位置按住鼠标左键不放并拖动，绘制一条曲线路径，如图 2-50 所示。

图 2-49　绘制矩形

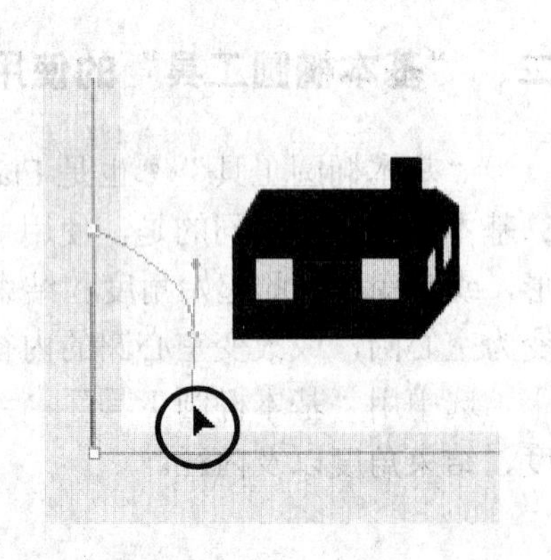

图 2-50　绘制曲线路径

**步骤3**　按【Esc】键或选择工具箱中的任意工具结束曲线路径的绘制。再次使用“钢笔工具”在曲线上单击，将其转换为路径，然后分别在图2-51所示的3个位置单击确定3个描点。

**步骤4**　结束路径的绘制，然后利用与步骤3相同的方法，绘制图2-52所示的路径。如果对绘制的效果不满意，可以使用“部分选取工具”进行调整。

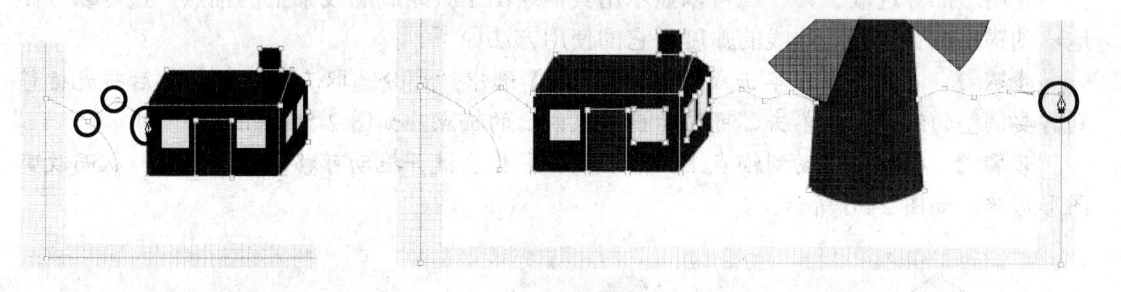

图2-51　绘制左侧的路径　　图2-52　绘制其余的路径

锚点决定线条起点、终点以及转折点的位置，利用它们可以调整线条形状。使用“钢笔工具”单击形成的描点被称为直线描点，单击并拖动形成的描点被称为曲线描点。利用曲线描点，可以调整曲线的弧度，方法参考“延伸阅读”第一小节。

**步骤5**　选择工具箱中的“颜料桶工具”，将“填充颜色”设为“暗黄色#A2A200”，在舞台下方空白处单击填充麦田，如图2-53所示。

**步骤6**　将“填充颜色”设为“黑色”，然后在舞台上方空白处单击填充夜空，如图2-54所示。

图2-53　填充麦田

图2-54　填充夜空

# 延伸阅读

## 一、“部分选取工具”的使用

利用“部分选取工具”可以显示用其他绘图工具绘制的线条上的锚点，还可以方便地移动锚点位置和调整曲线的弧度。它的使用方法如下。

**步骤 1** 在工具箱中单击或按快捷键【A】选中“部分选取工具”，然后将光标移到需要调整的线条上并单击，可显示出该线条上的锚点，如图 2-55 所示。

**步骤 2** 将光标移动到锚点上，然后按住鼠标左键并拖动可移动锚点位置，从而改变图形形状，如图 2-56 所示。

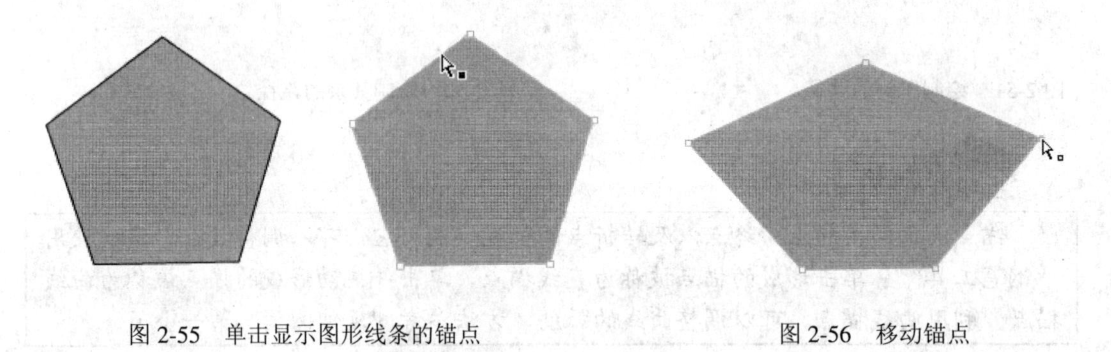

图 2-55 单击显示图形线条的锚点　　图 2-56 移动锚点

**步骤 3** 单击曲线描点，在其两侧将出现一个调节杆，将光标移动到调节杆两端的调节柄上，按住鼠标左键并拖动可调整曲线的弧度，如图 2-57 所示。在拖动的同时按住【Alt】键，可单独调整一边的调节杆，如图 2-58 所示。

图 2-57 调整曲线的弧度

图 2-58 单独调整一边的调节杆

## 二、“添加锚点工具”的使用

“添加锚点工具”与“钢笔工具”在同一个工具组中，利用“添加锚点工具”可以在现有路径上添加锚点，从而可以更加灵活地调整图形形状。

选中“添加锚点工具”后，将光标移到路径上方，当光标呈形状时单击，即可在

路径上添加锚点，如图 2-59 所示。

图 2-59　添加锚点

## 三、“删除锚点工具”的使用

利用“删除锚点工具”可以删除锚点。选中“删除锚点工具”后，将光标移动到希望删除的锚点上，当光标呈形状时单击即可删除锚点，如图 2-60 所示。

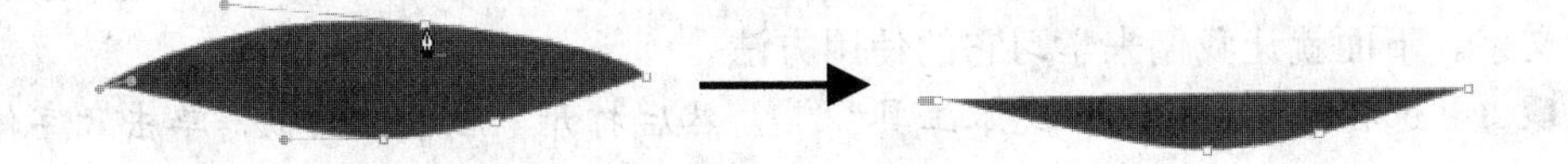

图 2-60　删除锚点

## 四、“转换锚点工具”的使用

“转换锚点工具”也与“钢笔工具”在同一个工具组中，利用它可以实现曲线锚点与直线锚点间的切换，它的使用方法如下。

**步骤 1**　选中“转换锚点工具”，将光标移到直线锚点上，按住鼠标左键并拖动即可将直线锚点转换为曲线锚点，如图 2-61 所示。利用“转换锚点工具”拖动曲线锚点上的调节杆，可以单独调整一边的弧度，如图 2-62 所示。

图 2-61　将直线锚点转换为曲线锚点　　　　图 2-62　单独调整一边的弧度

**步骤 2**　选中“转换锚点工具”，将光标移到曲线锚点上并单击，即可将曲线锚点转换为直线锚点，如图 2-63 所示。

图 2-63　将曲线锚点转换为直线锚点

# 任务四　输入和美化文字

## 学习目标

<table>
<tr><td rowspan="3"></td><td>掌握“文本工具”的使用方法</td></tr>
<tr><td>掌握使用“滤镜”面板为文字添加特效的方法</td></tr>
<tr><td>掌握安装字体的操作方法</td></tr>
</table>

## 一、使用“文本工具”输入文字

利用 Flash 提供的“文本工具” ，可以在我们制作的贺卡和 MTV 等作品中添加各式各样的文字。下面就让我们来学习它的使用方法。

**步骤 1**　选择工具箱中的“文本工具” ，然后打开“属性”面板，单击“字体”选项右侧的 按钮，在弹出的下拉列表中选择“隶书”，如图 2-64 所示。

**步骤 2**　在“字体大小”编辑框中输入“80”，然后单击“切换粗体”按钮 ，如图 2-65 所示。

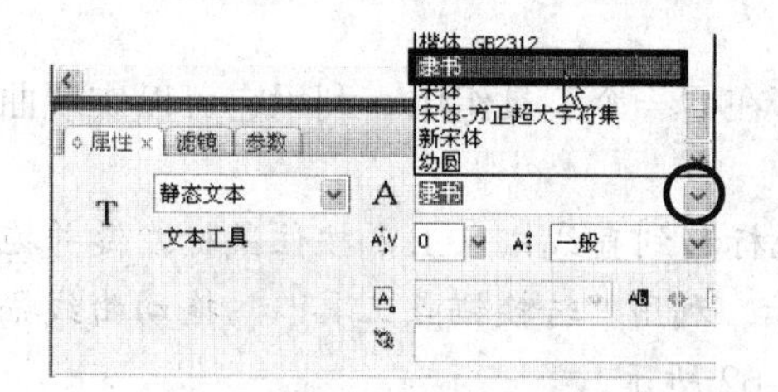

图 2-64　选择字体

图 2-65　设置字体大小

**步骤 3**　单击“文本（填充）颜色”按钮 ，在打开的拾色器中选择荧光绿“#CCFF00”，如图 2-66 所示。

**步骤 4**　单击“图层 2”将其设置为当前图层，将光标移动到舞台偏左的空白位置，然后单击并输入文字，如图 2-67 所示。按【Esc】键或单击工具箱中的其他工具可结束文字的输入。

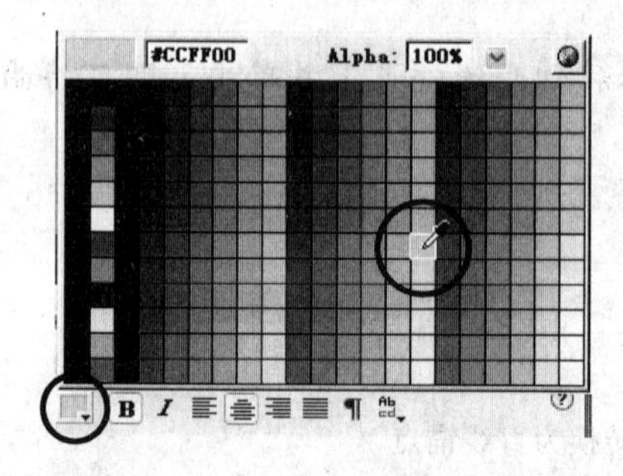


图 2-66　设置“文本（填充）颜色”

图 2-67　输入文字

## 二、利用“滤镜”面板为文字添加特效

利用“滤镜”面板为文字添加滤镜特效的具体方法如下：

**步骤 1**　在文字处于输入或选中状态下打开“滤镜”面板，单击“添加滤镜”按钮，从弹出的下拉列表中选择“渐变发光”滤镜，如图 2-68 所示。再次单击“添加滤镜”按钮，从弹出的下拉列表中选择“斜角”滤镜，如图 2-69 所示。

**步骤 2**　为文字添加滤镜特效后，单击“滤镜”列表中的特效，可以对其参数进行设置，这里我们保持默认即可，如图 2-70 所示。至此案例就完成了，最终效果可参考本书配套素材“素材与实例”>“项目二”>“风车小屋.fla”。

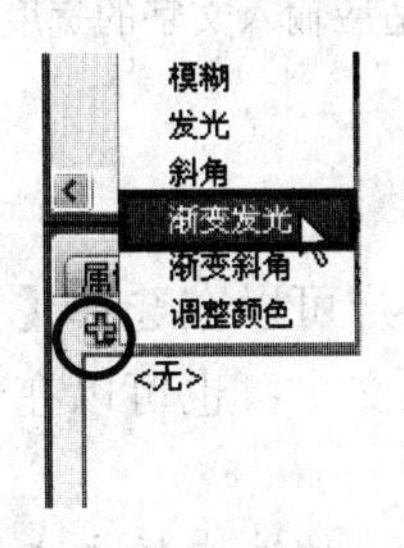


图 2-68　添加“渐变发光”滤镜

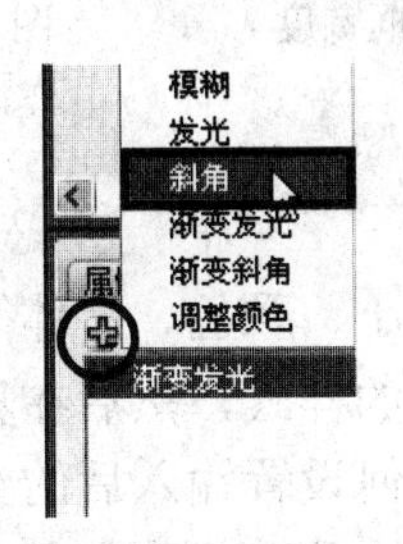


图 2-69　添加“斜角”滤镜

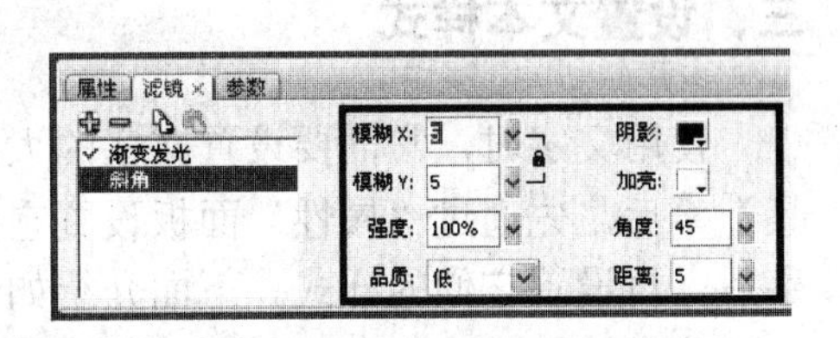


图 2-70　滤镜的参数

# 延伸阅读

## 一、文本的类型

利用 Flash 中的“文本工具” 可以创建 3 种类型的文本，分别是静态文本、动态文本和输入文本。下面来看看它们各自的作用：

- **静态文本：**静态文本是在创作文档时确定的文本内容和外观，最终出现在动画中的文本与在制作动画时设置的样式没有任何变化。静态文本比较常用，前面我们介绍的都属于静态文本。
- **动态文本：**动态文本是在动画播放时可以动态更新的文本，如股票报价等，它可以根据情况动态改变文本的显示内容以及样式等。动态文本常用在游戏或课件作品中。
- **输入文本：**输入文本是在动画播放时可以接受用户输入的文本，是响应键盘事件的一种人机交互的工具。

动态文本和输入文本需要通过动作脚本来控制，本书在介绍文字的使用时，如果没有特别说明，都是指静态文本。

## 二、创建文本框

选中“文本工具”后，在舞台中按住鼠标左键并拖动，可拖出一个文本框。在文本框中输入文字时，文字到达文本框边缘会自动换行，如图 2-71 所示。

将光标移动到文本框的 4 个边角上，当光标呈↔形状时，按住鼠标左键并拖动可改变文本框宽度，如图 2-72 所示。双击文本框右上角的小方块，可使文本框自动适应输入文字的宽度，如图 2-73 所示。

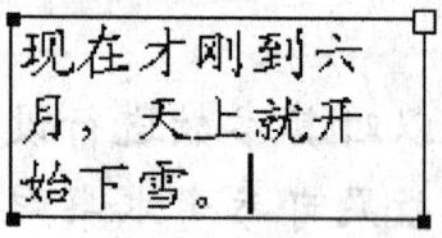

现在才刚到六
月，天上就开
始下雪。

图 2-71　使用文本框

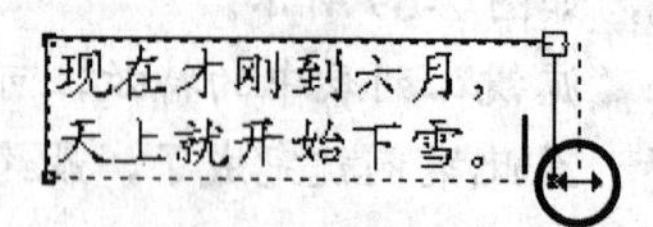


图 2-72　改变文本框宽度

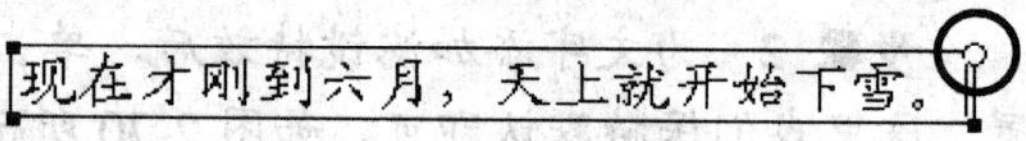

现在才刚到六月，天上就开始下雪。

图 2-73　自动适应输入文字的宽度

## 三、设置文本样式

使用文字时，常需要设置文字的大小、颜色、字体等样式。用户可以在选择【文本工具】A后，先通过“属性”面板设置它的样式，然后在舞台上输入文字；也可以在输入文字后，再设置它们的样式。下面介绍如何设置输入后的文字样式。

**步骤 1**　创建文本后，使用“选择工具”单击文本将其选中，被选中的文本周围会有一个蓝色的方框，如图 2-74 所示。

**步骤 2**　打开“属性”面板，可在“字体”下拉列表中选择字体，如图 2-75 所示。

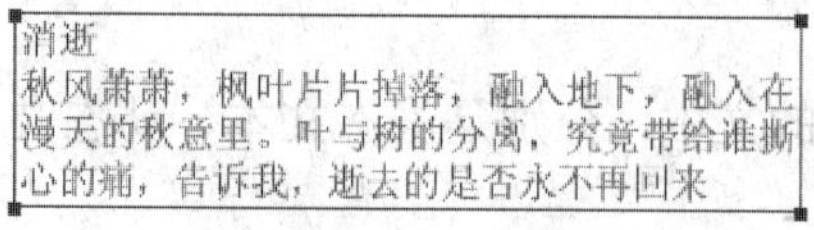

消逝
秋风萧萧，枫叶片片掉落，融入地下，融入在漫天的秋意里。叶与树的分离，究竟带给谁撕心的痛，告诉我，逝去的是否永不再回来

图 2-74　选中文本

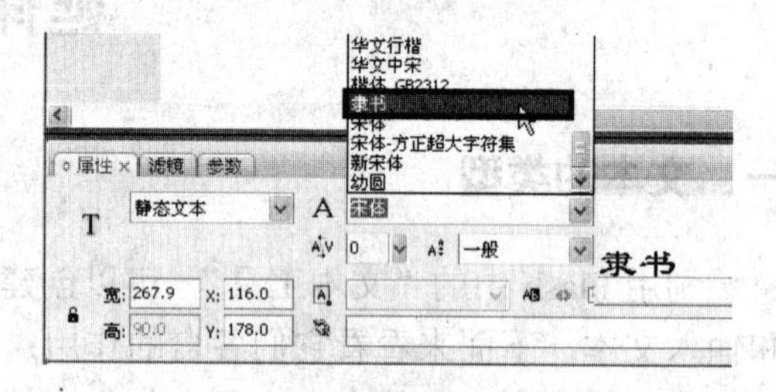


图 2-75　设置文本字体

**步骤 3**　在“字体大小”编辑框中输入数字（或单击其右侧的三角按钮，在弹出的调节杆中拖动滑块），可改变字体大小，如图 2-76 所示。

**步骤 4**　单击“文本（填充）颜色”按钮，可在弹出的“拾色器”中选择文本的颜色，如图 2-77 所示。

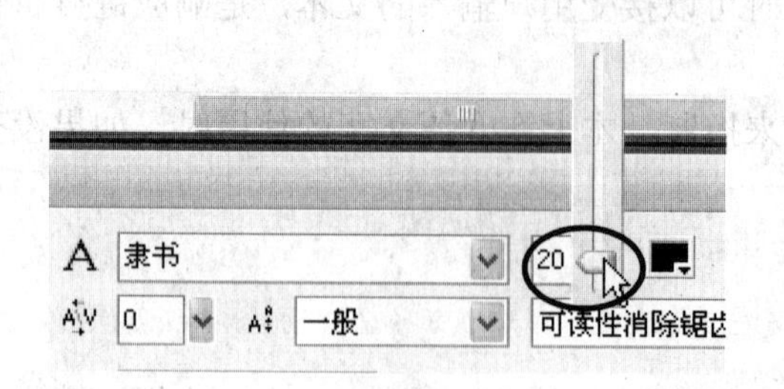


图 2-76　设置文本大小

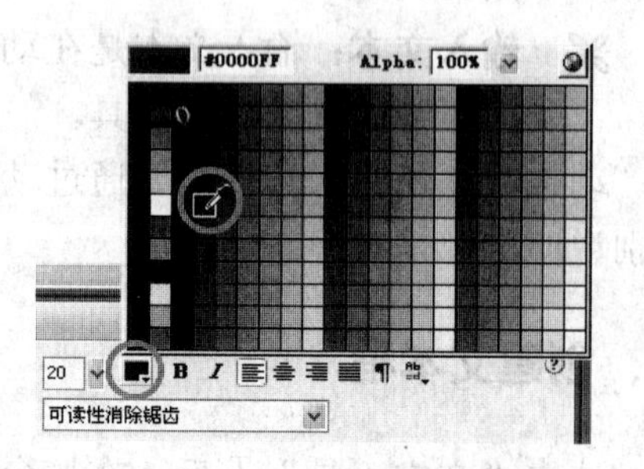


图 2-77　设置文本颜色

**步骤 5**　如果要对个别文字进行设置，可用“选择工具”双击文本进入文本编辑模式。在编辑模式下，按住鼠标左键并拖动，可选中拖动轨迹中的文字，被选中的文字以反白显示，如图 2-78 左图所示，此时便可以对所选文字设置样式了，例如，将其字体设置为 25，再单击“切换粗体”按钮**B**加粗字体，单击“切换斜体”按钮*I*倾斜字体，如图 2-78 右图所示。要退出文本编辑模式，只需使用【选择工具】在舞台其他位置单击即可。

图 2-78　改变个别字体样式

**步骤 6**　单击这几个按钮可设置文字对齐方式，分别为左对齐、居中对齐、右对齐和两端对齐，例如单独选中“消逝”两字，然后单击按钮将这两字居中对齐，如图 2-79 所示。

**步骤 7**　单击“编辑格式选项”按钮¶，可在打开的“格式选项”对话框中设置文本格式，比如进入文本编辑状态后，将光标放在第二段，设置首行缩进 32 像素，如图 2-80 所示。

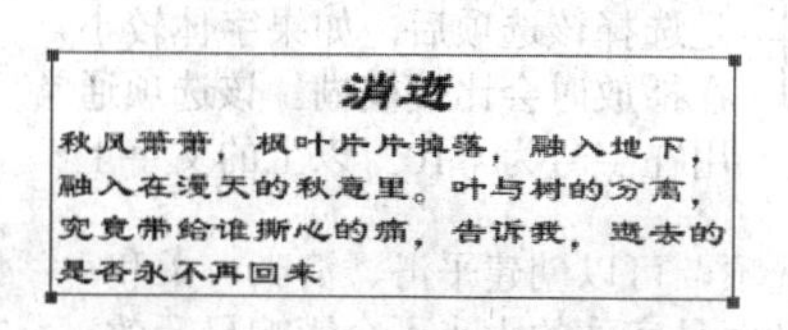

图 2-79　设置文字对齐方式

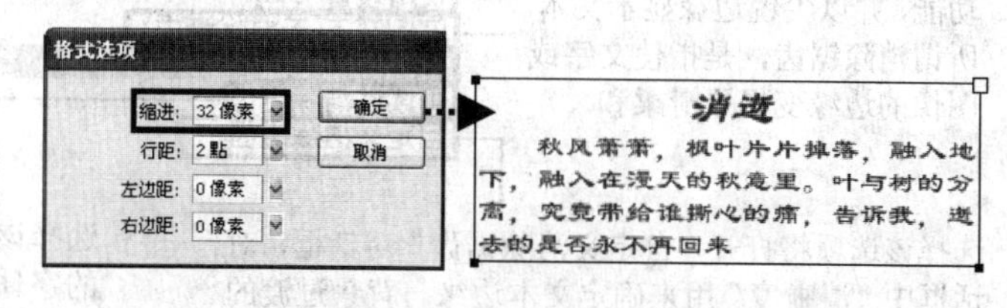


图 2-80　设置文本格式

**步骤 8**　在“字母间距”编辑框中输入数字可改变文字间距，比如将“消逝”几个字的间距设为 30，如图 2-81 所示。

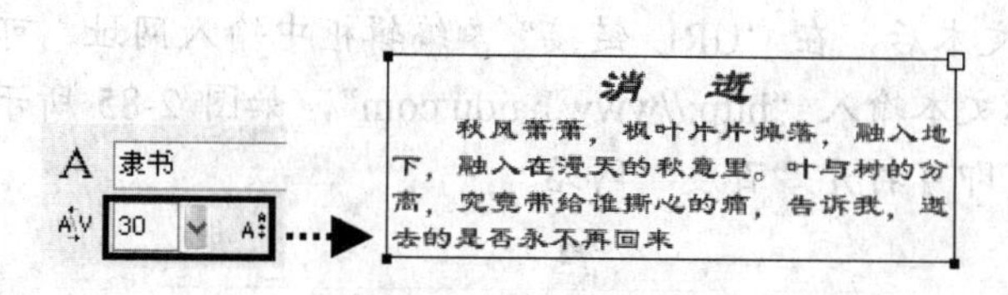


图 2-81　改变文字间距

**步骤 9**　单击“改变文本方向”按钮，可在弹出的下拉列表框中选择文本的排列方式，例如选中整个文本后，选择“垂直，从左向右”，如图 2-82 所示。

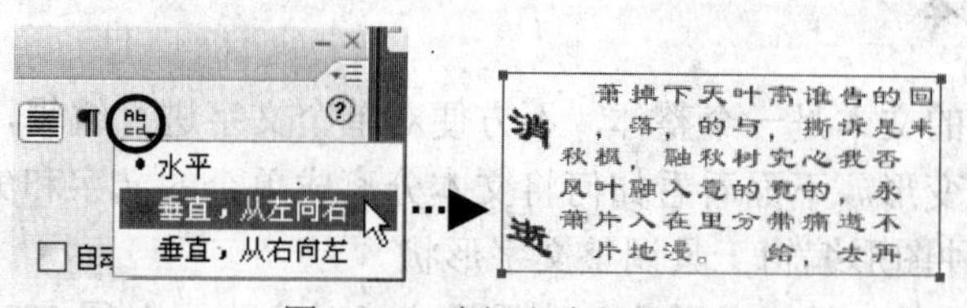


图 2-82　选择文本的排列方式

**步骤 10** 单击“字符位置”选项右侧的下拉按钮，可在弹出的下拉列表中设置被选文字的位置，分别为“一般”、“上标”、“下标”，图 2-83 所示为由这三种位置组成的文本。

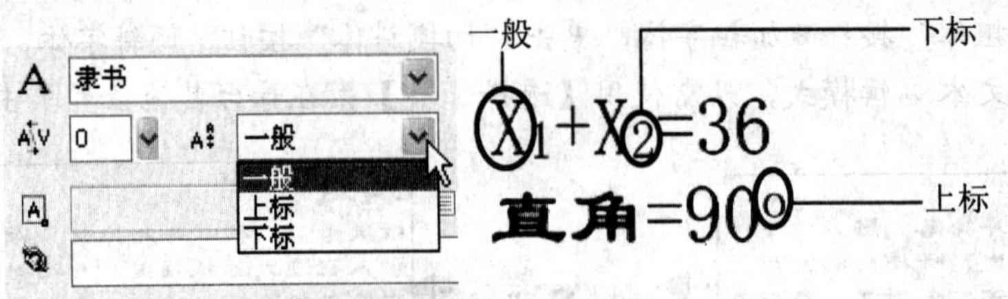


图 2-83 设置文字上下标

**步骤 11** 单击“字体呈现方法”下拉按钮，可在弹出的下拉列表中设置文字在动画中的表现方式，如图 2-84 所示。通常选择“动画消除锯齿”或“可读性消除锯齿”选项。

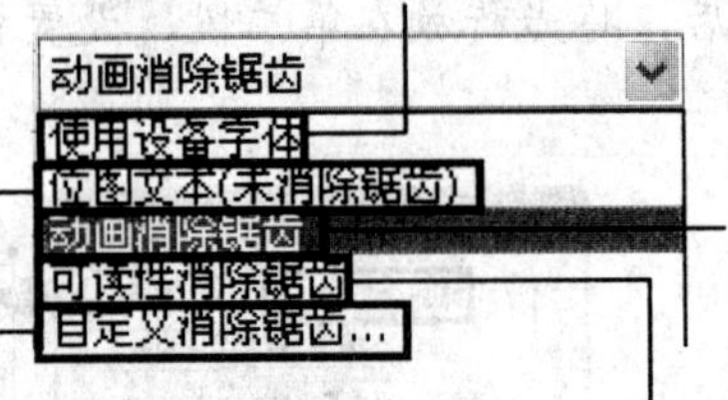


图 2-84 选择文字表现方式

**步骤 12** 选中文本后，在“URL 链接”编辑框中输入网址，可以将文字链接到相应网站，例如为所选文本输入“http://www.baidu.com”，如图 2-85 所示，这样在播放动画时，单击相应文字，即可打开“百度”网站。

图 2-85 链接文字

## 四、分离和变形文本

在 Flash 中输入的文本是一个整体，不方便对单个文字进行编辑，也无法使用“选择工具”对文字进行变形。下面看看如何将文本分离成单个的文字和矢量图形，从而方便使用 Flash 提供的各种图形编辑工具调整文字形状。

**步骤 1** 使用“选择工具”单击选中需要分离的文本，如图 2-86 所示。

**步骤 2**　选择“修改”>“分离”菜单或按【Ctrl+B】组合键，将文本分离为独立的文字（只包含一个字符），如图 2-87 所示。

**步骤 3**　再次按【Ctrl+B】组合键，将各文字分离为矢量图形，此时便可以使用“选择工具”调整文字形状，如图 2-88 所示，但无法再设置文字的字体、字号等参数。

梦幻空间

图 2-86　选中文本

梦幻空间

图 2-87　将文本分离成文字

梦幻空间

图 2-88　将文本块分离成矢量图形

## 检测与评价

本项目主要介绍了绘制图形轮廓线的方法，用户在学完本章内容后，应了解以下知识。

（1）在 Flash 中绘制的矢量图形的组成元素（线条和填充）是分散的，这样的好处是方便调整图形形状，例如单独对线条或填充进行调整。

（2）在绘制图形轮廓线时，需要注意的是各线条一定要交接好，这样才能使用“颜料桶工具”为不同的封闭区域填充颜色。

（3）很多看似简单的工具，只要巧妙应用，便能绘制出生动的图形。例如，“线条工具”是虽然只能绘制直线线条，但通过与“选择工具”的配合使用，几乎能绘制出所有图形的轮廓线。

（4）因为矢量图形是分散的，所以有时候不方便对其进行整体操作，例如不利于选择整个图形，或图形之间很容易粘在一起等，所以 Flash 提供了群组、元件等功能，将分散的图形组合在一起。我们将在后面的章节中介绍这些功能。

（5）要成为一个很好的绘图者，很重要的一点是多观察生活中出现的事物，多欣赏别人的作品，以及综合利用各绘图工具。

## 成果检验

结合本项目所学内容绘制图 2-89 所示的公园小屋。最终效果参考“素材与实例”>“项目二”>“公园小屋.fla”。

图 2-89　公园小屋

# 项目三　偷汽水的小老鼠——填充图形

**课时分配：** 8 学时

**学习目标**

|  |
| --- |
| 了解色彩基础知识 |
| 掌握使用“颜料桶工具”填充图形的方法 |
| 掌握使用“墨水瓶工具”修改线条属性的方法 |
| 掌握“刷子工具”和“滴管工具”的使用方法 |

**模块分配**

|  |  |
| --- | --- |
| 任务一 | 填充“偷汽水的小老鼠” |
| 任务二 | 修饰“偷汽水的小老鼠” |

**作品成品预览**

素材位置：光盘\素材与实例\项目三\偷汽水的小老鼠线稿.fla

实例位置：光盘\素材与实例\项目三\偷汽水的小老鼠.fla

本例将通过为“偷汽水的小老鼠”线稿上色，来学习为图形填充颜色和修改线条属性的方法。

# 任务一　填充“偷汽水的小老鼠”

## 学习目标

| | |
|---|---|
|  | 掌握“颜料桶工具”的使用方法 |
| | 掌握使用“颜色”面板调配颜色的方法 |
| | 了解色彩的基础知识 |
| | 了解配色的原理并掌握常用配色 |

## 一、使用“颜料桶工具”填充纯色

“颜料桶工具”的快捷键是【K】，利用它可以为图形封闭或半封闭区域填充纯色、渐变色或者位图图形。下面通过为线稿填充颜色，来介绍“颜料桶工具”的使用方法。

**步骤 1**　打开本书配套素材“素材与实例”>“项目三”>“偷汽水的小老鼠线稿.fla”文档。该文档将“偷汽水的小老鼠线稿”各组成部分分别放置在 3 个图层上，如图 3-1 所示。这里我们先单击“图层 2”，将其设置为当前图层。

**步骤 2**　单击或按快捷键【K】选中工具箱中的“颜料桶工具”，此时在“工具箱”选项区会出现一个“空隙大小”按钮和一个“锁定填充”按钮。单击“空隙大小”按钮，可在弹出的下拉列表中选择填充模式，如图 3-2 所示，本例中我们选择“封闭小空隙”选项。

图 3-1　打开线稿

当设置为“锁定填充”模式时（即按下该按钮），填充颜色会以整个舞台为基准。“锁定填充”模式对填充纯色没有任何影响，但在填充渐变色或位图时，应取消该模式

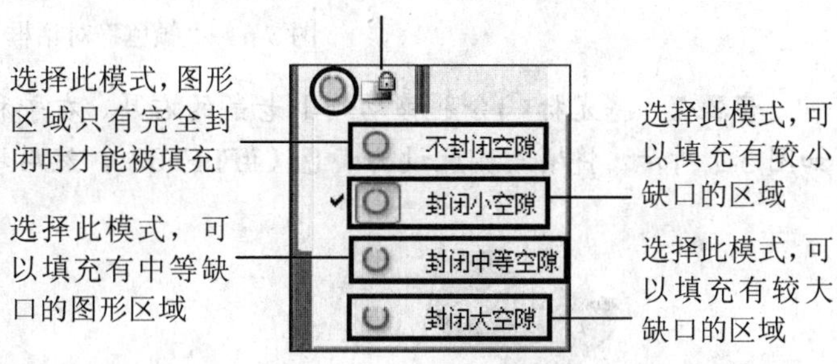


图 3-2　选择填充模式

**步骤 3**　单击工具箱颜色区的“填充颜色”按钮，在打开的调色板中选择棕色（#CC9900），如图 3-3 所示。

**步骤 4**　将鼠标光标分别移动到图 3-4 所示的小老鼠头、脖子、左手、左腿和尾巴封闭区域，并单击填充颜色。

**步骤 5**　将填充颜色设为橙黄色（#FFCC00），然后为小老鼠的肚皮和耳朵内侧填充颜色，如图 3-5 所示。

图 3-3　在调色板中选取颜色　　图 3-4　填充小老鼠外侧　　图 3-5　填充肚皮和耳朵

**步骤 6**　单击"填充颜色"调色板右上角的按钮，打开"颜色"对话框。在该对话框的光谱图中单击选择棕色，然后向下拖动右侧的明度条滑块，将颜色变暗，最后单击"确定"按钮，如图 3-6 所示。

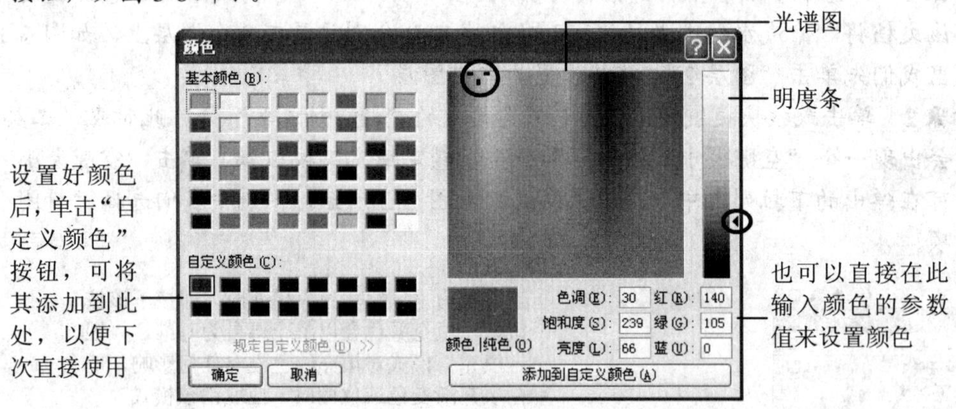


图 3-6　"颜色"对话框

**步骤 7**　将光标分别移动到小老鼠的右耳、右手和右腿等暗部区域，单击填充颜色，如图 3-7 所示；将填充颜色设为黄色（#FFFF00），然后填充小老鼠的头发，如图 3-8 所示。

图 3-7　填充小老鼠暗部　　图 3-8　填充小老鼠的头发

**步骤 8**　将填充颜色设为淡黄色（#FFFFCC），然后为墙壁和吸管两侧填充颜色，如图 3-9 左图所示；将填充颜色设为棕色（#996600），然后填充窗框，如图 3-9 中图所示；将填充颜色设置为黄色（#FFFF99），然后填充吸管的拐角处，如图 3-9 右图所示。

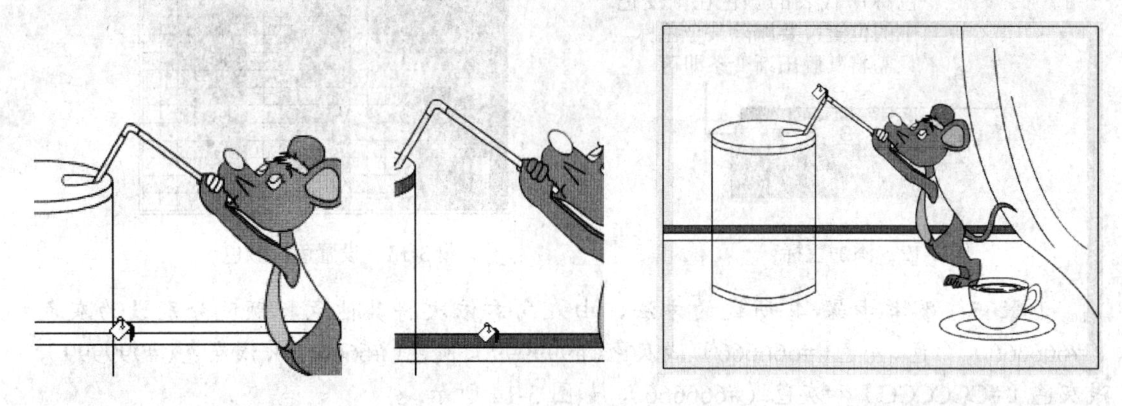

图 3-9　填充墙壁和吸管

## 二、使用"颜料桶工具"填充渐变色

渐变色是指具有多种过渡颜色的混和色，可用来制作金属、光源等效果。渐变色分为线性渐变色和放射状渐变色两种，在线性渐变中颜色之间的过渡是以"线"为基准过渡；放射渐变中，颜色之间的过渡是以一个焦点为中心，逐渐向外扩散。

**步骤 1**　选择"颜料桶工具"后，选择"窗口">"颜色"菜单，或按快捷键【Shift+F9】打开"颜色"面板。单击"颜色"面板左上方的"填充颜色"按钮，指定设置的是填充而非笔触颜色，如图 3-10 所示。

**步骤 2**　单击"类型"选项右侧的按钮，从弹出的下拉列表中选择"线性"，此时在"颜色"面板下侧会出现一个渐变条，如图 3-11 所示。

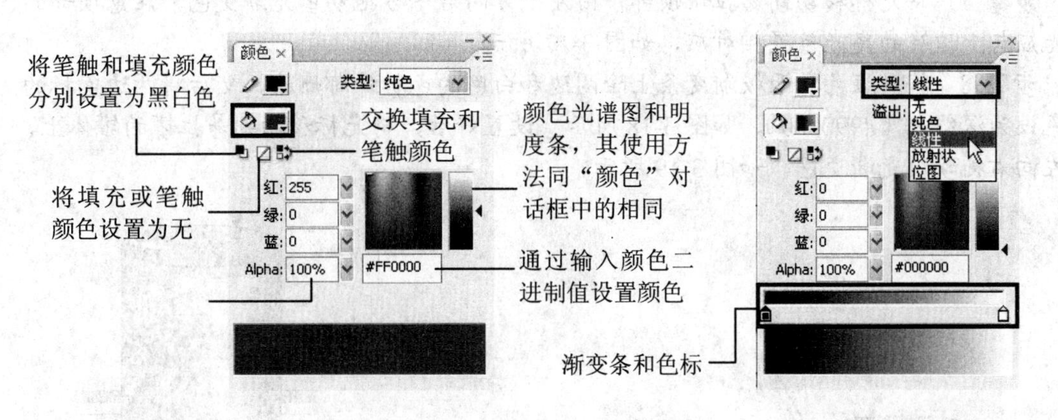


图 3-10　"颜色"面板　　图 3-11　选择线性渐变

**步骤 3**　将鼠标光标移动到渐变条上，当其呈形状时，单击可在光标位置添加一个色标，利用此方法在渐变条上添加 7 个色标，如图 3-12 所示。

**步骤 4** 双击渐变条最左侧的色标，在弹出的调色板中选择浅灰色（#CCCCCC），如图 3-13 所示。

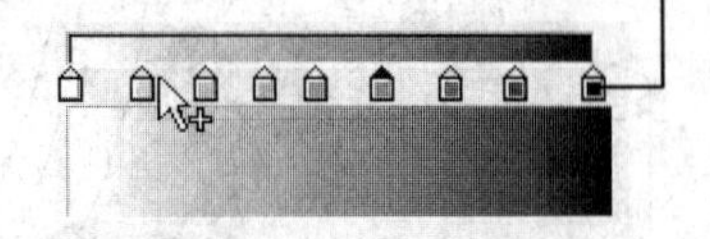


图 3-12 添加色标

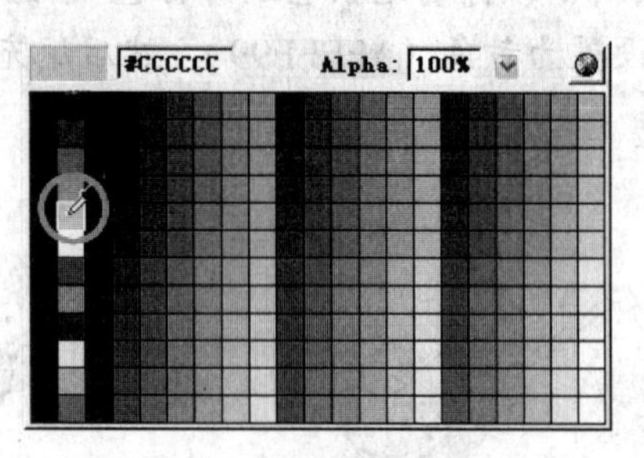


图 3-13 设置色标颜色

**步骤 5** 参考步骤 4 所述的方法，由左向右依次将其他色标颜色分别设为灰色（#666666）、白色、灰色（#666666）、浅灰色（#999999）、灰色（#666666）、浅灰色（#999999）、浅灰色（#CCCCCC）和灰色（#666666），如图 3-14 所示。

**步骤 6** 设置好渐变色后，将光标移动到易拉罐上边缘位置，按住鼠标左键由左向右拖动填充渐变色，如图 3-15 所示；利用同样的方法填充易拉罐下边缘，注意尽量使上下边缘的渐变色对称，如图 3-16 所示。

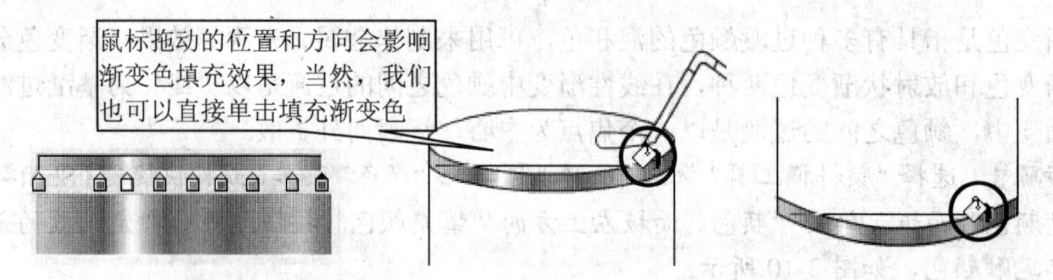


图 3-14 设置渐变色　图 3-15 填充易拉罐上边缘　图 3-16 填充易拉罐下边缘

**步骤 7** 将光标移动到易拉罐顶部，由左上方向右下方拖动填充渐变色，注意顶部的高光应与上边缘的高光位置相对应，如图 3-17 所示。

**步骤 8** 将“颜色”面板渐变条上除两边和白色的色标外都删除，然后将两边色标的颜色设为深红色（#990000），如图 3-18 所示。设置好后，将光标移动到易拉罐的罐体上，由左向右拖动填充渐变色，如图 3-19 所示。

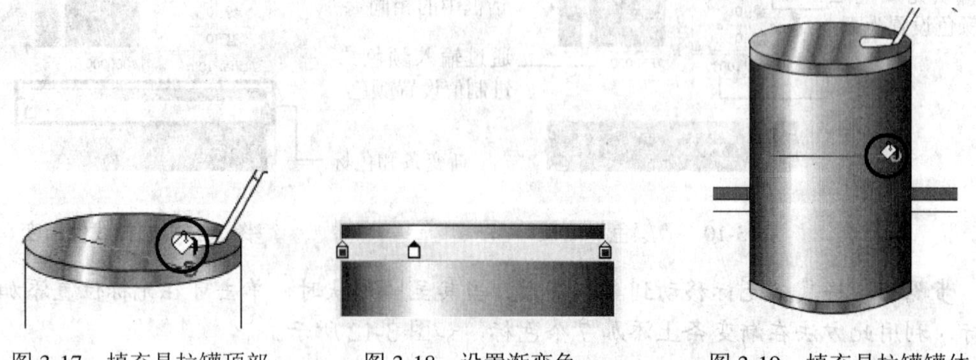

图 3-17 填充易拉罐顶部　图 3-18 设置渐变色　图 3-19 填充易拉罐罐体

**步骤 9**　在“颜色”面板的“类型”下拉列表中选择“纯色”，将填充颜色设为（深灰色）#333333（可直接在“颜色”中输入此数值），然后填充可乐罐的罐口，如图 3-20 所示。

**步骤 10**　在“颜色”面板“类型”下拉列表中选择“线性”，将白色的色标删除，然后将左边色标的颜色设为黄色（#FFFF00）、右边色标的颜色设为橙黄色（#FFCC00），如图 3-21 所示。

**步骤 11**　将光标移动到舞台中桌面的左上角，然后按住鼠标左键向右下角拖动填充渐变色，如图 3-22 所示。

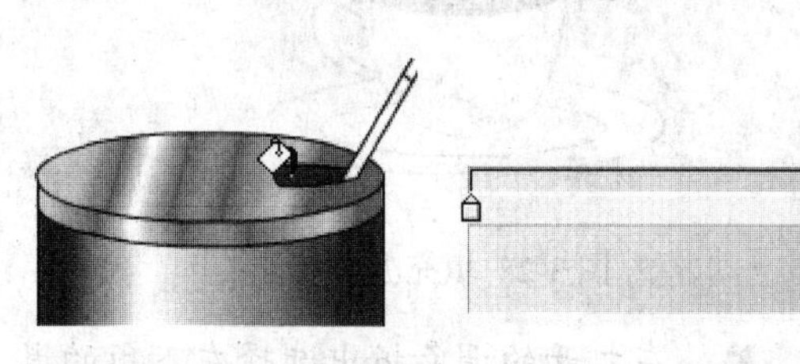

图 3-20　填充易拉罐罐口　　图 3-21　设置渐变色

图 3-22　填充桌面

**步骤 12**　将“颜色”面板中渐变条左侧的色标设为青色（#00FFFF），将右侧的色标设为蓝色（#0099FF），然后在窗户上由上向下拖动鼠标填充渐变，如图 3-23 所示。

**步骤 13**　将“颜色”面板渐变条左侧的色标设为红色（#FF0000），将右侧的色标设为深红色（#990000），然后在窗帘上由左向右拖动鼠标填充渐变，如图 3-24 所示。

图 3-23　填充窗户

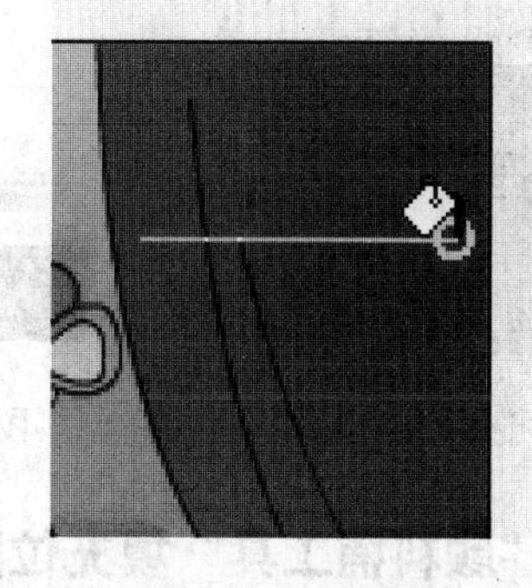

图 3-24　填充窗帘

**步骤 14**　将“颜色”面板中渐变条左侧的色标设为白色，将右侧的色标设为淡蓝色（#B0DFFF），然后在咖啡杯下面盘子的外侧由左向右拖动鼠标填充渐变，如图 3-25 所示；接着在咖啡杯下面盘子的内侧由右向左拖动鼠标填充渐变，如图 3-26 所示。

图 3-25　填充盘子的外侧

图 3-26　填充盘子的内侧

**步骤 15** 在"颜色"面板的"类型"下拉列表中选择"放射状"，色标的颜色不变（即左侧色标为白色、右侧色标为淡蓝色），然后在咖啡杯外侧左上角、内侧和杯子把的上方单击填充放射状渐变，如图 3-27 所示。

**步骤 16** 单击工具箱中的"填充颜色"按钮，将填充颜色设为深棕色（#663300），然后填充咖啡，如图 3-28 所示。

图 3-27 为咖啡杯填充放射状渐变

图 3-28 填充咖啡

**步骤 17** 单击工具箱中的"填充颜色"按钮，在打开的调色板中选择左下角的黑白放射状渐变，如图 3-29 所示；在"颜色"面板中将渐变条右侧的黑色色标向左拖动，如图 3-30 所示。

**步骤 18** 分别在小老鼠的鼻子和眼珠上单击填充颜色；然后将填充颜色设置为白色，并为小老鼠的眼白填充颜色，效果如图 3-31 所示。

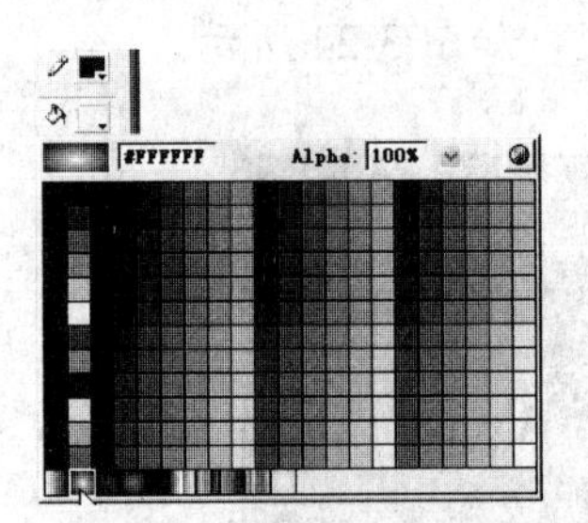


图 3-29 选择放射状渐变

图 3-30 拖动色标

图 3-31 填充小老鼠的鼻子和眼睛

## 三、使用"颜料桶工具"填充位图

下面通过填充小老鼠的衣服，来介绍使用"颜料桶工具"填充位图的方法。

**步骤 1** 选择"颜料桶工具"后打开"颜色"面板，在"类型"下拉列表中选择"位图"，此时会弹出图 3-32 所示的"导入到库"对话框。在"导入到库"对话框中选择本书配套素材"素材与实例" > "项目三" > "衣纹.jpg"，然后单击"打开"按钮。

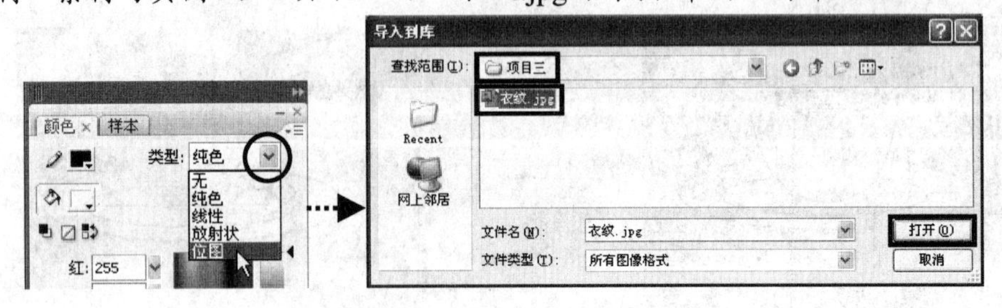


图 3-32 导入"衣纹.jpg"

**步骤2**　导入的位图将出现在“颜色”面板位图列表中，如图3-33所示。将光标移动到小老鼠的衣服位置单击，即可填充该位图，如图3-34所示。

如果文档中已有位图，则在“颜色”面板“类型”下拉列表中选择“位图”后，不会再弹出“导入到库”对话框。另外，如果文档中导入了多幅位图，则可在“颜色”面板位图列表中单击选择需要填充的位图，如图3-35所示。

图3-33　导入的位图

图3-34　用位图填充小老鼠的衣服

图3-35　选择要填充的位图

# 延伸阅读

## 一、色彩基础知识

### 1. 三原色

Flash中的颜色主要由红（R）、绿（G）、蓝（B）三原色按一定的比例混和而成，如图3-36所示。

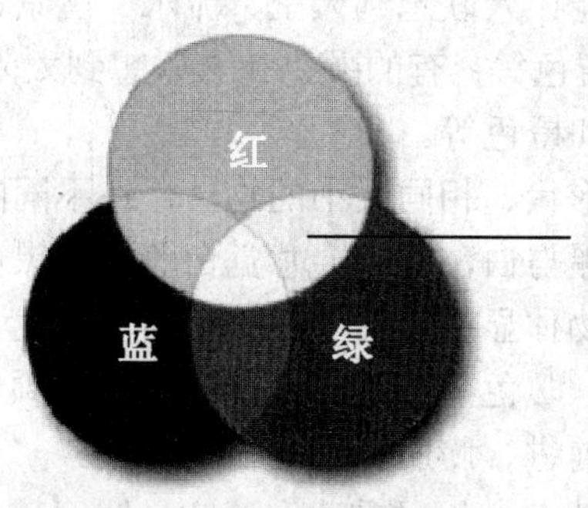


图3-36　三原色

2. 色彩三要素

色相、明度、纯度被称为色彩的三要素，如图3-37所示。它们是色彩最基本的属性。

- **色相：**色相是一个颜色的本身固有色，可以理解为红、橙、黄、绿、青、蓝、紫。色相是颜色最主要的特征。
- **明度：**明度指色彩的明暗程度，任何色彩都有自己的明暗特征。明度适于表现物体的立体感和空间感。
- **纯度：**纯度指的是颜色所含的无彩色的分量，含无彩色分量越多纯度越低，反之越高。例如：灰蓝色的纯度就比蓝色的纯度低，而粉蓝色的纯度也比蓝色低。

图3-37　色彩三要素

## 二、如何进行配色

两个鲜艳的颜色放在一起会产生强烈的刺激感，两个柔和的颜色放在一起会产生和谐的美感。不同的颜色组合带给人千差万别的视觉感受，这就是配色。

1. 配色原理

下面我们看看色彩能影响人的哪些心理。

- **冷暖：**有的颜色能让人联想到天空、流水、雪景、冰块等，这种颜色叫冷色，例如白色、蓝色和青色等；有的颜色让人联想到太阳、火焰等，这种颜色成为暖色，例如黄色、红色和橙色等。
- **膨胀：**两个相同形状、相同大小的物体，在不同的颜色衬托下，会给我们不同的距离感。例如，黑与白，我们会感觉白色大，黑色小；红与蓝，我们会感觉红色大、蓝色小。使物体显得大的颜色被称为前进色，显得小的称为后退色。通常，冷色后退、收缩，暖色前进、膨胀；高纯度的颜色显得大，低纯度显得小；从明度上看，明度高前进、膨胀，明度低则相反。
- **轻重感：**色彩能使人产生轻重感。通常，明度越高越轻，反之越重；白色最轻，黑色最重。

- **情绪**：色彩还能使人产生不同的情绪，例如，红色、橙色能使人产生兴奋感；蓝色、绿色却使人冷静。

2. 常用配色

- **红色**：红色给人热情、欢乐之感，通常用它来表现火热、生命、活力等信息。
- **蓝色**：蓝色给人冷静、宽广之感，通常用它来表现未来、高科技、思维等信息。
- **黄色**：黄色给人温暖、轻快之感，通常用它来表现温暖、光明、希望等信息。
- **绿色**：绿色给人清新、平和之感，通常用它来表现生长、生命等信息。
- **橙色**：橙色给人兴奋、成熟之感。
- **紫色**：紫色给人幽雅、高贵之感，通常用它来表现悠久、深奥、理智、高贵、冷漠等信息。
- **黑色**：通常用它来表现重量、坚硬、男性、工业等信息。
- **白色**：白色给人纯洁、高尚之感，通常用它来表现洁净、寒冷等信息。

# 任务二　修饰“偷汽水的小老鼠”

## 学习目标

| | |
|---|---|
| | 掌握“墨水瓶工具”的使用方法 |
| | 掌握“滴管工具”的使用方法 |
| | 掌握“刷子工具”的使用方法 |

## 一、使用“墨水瓶工具”修改线条

使用“墨水瓶工具”可以改变矢量图形轮廓线的笔触样式、笔触颜色等属性，还可以为没有轮廓线的色块添加轮廓线。它与“颜料桶工具”一样，可以使用纯色、渐变色或位图填充线条。

**步骤 1**　选择工具箱中的“墨水瓶工具”，从“属性”面板中将笔触颜色设为白色，将笔触高度设为 1，将笔触样式设为实线，如图 3-38 所示。设置好后，在盘子内侧的线条上单击，修改该线条属性，如图 3-39 所示。

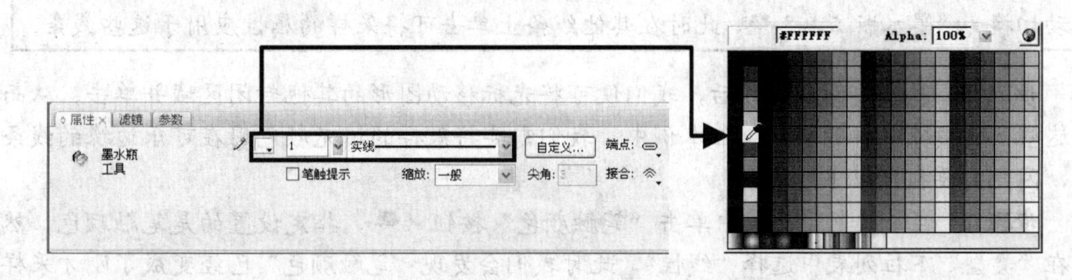


图 3-38　设置“墨水瓶工具”的属性

**步骤 2** 在"属性"面板中将笔触颜色设为浅棕色（#CC9900），将笔触样式设为极细，如图 3-40 所示。然后分别单击咖啡中的线条，修改其属性，如图 3-41 所示。

图 3-39 改变盘子的线条属性

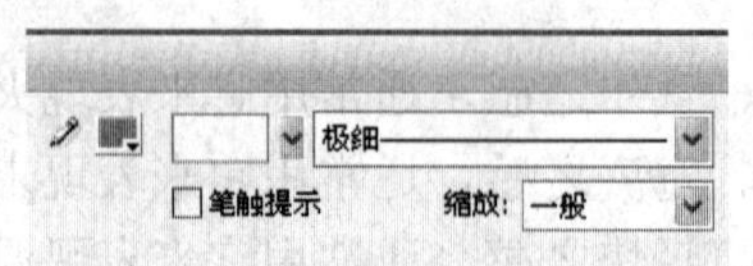


图 3-40 设置"墨水瓶工具"属性

图 3-41 填充咖啡中的线条

## 二、使用"滴管工具"采样填充、线条和文本属性

使用"滴管工具"可以对舞台上任何位置的色块、位图、线条和文字的属性进行采样，然后将采样的属性应用于其他对象。

**步骤 1** 选择工具箱中的"滴管工具"，然后将光标移动到可乐罐的上边缘处，当光标呈形状时单击获取该处的颜色属性，如图 3-42 所示。

**步骤 2** 此时，"滴管工具"会自动变为"颜料桶工具"，且其左侧有一个小锁标志，如图 3-43 所示。这表示"颜料桶工具"处于锁定填充模式，即此时填充颜色会以整个舞台为基准。在填充渐变色和位图时，应取消锁定填充模式，方法为单击工具箱选项区的"锁定填充"按钮，如图 3-44 所示。

图 3-42 获取填充色

图 3-43 小锁标志

图 3-44 取消"锁定填充"模式

> 要使用"滴管工具"采样位图，必须先选中位图，然后按快捷键【Ctrl+B】将其分离，否则只能采样单击点的颜色；如果采样的是线条属性，"滴管工具"会自动切换为"墨水瓶工具"，此时在其他线条上单击可将采样的属性应用于这些线条。

**步骤 3** 执行前面的操作后，我们便可将光标移动图形的其他封闭区域并单击，从而为这些区域填充采样的颜色。但本例中，我们需要将采样的填充颜色用在可乐边缘的线条上，因此需要执行以下步骤。

**步骤 4** 在"颜色"面板中单击"笔触颜色"按钮，指定设置的是笔触颜色，然后在"类型"下拉列表中选择"线性"，此时我们会发现"笔触颜色"已经变成了刚才采样的线性渐变色了。将最左侧的色标颜色改为深灰色（#666666），如图 3-45 所示。

**步骤 5**　选择工具箱中的“墨水瓶工具”，然后将光标移动到上边缘与顶部相交的线段上并单击，修改该线条属性，如图 3-46 所示；利用同样的方法修改下边缘与罐体相交的线段，如图 3-47 所示。

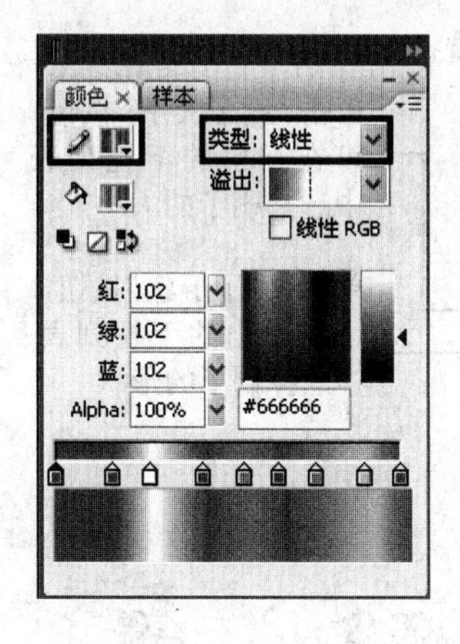


图 3-45　设置笔触颜色

图 3-46　改变上边缘线条属性

图 3-47　改变下边缘线条属性

要使用滴管工具采样文本，可首先使用“选择工具”选中要修改属性的文本，如“去年进入此门中”，然后选择“滴管工具”，并将光标移动到要采样的文本上，如“人面桃花相映红”文本，当光标呈形状时单击即可将“去年今日此门中”文本属性变为与“人面桃花相映红”相同，如图 3-48 所示。

去年今日此门中

人面桃花相映红

图 3-48　使用滴管工具采用文本

## 三、使用“刷子工具”为窗户添加高光

使用“刷子工具”可以绘制任意形状、大小以及颜色的填充。下面就使用“刷子工具”为窗户添加高光。

**步骤 1**　选择工具箱中的“刷子工具”，此时在工具箱的选项区会出现“刷子模式”、“刷子大小”和“刷子形状” 3 个选项，如图 3-49 所示。

**步骤 2**　单击“刷子模式”按钮，在弹出的下拉列表中选择“颜料选择”选项，如图 3-49 所示。各种刷子模式下的绘图效果如图 3-50 所示。

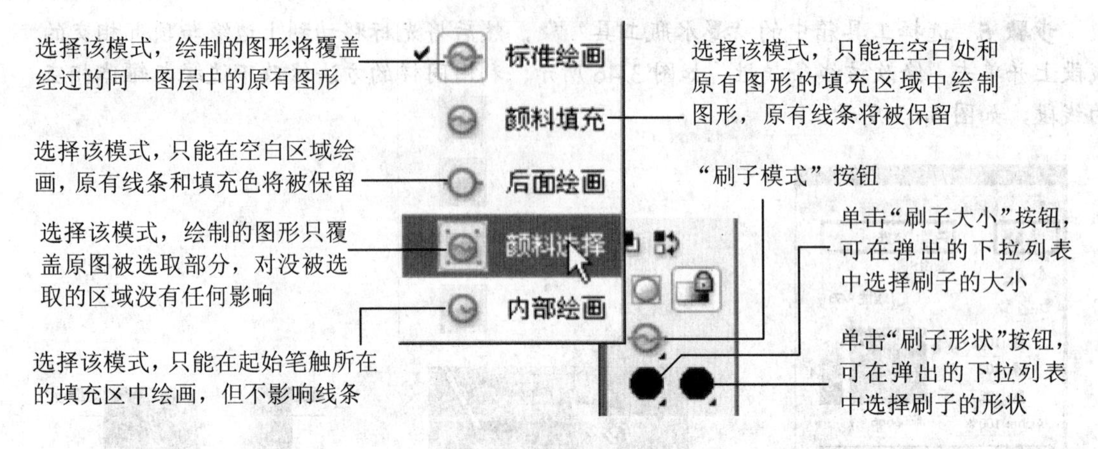


图 3-49 选择刷子模式

图 3-50 各种刷子模式下的绘图效果

**步骤 3** 打开"属性"面板，将"刷子工具"的填充颜色设为白色、平滑设为"50"，如图 3-51 所示。

**步骤 4** 使用"选择工具"单击选中窗户上的填充色，然后使用"刷子工具"在窗户上绘制两条白色的填充，作为窗户的高光，如图 3-52 所示。至此项目就完成了。

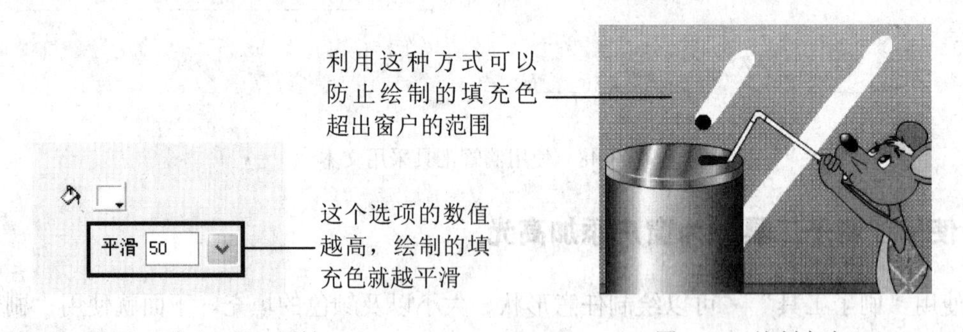


图 3-51 设置"刷子工具"属性

图 3-52 绘制高光

## 检测与评价

本项目主要介绍了"颜料桶工具"、"墨水瓶工具"和"滴管工具"的使用方法。用户在学完本章内容后应注意以下几点。

（1）选择“颜料桶工具”后，除了可以利用工具箱或“属性”面板中的“填充色”按钮设置需要填充的颜色外，还可按下“颜色”面板中的“填充颜色”按钮，然后设置需要填充的颜色类型（纯色、位图或渐变色）以及颜色。

（2）同样，选择“墨水瓶工具”后，可利用工具箱、“属性”面板或“颜色”面板中的“笔触颜色”按钮设置需要添加或修改的线条颜色。

（3）在使用“滴管工具”采样填充渐变色时一定要解除“锁定填充”模式，否则无法正常填充渐变色；在采样填充位图时，应根据具体需要决定是否应用“锁定填充”模式。

（4）要想用好色彩，光掌握工具的使用还不够，还需要掌握一些色彩的基础知识，并在平时多做练习，建议大家可以在网上多看一些优秀作品，并从中借鉴。

## 成果检验

为本书配套素材“素材与实例”>“项目三”中的“抛锚的小汽车线稿.fla”图形填充颜色，如图 3-53 所示。最终效果请参考“素材与实例”>“项目三”>“抛锚的小汽车.fla”。

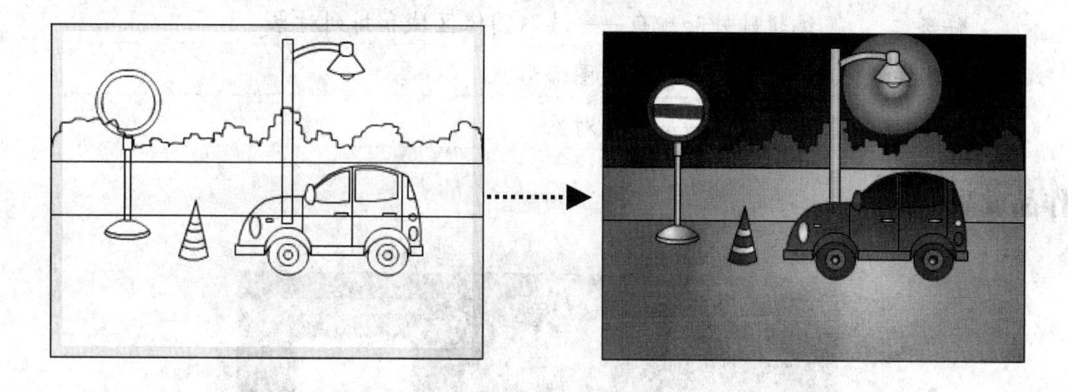

图 3-53　抛锚的小汽车

# 项目四　拜年娃娃——编辑图形

**课时分配：**12 学时

**学习目标**

- 掌握编辑和变形对象的方法
- 掌握选取图像区域的方法
- 掌握修改图形形状的方法

**模块分配**

| 任务一 | 绘制荷花和底纹——编辑和变形对象 |
|---|---|
| 任务二 | 编辑娃娃和鲤鱼——选取图像区域和排列对象 |
| 任务三 | 制作条幅——修改图形形状 |
| 任务四 | 制作花边——对齐对象 |

**作品成品预览**

素材位置：素材与实例\项目四\拜年娃娃素材.fla

实例位置：素材与实例\项目四\拜年娃娃.fla

本例将通过绘制拜年娃娃图形，来学习编辑和变形对象、选取图像区域、修改图形形状的方法。

# 任务一　绘制荷花和底纹——编辑和变形对象

## 学习目标

| | |
|---|---|
| | 掌握选择对象的方法 |
| | 掌握移动和复制对象的方法 |
| | 掌握调整渐变色和位图填充的方法 |
| | 掌握变形对象的方法 |
| | 掌握组合对象的方法 |

## 一、绘制荷叶——选择、移动、组合对象和使用“渐变变形工具”

“渐变变形工具”用于调整填充区域中的渐变色和位图，例如调整渐变色的范围、方向、角度等，从而使图形的填充效果更加符合制作需要。

使用“渐变变形工具”调整线性渐变、放射状渐变、位图填充时方法略有不同，下面先以绘制荷叶为例，简单介绍使用“渐变变形工具”调整放射状渐变，以及选择、移动和组合对象的方法（关于这些功能的详细介绍，请参考后面的“延伸阅读”）。

**步骤 1**　打开本书配套素材“素材与实例”>“项目四”>“拜年娃娃素材.fla”文件，该文档提供了“鲤鱼.jpg”和“娃娃 1.jpg”两幅位图，如图 4-1 所示。

**步骤 2**　在“属性”面板中单击“背景颜色”按钮，在弹出的调色板中选择橘黄色（#FFCC00），如图 4-2 所示。

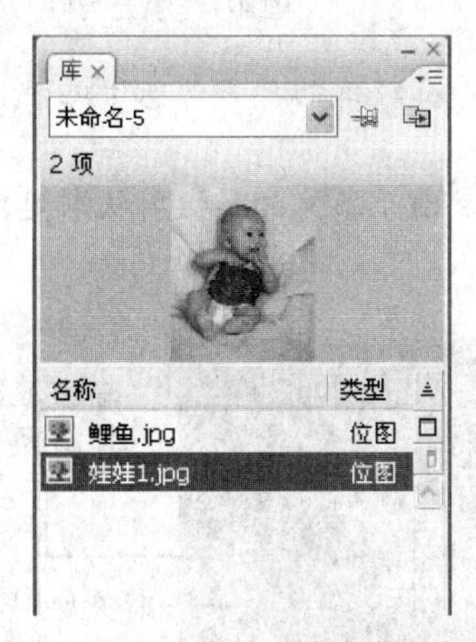


图 4-1　“库”面板中的位图

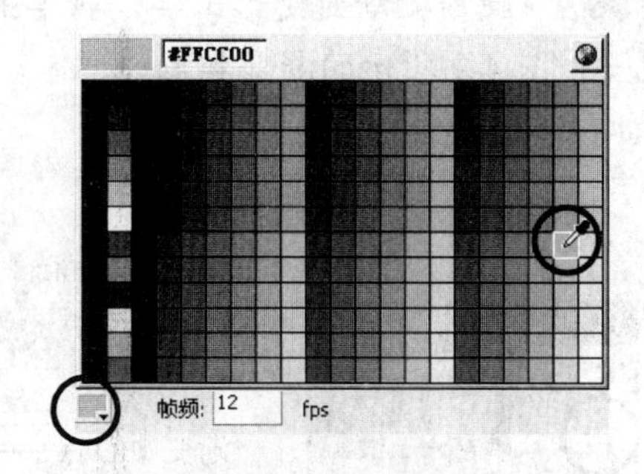


图 4-2　设置“背景颜色”

**步骤 3**　选择“矩形工具”，将笔触颜色设为深红色（#990000），将填充颜色设为红色（#CC0000），然后在舞台上绘制一个比舞台略小的矩形，如图 4-3 所示。

**步骤 4**　单击“时间轴”面板左下角的“插入图层”按钮，在“图层 1”上方新建“图层 2”，如图 4-4 所示。

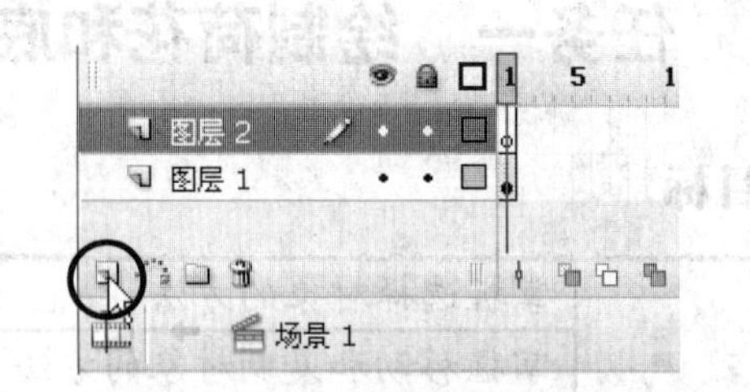


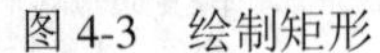

图 4-3　绘制矩形　　　　图 4-4　新建“图层 2”

**步骤 5**　选择“椭圆工具”，将填充颜色设为无，然后在舞台上绘制一个椭圆，并使用“选择工具”调整其形状，如图 4-5 所示。

**步骤 6**　选择“线条工具”，将笔触颜色设为红色（#FF0000），然后绘制图 4-6 所示的线条。

**步骤 7**　在“颜色”面板中设置由绿色（#00FF00）到深绿色（#009900）的放射状渐变，然后使用“颜料桶工具”填充荷叶的不同封闭区域，如图 4-7 所示。

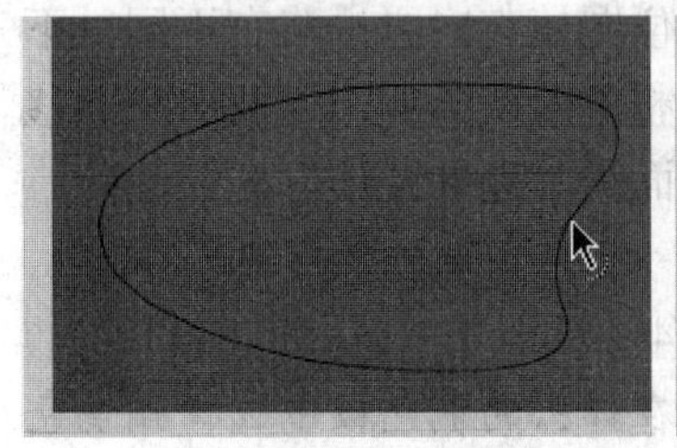

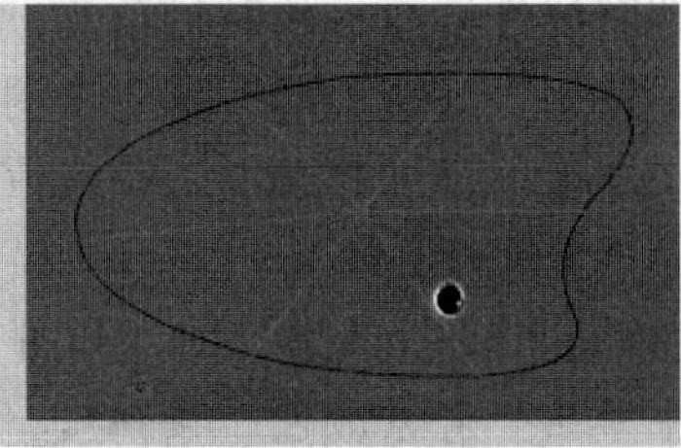

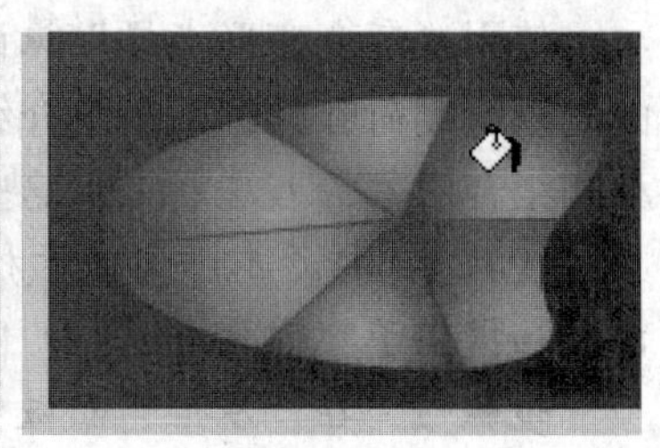

图 4-5　绘制荷叶轮廓　　　　图 4-6　绘制叶脉　　　　图 4-7　填充荷叶

**步骤 8**　按住工具箱中的“任意变形工具”不放，在弹出的工具列表中选择“渐变变形工具”，如图 4-8 所示。

**步骤 9**　使用“渐变变形工具”单击任一填充色，由于填充的是放射状渐变，此时会出现一个图 4-9 所示的渐变控制圆。

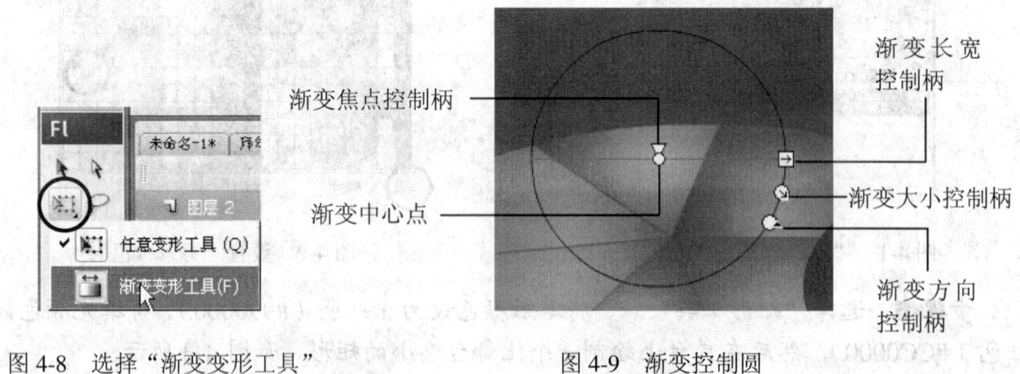


图 4-8　选择“渐变变形工具”　　　　图 4-9　渐变控制圆

**步骤 10**　将“渐变中心点”向荷叶中心附近拖动，然后拖动“渐变大小控制柄”，将渐变色缩小一些，如图 4-10 所示。

> 拖动渐变控制圆的“渐变长宽控制柄”可控制渐变色的宽度，拖动“渐变方向控制柄”可改变渐变色的方向。

**步骤 11**　利用与步骤 9 相同的操作，调整荷叶上其他区域的渐变色，调整好后，使用“选择工具”双击红色的线条将其选中，然后按【Delete】键删除，如图 4-11 所示。

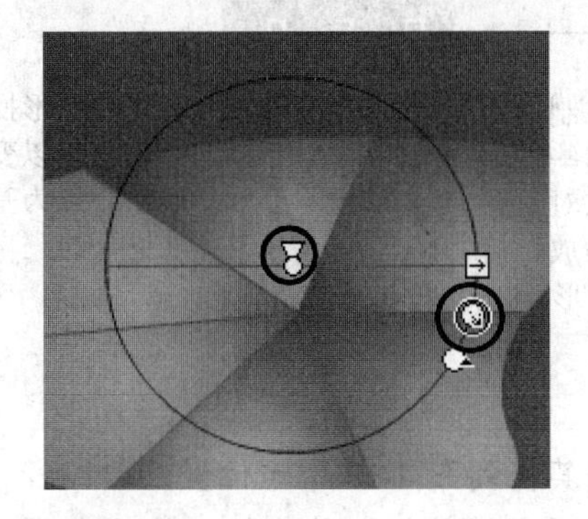

图 4-10　调整渐变控制圆

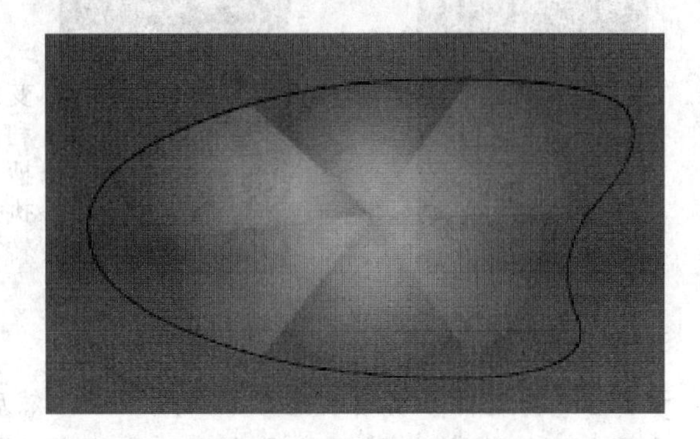

图 4-11　删除多余的线段

**步骤 12**　单击“时间轴”面板“图层 2”的第 1 帧，选中该帧上的荷叶，然后选择“修改”>“组合”菜单，或者按快捷键【Ctrl+G】将荷叶组合，如图 4-12 所示。

**步骤 13**　保持荷叶的选中状态，选择“编辑”>“剪切”菜单，然后单击选中“图层 1”的第 1 帧，将“图层 1”设为当前图层，再选择“编辑”>“粘贴到当前位置”菜单，将荷叶原位移动到“图层 1”第 1 帧，如图 4-13 所示。

当组合对象或元件实例被选中后，周围会出现一个蓝色边框

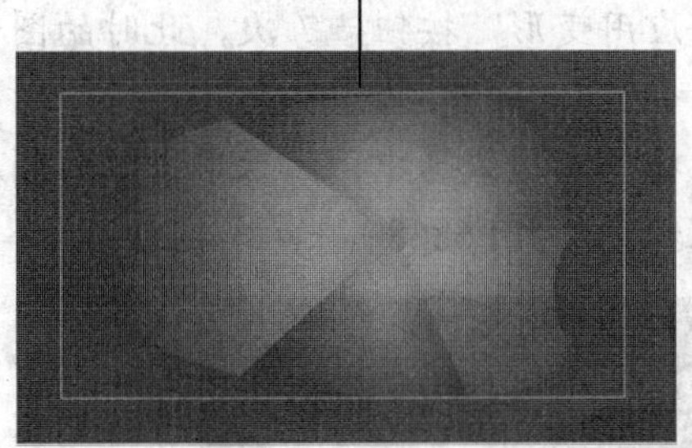

图 4-12　将荷叶组合

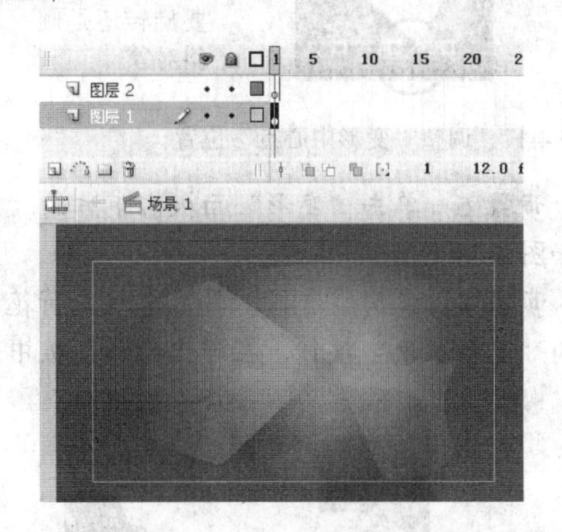


图 4-13　将荷叶剪切到“图层 1”

## 二、绘制荷花——使用“任意变形工具”和“变形”面板

利用“任意变形工具”和“变形”面板，可以对舞台上的对象执行缩放、旋转、倾斜、扭曲等变形操作。这里我们通过制作荷花来简单介绍这两个功能的使用方法（关于“任

意变形工具”的详细使用方法，请参考后面的“延伸阅读”）。

**步骤 1** 使用“线条工具”和“选择工具”在“图层 2”上绘制一个图 4-14 所示的花瓣，然后在“颜色”面板中设置由白色到粉色（#FFB9B9）的放射状渐变，并填充花瓣，如图 4-15 所示。

**步骤 2** 使用“任意变形工具”双击舞台上的花瓣，同时将其填充和轮廓线选中，此时会出现图 4-16 所示的变形框。

图 4-14 绘制花瓣轮廓

图 4-15 填充花瓣

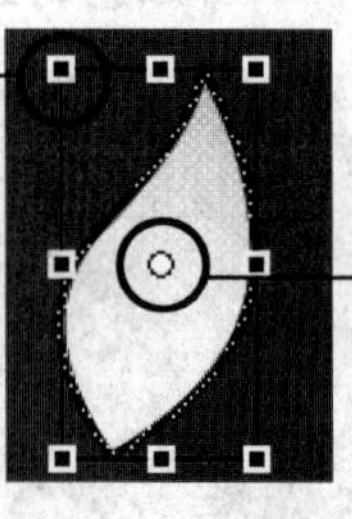


图 4-16 变形框

**步骤 3** 将光标移动到“变形中心点”上，然后将其拖到图 4-17 所示位置。

**步骤 4** 按快捷键【Ctrl+T】打开“变形”面板，选择“旋转”单选钮，然后在“旋转”编辑框中输入“45”，如图 4-18 所示。

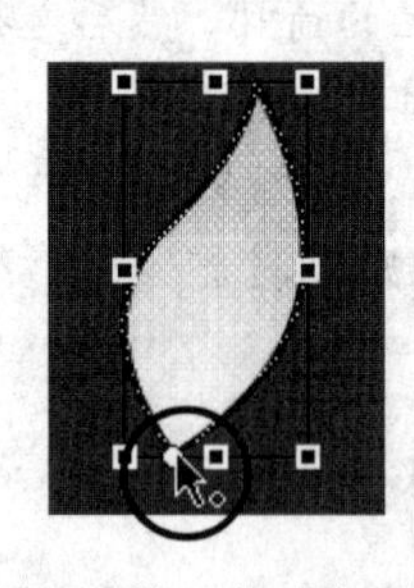

图 4-17 调整“变形中心点”位置

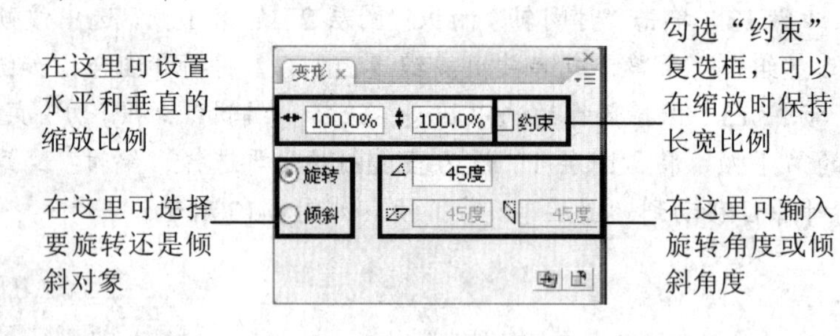


图 4-18 “变形”面板

**步骤 5** 单击“变形”面板右下方的“复制并应用变形”按钮7 次，此时的图形效果如图 4-19 所示。

**步骤 6** 使用“选择工具”双击荷花边线，将所有边线选中，然后单击工具箱颜色区的“笔触颜色”按钮，在弹出的调色板中选择深粉色（#FF6868），如图 4-20 所示。

图 4-19 制作荷花

图 4-20 改变荷花边线颜色

**步骤 7**　选择“椭圆工具”，将笔触颜色设为橘黄色（#FF9900），将填充颜色设为橙黄色（#FFCC00），然后在“图层 2”的空白位置绘制一个正圆。

**步骤 8**　使用“选择工具”双击选中正圆，然后单击并按住鼠标左键不放进行拖动，将其移动到荷花的中心位置作为花蕊，如图 4-21 所示。

**步骤 9**　单击“图层 2”的第 1 帧选中该帧上的所有内容，按快捷键【Ctrl+G】将荷花组合，然后按快捷键【Ctrl+X】进行剪切，再单击“图层 1”的第 1 帧，按快捷键【Ctrl+V】进行粘贴，最后将其移动到荷叶上的适当位置，如图 4-22 所示。

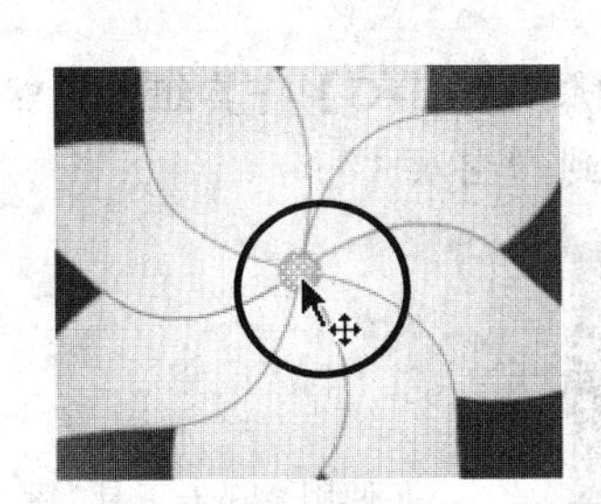

图 4-21　移动正圆

图 4-22　放置荷花

## 三、制作底纹——使用复制功能和“翻转”命令

**步骤 1**　单击“时间轴”面板上的“图层 2”将其设为当前图层。选择工具箱中的“刷子工具”，将“填充颜色”设为深红色（#990000），选择一个大小合适的笔刷，然后在红色矩形的左上角绘制一个图 4-23 所示的花纹。

**步骤 2**　使用“选择工具”选中绘制的花纹，然后按快捷键【Ctrl+C】复制花纹，再按快捷键【Shift + Ctrl+V】将花纹原位粘贴。保持花纹的选中状态，选择“修改”>“变形”>“水平翻转”菜单，将复制过来的花纹水平翻转，然后在按住【Shift】键的同时按键盘方向键上的【→】键，将其水平移动到矩形的右上角，如图 4-24 所示。

图 4-23　制作左上角的花纹

图 4-24　制作右上角的花纹

**步骤 3**　选中左上角的花纹，将其原位复制，然后选择“修改”>“变形”>“垂直翻转”菜单，将花纹垂直翻转，然后在按住【Shift】键的同时按键盘方向键上的【↓】键，将其垂直移动到矩形左下角，如图 4-25 所示。利用同样的操作，将右上角的花纹原位复制、垂直翻转，并移动到矩形右下角，如图 4-26 所示。

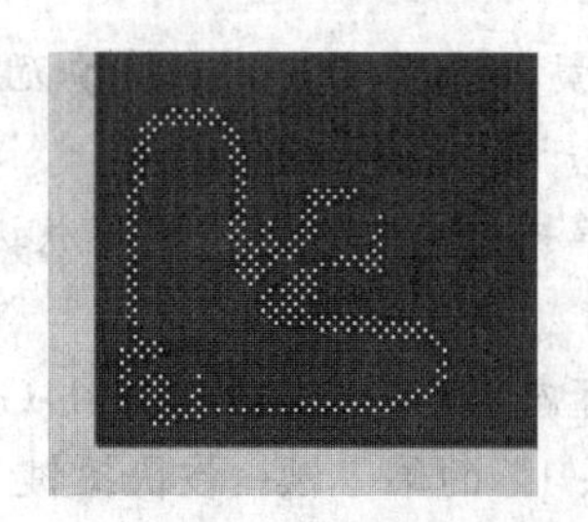
图 4-25　制作左下角的花纹

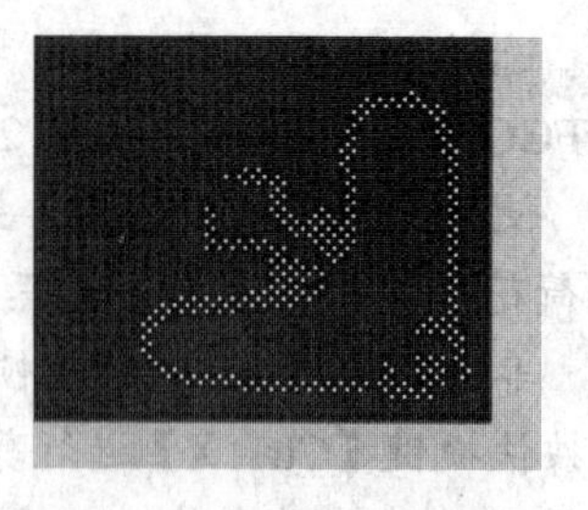
图 4-26　制作右下角的花纹

**步骤 4**　使用“刷子工具”，在按住【Shift】键的同时在四个花纹之间绘制连线，如图 4-27 所示。

**步骤 5**　单击“图层 2”的第 1 帧选中底纹，按快捷键【Ctrl+G】将其组合，然后通过“剪切”和“粘贴到当前位置”菜单，将底纹原位移动到“图层 1”。

在使用“刷子工具”绘制图形时如果按住【Shift】键，可绘制水平或垂直的填充色

图 4-27　绘制连线

# 延伸阅读

## 一、选择对象技巧

在 Flash 中可以通过以下操作来选择对象。

- 选择“选择工具”后，单击矢量图形的线条，可以选取某一线段，如图 4-28 左图所示；双击线条，可以选取所有连接着的颜色、样式、粗细一致的线段，如图 4-28 右图所示；要取消选取，则只需在舞台空白处单击即可。
- 选择“选择工具”后，在矢量图形填充区域单击可选取某个填充，如图 4-29 左图所示；如果图形是一个有边线的填充区域，要同时选中填充区域及其轮廓线，可以在填充区域中的任意位置双击，如图 4-29 右图所示。
- 要选取群组、文本、元件实例整体对象，则只需使用“选择工具”在对象上单击即可，被选取的对象周围会出现一个蓝色的方框，如图 4-30 所示。

图 4-28　选取线条

图 4-29　选取填充

图 4-30　选择整体对象

- 选择“选择工具”后，在需要选择的对象上拖出一个区域，该区域覆盖的所有对象（或矢量图形的一部分）都将被选中，如图 4-31 所示。
- 除了可以使用拖动方式选择多个对象外，选择“选择工具”后，按下【Shift】键依次单击所要选取的对象可同时选中多个对象；此外，单击时间轴上的某一帧可选中该帧上的所有对象，如图 4-32 所示；选择“编辑”>“全选”菜单，或按下快捷键【Ctrl+A】，也可以选择当前帧上的所有对象。

图 4-31　拖动选取

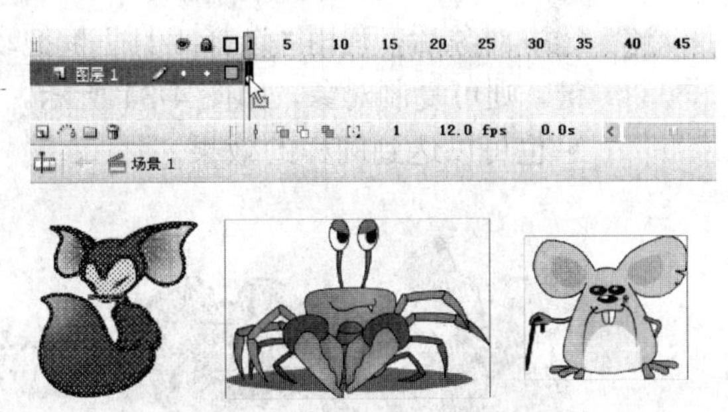


图 4-32　同时选择多个对象

- 利用“任意变形工具”或“部分选取工具”也可以选择对象，操作方法与使用“选择工具”相似。

## 二、组合应用技巧

在 Flash 中绘制的矢量图形都是分散的对象，图形之间很容易粘在一起，不方便对图形进行整体操作。因此，我们可在选择对象后，按【Ctrl+G】组合键将其组合成一个整体。

将对象组合后，我们可以对其进行整体编辑操作，例如缩放、旋转、翻转、变形等，如果使用“选择工具”双击组合对象，则可进入其内部对图形进行编辑，如图 4-33 所示。

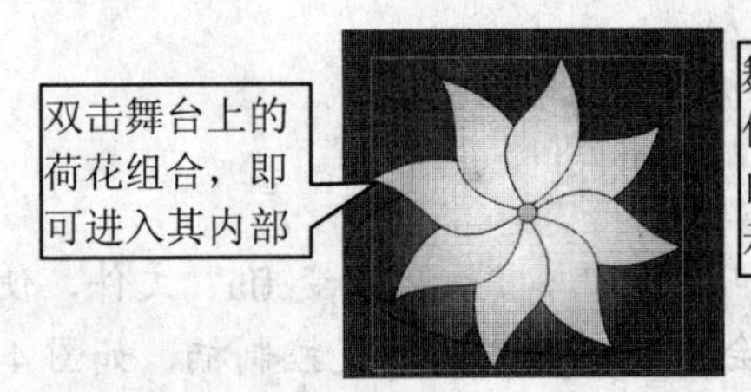


图 4-33　进入组合内部编辑图形

编辑完成后，使用“选择工具”双击舞台的空白区域（或选择“编辑”>“全部编辑”菜单），可退出组合编辑状态。

> 很多动画创作者在 Flash 中绘制图形时，每绘制好图形的一部分，例如绘制好人物的头部，都习惯先将这部分组合，然后才绘制其他部分，再组合，这样图形之间就不会相互影响了。

## 三、移动和复制对象技巧

- 利用“剪切”（或按【Ctrl+X】组合键）与“复制”（或按【Ctrl+C】组合键）命令对对象进行操作后，执行“粘贴到中心位置”命令（或按【Ctrl+C】组合键）可将对象复制到舞台中心，执行“粘贴到当前位置”（或按【Ctrl+Shift+C】组合键），可原位复制对象。
- 选中对象后，利用“选择工具”拖动对象可移动对象，如果在拖动时按住【Alt】键，则可复制对象，如图 4-34 所示。使用“局部选取工具”或“任意变形工具”也可以达到同样的效果。

图 4-34　通过拖动复制对象

- 选中对象后，按键盘上的方向键，对象将向相应方向以 1 像素为单位移动；如果按住【Shift】键再按方向键，则一次移动 10 像素。

## 四、“渐变变形工具”使用技巧

在前面我们已经学习了使用“渐变变形工具”调整放射状渐变的方法，下面讲解利用该工具调整线性渐变和位图填充的的方法。

### 1. 调整线性渐变

**步骤 1**　打开本书配套素材“素材与实例”>“项目四”>“线性渐变.fla”文件，使用“渐变变形工具”单击顶部的线性渐变填充后，会出现渐变线和渐变控制柄，如图 4-35 所示。

**步骤 2**　拖动渐变中心点将移动整个渐变图案，如图 4-36 所示。

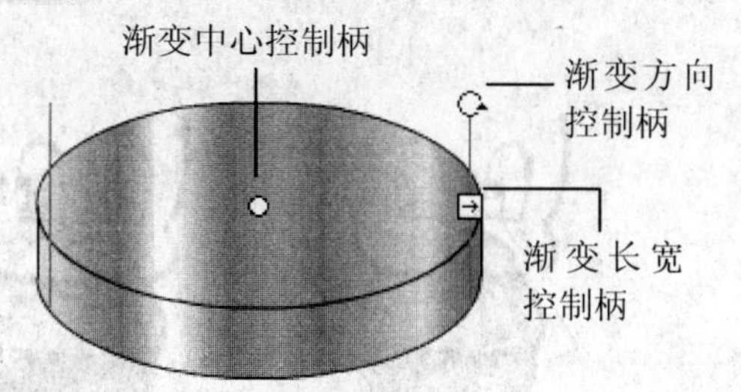


图 4-35　渐变控制线和渐变控制柄

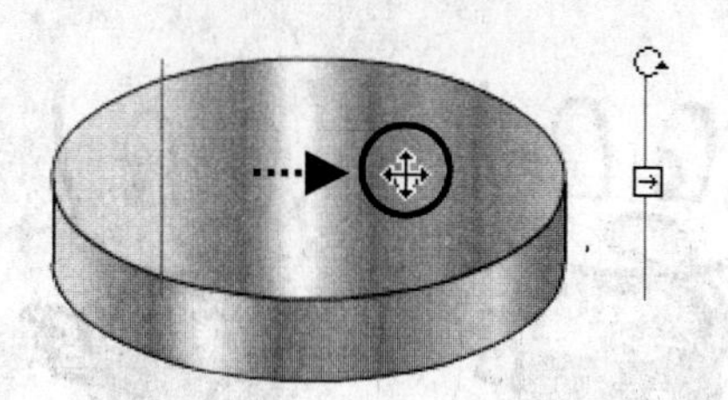

图 4-36　移动渐变图案

**步骤 3**　拖动渐变方向控制柄将改变渐变图案的方向，如图 4-37 所示。

**步骤 4**　拖动渐变长宽控制柄将改变渐变图案的宽度，如图 4-38 所示。

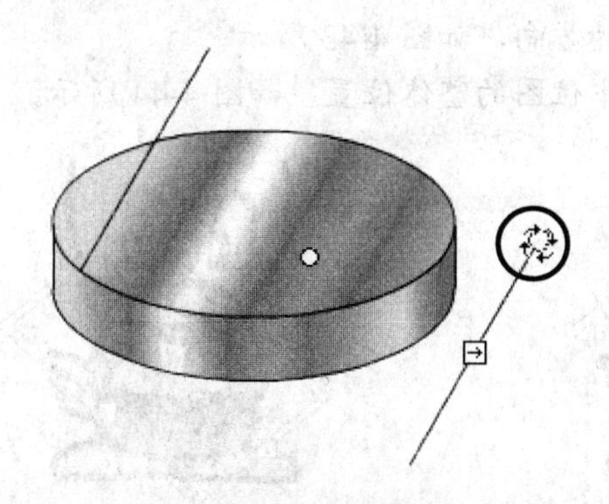

图 4-37　改变渐变图案方向

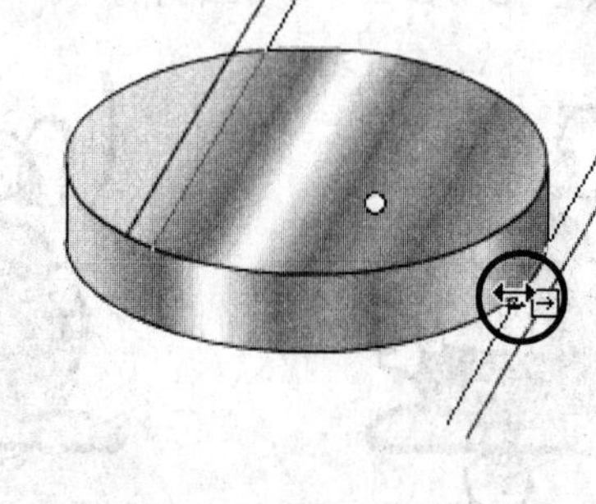

图 4-38　改变渐变图案宽度

## 2. 调整位图

**步骤 1**　打开本书配套素材"素材与实例">"项目四">"位图填充.fla"文件，使用"渐变变形工具"单击衣服中的位图后，会出现位图控制柄，如图 4-39 所示。

图 4-39　位图控制柄

**步骤 2**　拖动横向倾斜控制柄或纵向倾斜控制柄，可改变位图横向或纵向倾斜角度，如图 4-40 所示。

**步骤 3** 拖动位图宽度控制柄或位图长度控制柄，可改变位图的宽度和长度，如图 4-41 所示。

图 4-40 改变位图横向或纵向倾斜角度

图 4-41 改变位图的宽度和长度

**步骤 4** 拖动位图大小控制柄，可改变位图的大小，如图 4-42 所示。

**步骤 5** 拖动位图方向控制柄，可改变位图的方向，如图 4-43 所示。

**步骤 6** 拖动位图中心控制柄，可移动对象中位图的整体位置。如图 4-44 所示。

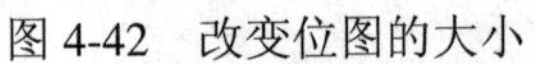

图 4-42 改变位图的大小

图 4-43 改变位图的方向

图 4-44 移动对象中位图的整体位置

## 五、“任意变形工具”使用技巧

“任意变形工具”是我们在制作 Flash 动画时使用最多的图形编辑工具，当使用“任意变形工具”单击选中或框选要编辑的对象后，工具箱下方会出现“旋转与倾斜”、“缩放”、“扭曲”和“封套”几个按钮，如图 4-45 所示。

“扭曲”和“封套”按钮只有在选中的对象是分散的矢量图形时才能应用

图 4-45 “任意变形工具”的选项

在进行一般的变形操作时，通常不选择任何按钮，此时“任意变形工具”会处于自由变形模式，也就是除了“封套”功能之外的操作都可以进行。但是对于一些需要特定变形的对象，选中相应的按钮可以防止误操作的出现。

### 1. 旋转与倾斜

要旋转对象，应先用“任意变形工具”选中要旋转的对象，然后拖动变形中心点确定旋转的中心，如图 4-46 所示。将光标移动到变形框四个角的控制柄上，光标会呈↻形状，

此时按住鼠标左键并拖动，即可以变形中心点为圆心进行旋转，如图 4-47 所示。

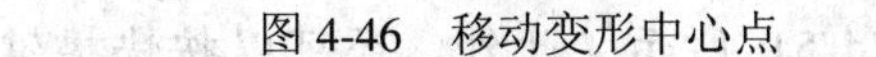

图 4-46　移动变形中心点　　　　图 4-47　旋转对象

要倾斜对象，应在使用“任意变形工具”选中对象后，将光标移动到变形框的边线上，当光标呈⇋或⇃⇂形状时，按住鼠标左键并拖动，如图 4-48 所示。

图 4-48　倾斜对象

## 2. 缩放

使用“任意变形工具”选中对象后，单击选中“缩放”按钮（也可以不选择），然后将鼠标移动到编辑对象的横向或纵向中间控制柄上，当光标会变为↕或↔形状时，拖动鼠标可改变对象高度或宽度，如图 4-49 所示。

图 4-49　改变对象高度和宽度

将光标移动到变形框 4 个边角的控制柄上，光标会呈↘形状，此时按住鼠标左键并拖动，即可改变对象的大小，在拖动的同时按住【Shift】键可成比例缩放，如图 4-50 所示。

图 4-50　成比例缩放对象

也可以选中对象后，在“属性”面板或“信息”面板的“高”和“宽”文本框中输入具体数值，精确改变对象的高和宽，如图 4-51 所示。此外，还可以按快捷键【Ctrl+Shift+S】，打开“缩放和旋转”对话框，精确设置对象“缩放”比例和旋转度数，如图 4-52 所示。

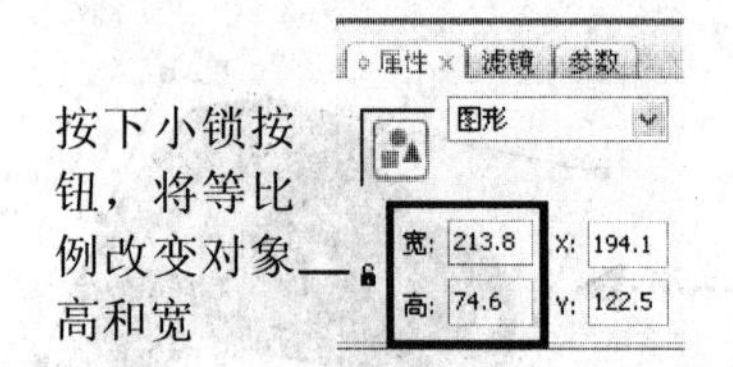


图 4-51　在“属性”面板中设置高和宽

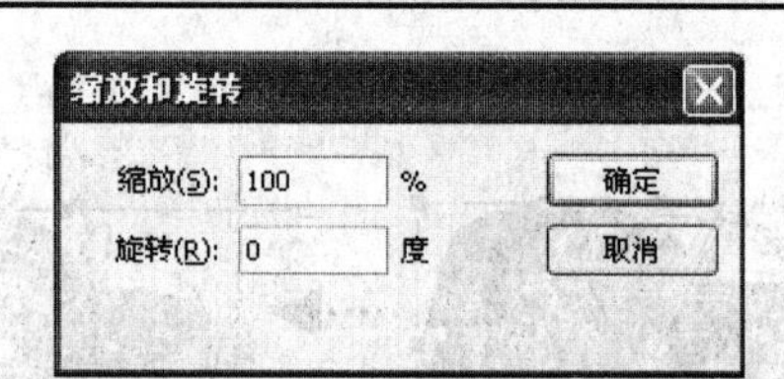


图 4-52　“缩放和旋转”对话框

## 3. 扭曲

扭曲只能应用在分离的对象上。在制作一些特殊效果时经常使用该功能。

使用“任意变形工具”选中分离的对象后，单击工具箱选项区中的“扭曲”按钮，或者在按住【Ctrl】键的同时将光标移动到变形框 4 个边角的控制柄上，当光标呈▷形状时按住鼠标左键并拖动，即可扭曲分离的对象，如图 4-53 所示。

图 4-53　扭曲对象

## 4. 封套

封套同样只能应用在分离的对象上。在制作诸如物体掉落后弹起的效果、物体受力弯曲的效果等时，常用到封套功能。

使用“任意变形工具”选中分离的对象后，单击“封套”按钮，此时对象周围会出现一个封套控制框，如图 4-54 所示。拖动封套控制框上的控制柄，可改变封套的形状，如图 4-55 所示。拖动控制柄两侧的切线手柄，可改变曲线的弧度，如图 4-56 所示。

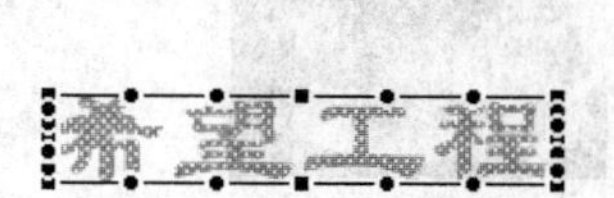

图 4-54　封套控制框

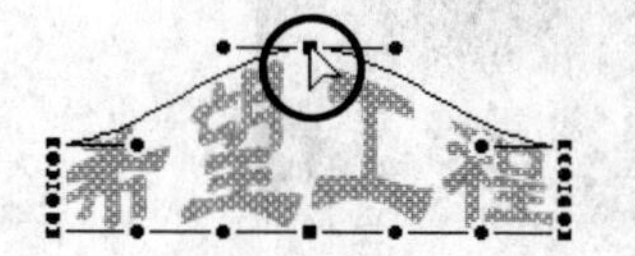

图 4-55　拖动控制柄

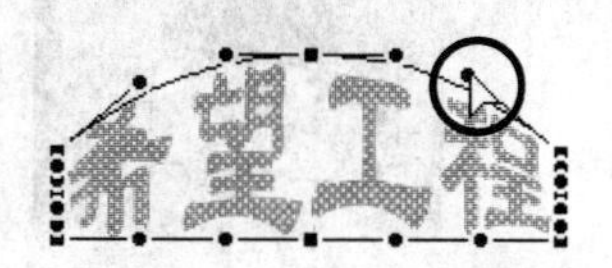

图 4-56　拖动切线手柄

# 任务二　编辑娃娃和鲤鱼——选取图像区域和排列对象

## 学习目标

| 掌握分离图像的方法 |
| --- |
| 掌握“套索工具”的使用方法 |

## 一、编辑娃娃图像——使用“套索工具”和“橡皮擦工具”

“套索工具”主要用于选择位图区域，在使用该工具选取位图区域前必须将位图打散（按【Ctrl+B】组合键）。“橡皮擦工具”用于擦除不需要的矢量填充及线条，还可以擦除打散的位图区域。下面就利用这两个工具编辑娃娃图像。

**步骤 1**　单击“时间轴”面板上的“图层 2”将其设为当前图层，然后按快捷键【F11】打开“库”面板，将“库”面板中的“娃娃.jpg”位图拖到舞台中，如图 4-57 所示。

**步骤 2**　选中“图层 2”上的“娃娃”位图，然后选择“修改”>“分离”菜单（或者按快捷键【Ctrl+B】），将位图分离，如图 4-58 所示。

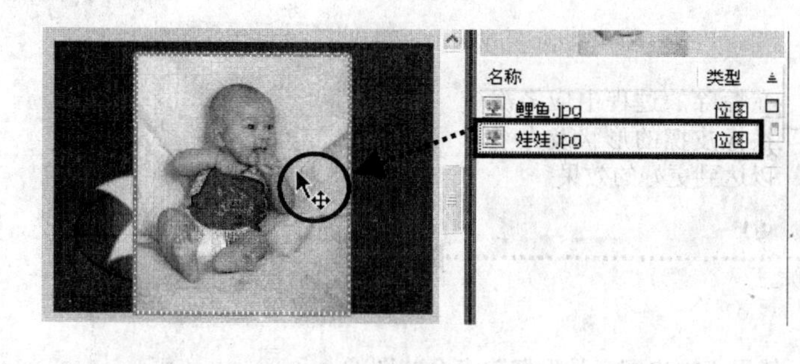


图 4-57　拖入位图

图 4-58　将位图分离

**步骤 3**　选择“套索工具”，在娃娃周围按住鼠标左键并拖动，松开鼠标后在起点与终点之间的区域会变为选区，如图 4-59 所示。

**步骤 4**　按快捷键【Ctrl+G】将选中的图像部分组合，然后使用“选择工具”单击选中位图未组合的部分，按【Delete】键将其删除，如图 4-60 所示。

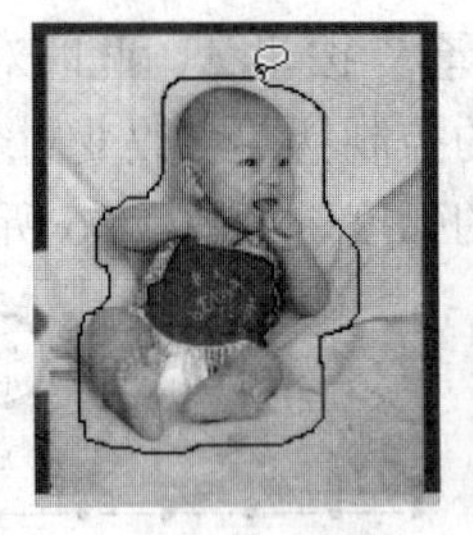
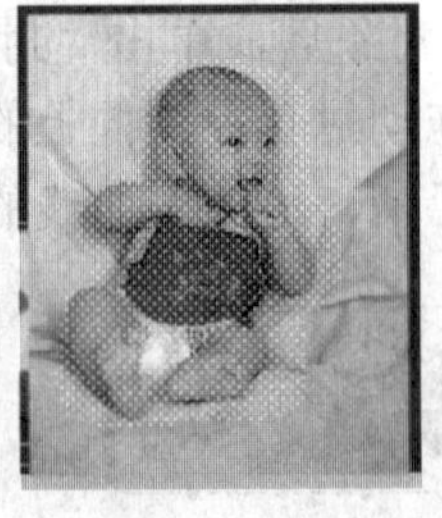
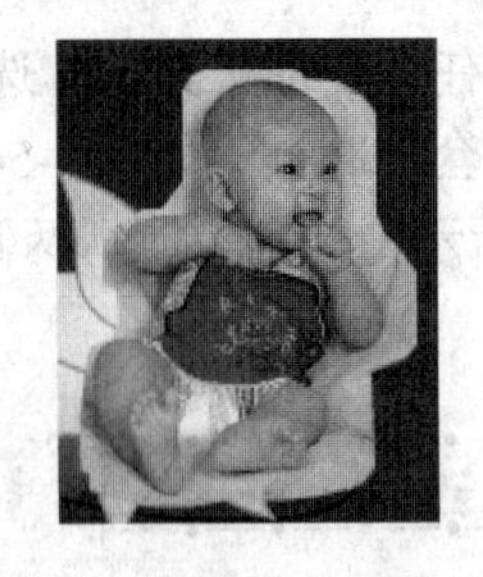
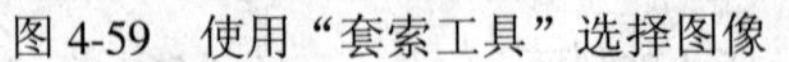

图 4-59 使用“套索工具”选择图像　　　　图 4-60 删除图像中不要的部分

**步骤 5** 使用“选择工具”双击组合的位图图像进入其内部，然后选择“橡皮擦工具”。此时在工具箱选项区单击“橡皮擦形状”按钮，可从弹出的列表中选择橡皮擦形状，如图 4-61 所示；单击“橡皮擦模式”按钮，可设置橡皮擦模式，如图 4-62 所示。

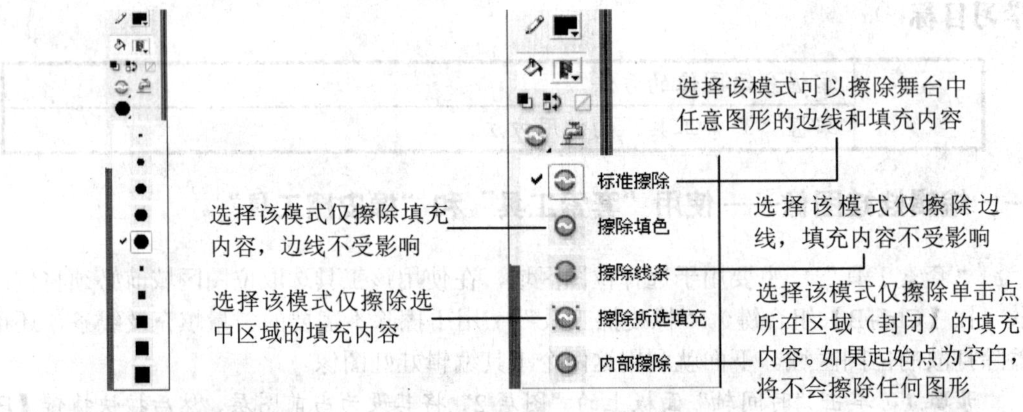


图 4-61 选择橡皮擦的形状　　　　图 4-62 设置橡皮擦的模式

**步骤 6** 选择好橡皮擦形状和擦除模式后，在娃娃图像多余的部分上按住鼠标左键不放并拖动，即可将其擦除，如图 4-63 所示。

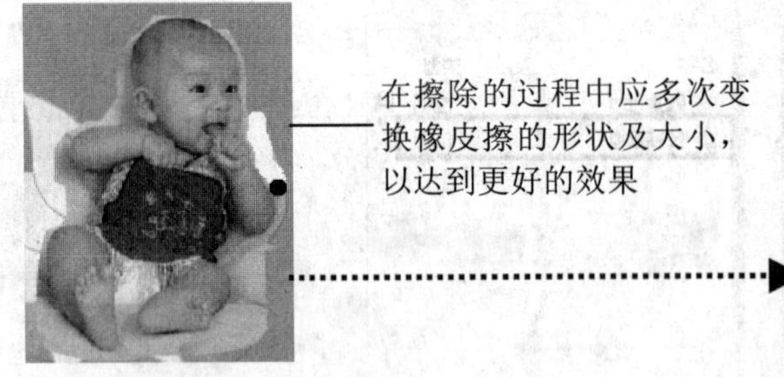


图 4-63 使用“橡皮擦工具”擦除多余的图像

“橡皮擦工具”在不同模式下擦除图像的效果如图 4-64 所示。另外，单击“水龙头”按钮后，可以通过单击来擦除不需要的填充或边线内容，如图 4-65 所示；双击工具箱中的“橡皮擦工具”，可以清除舞台中的所有对象。

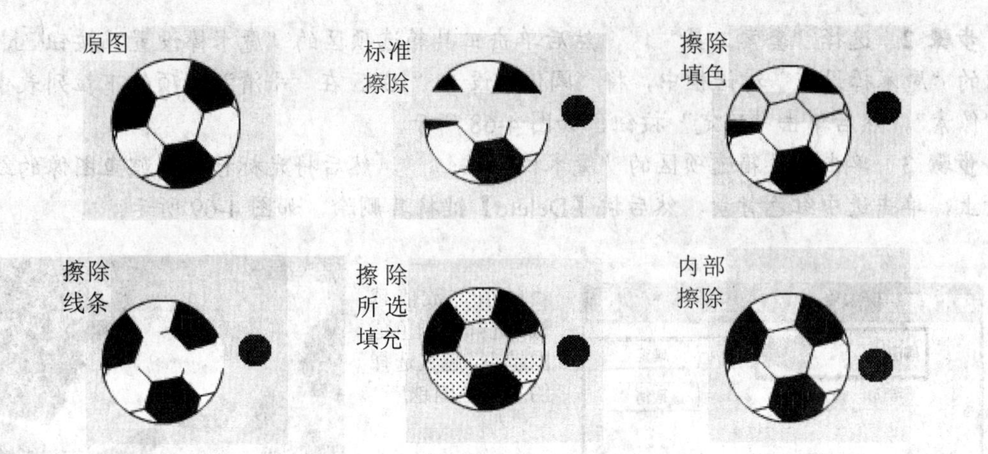


图 4-64　不同模式下擦除图像的效果

图 4-65　“水龙头”模式擦除效果

**步骤 7**　擦除完毕后，单击舞台左上角的场景 1按钮，或者使用“选择工具”在舞台空白区域双击返回主场景，利用“剪切”和“粘贴到中心位置”命令，将娃娃图像由“图层 2”移动到“图层 1”中，并将其放置到荷花上的适当位置，如图 4-66 所示。

## 二、编辑鲤鱼图像——使用“套索工具”和排列图像

使用“套索工具”的“魔术棒”模式，可以快捷地选取图像中颜色相近的区域。下面通过编辑鲤鱼图像，来介绍它的具体使用方法。

**步骤 1**　将“鲤鱼.jpg”图像从“库”面板中拖到“图层 2”的舞台中，然后按快捷键【Ctrl+B】将位图分离，如图 4-67 所示。

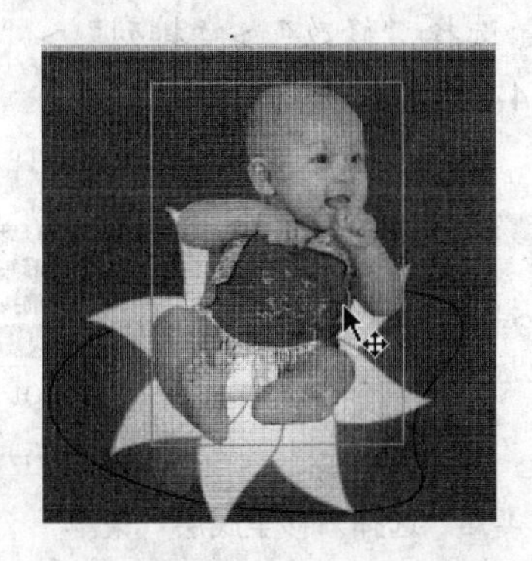

图 4-66　将娃娃移动到“图层 1”的适当位置

图 4-67　拖入鲤鱼图像并将其分离

**步骤 2** 选择“套索工具”，然后单击工具箱选项区的“魔术棒设置”按钮，在弹出的“魔术棒设置”对话框中，将“阈值”设为“10”，在“平滑”选项的下拉列表中选择“像素”，然后单击“确定”按钮，如图 4-68 所示。

**步骤 3** 单击工具箱选项区的“魔术棒”按钮，然后将光标移动到鲤鱼图像的红色背景上，单击选中红色背景，然后按【Delete】键将其删除，如图 4-69 所示。

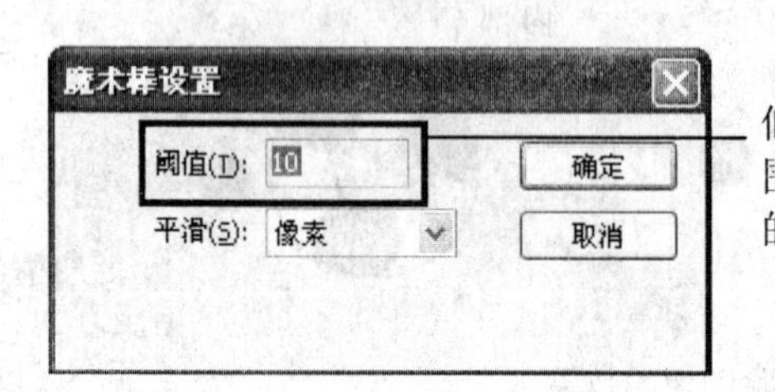


图 4-68 “魔术棒设置”对话框

图 4-69 删除鲤鱼图像背景

**步骤 4** 选中鲤鱼图像，按快捷键【F8】，在弹出的“转换为元件”对话框中的“名称”编辑框中输入“鲤鱼”，选中“图形”单选钮，然后单击“确定”按钮，如图 4-70 所示。

**步骤 5** 将“鲤鱼”元件实例移动到“图层 1”中，使用“任意变形工具”旋转“鲤鱼”元件实例，并将其移动到适当位置，如图 4-71 所示。

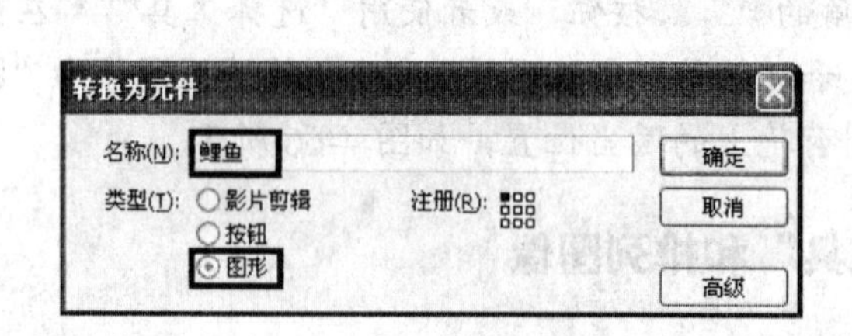


图 4-70 “转换为元件”对话框

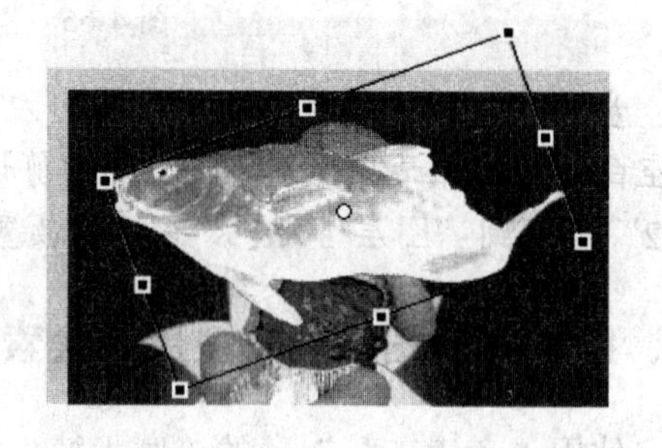

图 4-71 调整鲤鱼角度和位置

**步骤 6** 保持“鲤鱼”元件实例的选中状态，打开“属性”面板，在“颜色”下拉列表中选择“Alpha”，并在其右侧的编辑框中输入“70%”，如图 4-72 所示。

**步骤 7** 继续保持“鲤鱼”元件实例的选中状态，选择“修改”>“排列”>“移至底层”菜单，将其排列到娃娃和荷叶图像的下方，如图 4-73 所示。

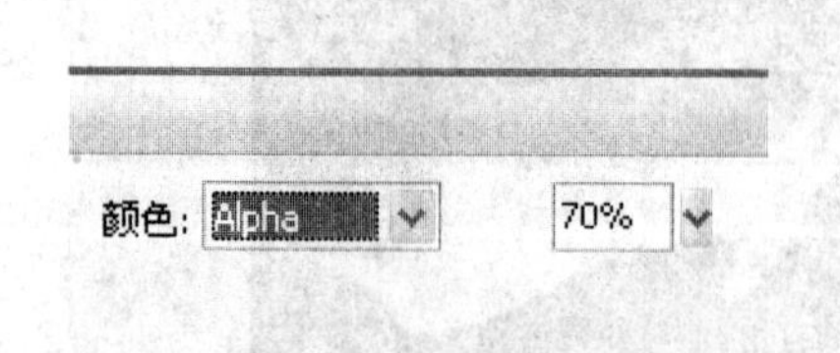


图 4-72 设置元件实例的不透明度

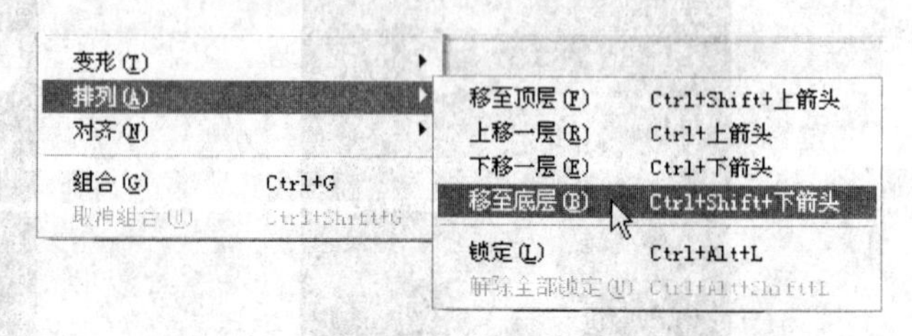


图 4-73 选择“移至底层”菜单

"排列"子菜单中各命令作用如下：

由于组合图像和元件实例总是位于分离图像的上方，所以即使选择"移至底层"菜单，"鲤鱼"元件实例也还是在红色矩形上方。

- **移至顶层：**可以将选中的对象放置在所有对象的最上面。
- **上移一层：**可以将选中的对象在排列顺序中上移一层。
- **下移一层：**可以将选中的对象在排列顺序中下移一层。
- **移至底层：**可以将选中的对象放置在所有对象的最下面。

利用"套索工具"的"多边形"模式可以通过绘制多边形的方式，将位于多边形中的位图或矢量图形区域选中。选择"套索工具"，单击"多边形模式"按钮，然后在包装盒的一个棱角处单击，接着在其他棱角处继续单击绘制多边形，最后在起点处双击，即可将多变形内的图像区域选中，如图 4-74 所示。

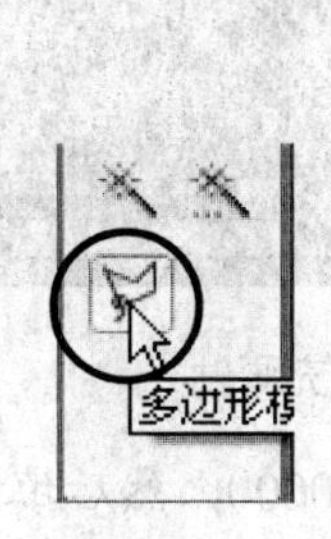


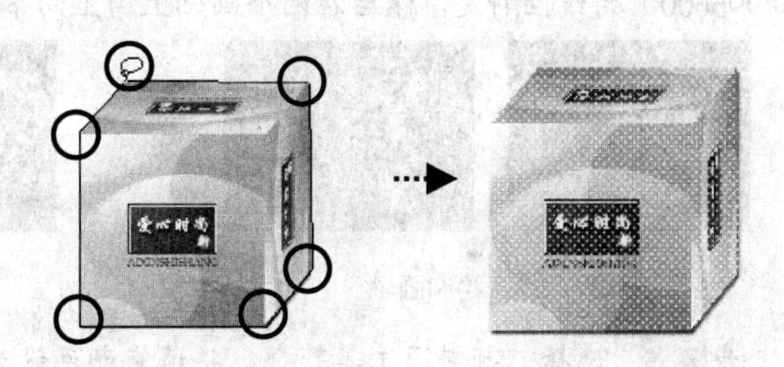

图 4-74　利用"多边形"模式选取规则的图像区域

# 任务三　制作条幅——修改图形形状

## 学习目标

|  | 掌握"扩展填充"和"柔化填充边缘"命令的使用方法 |
| --- | --- |
| | 掌握"平滑"、"伸直"和"优化"命令的使用方法 |
| | 掌握"将线条转换为填充"命令的使用方法 |

## 一、制作条幅框架——使用"柔化填充边缘"命令

为了避免图形的填充边缘过于生硬，可以对其实行柔化。利用"柔化填充边缘"命令还可以制作很多特殊效果，比如爆炸、霓虹等。下面就利用"柔化填充边缘"命令制作条幅的框架。

**步骤 1** 选择"矩形工具"，将笔触颜色设为黑色、填充颜色设为无，然后在"图层 2"的适当位置绘制一个只有边线的矩形，如图 4-75 所示。

**步骤 2** 使用"选择工具"双击选中矩形，按快捷键【Ctrl+C】复制矩形，然后按快捷键【Shift+Ctrl+V】原位粘贴矩形，再按快捷键【Altl+Ctrl+ S】，在弹出的"缩放和旋转"对话框中的"缩放"编辑框中输入"80"，并单击"确定"按钮，如图 4-76 所示。

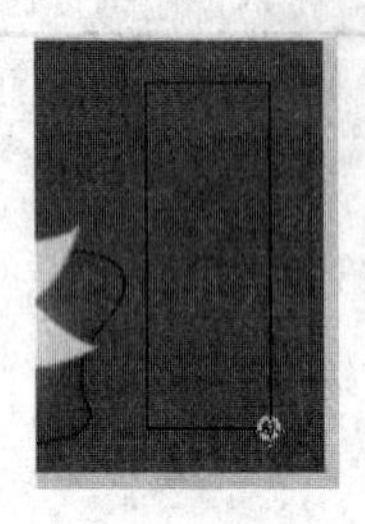

图 4-75 绘制没有填充色的矩形

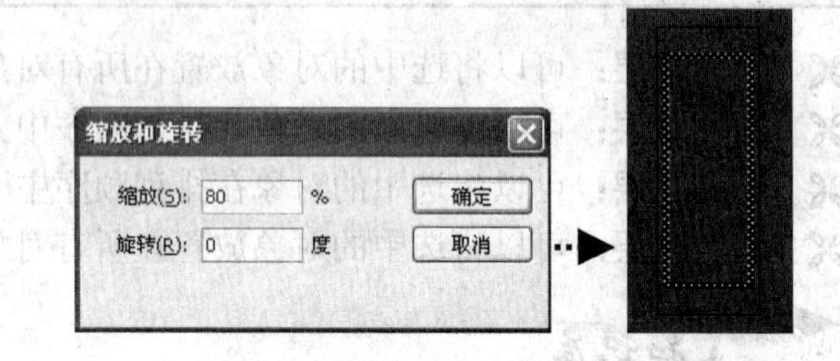


图 4-76 复制并调整矩形大小

**步骤 3** 使用"矩形工具"在较大矩形的上方和下方绘制两个矩形，作为画轴，如图 4-77 所示。

**步骤 4** 在"颜色"面板中设置由棕色（#996600）到浅棕色（#CC9900）再到棕色（#996600）的线性渐变，然后在两个画轴上由上向下填充渐变色，如图 4-78 所示。

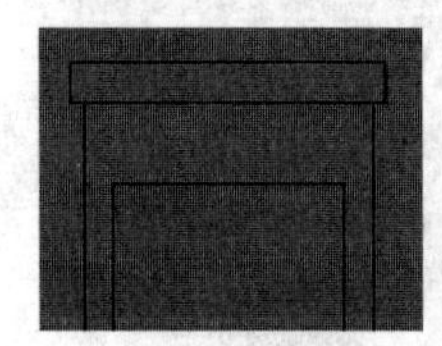
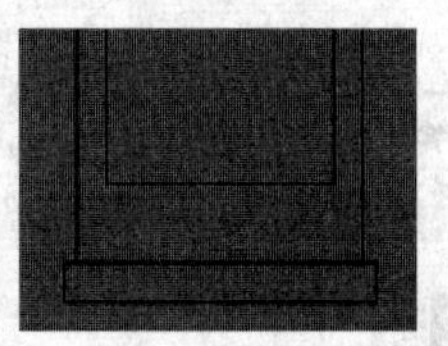

图 4-77 绘制画轴

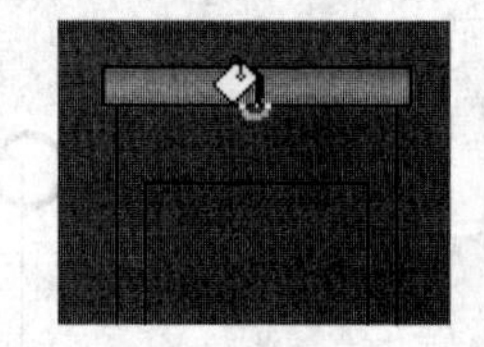
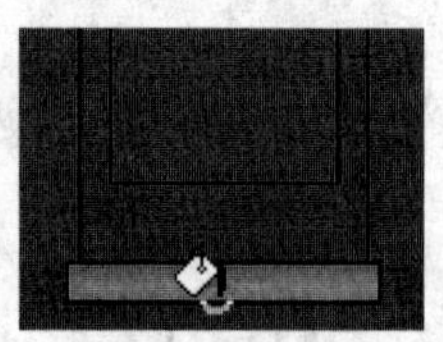

图 4-78 填充画轴

**步骤 5** 选择"颜料通工具"，将填充颜色设为深红色（#990000），然后填充较大矩形与较小矩形之间的区域，再使用白色填充较小的矩形，如图 4-79 所示。

**步骤 6** 使用"选择工具"双击白色填充将填充色和轮廓线选中，然后选择"修改" > "形状" > "柔滑填充边缘"菜单，在打开的"柔滑填充边缘"对话框的"方向"选项组中选择"扩展"单选钮，在"距离"编辑框中输入"10"，在"步骤数"编辑框中输入"2"，然后单击"确定"按钮，如图 4-80 所示。

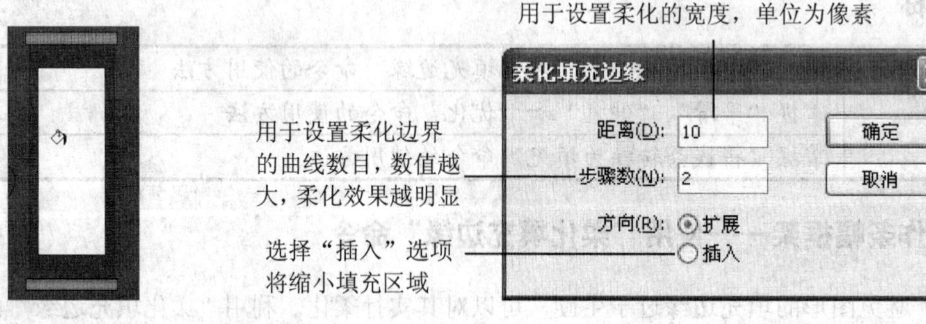


图 4-79 填充画框　　图 4-80 "柔滑填充边缘"对话框

**步骤 7**　此时会看到边缘变为了独立的填充色，如图 4-81 所示。在“颜色”面板中设置由橘黄色（#FF9900）到黄色（#FFFF00）再到橘黄色（#FF9900）的线性渐变，然后由左向右拖动填充边缘，如图 4-82 所示。

**步骤 8**　单击“图层 2”的第 1 帧选中条幅框架，然后按快捷键【Ctrl+G】将条幅框架组合，并利用“剪切”和“粘贴到当前位置”命令将其移动到“图层 1”上。

图 4-81　边缘变为独立填充色

图 4-82　为边缘填充线性渐变

## 二、制作特效文字——使用“扩展填充”命令

绘制图形时，我们可以利用“扩展填充”命令来增大或减小图形填充区域。下面就利用该命令来制作特效文字。

**步骤 1**　选择“文本工具”，在“属性”面板中将字体设为隶书，将字体大小设为 50，将文本（填充）颜色设为黑色，将文本方向设为“垂直，从左向右”，然后在“图层 2”的条幅框架上输入“恭贺新春”字样，如图 4-83 所示。

**步骤 2**　输入完毕后，按两次快捷键【Ctrl+B】，将文字完全分离，然后将“颜色”面板中的“填充颜色”设为由橙黄色（#FFCC00）到黄色（#FFFF00）再到橙黄色（#FFCC00）的线性渐变，此时文字会变为图 4-84 所示的效果。

**步骤 3**　保持文字的选中状态，按快捷键【Ctrl+C】将文字复制到“剪贴板”，然后选择“修改”>“形状”>“扩展填充”菜单，打开“扩展填充”对话框，选择“扩展”单选钮，在“距离”选项的编辑框中输入“2”，然后单击“确定”按钮，如图 4-85 所示。

图 4-83　输入文字

图 4-84　分离并填充文字

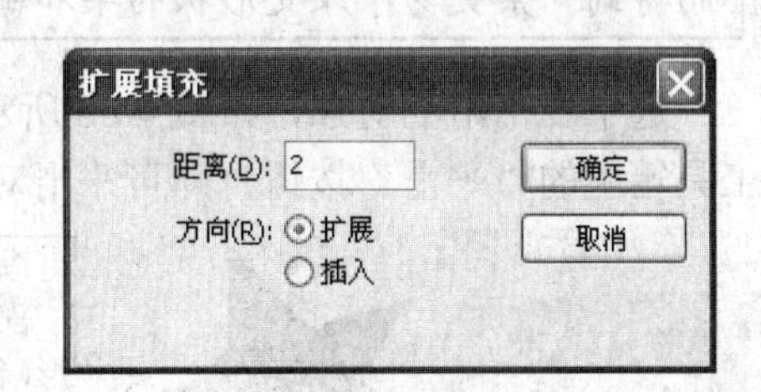


图 4-85　“扩展填充”对话框

**步骤 4**　保持文字的选中状态，单击工具箱颜色区的“填充颜色”按钮，在打开的调色板中选择橘黄色（#FF9900），效果如图 4-86 所示。

**步骤 5** 按快捷键【Shift+Ctrl+V】将“剪贴板”中的分离文字原位粘贴到“图层 2”，效果如图 4-87 所示。

**步骤 6** 单击“图层 2”的第 1 帧选中特效文字，然后按快捷键【Ctrl+G】将文字组合，并利用“剪切”和“粘贴到当前位置”命令将其移动到“图层 1”上。

图 4-86 为分离文字填充颜色

图 4-87 特效文字效果

# 延伸阅读

## 一、图形的平滑、伸直和优化

绘制好图形后，使用平滑、伸直和优化命令，可以使图形轮廓线变得柔和、美观，对于由复杂线段组成的图形，使用这 3 个命令，还可以减少线段数量，从而减少 Flash 文件的体积，并方便使用“选择工具”对线段进行调整。

### 1. 平滑图形

平滑图形主要有三个作用：一是使曲线变得柔和，美化图形；二是减少曲线整体方向上的突起或其他变化；三是可以减少图形中的线段数。

使用“选择工具”调整图形形状时，如果图形的轮廓线有很多拐点，在调整时可能会很不方便，这时选择图形轮廓线并执行“平滑”操作，可以减少线段数量，从而得到一条更易于改变形状的柔和曲线。

选中要平滑的对象，如图 4-88 所示，选择“修改”>“形状”>“平滑”菜单，或单击工具箱中的“平滑”按钮即可平滑对象，反复执行可强化平滑效果，如图 4-89 所示。

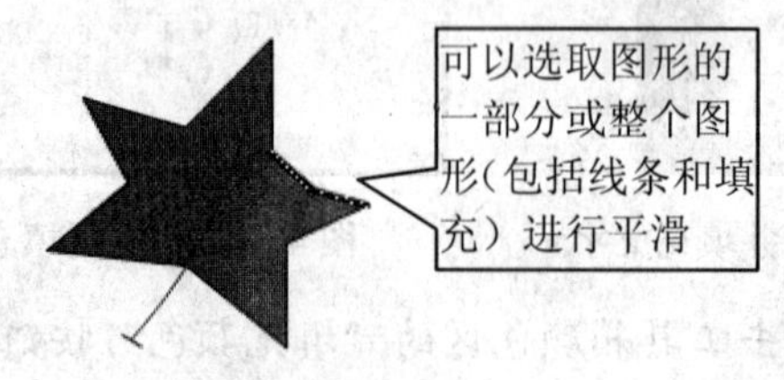

图 4-88 选中需要平滑的对象

图 4-89 平滑后的效果

另外，一般连续执行3次或4次平滑命令，便能达到很好的平滑效果，如果单击次数过多，会使图形走样。另外，“平滑”、“伸直”和“优化”命令只对分离的矢量图形有效果。

2. 伸直图形

伸直图形可以将绘制好的线条和曲线伸直，它同样可以减少图形中的线段数，从而方便使用“选择工具”调整图形。

伸直图形的方法同平滑曲线相同，选中要伸直的图形，选择“修改”>“形状”>“伸直”菜单，或单击工具箱“选项”区的“伸直”按钮即可。反复执行可强化伸直效果。图4-90所示为图形伸直前和伸直后的效果。

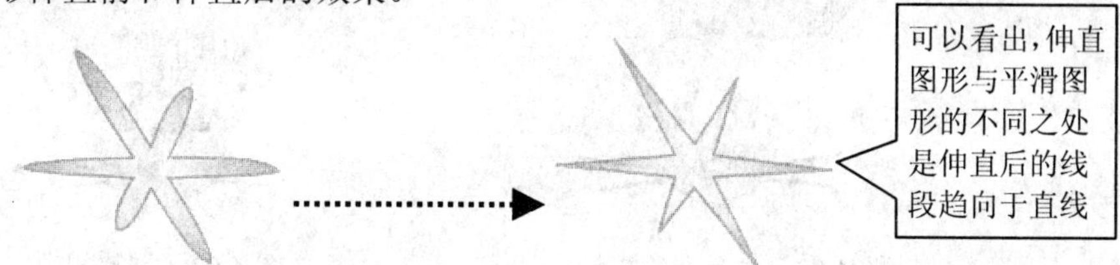


图 4-90　伸直图形

3. 优化图形

使用优化功能也可以使图形变得平滑。选中要优化的对象，然后选择“修改”>“形状”>“优化”菜单，打开“最优化曲线”对话框，设置好相关参数后，单击“确定”按钮即可优化图形，如图4-91所示。

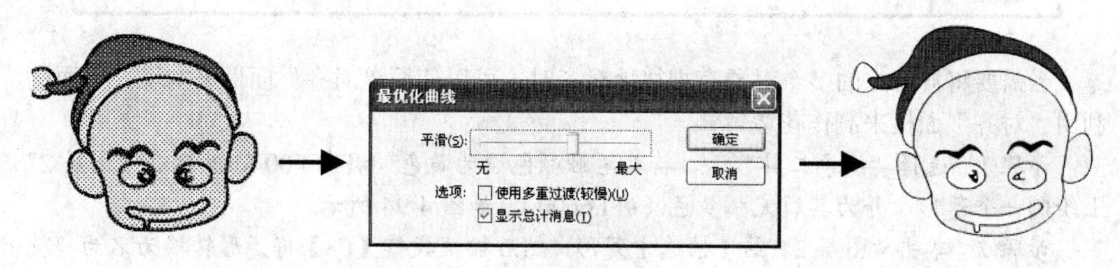


图 4-91　优化图形

“最优化曲线”对话框中各选项意义如下：

- **“平滑”**：设置平滑的强度。
- **“使用多重过滤”**：如果选中该复选框，系统将会自动对图形进行多次优化。
- **“显示总计消息”**：如果选中该复选框，则在优化结束后，系统将会打开优化消息提示对话框，显示优化效果。

## 二、将线条转换为填充

在 Flash 中绘制图形时，无论怎样调整，线条都是一样粗细，没有精细变化，因此，在某些情况下，为了获得更好的边线效果，可将线条转变为填充，然后再调整线条。下面我们以一个实例来介绍“将线条转换为填充”命令在实际操作中的应用。

**步骤 1** 打开本书配套素材“素材与实例”>“项目四”>“袋鼠.fla”文件，我们会发现舞台上袋鼠的胡须过于僵硬，如图 4-92 所示。

**步骤 2** 选中袋鼠的胡须，然后选择“修改”>“形状”>“将线条转换为填充”菜单，将选中的线条转换为填充，然后使用“选择工具” 调整胡须的形状，如图 4-93 所示。

图 4-92 舞台上的袋鼠

图 4-93 调整胡须

# 任务四 制作花边——对齐对象

## 学习目标

|  | 掌握“对齐”面板的使用方法 |
|---|---|

当需要将舞台上的多个对象有规律地对齐时，可以使用“对齐”面板来实现。下面就利用“对齐”面板来制作花边。

**步骤 1** 选择“线条工具”，将其笔触颜色设为黄色（#FFFF00），然后在“图层 2”上绘制一个菱形，并为其填充橘黄色（#FF6600），如图 4-94 所示。

**步骤 2** 单击“图层 2”第 1 帧选中菱形，然后按快捷键【F8】将菱形转换为名为“花纹”的图形元件，如图 4-95 所示。

图 4-94 绘制菱形

图 4-95 创建“花纹”图形元件

**步骤 3**　在按住【Alt】键的同时依次拖动"花纹"元件实例，将其复制 22 份，如图 4-96 所示。

**步骤 4**　单击"图层 2"第 1 帧选中所有元件实例，然后选择"窗口">"对齐"菜单（或者按快捷键【Ctrl+K】）打开"对齐"面板，单击其中的"垂直中齐"按钮和"水平居中分布"按钮，如图 4-97 所示。

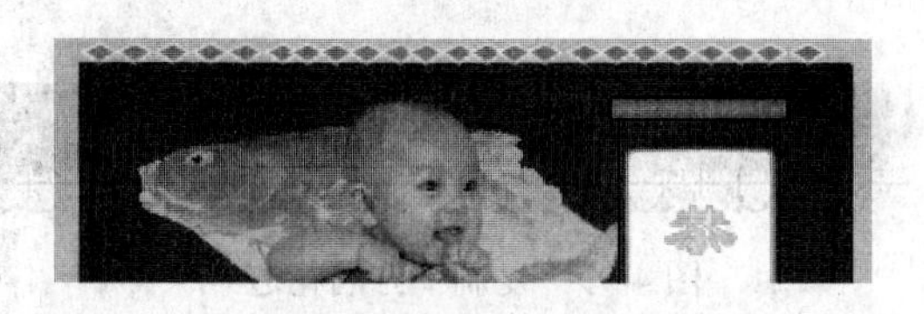

图 4-96　复制元件实例

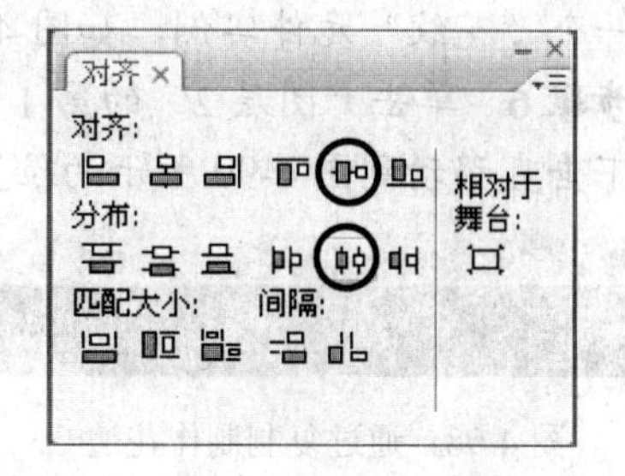


图 4-97　"对齐"面板

"对齐"面板中各选项意义如下：

- **"相对于舞台"**：该按钮处于按下状态时，将以整个舞台为基准调整对象的位置。如果没有按下该按钮，则对齐对象时是以各对象的相对位置为基准对齐。

"对齐"选项组中各按钮的主要作用是对齐对象。

- **"左对齐"**：使所选对象以最左侧的对象或舞台最左端为基准对齐。
- **"水平中齐"**：使所选对象沿集合的垂直线为基准居中对齐，或以舞台中心点为基准居中对齐。
- **"右对齐"**：使所选对象以最右侧的对象或舞台最右端为基准对齐。
- **"上对齐"**：使所选对象以最上方的对象或舞台最上端为基准对齐。
- **"垂直中齐"**：使所选对象以集合的水平中线为基准垂直对齐，或以舞台中心点为基准垂直对齐。
- **"底对齐"**：使所选对象以最下面的对象或舞台最下端为基准对齐。

"分布"选项组中各按钮主要用来调整对象之间的距离。

- **"顶部分布"**：使所选对象在水平方向上上端间距相等。如果按下"相对于舞台"按钮，则以舞台上下距离为基准调整对象之间的水平间距。
- **"垂直居中分布"**：使所选对象在水平方向上中心距离相等。
- **"底部分布"**：使所选对象在水平方向上下端间距相等。
- **"左侧分布"**：使所选对象在垂直方向上左端距离相等。
- **"水平居中分布"**：使所选对象在垂直方向上中心距离相等。
- **"右侧分布"**：使所选对象在垂直方向上右端距离相等。

"匹配"选项组中各按钮的主要作用是调整对象的高和宽。

- **"匹配宽度"**：使所选对象的宽度变为与最宽的对象相同。如果按下"相对于舞台"按钮，则使所选对象的宽度变为与舞台一样宽。
- **"匹配高度"**：使所选对象的高度变为与最高的对象相同。
- **"匹配宽和高"**：使所选对象高度和宽度变为与最高和最宽的对象相同。

“间隔”选项组各按钮的主要作用是调整对象之间的距离。

⌘ **“垂直平均间隔”**：使所选对象在垂直方向上距离相等。

⌘ **“水平平均间隔”**：使所选对象在水平方向上距离相等。

**步骤 5** 单击“图层 2”的第 1 帧选中所有元件实例，然后按快捷键【Ctrl+C】和【Shift+Ctrl+V】进行原位复制，并将所有复制的元件实例向右水平移动，然后在左方再多复制一个“花纹”元件实例，如图 4-98 所示

**步骤 6** 单击“图层 2”的第 1 帧选中所有元件实例，然后将所有元件实例原位复制，并向下垂直移动到图 4-99 所示的位置。

图 4-98 通过复制制作花边

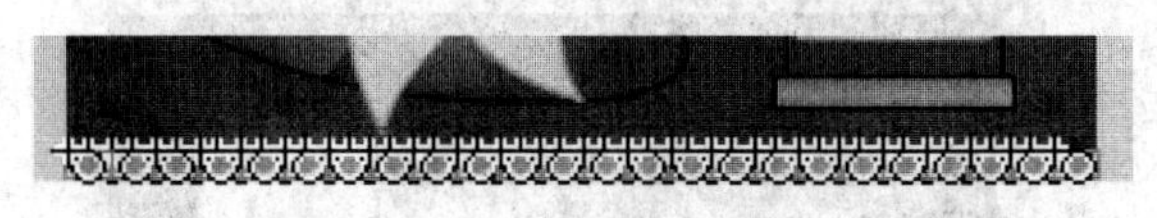

图 4-99 复制下方的花边

**步骤 7** 保持下方花边的选中状态，将其原位复制一份，然后选择“修改”>“变形”>“顺时针旋转 90 度”菜单进行旋转，并移动到舞台左侧，使其对准上方的花边，最后删除下方多余的花边，如图 4-100 所示。

**步骤 8** 将左侧的花边原位复制，然后水平移动到右侧，如图 4-101 所示。这样实例就完成了。

图 4-100 对准上方的花边并删除下方多余的花边

图 4-101 复制右侧的花边

## 检测与评价

本章主要介绍了编辑图形的方法，用户在学完本章内容后，应重点注意以下几点：

（1）“选择工具”是 Flash 中使用最多的工具，用户可以使用它调整图形形状、选择图形、移动和复制图形，以及进入或退出群组、元件等整体对象的内部。

（2）在使用“任意变形工具”时，用户应重点注意其变形中心点的作用和设置方法。我们在后面制作动画时的旋转和变形，也是以变形中心点为基点进行的。

（3）在绘图时，灵活地应用组合、元件和图层功能，可以使图形之间相互不受干扰。

（4）绘制好图形后，如果其节点过多，可以使用“平滑”或“优化”命令对其进行适当处理。

# 成果检验

结合本项目所学内容，制作图 4-102 所示的雪景，最终效果请参考本书配套素材“素材与实例”>“项目四”>“雪景.fla”。

图 4-102　雪景

## 提示

（1）打开本书配套素材“素材与实例”>“项目四”>“雪景素材.fla”文件，将小熊图像分离，并利用“套索工具”将其背景删除，然后将小熊图形组合并移动到舞台底部。

（2）利用“线条工具”绘制一片枫叶并将其转换为图形元件，然后将元件实例复制一份，并利用“任意变形工具”将复制的枫叶缩小并旋转。

（3）将两片枫叶复制多份，然后利用“对齐”面板使其对齐，并将制作好的枫叶原位复制并垂直移动到舞台下方。

（4）将舞台下方的枫叶原位复制，然后利用“变形”面板使其旋转 90 度，再将复制的枫叶移动到舞台左侧，并删除多余的枫叶。

（5）将左侧的枫叶原位复制，然后将其水平移动到舞台右侧，选择“修改”>“变形”>“水平翻转”菜单，将其水平翻转，实例就完成了。

# 项目五　乒乓男孩——绘图技巧

**课时分配：11 学时**

**学习目标**

| 掌握卡通人物头部的绘制技法 |
| --- |
| 掌握卡通人物身体的绘制技法 |
| 掌握绘画中的简单透视 |

**模块分配**

| 任务一 | 绘制男孩头部——卡通人物头部绘制技巧 |
| --- | --- |
| 任务二 | 绘制男孩身体——卡通人物身体绘制技巧 |
| 任务三 | 绘制背景——其他绘图技巧 |

**作品成品预览**

图片资料

光盘位置：素材与实例\项目五\乒乓男孩.fla

本例将通过绘制乒乓男孩图形，来学习 Flash 工具箱中各种绘图工具的使用方法和使用技巧。

# 任务一　绘制男孩头部——卡通人物头部绘制技巧

## 学习目标

| | |
|---|---|
|  | 了解卡通人物头部轮廓的绘制技法 |
| | 了解卡通人物五官的绘制技法 |
| | 了解人物的表情特征与口形变化 |

## 一、绘制男孩的头部轮廓

头部比身体的任何一部分都更容易表现出人物的形象和表情，而且在制作动画的过程中还会有很多面部特写，所以在制作动画时，头部是人物最重要的部分。下面，就先来绘制男孩的头部轮廓。

**步骤 1**　新建一个 Flash 文档，文档属性保持默认即可。选择“椭圆工具”，在“属性”面板中将其笔触颜色设为黑色，将笔触样式设为极细，将填充颜色设为无，然后在舞台上绘制两个图 5-1 所示的椭圆。

**步骤 2**　使用“选择工具”选中两个椭圆相交的线段，并将其删除，然后将下方椭圆左侧的线条向内调整，如图 5-2 所示。

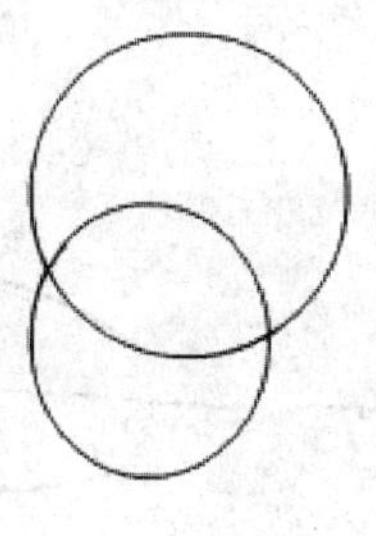

图 5-1　绘制椭圆

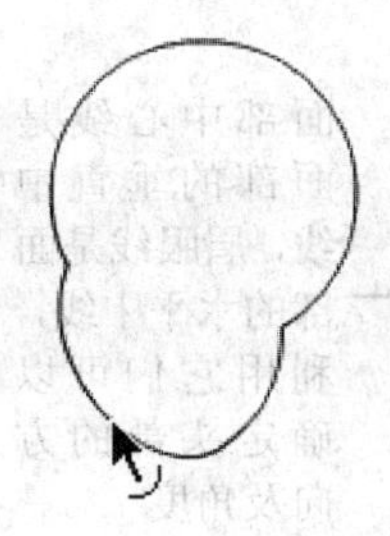

图 5-2　调整椭圆左侧的线条

**步骤 3**　继续使用“选择工具”将下方椭圆右侧的线条也向内调整，如图 5-3 所示。调整两个椭圆的交点，使其更加平滑，如图 5-4 所示

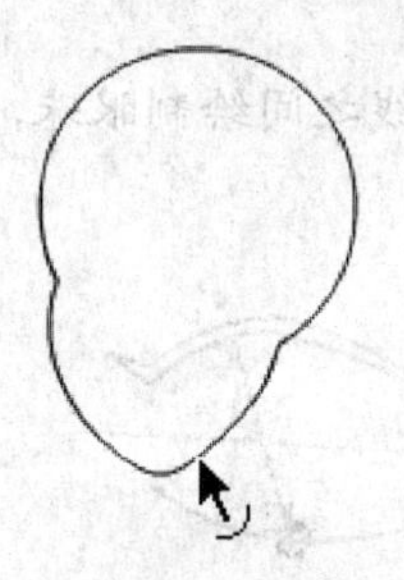

图 5-3　调整椭圆右侧的线条

图 5-4　调整椭圆的交点

**步骤 4**　在按住【Ctrl】键的同时使用“选择工具”在下方椭圆拖出一个节点作为下

巴，如图 5-5 所示。最后对图形进行细微调整，头部轮廓就绘制好了，如图 5-6 所示。

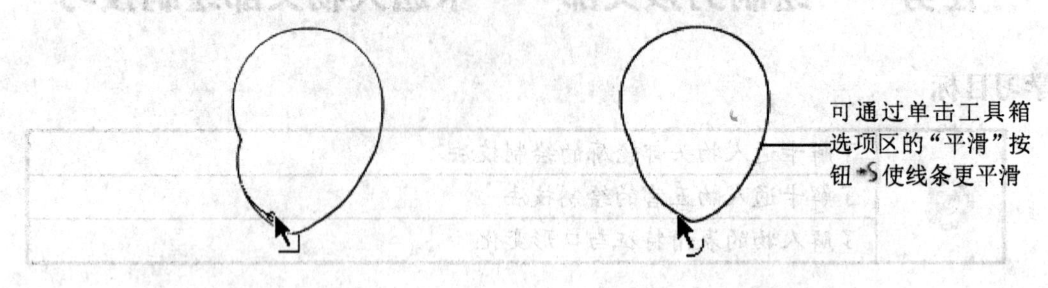


图 5-5　拖出节点　　　　图 5-6　细微调整

## 二、绘制男孩的五官

绘制好头部轮廓后，我们再来绘制男孩的五官。

**步骤 1**　单击“时间轴”面板左下角的“插入图层”按钮，在“图层 1”上新建“图层 2”，然后选择“线条工具”，将笔触颜色设为红色（#FF0000），在“图层 2”上绘制面部的中心线和眉眼线，如图 5-7 所示。

**步骤 2**　在“时间轴”面板中单击选中“图层 1”，然后单击“插入图层”按钮，在“图层 1”上新建“图层 3”，将“线条工具”的笔触颜色设为黑色，以眉眼线为中心，绘制眼睛的轮廓线，并使用“选择工具”进行调整，如图 5-8 所示。

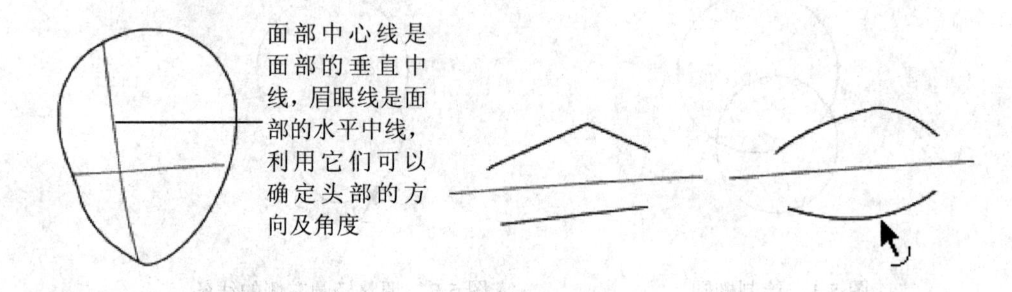


图 5-7　绘制面部的中心线和眉眼线　　　　图 5-8　绘制并调整眼睛的轮廓线

**步骤 3**　使用“线条工具”在眼睛上面的轮廓线上绘制睫毛，并使用“选择工具”进行调整，如图 5-9 所示。

**步骤 4**　使用“线条工具”在眼睛的两条轮廓线之间绘制眼珠，使用“选择工具”进行调整，如图 5-10 所示。

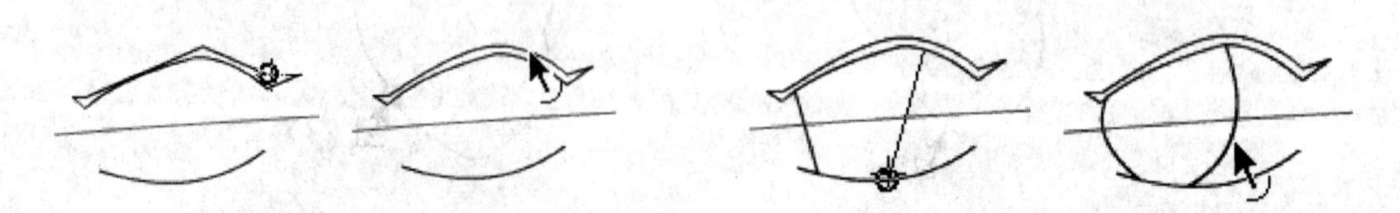

图 5-9　绘制并调整眼睫毛　　　　图 5-10　绘制并调整眼珠

**步骤 5**　使用“椭圆工具”在眼珠里绘制一个椭圆，作为瞳孔，如图 5-11 所示。

**步骤 6**　使用“线条工具”在眼睛上方绘制眉毛，如图 5-12 所示。

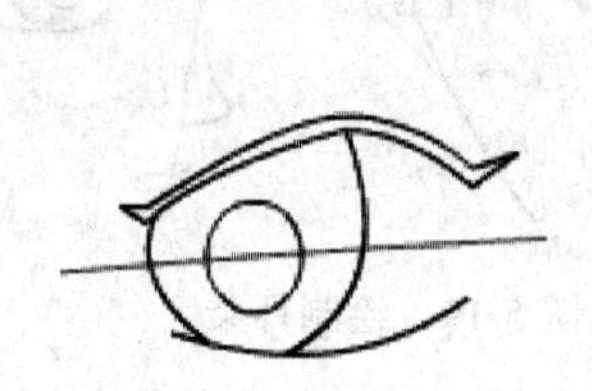
图 5-11　绘制瞳孔

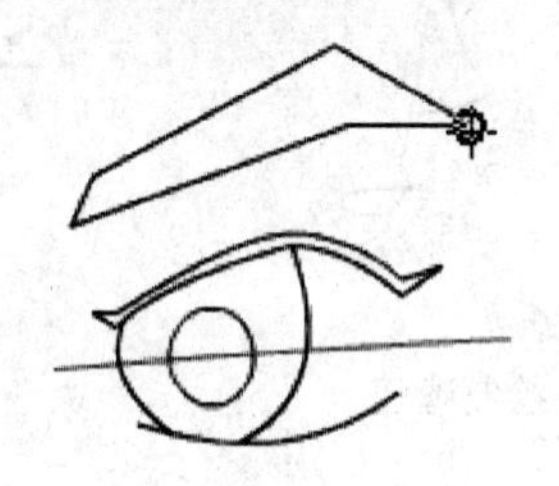
图 5-12　绘制眉毛

**步骤 7**　单击“图层 3”的第 1 帧，选中帧上的眉毛和眼睛，然后利用快捷键【Ctrl+C】和【Shift+Ctrl+V】将眼睛和眉毛原位复制，再选择“修改”>“变形”>“水平翻转”菜单，将眼睛和眉毛翻转，并移动到脸部左侧，如图 5-13 所示。

**步骤 8**　按快捷键【Alt+Ctrl+S】，在弹出的“缩放和旋转”对话框中的“缩放”编辑框中输入“95”，如图 5-14 所示。然后利用“任意变形工具”将左侧眼睛的宽度变窄一些，如图 5-15 所示。

图 5-13　复制并翻转眉毛和眼睛

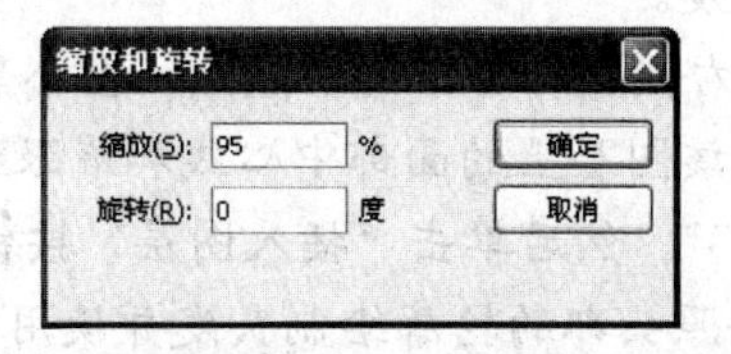

图 5-14　缩小对象

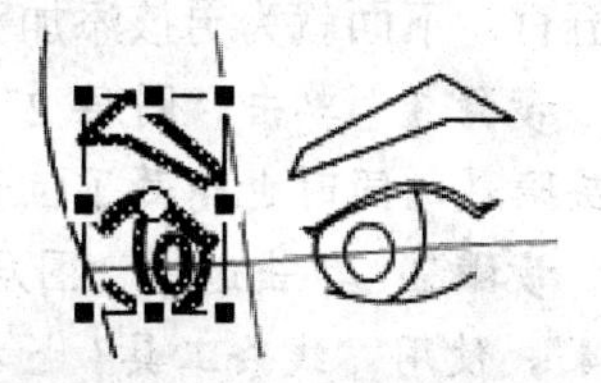
图 5-15　改变对象宽度

**步骤 9**　此时我们发现左眼的眼珠与右侧不对称，使用“选择工具”选中左眼的眼珠并将其删除，然后使用“线条工具”、“选择工具”和“椭圆工具”重新绘制左眼的眼珠，如图 5-16 所示。

**步骤 10**　使用“线条工具”在眼睛下方的面部中线上绘制鼻子，并使用“选择工具”进行调整，如图 5-17 所示。

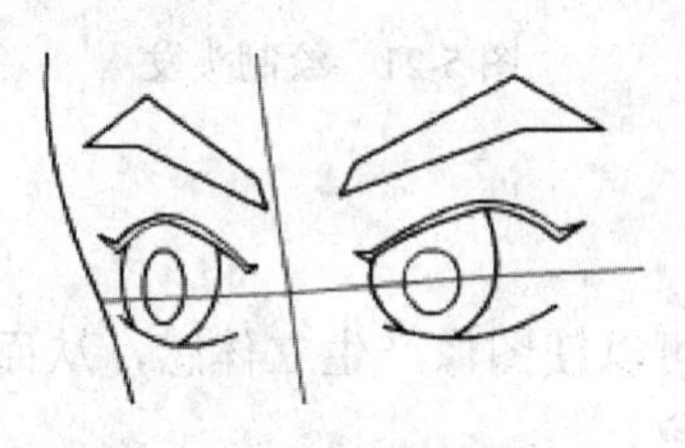
图 5-16　绘制左眼眼珠

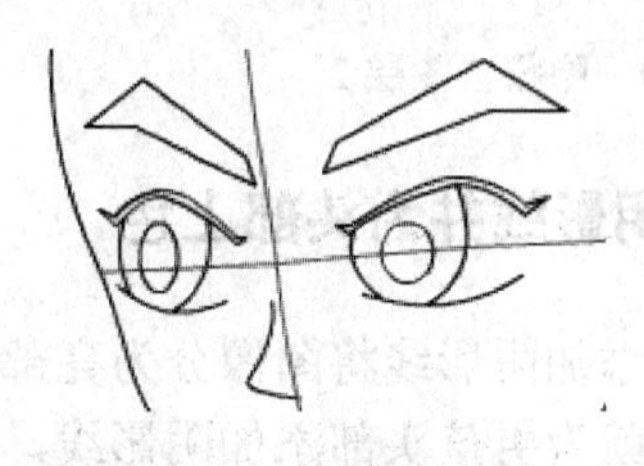
图 5-17　绘制鼻子

**步骤 11**　使用“线条工具”在鼻子下方的面部中线上绘制嘴巴的轮廓，并使用“选择工具”进行调整，如图 5-18 所示。

**步骤 12**　使用“线条工具”在脸部右侧绘制耳朵的轮廓，然后使用“选择工具”

进行调整，如图 5-19 所示。

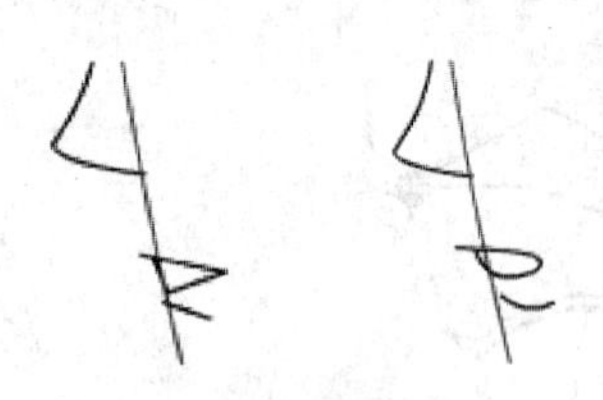

图 5-18　绘制嘴巴

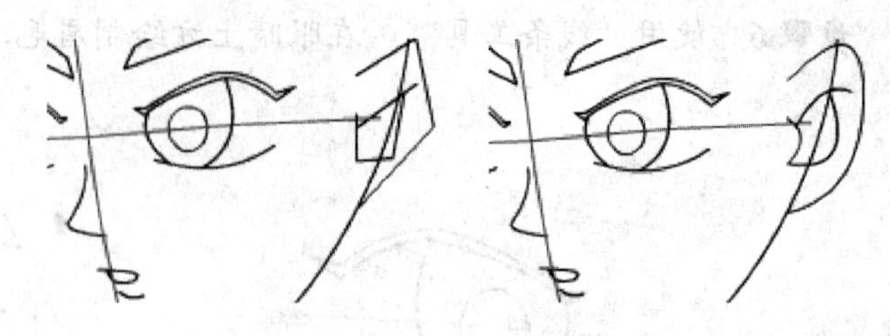

图 5-19　绘制耳朵

在绘制平视的头部时，耳朵的上端点应与眉毛平行，耳垂下端点应与鼻底并行，如图 5-19 所示。

## 三、绘制男孩的头发

俗话说头发是人的第 2 张脸，在动画中也一样，它对于表现人物个性特点的作用仅次于五官，下面就为男孩添加头发。

**步骤 1**　单击“图层 2”右侧标志下的小黑点，当小黑点变为✕形状时，即可将该图层隐藏，同时也隐藏了位于该图层上的面部中心线和眉眼线，如图 5-20 所示。

**步骤 2**　单击选中“图层 3”，然后单击“插入图层”按钮，在“图层 3”上新建“图层 4”，使用“线条工具”按照头部的轮廓绘制头发并使用“选择工具”进行调整，如图 5-21 所示。

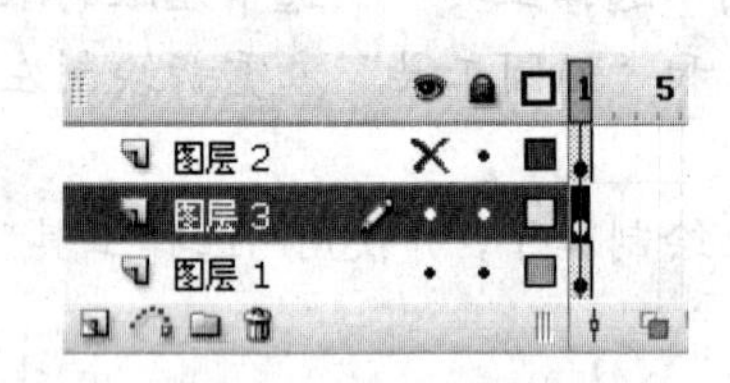


图 5-20　隐藏“图层 2”

图 5-21　绘制头发

## 四、添加阴影线并为头部上色

为图像添加阴影线将图像分为亮部和暗部，可以使图像产生立体感，从而变得更加生动。下面，就为男孩头部添加阴影线，并填充颜色。

**步骤 1**　选择“线条工具”，将笔触颜色设为一种与轮廓线不同的颜色，比如这里我们将其设为红色（#FF0000），然后单击选中“图层 1”，在“图层 1”上绘制脸部的阴影线，并使用“选择工具”进行调整，如图 5-22 所示。

**步骤 2**　单击“图层 3”将其设为当前层，在“图层 3”上使用“线条工具”和“选择工具”绘制鼻子的阴影线以及耳朵和眼睛的连线，如图 5-23 所示。

图 5-22　绘制脸部阴影线　　　图 5-23　绘制五官的阴影线和连线

**步骤 3**　单击"图层 4"将其设为当前层，在"图层 4"上使用"线条工具"和"选择工具"绘制头发的阴影线，如图 5-24 所示。

**步骤 4**　单击"图层 1"将其设为当前层，然后选择"颜料通工具"，将填充颜色设为肉色（#FFF3E1），并对"图层 1"上的脸部亮部进行填充，如图 5-25 所示。将填充颜色设为肉色（#FFE1B5），并填充脸部的暗部，如图 5-26 所示。

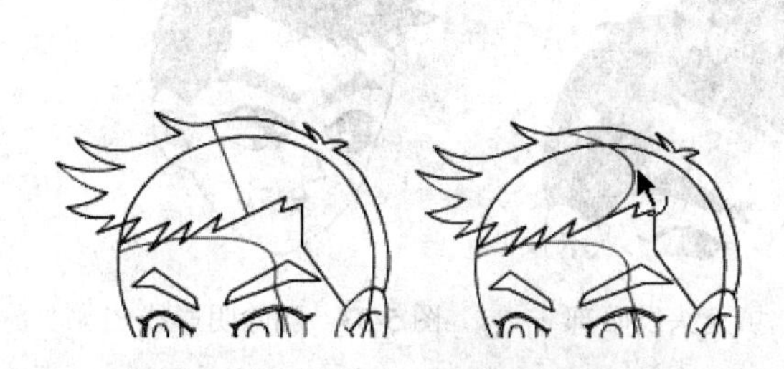

图 5-24　绘制头发的阴影线　　　图 5-25　填充脸部亮部　　　图 5-26　填充脸部暗部

**步骤 5**　单击"图层 3"将其设为当前层，然后使用"颜料通工具"填充鼻子的暗部和耳垂，如图 5-27 所示.

**步骤 6**　将填充颜色设为深橙色（#FFC671），然后填充耳屏，再分别使用深红色（#990000）填充男孩的嘴巴，用白色填充眼白，用深棕色（#663300）填充眼珠和眉毛，用黑色填充瞳孔和睫毛，如图 5-28 所示。

图 5-27　填充鼻子阴影和耳朵　　　图 5-28　填充五官颜色

**步骤 7**　选择"墨水瓶工具"，将笔触颜色设为棕色（#CC9900），然后填充瞳孔的边线，如图 5-29 所示。选择"刷子工具"，将填充颜色设为白色，然后在眼珠上涂抹，添加高光，如图 5-30 所示。

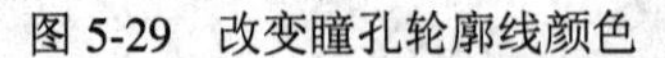

图 5-29　改变瞳孔轮廓线颜色　　　图 5-30　为眼睛添加高光

**步骤 8**　再次选择“颜料桶工具”，将填充颜色设为深棕色（#663300），然后填充头发的亮部，如图 5-31 所示。再将填充颜色设为深棕色（#371C00），然后填充头发的暗部，如图 5-32 所示。

**步骤 9**　双击各图层上的红色阴影线，将其选中并删除，如图 5-33 所示。至此男孩的头部就完成了，效果可参考本书配套素材“素材与实例” > “项目五” > “男孩头部.fla”。

图 5-31　填充头发亮部　　　图 5-32　填充头发暗部　　　图 5-33　删除阴影线

# 延伸阅读

## 一、头形的绘制技法

头部是由两个部分组成的，其中“头”是绘制发型的地方，而“脸”是绘制五官的地方，如图 5-34 所示。在 Flash 中我们可以利用“椭圆工具”和“选择工具”相配合绘制头部的轮廓，如图 5-35 所示。

图 5-34　头部的组成

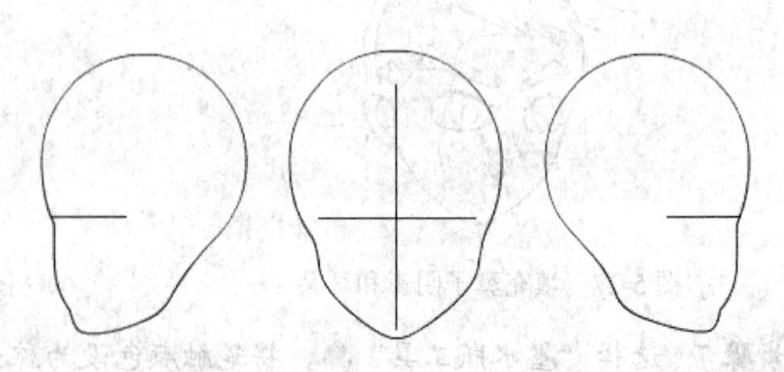

图 5-35　利用“椭圆工具”和“选择工具”绘制头部轮廓

不同的角色可以拥有不同的脸形，比如方形、三角形、棱形、梨形、圆形等，如图 5-36 所示。

方形　三角形　棱形　梨形　圆形

图 5-36　多种脸型

同使用“椭圆工具”一样，我们可以使用各种几何图形来表示头部的两个部分，如图 5-37 所示。

图 5-37　用几何图形勾画脸形轮廓

## 二、五官的绘制技法

面部的表情是通过五官的相互组合而表现出来的，要把人物的面部五官正确的放在脸部上面，就必须了解面部五官在头部的比例和结构。下面就介绍一下五官与脸部的关系，以及各器官的具体结构。

### 1. 面部的结构和角度

面部的主要构造线是由以鼻梁为中心的垂直中线和眉眼之间的水平线所构成的十字线，利用它可以确定头部的方向及角度，如图 5-38 所示。

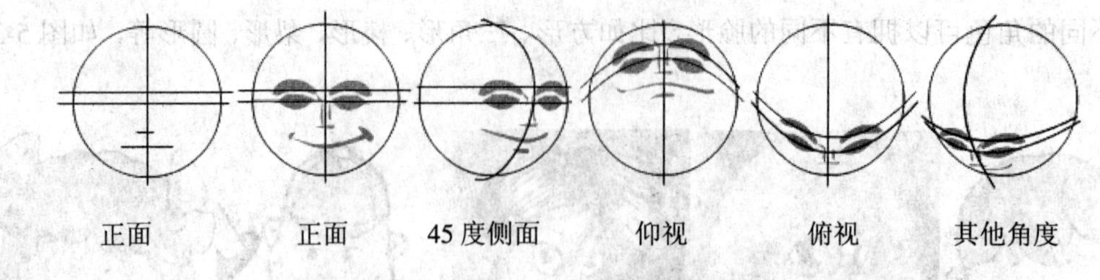


图 5-38　头部的方向和角度

脸部正面的五官分布有三停五眼之说，三停指的是发际线至眉线、眉线至鼻底线、鼻底线至下颚线，它们纵向长度全部相等；五眼指的是从头部左边轮廓到左眼外眼角、左眼宽度、两眼间距离、右眼宽度和右眼外眼角到头部右边轮廓，它们横向宽度全部相等，如图 5-39 所示。

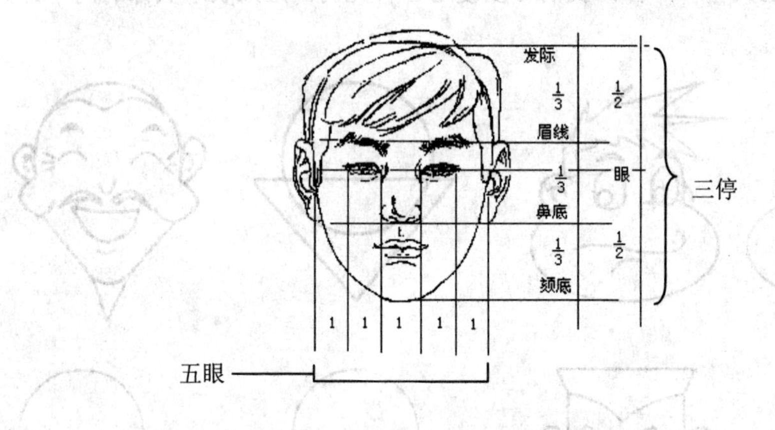


图 5-39　三停五眼示意图

## 2. 眉毛的类型

眉虽然很简单，但对人物造型有很大的影响，如眉的浓密和粗、细、长、短，都可以成为人的特征。如图 5-40 所示。

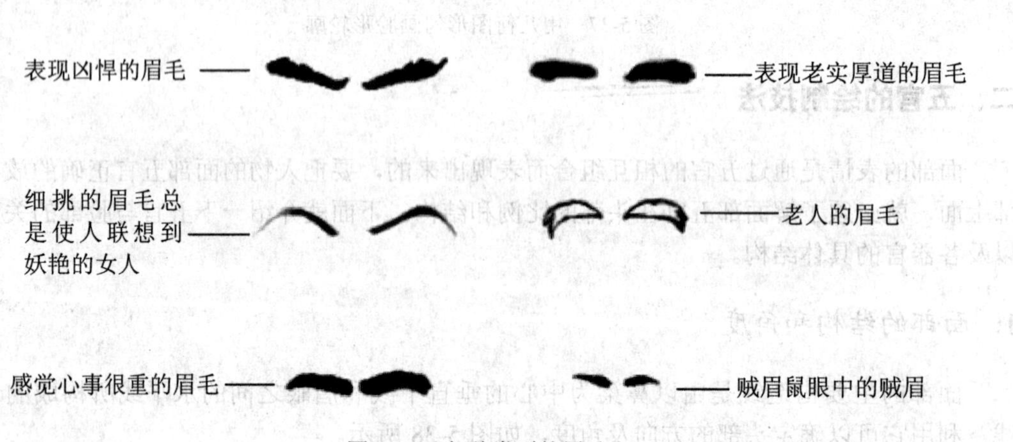


图 5-40　各种类型的眉毛

画眉时，不但要注意眉本身的粗细，还要留意眉与眉之间，眉与眼之间的距离，比如眉毛间距小的人给人的感觉是心事很重，眉毛间距大的人会给人一种傻傻的感觉。而眉毛与眼的距离也往往能表现人情绪上的波动，生气的人眉与眼之间的距离很近，高兴的人眉与眼之间的距离较远。

### 3. 眼的结构

眼睛是人心灵的窗户，在动画中同样如此，眼睛绘制得好可以使人物更加传神。通常，眼睛由眼框、眼白、眼珠、高光、眼睫毛以及双眼皮组成，如图 5-41 所示。侧面的眼睛与正面的结构一致，如图 5-42 所示。

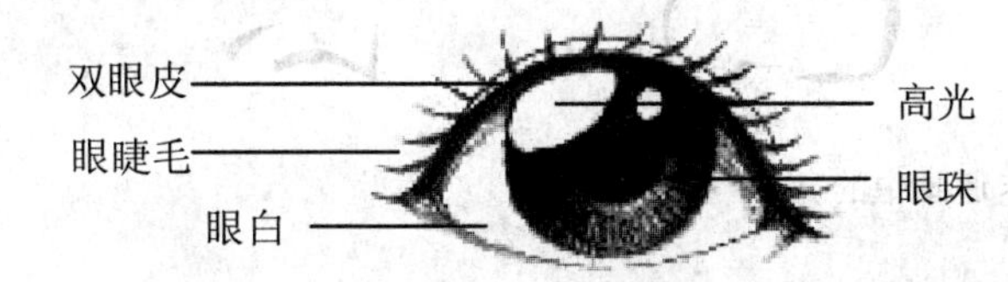


图 5-41　眼睛组成

图 5-42　侧面的眼睛

卡通眼睛的画法是比较灵活的，例如，在绘制比较简单或夸张的造型时，我们甚至可以用两个圆来作为眼睛，如图 5-43、5-44 所示。

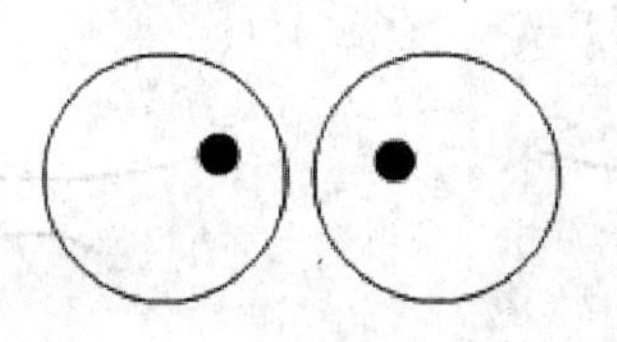

图 5-43　简单的眼睛

图 5-44　简单的造型

### 4. 鼻的结构

鼻是人物的一个重要特征。但由于它不会像眼和口那样活动变化，所以在表现人物感情时的作用不大。图 5-45 所示为鼻子基本组成，图 5-46 所示为一卡通人物的鼻子。

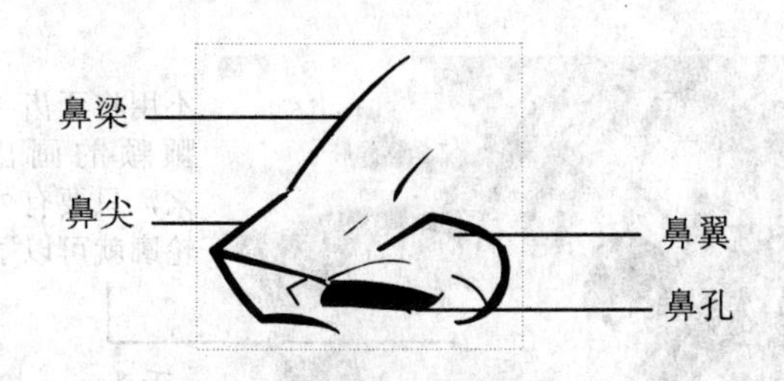


图 5-45　鼻子基本组成

图 5-46　卡通人物的鼻子

在卡通画中，通常都只简略地画出鼻的基本形状，如图 5-47 所示。

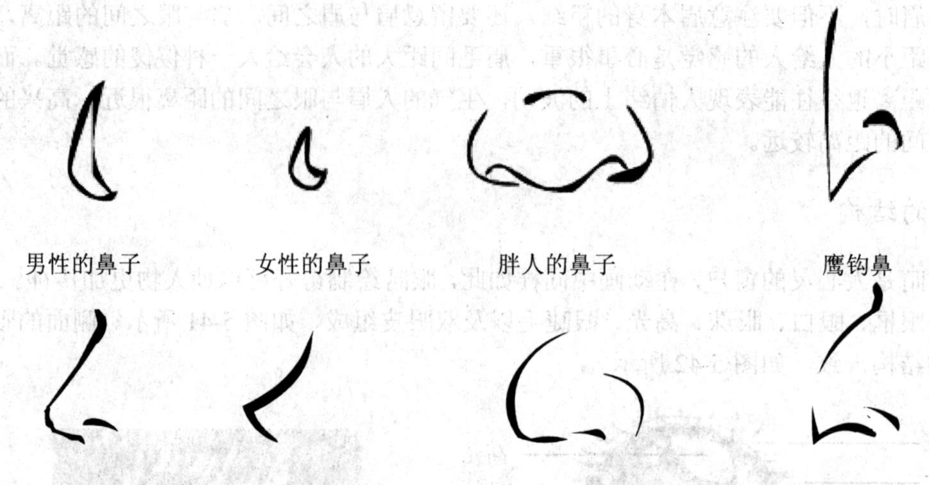


图 5-47　卡通画中的鼻子

## 5. 嘴的画法

嘴是最富于变化的器官，在 Flash 动画中头部变动最频繁的就是嘴部。在绘制简单的造型时，我们一般不会画嘴唇，只需要一条细长的线和一条定义下唇的短线以及嘴角即可，如图 5-48、5-49、5-50 所示。

图 5-48　绘制唇线　　图 5-49　定义下唇线　　图 5-50　绘制嘴角

绘制侧面嘴的时候，需要注意上唇与鼻子相连的部分要向内弯曲，而下唇（稍微靠后一些）是向外的曲线，如图 5-51 所示。在 Flash 多媒体动画中经常会有人物说话的镜头，这时就要绘制张开的嘴。如果要绘制张开的嘴，就一定要了解嘴里面的构造：牙齿、牙龈、舌头和咽部。一般来说，在动画中是不会画出牙龈和咽部的，也不会画出牙齿具体形状，如图 5-52 所示。

图 5-51　绘制侧面的嘴

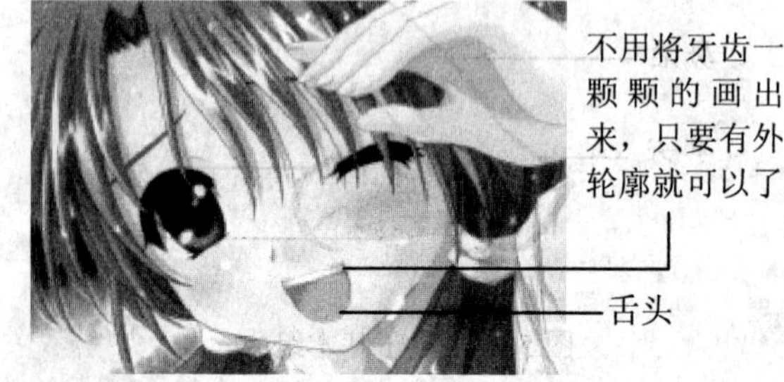


图 5-52　张开的嘴

### 6. 耳朵的结构

耳朵由外耳轮、耳屏、三角窝、耳垂组成，如图 5-53 所示。除了写实风格的动画，耳朵通常不会画得这么复杂，只要有大概的轮廓就可以了，如图 5-54 所示。

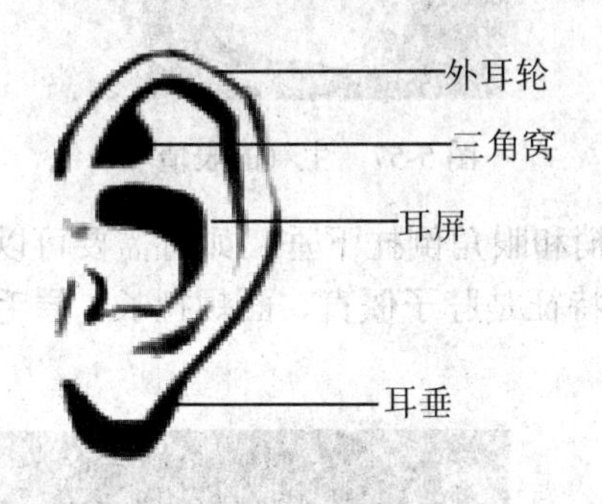


图 5-53　耳朵的结构

图 5-54　卡通造型的耳朵

在绘制侧面的耳朵时应注意，小孩的耳朵较小而低，成年人的耳朵则会高至齐眉，如图 5-55 所示。

图 5-55　小孩与成年人的耳朵

## 三、表情与口形

### 1. 表情特征

人物的表情可以传达人物的心理状况，这在制作 Flash 动画时非常重要。总的来说，人物表情包括喜、怒、悲、惊等，它们主要靠五官的搭配来表现。

喜是人物高兴的表情，它的特征是眉毛上扬、眼睛几乎闭合成下弧形、嘴角向上挑起嘴巴张开，如图 5-56 所示。怒是生气的表情，它的特征是眉毛搅在一起、眼神锋利、咬紧牙齿，如图 5-57 所示。

图 5-56　高兴的表情

图 5-57　生气的表情

悲是伤心的表情，它的特征是头颈低垂，眉梢和眼角倒挂下垂，如有需要可以添加泪水，如图 5-58 所示。惊是受到惊吓的表情，它的特征是脖子僵直、面颊拉长、眉毛高高吊起、眼睛圆睁、嘴巴张大，如图 5-59 所示。

图 5-58　悲伤的表情

图 5-59　受到惊吓的表情

2. 口形

在正规的动画制作过程中，配音人员要按照角色的口型变化来进行配音，因此对口型要求的非常严格。但是在 Flash 动画制作中，我们一般采用先期配音，并简化了口型的变化，基本上只要掌握六种口型就可以应付绝大多数的动画制作了，如图 5-60 所示。

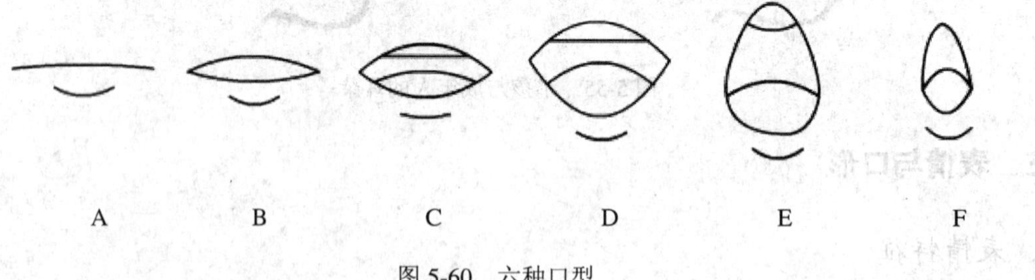


图 5-60　六种口型

## 四、添加阴影线的技巧

物体表面受光照的影响，会产生受光面和背光面，利用这一点在受光面和背光面的交点处绘制阴影线，并为受光面和背光面填充不同的颜色，可以使你绘制的对象产生立体感，变得更加生动，如图 5-61 所示。如果你还想使绘制的造型更加精致，还可以在受光面添加

高光，在背光面添加反光，如图 5-62 所示。

图 5-61　光照产生受光面和背光面　　　　图 5-62　高光和反光

# 任务二　绘制男孩身体——卡通人物身体绘制技巧

## 学习目标

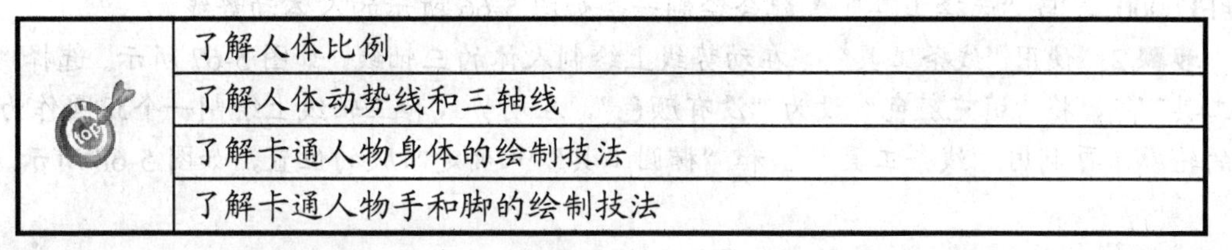

| | |
|---|---|
| | 了解人体比例 |
| | 了解人体动势线和三轴线 |
| | 了解卡通人物身体的绘制技法 |
| | 了解卡通人物手和脚的绘制技法 |

## 一、利用动势线和三轴线绘制男孩身体

动势线是一条起于人体头部，结束于人体重心处的线条，人体不论做什么动作，这条动势线始终存在于人体之中，如图 5-63 所示。

图 5-63　人体动势线

当人体正常站立时，人体的重心位于两脚之间。当人体走动或跑动的时候，重心位于当前吃力的那只脚上。此外，当人体上身前倾时重心就会向前移动。当上身后仰时，重心就会向后移动。

三轴线即穿过眼睛的左右连线、左右肩之间的连线、胯部的左右连线，如图 5-64 所示。将动势线与三轴线相结合，便可以快速掌握要绘制的造型的动势了，图 5-65 所示为几个造型的动势线及三轴线。

图 5-64　三轴线　　　　图 5-65　造型中的动势线及三轴线

下面，我们便利用动势线与三轴线绘制出男孩打乒乓球的整体动作。

**步骤 1**　新建一个 Flash 文档，然后选择“线条工具”，将笔触颜色设为红色（#FF0000），与“选择工具”配合绘制一条如图 5-66 所示的人体动势线。

**步骤 2**　使用“线条工具”在动势线上绘制人体的三轴线，如图 5-67 所示。选择“椭圆工具”，将“填充颜色”设为“没有颜色”，在动势线和三轴线上绘制一个正圆作为头部的轮廓，再利用“线条工具”和“椭圆工具”确定四肢的位置，如图 5-68 所示。

图 5-66　绘制动势线　　图 5-67　绘制三轴线　　图 5-68　绘制头部轮廓并确定四肢位置

**步骤 3**　单击“时间轴”面板左下角的“插入图层”按钮，在“图层 1”上创建“图层 2”，然后在“图层 2”上按住鼠标左键不放并向下拖动，将“图层 2”拖到“图层 1”下方，如图 5-69 所示。

**步骤 4**　打开我们刚才制作的“男孩头部.fla”文件，在按住【Shift】键的同时单击除“图层 2”以外的所有图层将它们选中，如图 5-70 所示。

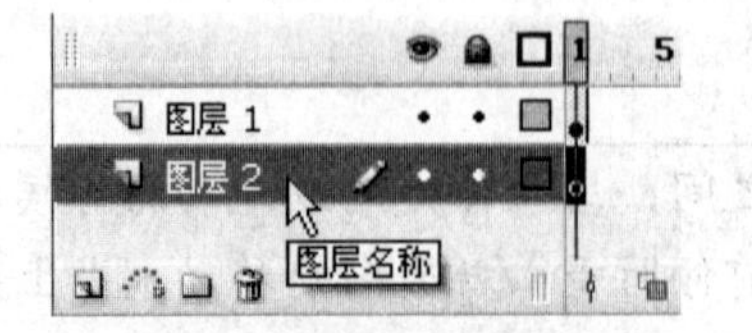


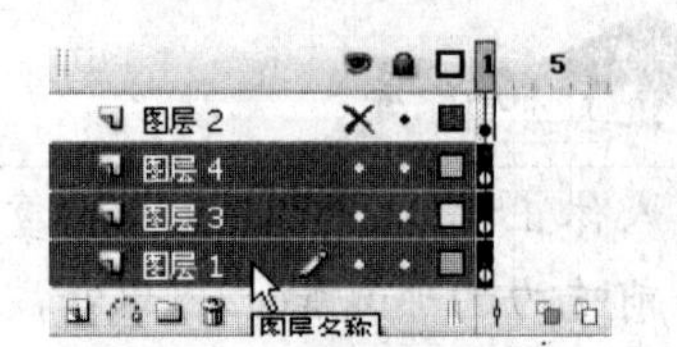


图 5-69　新建“图层 2”并改变图层顺序　　图 5-70　选择多个图层

**步骤 5**　在任一选中图层的第 1 帧上右击鼠标，在弹出的快捷菜单中选择“复制帧”菜单，如图 5-71 所示。

**步骤 6**　单击“文档选项卡”切换回刚才新建的文档，然后按快捷键【Ctrl+F8】，在弹出的“创建新元件”对话框中选中“图形”单选钮，然后在“名称”编辑框中输入“男孩头部”字样，并单击“确定”按钮，如图 5-72 所示。

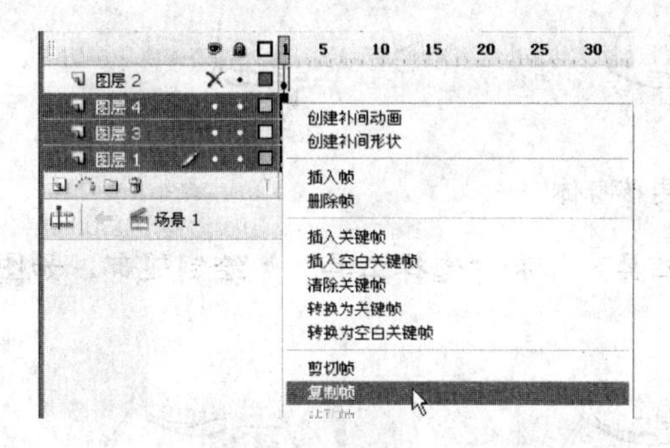

图 5-71　复制帧

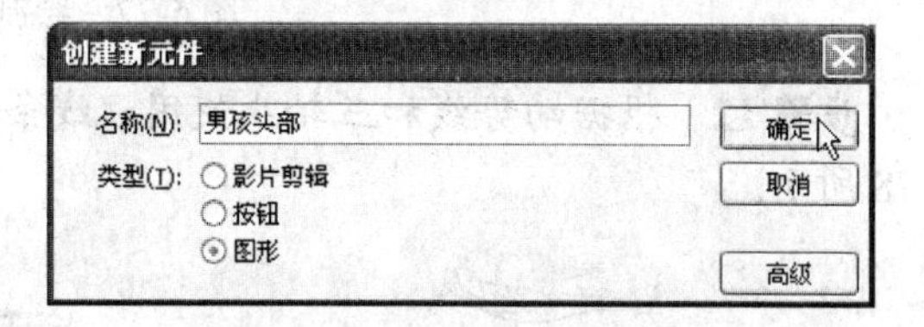


图 5-72　创建“男孩头部”图形元件

**步骤 7**　单击“确定”按钮后会进入“男孩头部”图形元件的编辑状态，在“图层 1”的第 1 帧上右击鼠标，在弹出的快捷菜单中选择“粘贴帧”菜单，即可将复制的帧粘贴到图形元件中，如图 5-73 所示。

**步骤 8**　选中“男孩头部”图形元件中的所有图层，然后使用“选择工具”将图层上的图像移动到舞台上的小十字位置，如图 5-74 所示。

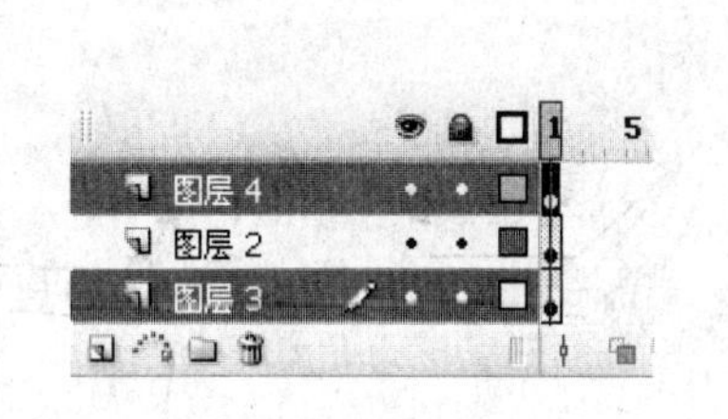


图 5-73　粘贴帧

图 5-74　移动图像位置

**步骤 9**　单击舞台左上角的“场景 1”按钮返回主场景，然后按【F11】键打开“库”面板，将其中的“男孩头部”图形元件拖到“图层 2”上的正圆位置并调整大小，如图 5-75 所示。

**步骤 10**　单击“插入图层”按钮新建“图层 3”，然后在“图层 3”上按住鼠标左键不放并向下拖动，将“图层 3”拖到“图层 2”下方，如图 5-76 所示。

图 5-75　拖入头部

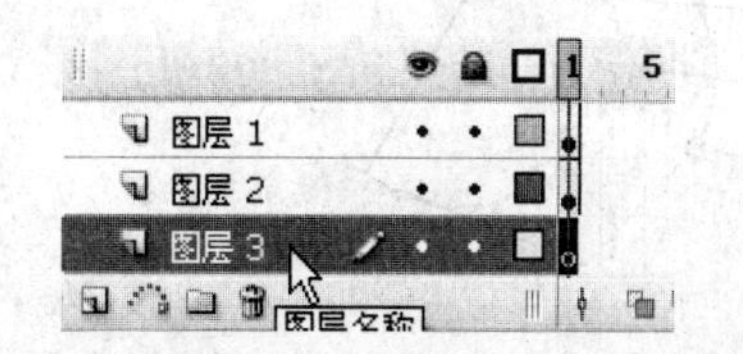


图 5-76　新建“图层 3”并改变图层顺序

**步骤 11** 选择“线条工具”，将“笔触颜色”设为“黑色”，然后根据动势线和三轴线在“图层 3”上绘制男孩的身体，并使用“选择工具”进行调整，如图 5-77 所示。

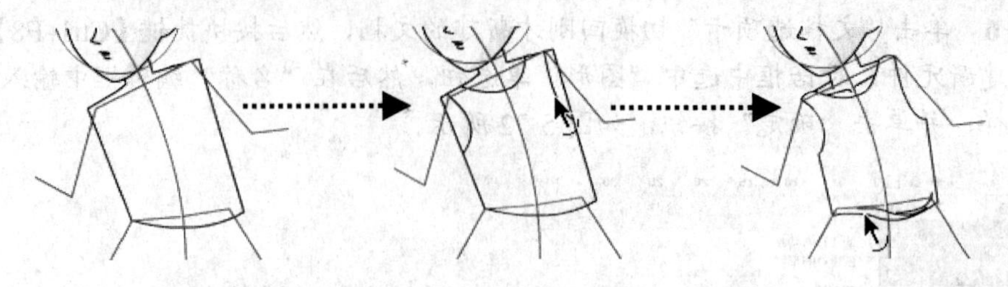

图 5-77　绘制男孩身体

**步骤 12** 根据动势线和三轴线使用“线条工具”和“选择工具”绘制腿部，如图 5-78 所示。

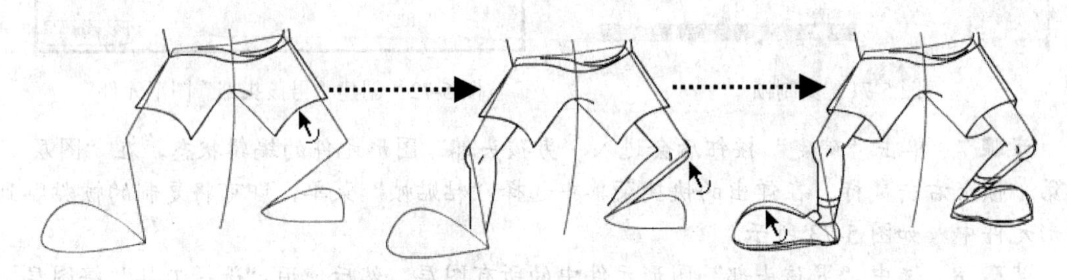

图 5-78　绘制腿部

**步骤 13** 根据动势线和三轴线使用“线条工具”和“选择工具”绘制手臂，如图 5-79 所示。

图 5-79　绘制手臂

**步骤 14** 使用“线条工具”在左臂前端绘制一个多边形作为手掌，如图 5-80 所示。然后为多边形添加手指，并使用“选择工具”进行调整，如图 5-81 所示。

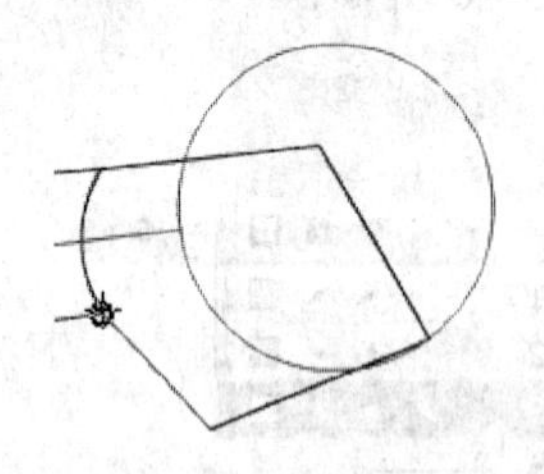

图 5-80　绘制手掌

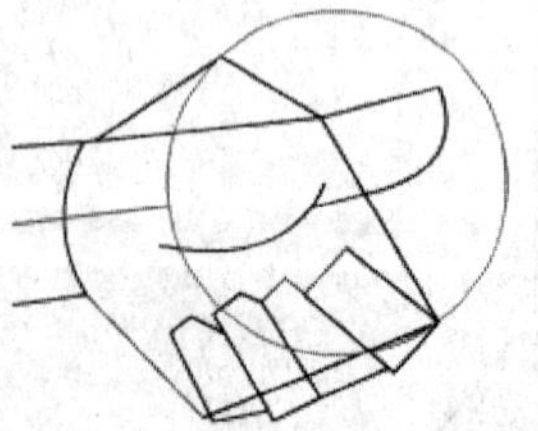

图 5-81　添加手指

**步骤 15**　使用“椭圆工具”在左手右方绘制一个正圆作为球拍，如图 5-82 所示。再使用“线条工具”修饰球拍并绘制球拍把手，然后使用“选择工具”进行调整，如图 5-83 所示。

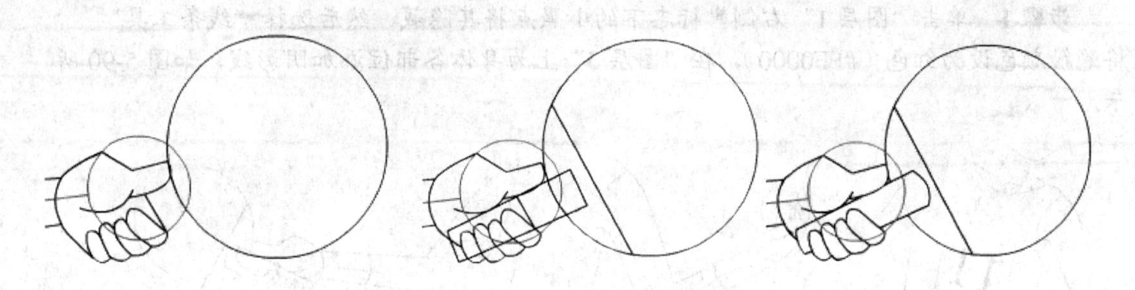

图 5-82　绘制球拍　　　图 5-83　绘制并修饰球拍把手

**步骤 16**　使用“线条工具”在右臂前端绘制一个多变形作为手掌，如图 5-84 所示。然后为多边形添加手指，并使用“选择工具”进行调整，如图 5-85 所示。

**步骤 17**　使用“椭圆工具”在右手上方绘制一个正圆作为乒乓球，如图 5-86 所示。

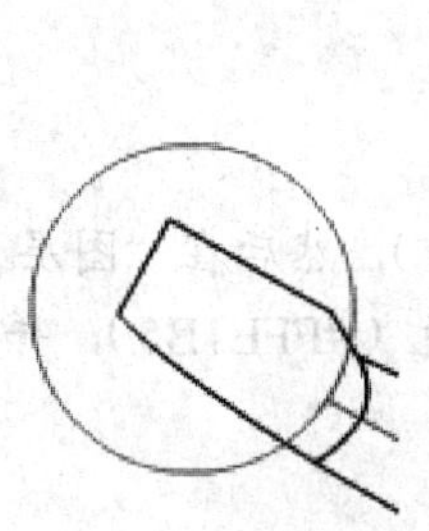

图 5-84　绘制手掌

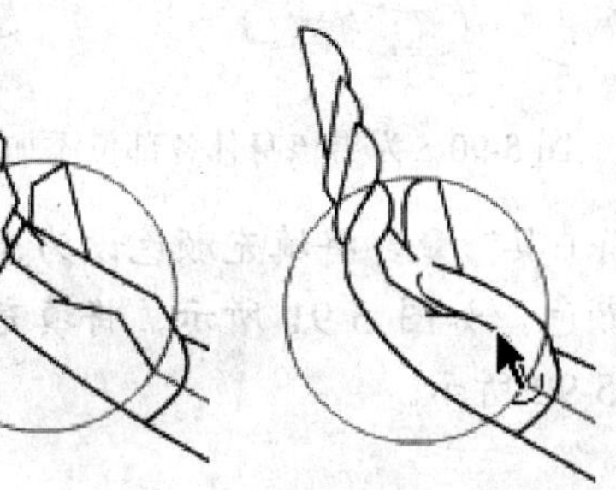

图 5-85　添加手指

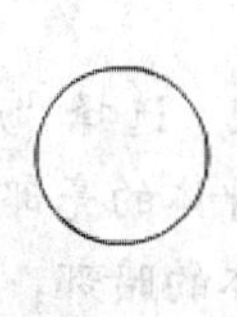

图 5-86　绘制乒乓球

**步骤 18**　使用“线条工具”在男孩身体上绘制一个倾斜的矩形，并使用“选择工具”调整边线弧度，如图 5-87 所示。

**步骤 19**　选择“文本工具”，将“字体”设为“隶书”，将“字体大小”设为“25”，将“文本（填充）颜色”设为“黑色”，然后在“图层 3”的舞台上输入“11”，使用“任意变行工具”调整文字的角度和位置，如图 5-88 所示。线稿效果如图 5-89 所示。

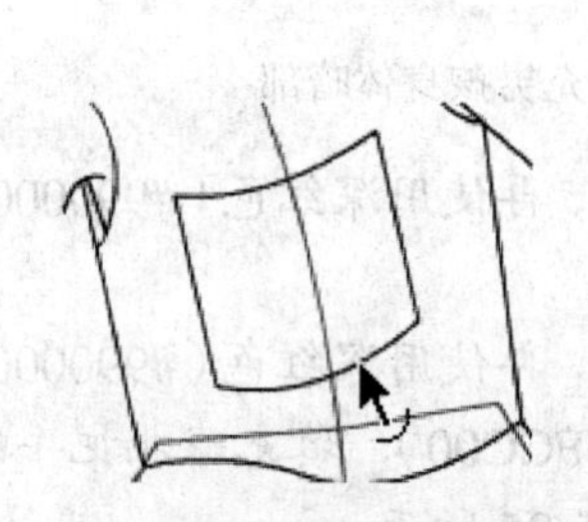

图 5-87　绘制并调整矩形

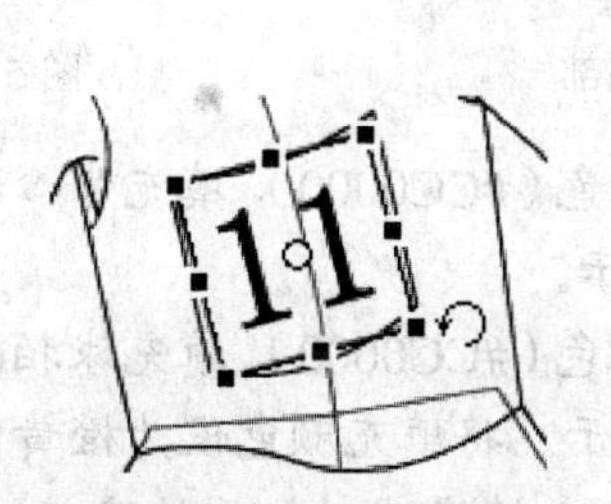


图 5-88　输入并调整文字

图 5-89　线稿效果

## 二、为身体添加阴影线并上色

下面根据头部的明暗关系为身体添加阴影线，并填充颜色。

**步骤 1** 单击“图层 1”右侧标志下的小黑点将其隐藏，然后选择“线条工具”，将笔触颜色设为红色（#FF0000），在“图层 3”上为身体各部位添加阴影线，如图 5-90 所示。

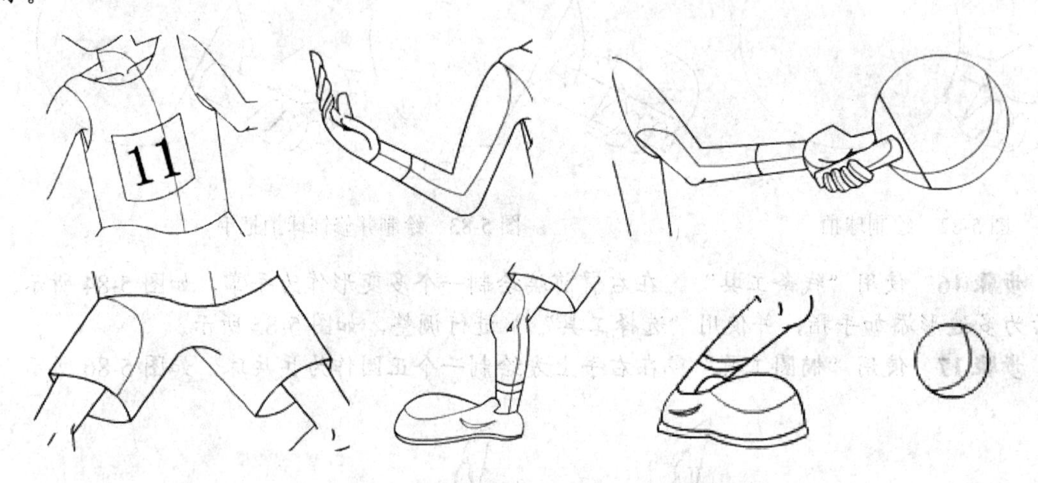


图 5-90 为男孩身体各部位添加阴影线

**步骤 2** 选择“颜料桶工具”，将填充颜色设为肉色（#FFF3E1），然后在“图层 3”上为男孩身体的亮部填充颜色，如图 5-91 所示。将填充颜色设为肉色（#FFE1B5），并填充男孩身体的暗部，如图 5-92 所示。

图 5-91 填充男孩身体亮部　　图 5-92 填充男孩身体暗部

**步骤 3** 将填充颜色设为红色（#CC0000），填充背心的亮部，再使用深红色（#990000）填充背心的暗部，如图 5-93 所示。

**步骤 4** 将填充颜色设为红色（#CC0000），填充球拍的亮部，再使用深红色（#990000）填充球拍的暗部，如图 5-94 所示。将填充颜色设为橙黄色（#FFCC00），填充球拍把手的亮部，再使用浅棕色（#E4AE0B）填充球拍把手的暗部，如图 5-95 所示。

图 5-93　填充背心

图 5-94　填充球拍

图 5-95　填充球拍把手

**步骤 5**　将填充颜色设为蓝色（#000099），填充短裤的亮部，再使用深蓝色（#000066），填充短裤的暗部，如图 5-96 所示。

**步骤 6**　使用浅蓝色（#DDF1FF）填充鞋子的亮部，使用蓝色（#A2DAFF）填充鞋子的暗部，然后使用红色（#CC0000）填充鞋上的花纹，使用灰色（#666666）填充鞋子的底部，如图 5-97 所示。

图 5-96　填充短裤

图 5-97　填充鞋子

**步骤 7**　使用白色填充袜子和背心上胸牌的亮部，使用米黄色（#FFFFCC）填充袜子和背心上胸牌的暗部，如图 5-98 所示。

**步骤 8**　使用黄色（#FFE479）填充护腕和乒乓球的亮部，使用橙黄色（#FFCC00）填充护腕和乒乓球的暗部，如图 5-99 所示。

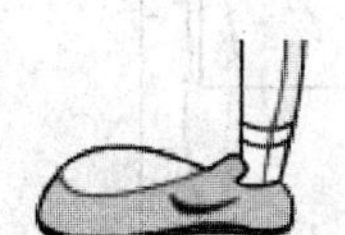

图 5-98　填充袜子和胸牌

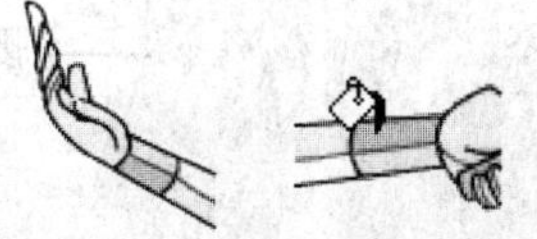
图 5-99　填充护腕和乒乓球

**步骤 9**　使用"选择工具"双击红色线条将其选中，然后按【Delete】键删除红色的线条，至此男孩的身体就绘制完成了，效果可参考本书配套素材"素材与实例" > "项目五" > "男孩身体.fla"。

# 延伸阅读

## 一、人体比例

要绘制卡通人物，首先需要掌握好人体的比例，所谓人体比例就是以头高为单位，测量人体的整体高度以及各部位的长度。

1. 正常人体比例

一般来说，正常的人体比例应该是“立七坐五盘三半”，就是指成年人站着应等于 7 个头高，坐在凳子上等于 5 个头高，盘膝而坐等于 3.5 个头高，如图 5-100 所示。

人体各部分也可以用头高来衡量，人体胸部有两个头高，从肘部到指尖有两个头高，小腿也是两个头高，立姿手臂下垂时，指尖位置在大腿二分之一处，如图 5-101 所示。

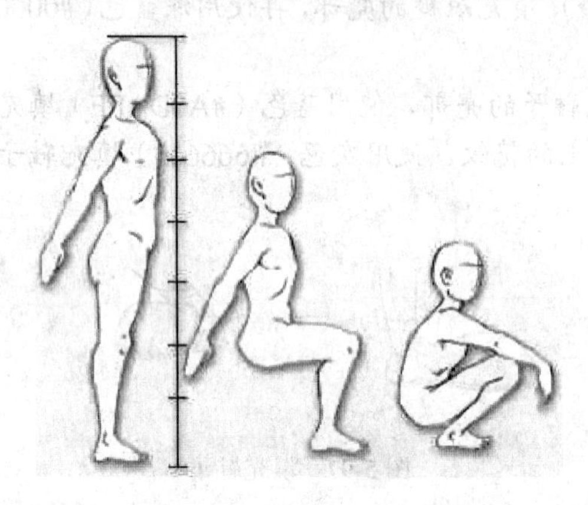

图 5-100 人体整体比例

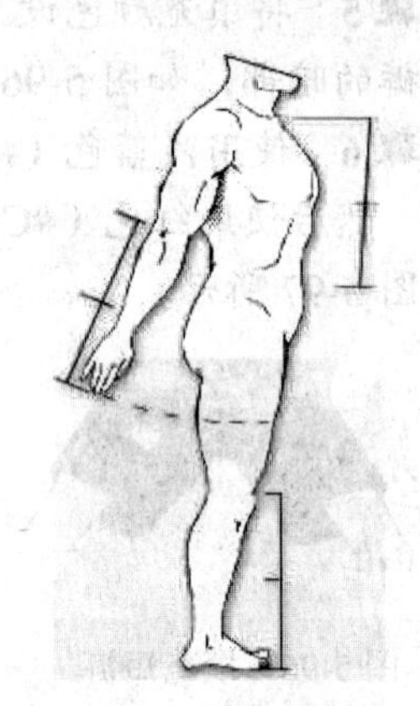

图 5-101 人体各部分比例

女性与男性的比例特征不同，如图 5-102 所示。老人与小孩的身体比例与正常人的比例也不相同，如图 5-103 所示。

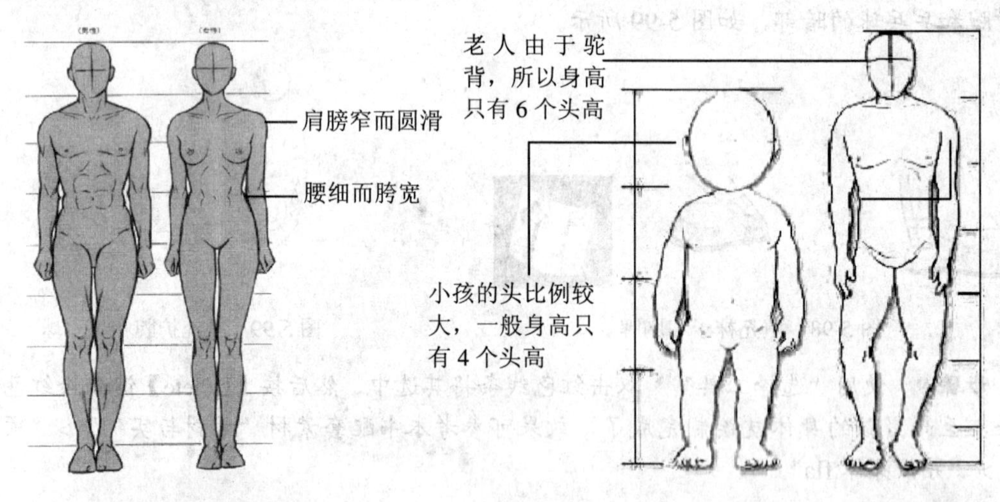


图 5-102 女性的比例特征

图 5-103 老人与小孩的身体比例

2. 动画中的人体比例

动画大致分为写实风格和卡通风格两种，在写实风格中采用正常的人体比例就可以了，如图 5-104 所示。在卡通风格的动画中一般采用 2 至 5 个头高的人体比例，如图 5-105 所示。

图 5-104　写实风格

图 5-105　卡通风格

由于写实风格的动画难度较大，所以现在一般的 Flash 作品都采用卡通风格。我们在项目五种绘制的男孩，所采用的就是 3 头高的人体比例。

## 二、卡通人物身体的绘制技法

身体与脸形一样，拥有不同的类型。普通人的身体一般是长方形，还有几类比较特别的人，比如强壮的人的身体一般是倒三角形，如图 5-106 所示；瘦弱的人的身体一般是三角形，如图 5-107 所示；而肥胖的人的身体一般是半圆形或葫芦形，如图 5-108 所示。掌握了这些规律，就可以在绘制身体时先将身体的大概轮廓绘制出来，然后再绘制细节。

图 5-106　倒三角形

图 5-107　三角形

图 5-108　半圆形和葫芦形

## 三、手和脚的结构

手和脚在人体中都属于比较难画的部位，但它们在动画中具有重要作用，特别是手的运动在动画中占着很大的比重。想要画好手和脚就必须了解它们的结构，下面就为大家进行介绍。

### 1. 手的结构

手在动画中是人体除了头部以外最重要的部位，它的结构如图 5-109 所示。在制作动画时，了解不同的手型和姿态也很重要，比如握拳时，手掌的长度会发生变化，如图 5-110 所示。

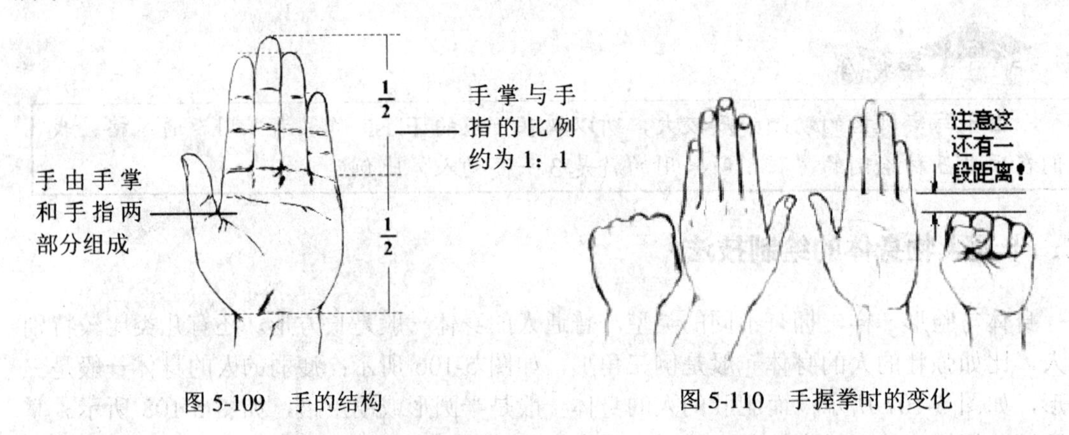


图 5-109 手的结构　　图 5-110 手握拳时的变化

在动画中，经常会将手简化，这样不但可以使手符合动画风格，而且绘制起来也更简单，图 5-111 所示为一些动画中常见的手形。

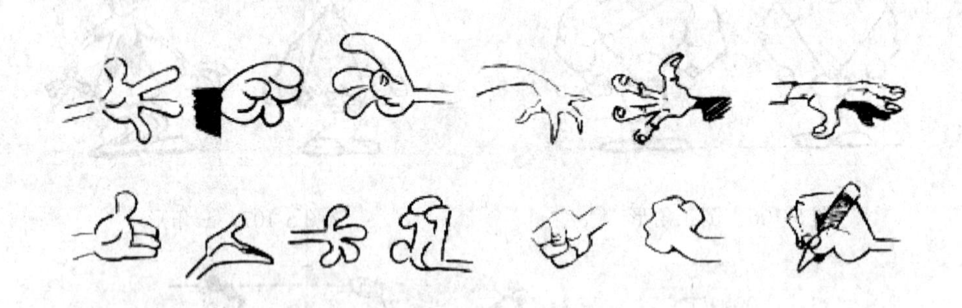

图 5-111 动画中的常见手形

在绘制手的时候，应该将手掌看成是一个多边形，然后再为多边形添加手指，最后使用"选择工具"进行调整即可。建议读者可以先在纸上多做一些练习，再在 Flash 中进行绘制。

2. 脚的结构

在制作 Flash 动画时虽然很少直接绘制脚，但是想要使绘制出的鞋子看起来自然，就必须了解脚的结构。脚的结构如图 5-112 所示。

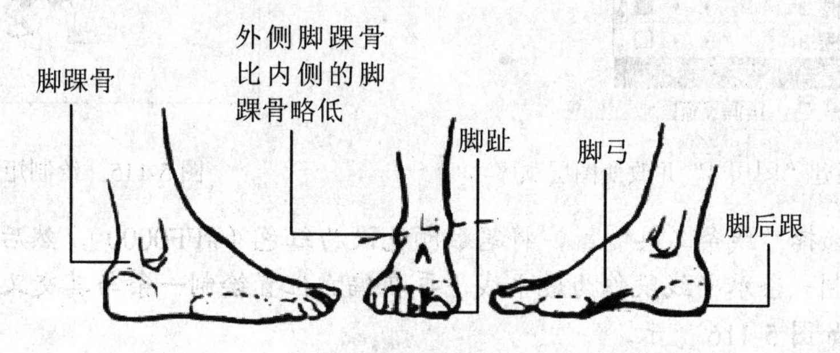


图 5-112　脚的结构

画鞋子时，要注意与脚的协调，应该让鞋子与脚的轮廓吻合，如图 5-113 所示。

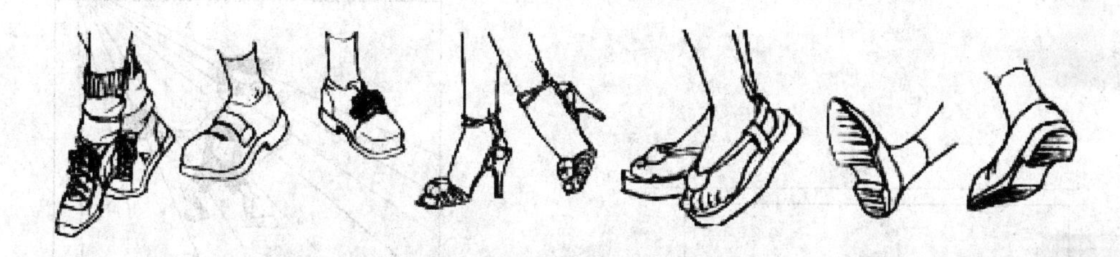

图 5-113　鞋子应与脚的结构吻合

# 任务三　绘制背景——其他绘图技巧

## 学习目标

| 掌握简单的透视关系 |
| --- |
| 掌握卡通动物的绘制技法 |

## 一、绘制地板、墙壁、窗户和球案

下面我们为前面绘制的男孩添加背景，在添加背景时需要遵循一定的透视关系，首先来绘制地板、墙壁、窗户和球案。

**步骤 1**　继续项目五的操作，单击“插入图层”按钮，新建“图层 4”，然后将“图层 4”拖到“图层 3”下方，如图 5-114 所示。

**步骤 2**　选择“矩形工具”，将笔触颜色设为黑色，将填充颜色设为无，然后在“图层 4”上绘制一个比舞台略大的矩形，如图 5-115 所示。

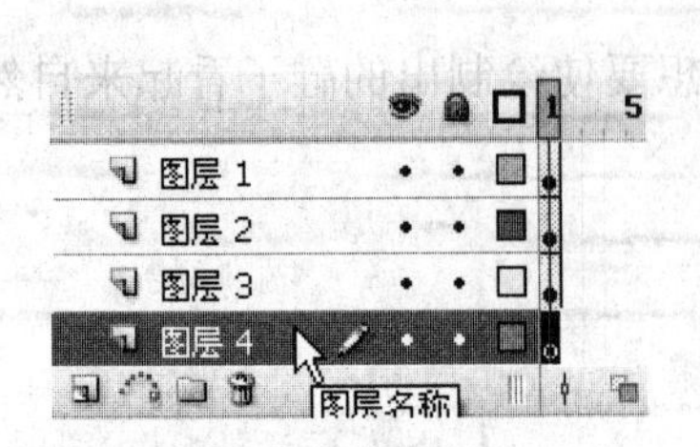


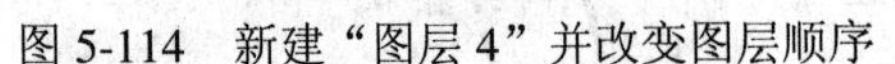
图 5-114　新建“图层 4”并改变图层顺序

图 5-115　绘制矩形

**步骤 3**　选择“线条工具”，将笔触颜色设为红色（#FF0000），然后在“图层 4”的舞台上方绘制一条水平线段作为地平线，再在偏右位置绘制一条与其交叉的垂直线段，作为消失点，如图 5-116 所示。

**步骤 4**　将“线条工具”的笔触颜色设为黑色，然后根据消失点在“图层 4”上绘制多条延伸线作为地板，如图 5-117 所示。

图 5-116　绘制地平线和消失点

图 5-117　绘制延伸线

**步骤 5**　使用“线条工具”在“图层 4”舞台的中心位置绘制一条水平线段，然后将该线段上方的延伸线全部删除，再在该线段上方绘制一条水平线段作为墙壁，如图 5-118 所示。

**步骤 6**　单击“图层 2”、“图层 3”右侧标志下的小黑点将其隐藏，然后使用“线条工具”在“图层 4”上绘制窗户的轮廓，如图 5-119 所示。

图 5-118　绘制墙壁

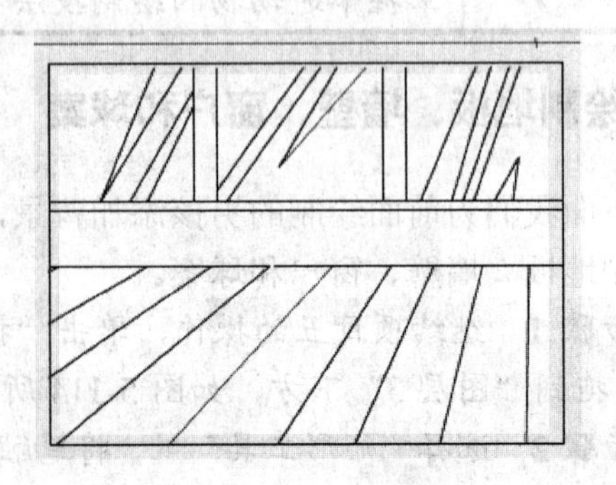
图 5-119　绘制窗户

**步骤 7**　单击“图层 2”、“图层 3”右侧的✕标志将其重新显示，然后选中“图层 2”并单击“插入图层”按钮，在“图层 2”上新建“图层 5”，如图 5-120 所示。

**步骤 8**　将“图层 4”上的矩形、地平线和消失点原位复制到“图层 5”，然后单击“图层 4”右侧标志下的小黑点将其隐藏。

**步骤 9**　使用“线条工具”在“图层 5”上绘制一条与男孩腰部等高的水平线段，然后从消失点出发绘制两条延伸线作为桌面，再绘制两条较窄的延伸线作为球案上的中线，删除水平线段以上的延伸线，如图 5-121 所示。

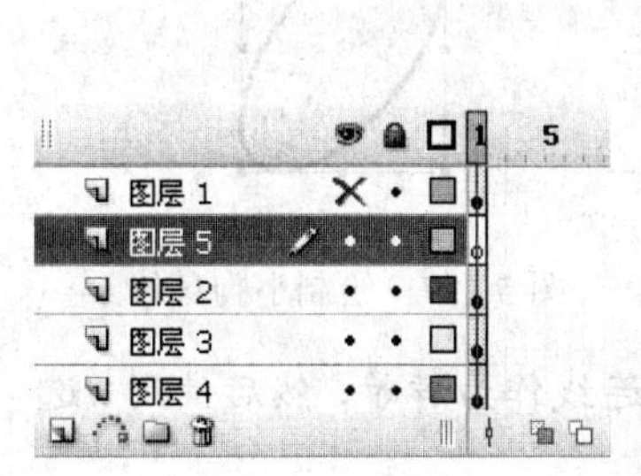


图 5-120　新建“图层 5”

图 5-121　绘制球案桌面

**步骤 10**　使用“线条工具”从桌面右上角出发，向下绘制一条垂直线，然后从消失点出发绘制一条与垂直线段相交的延伸线，并删除多余的线条制作球桌侧面，如图 5-122 所示。

**步骤 11**　使用“线条工具”从球桌侧面向下绘制两条垂直线，再绘制一条与两条垂直线相交的水平线段，作为球桌腿的正面，如图 5-123 所示。

**步骤 12**　从消失点出发绘制一条与球桌腿正面右下角相交的延伸线，然后再从球案侧面出发绘制一条垂直线段，最后删除多余的线段，制作球桌腿的侧面，如图 5-124 所示。

图 5-122　绘制球案侧面

图 5-123　绘制案腿正面

图 5-124　绘制案腿侧面

## 二、绘制小狗

现在看起来画面还有一些单调，我们再来绘制一只可爱的小狗。

**步骤 1**　使用“椭圆工具”在“图层 5”上绘制一个椭圆作为小狗的头部，然后使用“选择工具”进行调整，如图 5-125 所示。使用“椭圆工具”绘制小狗的鼻子、眼睛和耳朵，再使用“线条工具”绘制小狗的眉毛、嘴巴和头发，如图 5-126 所示。

**步骤 2** 使用“任意变形工具”调整小狗头部的角度，然后在其下方再绘制一个椭圆并调整角度作为小狗的身体，如图 5-127 所示。

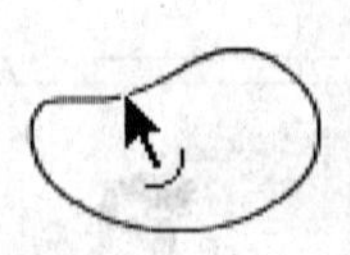

图 5-125 绘制小狗头部轮廓

图 5-126 绘制头部细节

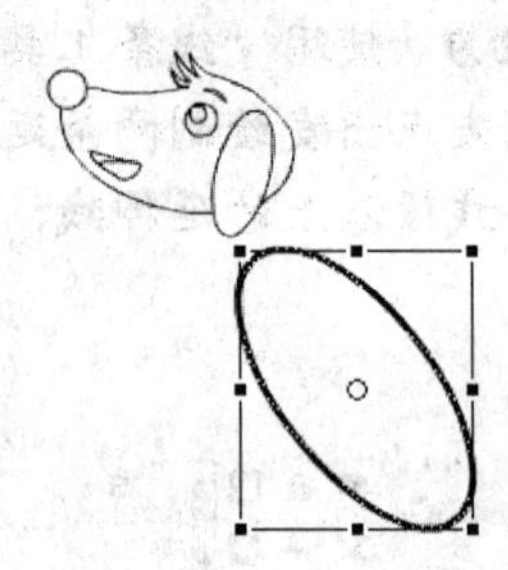

图 5-127 绘制小狗身体

**步骤 3** 使用“线条工具”绘制两条连接头部和身体的连线作为脖子，然后使用“选择工具”调整小狗身体的形状，如图 5-128 所示。

**步骤 4** 继续使用“线条工具”和“选择工具”绘制小狗的尾巴和四肢，然后删除多余的线段，小狗就绘制完成了，如图 5-129 所示。

图 5-128 调整小狗身体轮廓

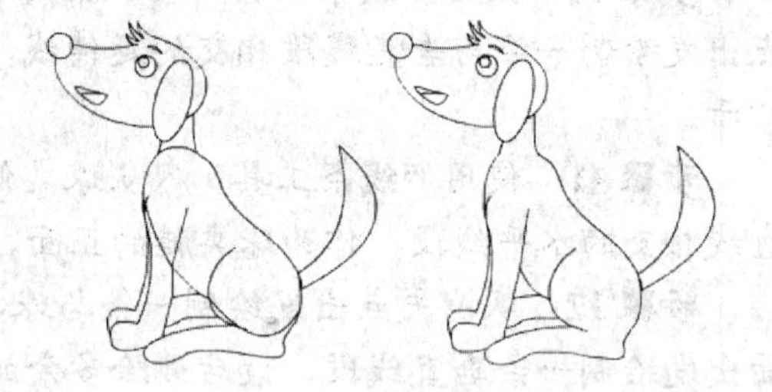

图 5-129 绘制四肢和尾巴

## 三、为背景填色

下面进行本项目的最后一个步骤——为背景填充颜色。

**步骤 1** 选择“颜料桶工具”，在“颜色”面板中设置由绿色（#00CC00）到深绿色（#006600）的线性渐变，然后由下向上拖动填充球桌正面，然后再为球桌侧面填充深绿色（#006600）、中线填充白色，如图 5-130 所示。

**步骤 2** 使用灰色（#666666）填充球桌腿的正面，然后使用浅灰色（#999999）填充球桌退的侧面，如图 5-131 所示。

图 5-130 填充球案

图 5-131 填充案腿

**步骤 3** 使用浅黄色（#F7F3D5）填充小狗的身体，使用黑色填充小狗的耳朵和尾巴，使用由白色到黑色的放射状渐变填充小狗的鼻子和眼珠，使用白色填充小狗的眼白，如图 5-132 所示。

**步骤 4** 单击“图层 5”右侧👁标志下的小黑点将其隐藏，然后单击“图层 4”右侧的✕标志显示该图层。在“颜色”面板中设置由橙黄色（#FFCC00）到浅棕色（#CC9900）的线性渐变，然后在“图层 4”的地板上由上向下拖动填充颜色，如图 5-133 所示。

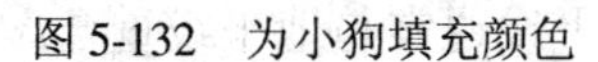

图 5-132 为小狗填充颜色

图 5-133 为地板填充颜色

**步骤 5** 在“颜色”面板中设置由白色到浅黄色（#FFEDA4）的线性渐变，然后由上向下拖动填充墙壁，如图 5-134 所示。

图 5-134 填充墙壁

**步骤 6** 在“颜色”面板中设置由白色到浅灰色（#999999）的线性渐变，然后由上向下填充水平窗栏，由左向右填充垂直窗栏，如图 5-135 所示。最后使用蓝色（#00CCFF）填充窗户，使用白色填充窗户上的反光，如图 5-136 所示。

**步骤 7** 单击“图层 5”右侧的✕标志显示该图层。至此项目五就完成了，效果可参考本书配套素材“素材与实例”>“项目五”>“乒乓男孩.fla”。

图 5-135 填充窗栏

图 5-136 填充窗户和反光

# 延伸阅读

## 一、简单透视原理

在 Flash 动画中安排场景中的人物、道具、背景时，常常需要使用“透视”原理，简单的说，“透视”就是指按照近大远小的原理安排图形，如图 5-137 所示。

图 5-137　带有透视的图像

下面对透视关系进行简单的介绍。

- **视平线**：在图 5-138 中平行于视点的线，叫视平线，视平线通常与地平线重合。
- **消失点**：在视平线上任意位置定义一个点，作为消失点（消失点即为物体纵向延伸线与视平线相交的点），如图 5-139 所示。
- **延伸线**：在消失点和人物上下端点之间绘制图 5-140 所示的延伸线。消失点、延伸线与对象两端形成的三点，构成这幅图像的透视结构。

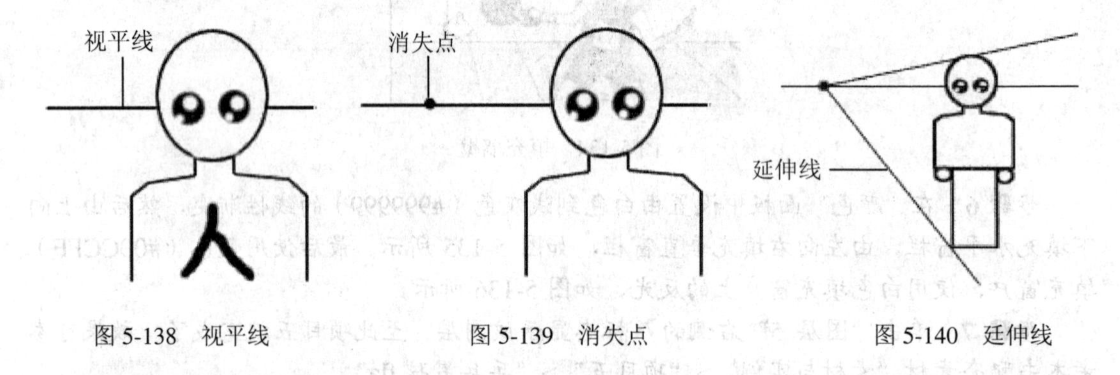


图 5-138　视平线　　图 5-139　消失点　　图 5-140　延伸线

在延伸线上绘制新的对象，便可根据其在延伸线上的位置决定其大小，越靠前就显得越大，越靠后就显得越小，如图 5-141 所示。如果要在其他位置绘制对象，可以从已有的延伸线上拉出平行线，或者以消失点为基点绘制其他的延伸线，如图 5-142 所示。

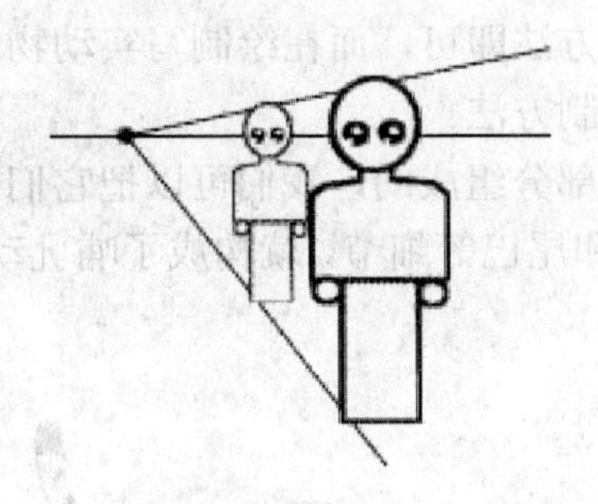

图 5-141　越靠后对象就显得越小

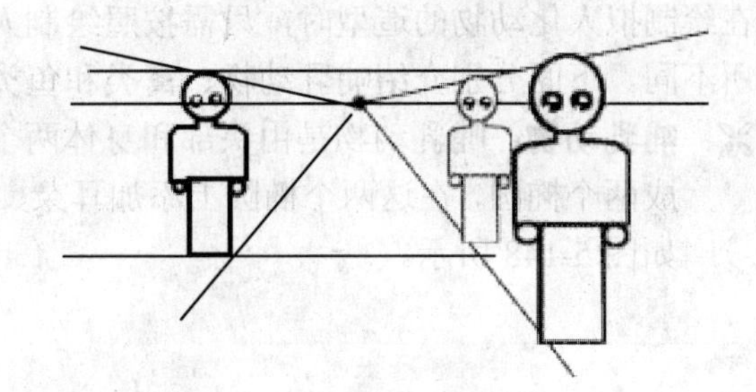

图 5-142　在其他位置绘制对象

- **平视图：**如果视平线与人物的眼睛平行，我们称其为平视图。
- **仰视图：**如果视平线低于人物的眼睛，就变为了仰视图，如图 5-143 所示。
- **俯视图：**如果视平线高于人物的眼睛，就变为了俯视图，如图 5-144 所示。

在绘制人物时，也有透视关系，只是由于人体本身面积跨度不大，所以并不是十分明显，如图 5-145 所示。

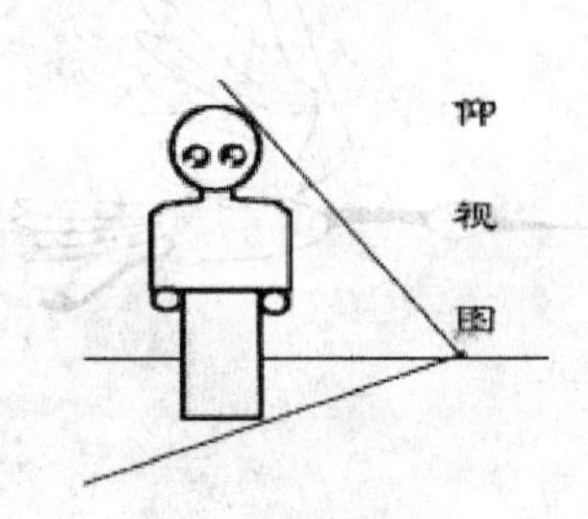


图 5-143　仰视图

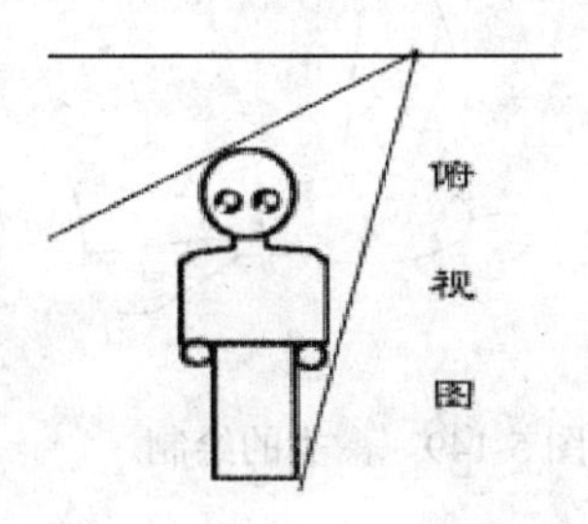


图 5-144　俯视图

图 5-145　脸部透视

## 二、卡通动物绘制技法

动画中的动物分为两种，一种是拟人化的动物，如图 5-146 所示。另一种是比较写实的动物，如图 5-147 所示。

图 5-146　拟人动物

图 5-147　写实的动物

在绘制拟人化动物的造型时，只需按照绘制人物的方法即可，而在绘制写实动物时，会有所不同。下面分别介绍哺乳动物、禽类和鱼类的绘制方法。

- **哺乳动物：** 哺乳动物是由头部和身体两个主要部分组成的，我们可以把它们想象成两个椭圆，在这两个椭圆上添加耳朵、四肢和尾巴等细节，就构成了哺乳动物，如图 5-148 所示。

图 5-148　哺乳动物的绘制

- **禽类：** 禽类主要由头部、身体和翅膀三部分组成，像天鹅、仙鹤等禽类的脖子较长，如图 5-149 所示。

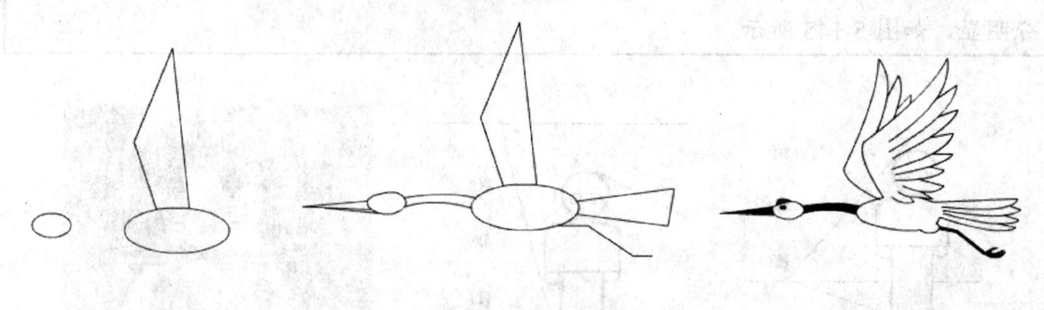

图 5-149　禽类的绘制

- **鱼类：** 鱼类主要由身体和鱼鳍组成，不同鱼类的主要区别也在于这两个部分，如图 5-150 所示。

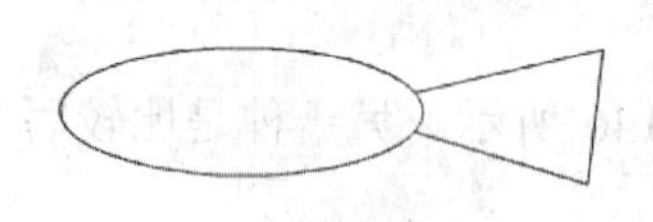
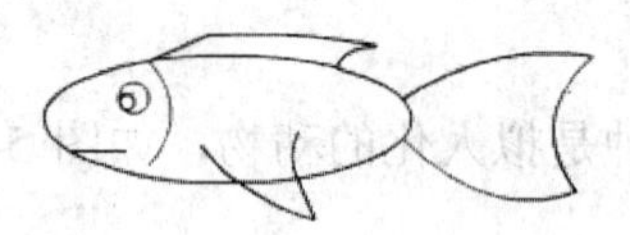
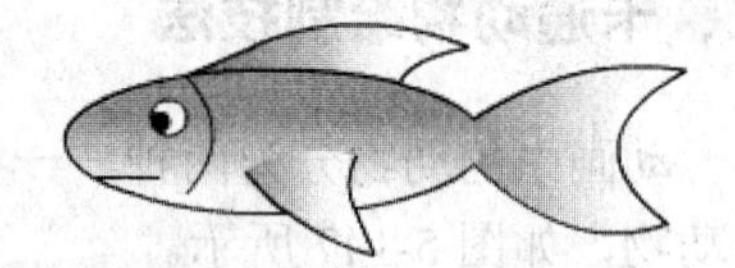

图 5-150　鱼类的绘制

# 检测与评价

本项目主要介绍了卡通人物和卡通动物的绘制方法以及简单的透视原理。在学习绘图时，重要的是多观察，包括观察别人的作品，以及生活中的事物。在 Flash 中绘图时，要注意各工具的综合应用，以及图层、元件、组合在绘图时的作用。

# 成果检验

结合本项目所学内容，绘制图 5-151 所示的海边散步图，最终效果请参考本书配套素材“素材与实例”>“项目五”>“海边散步.fla”。

图 5-151　海边散步

## 提示

（1）利用“椭圆工具”绘制人物的头部轮廓，利用“线条工具”绘制头部中心线和眉眼线，并根据它们绘制五官，最后将头部转换为图形元件。

（2）利用“线条工具”和“选择工具”绘制人物的动势线和三轴线。

（3）新建图层，并根据动势线和三轴线绘制人物的身体和四肢。

（4）最后为人物添加背景，并绘制两只海鸥，实例就完成了。

# 项目六　小熊跳舞——动画基础与逐帧动画

**课时分配：**11 学时

## 学习目标

|  |
| --- |
| 掌握图层基本操作 |
| 掌握时间帧基本操作 |
| 了解动画中的运动规律 |

## 任务分配

|  |  |
| --- | --- |
| 任务一 | 素材准备——图层基本操作 |
| 任务二 | 制作动画——操作帧和制作逐帧动画 |

## 作品成品预览

素材位置：光盘\素材与实例\项目六\小熊跳舞素材.fla

实例位置：光盘\素材与实例\项目六\小熊跳舞.fla

图层和帧操作是制作动画的基础，本例通过制作小熊跳舞的动画，让大家掌握图层和帧的操作方法，以及逐帧动画的制作方法。

# 任务一 素材准备——图层基本操作

## 学习目标

| | |
|---|---|
|  | 了解图层的作用和类型 |
| | 掌握新建和重命名图层的方法 |
| | 掌握选择、移动、隐藏和锁定图层的方法 |
| | 掌握管理多图层和设置图层属性的方法 |

## 一、新建、选择、重命名、移动和删除图层

Flash 中的图层主要有以下几个作用：

- 在绘图时，可以将图形的不同部分放在不同的图层上，各图形相对独立，从而方便编辑和绘图。
- 制作动画时，因为每个图层都有独立的时间轴，所以可以在每个图层上单独制作动画，多个图层组合便形成了复杂的动画。
- 可以利用一些特殊图层制作出特殊的动画，例如利用遮罩图层制作遮罩动画，利用引导图层制作引导动画。

下面通过将素材文档中的小熊身体各组成部分分布到不同的图层，来学习新建、选择、重命名、移动和删除图层的方法。

**步骤 1** 新建一个 Flash 文档，文档属性保持默认即可，然后利用绘图工具绘制小熊（需要将小熊的身体、头、手、腿分别转换为元件）和背景，如图 6-1 所示。用户也可以直接打开本书配套素材“素材与实例”>“项目六”>“小熊跳舞素材.fla”文档进行操作。

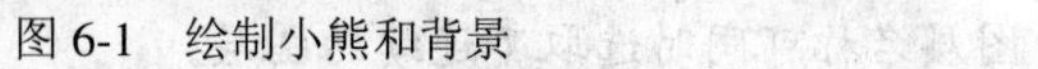
图 6-1 绘制小熊和背景

**步骤 2** 单击“时间轴”面板左下角的“插入图层”按钮，可在当前图层上方新建一个图层，使用同样的方法在该文档中新建 7 个图层，如图 6-2 所示。

**步骤 3** 新建图层后，会自动生成一个名称，如“图层 1”、“图层 2”等。为了方便识别图层中的内容，最好为图层重新取一个与其内容相关的名称。方法是双击要重命名的图层名称，然后输入新的图层名称，并按下【Enter】键，如图 6-3 所示。使用同样的方法为其他 6 个图层分别命名，效果如图 6-4 所示。

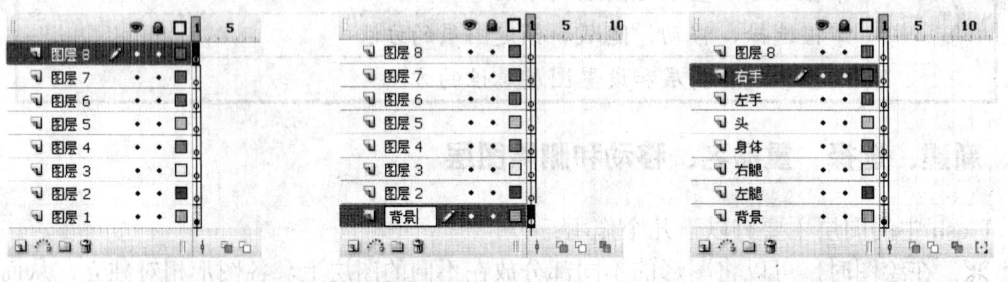

图 6-2　新建图层　　图 6-3　重命名图层　　图 6-4　重命名其他图层

**步骤 4** 当要对图层上的对象进行操作、删除图层或改变图层顺序时，都需要先选中图层。例如，用“选择工具”在舞台中选中小熊左腿（此时小熊左腿所在的图层将自动变为当前图层），按【Ctrl+X】键剪切左腿，然后单击“左腿”图层名称将其置为当前图层，再按【Ctrl+Shift+C】组合键即可将小熊左腿原位移动到该图层，如图 6-5 左图和中图所示。

**步骤 5** 使用同样的方法，将“背景”图层中的“右腿”、“身体”、“左手”、“右手”和“头”分别原位移动到与其同名的图层中，如图 6-5 右图所示。

图 6-5　选择图层

除了使用前面介绍的方法外，单击时间轴某一帧可选择单个图层；按住【Shift】键单击前后两个图层名称可同时选中它们之间的所有图层；按住【Ctrl】键依次单击图层名称可同时选取不连续的图层。

**步骤 6**　在 Flash 中，位于上方图层中的对象会覆盖下方图层中的对象，所以有时需要移动图层（即改变图层顺序）来满足动画制作的要求。要移动图层，只需在要移动的图层上按住鼠标左键不放，并拖动到目标位置即可。例如，要将小熊的胳膊显示在头的后方，只需将“头”图层拖到“右手”图层上方即可，如图 6-6 所示。

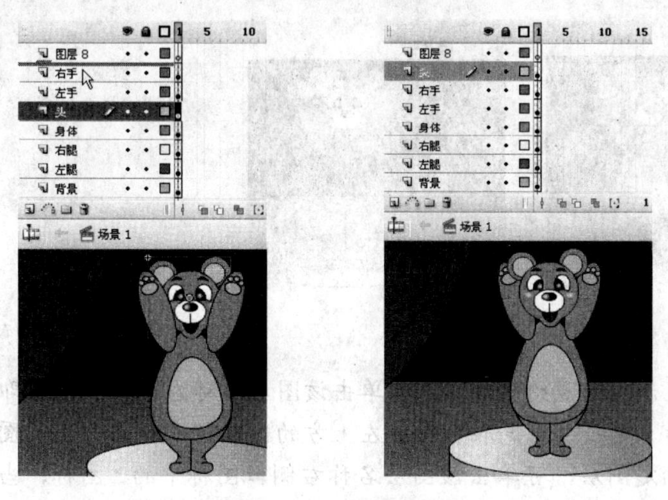

图 6-6　移动图层

**步骤 7**　当不需要某图层上的全部内容时，可以将该图层删除。选中图层后，可使用以下几种方法将其删除。

- 单击“时间轴”左下角的“删除图层”按钮，如图 6-7 所示。

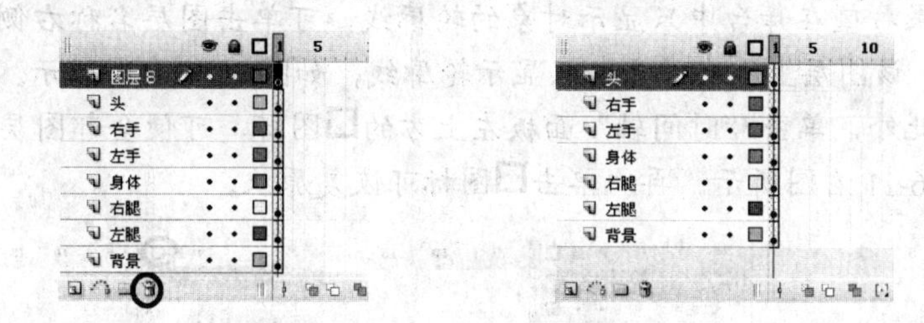

图 6-7　删除图层

- 将所选拖动图层到“删除图层”按钮上。
- 在图层上单击鼠标右键，从弹出的快捷菜单中选择“删除图层”项。

## 二、隐藏、显示与锁定图层

绘制或编辑某图层上的对象时，为了不影响其他图层上的对象，可以将其他图层隐藏或锁定。另外，为了方便编辑图形，还可以只显示图层轮廓线。

**步骤 1**　要隐藏某图层，可单击该图层名称右侧图标下的图标，当图标变为✕形状后，该图层即被隐藏，如图 6-8 所示。要隐藏全部图层，可单击“时间轴”面板左上方的图标，如图 6-9 所示。

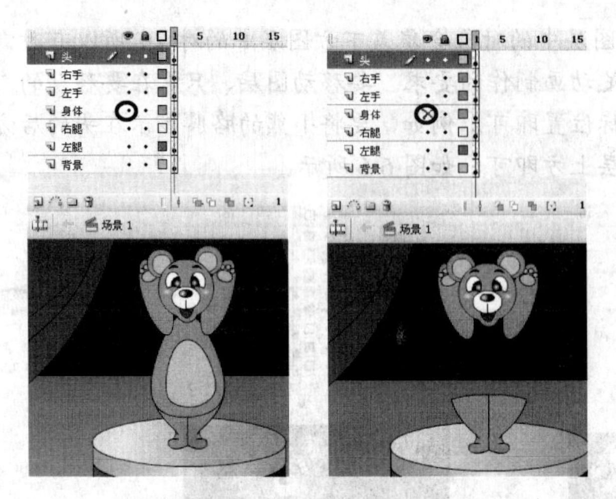


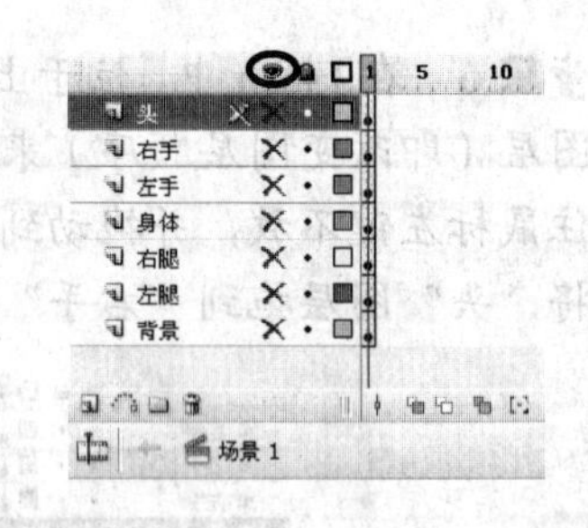


图 6-8　隐藏单个图层　　　　图 6-9　隐藏所有图层

**步骤 2**　要显示被隐藏的图层，只需单击该图层名称右侧的✕图标即可。此外，当全部图层都被隐藏后，单击"时间轴"面板左上方的图标，可显示全部图层。

**步骤 3**　要锁定图层，可单击该图层名称右侧图标下的·图标，当·图标变为形状时，表示该图层被锁定，如图 6-10 所示。锁定图层后，便无法对该图层中的对象进行任何编辑。要解除图层的锁定，单击图层名称右侧的图标即可。

**步骤 4**　要锁定全部图层，可单击"时间轴"面板左上方的图标。再次单击图标可解除所有图层的锁定。

**步骤 5**　如果希望在舞台中只显示对象的轮廓线，可单击图层名称右侧的■图标，当其变为□形状时，该图层上所有对象都只显示轮廓线，如图 6-11 左图所示。再次单击□图标可恢复原状。此外，单击"时间轴"面板左上方的□图标，可使全部图层上的对象只显示轮廓线，如图 6-11 右图所示。再次单击□图标可恢复原状。

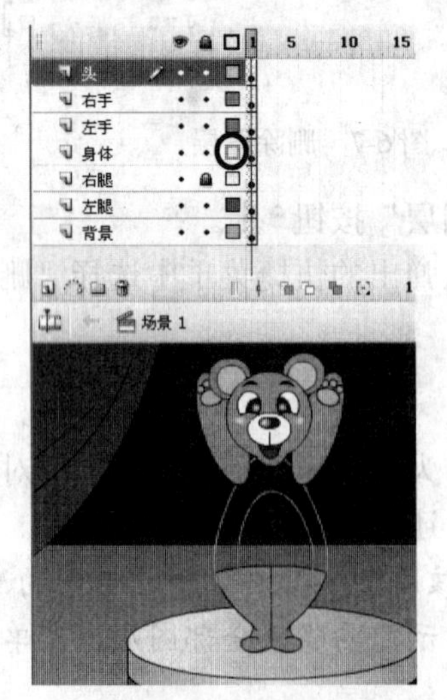


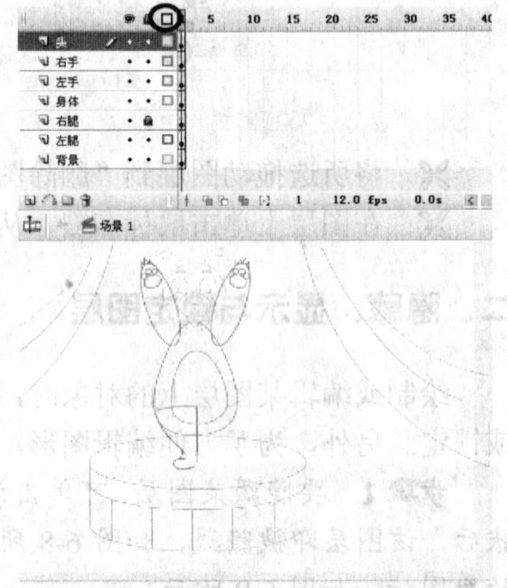


图 6-10　锁定图层　　　　图 6-11　显示图层轮廓线

## 三、管理多图层

当时间轴中图层很多时，为便于管理，可以将性质相似的图层归类到一个图层文件夹中，这样不仅方便组织动画，还使时间轴面板显得简洁。

**步骤 1**　单击“时间轴”面板左下角的“插入图层文件夹”按钮，创建一个图层文件夹，如图 6-12 所示。

**步骤 2**　双击新建的图层文件夹名称进入其编辑状态，然后输入“小熊”，将该图层文件夹重命名为“小熊”，如图 6-13 所示。

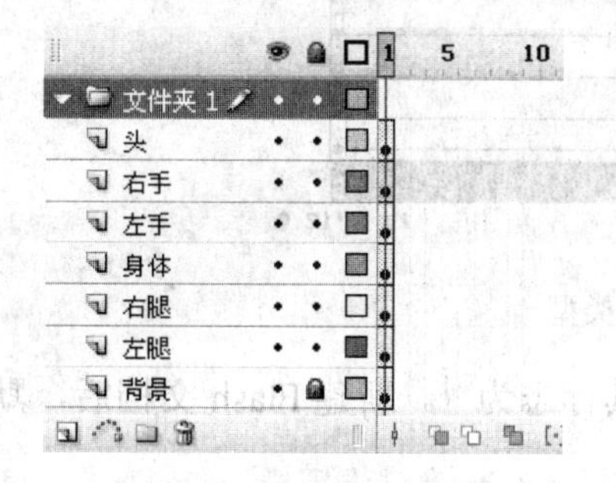


图 6-12　创建图层文件夹

图 6-13　重命名图层文件夹

**步骤 3**　选择“左腿”、“右腿”和“身体”、“左手”、“右手”和“头”图层，将其拖到“小熊”图层文件夹上方，释放鼠标后即可将这些图层置入该图层文件夹中，如图 6-14 所示。

**步骤 4**　单击图层文件夹左侧的▽按钮可折叠图层文件夹，此时▽按钮变为▷形状，如图 6-15 所示。单击▷按钮可展开图层文件夹，显示其包含的图层。

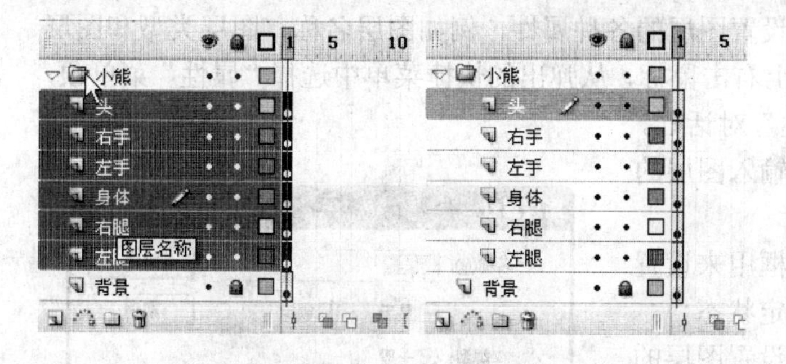


图 6-14　将选中的图层拖入图层文件夹

图 6-15　折叠和展开图层文件夹

如果要将某图层移出图层文件夹，只需将该图层拖到图层文件夹上方即可。另外，我们可以对图层文件夹中的图层进行前面介绍过的各种操作。要注意的是，如果删除图层文件夹，那么该图层文件夹中的所有图层也会同时被删除。

# 延伸阅读

## 一、图层的类型

Flash 中的图层主要有普通图层、引导图层、被引导图层、遮罩图层和被遮罩图层几种类型，它们在时间轴上的表现形式如图 6-16 所示。

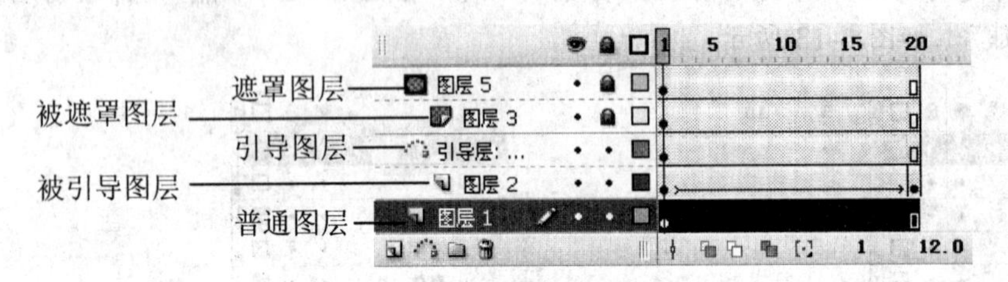


图 6-16　图层的类型

- **普通图层：**普通图层是最常用的图层，其标志为。新建 Flash 文档后，默认情况下系统会自动生成一个普通图层。
- **引导图层何被引导图层：**引导图层的标志为，它的作用是引导其下方被引导图层上对象的运动路径。
- **遮罩图层和被遮罩图层：**遮罩图层和被遮罩图层的作用是制作遮罩效果动画。遮罩图层的标志为，被遮罩图层的标志为。

## 二、设置图层属性

通过“图层属性”对话框可以设置图层的各种属性，例如图层名称、图层类型和图层高度等。在要设置属性的图层名称上右击鼠标，从弹出的快捷菜单中选择“属性”菜单项，即可打开图 6-17 所示的“图层属性”对话框。

- 在“名称”编辑框中可以输入图层的名称。
- “显示”和“锁定”复选框用来设置图层是隐藏、显示还是锁定状态。
- 在“类型”设置区中可以设置图层的类型。
- “轮廓颜色”颜色框用来设置图层只显示轮廓线时轮廓线的颜色。
- “将图层视为轮廓”复选框用来设置图层是否只显示轮廓线。
- “图层高度”下拉列表用来设置当前图层在时间轴中所显示的高度比例。

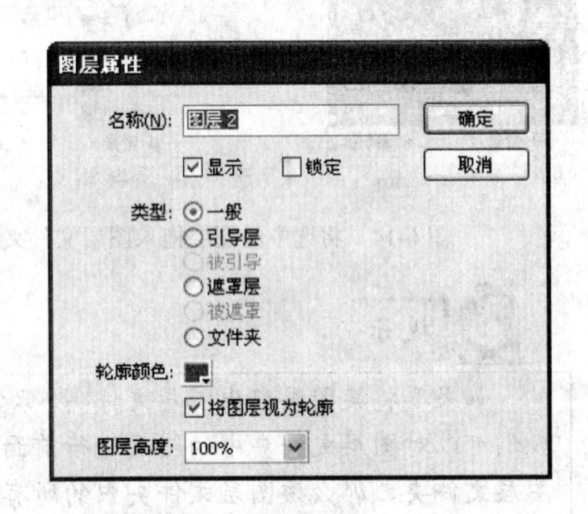


图 6-17　“图层属性”对话框

# 任务二　制作动画——操作帧和制作逐帧动画

## 学习目标

| 掌握操作帧和制作逐帧动画的方法 |
| --- |
| 了解物体和人的运动规律 |

## 一、选择帧、创建帧和使用绘图纸外观

通过“项目一”中任务二的学习，我们已经了解了 Flash 中帧的作用和类型，下面通过制作小熊跳舞的动画，让大家掌握创建帧、选择帧、复制帧、移动帧等帧的基本操作方法和逐帧动画的制作方法。

**步骤 1**　继续在“任务一”的文档中进行操作。在“背景”图层的第 64 帧处单击选中该帧，然后选择“插入”>“时间轴”>“帧”菜单，或按【F5】键插入普通帧，从而将背景图像延伸到该帧，如图 6-18 所示，然后将“背景”图层隐藏。

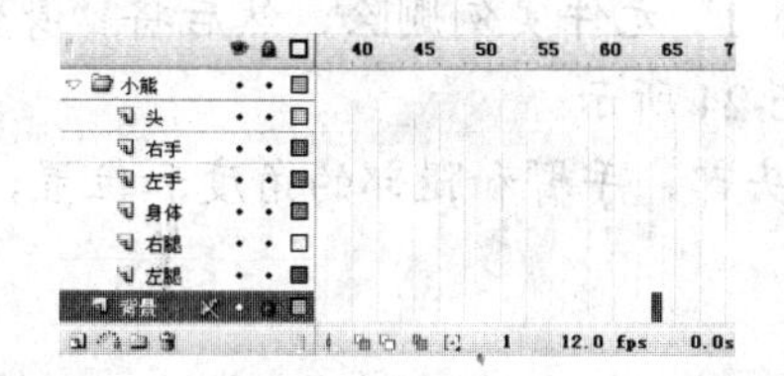
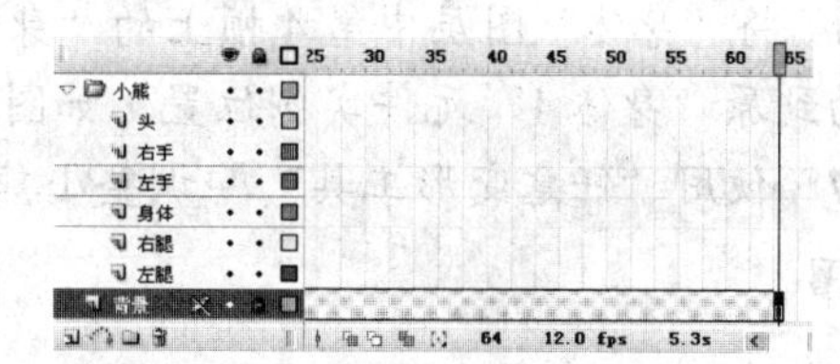

图 6-18　创建帧

**步骤 2**　在“头”图层第 4 帧处单击选中该帧，然后按住【Shift】键单击“左腿”图层第 4 帧，从而将除“背景”图层之外的所有图层第 4 帧选中，如图 6-19 所示。下面总结一下选择帧的几种方法。

- 要选择单个帧，只需在某帧上单击即可，被选帧会以反黑显示。
- 要选择不连续的多个帧，可按住【Ctrl】键，然后依次单击要选择的帧。但使用此方法无法同时选中多个关键帧。
- 要选择连续的多个帧，可按住【Shift】键，然后依次单击开始帧与结束帧。

**步骤 3**　选择“插入”>“时间轴”>“关键帧”菜单，或按快捷键【F6】，在选中的帧上插入关键帧，如图 6-20 所示。

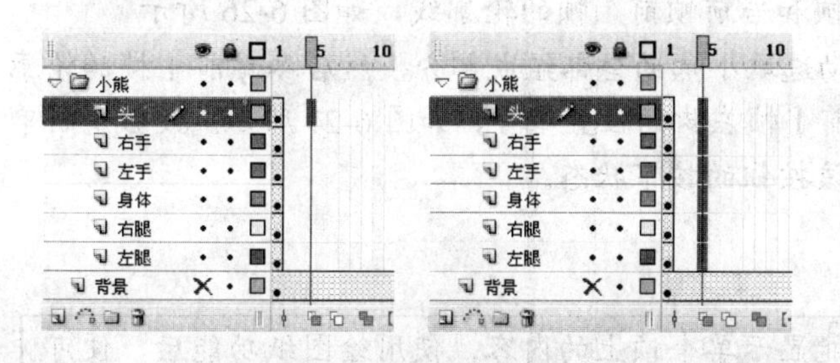

图 6-19　同时选择连续的多个帧

图 6-20　插入关键帧

**步骤 4** 选中“身体”图层第 4 帧，然后使用“线条工具”和“选择工具”在小熊图形的旁边绘制图 6-21 所示的身体轮廓线，然后再根据已有身体的颜色为其填充颜色，如图 6-22 所示。

**步骤 5** 选中刚刚绘制的身体，按【F8】键将其转化为名为“身体 2”的图形元件，如图 6-23 所示。

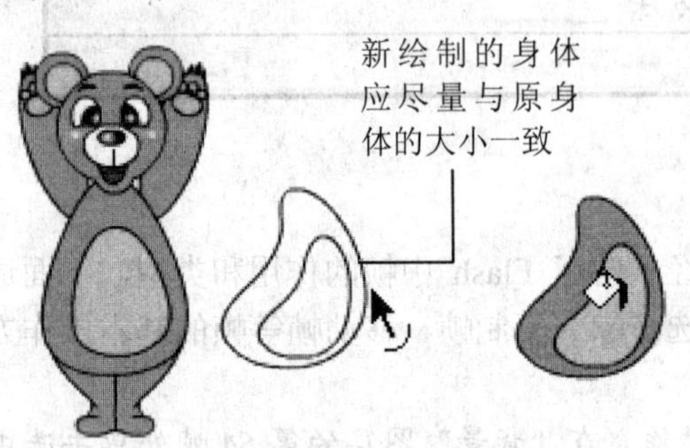


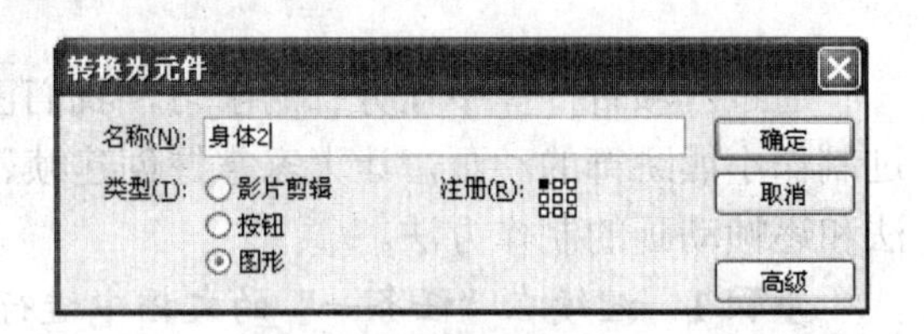


图 6-21 绘制身体轮廓　　图 6-22 填充身体　　图 6-23 将身体转换为元件

**步骤 6** 将“身体”图层中第 4 帧上的“身体 1”元件实例删除，然后将“身体 2”元件实例移动到原“身体 1”元件实例位置，如图 6-24 所示。

**步骤 7** 使用“任意变形工具”调整小熊头部、手臂和腿部的角度和位置，效果如图 6-25 所示。

图 6-24 移动身体位置　　图 6-25 调整小熊各部位的角度和位置

**步骤 8** 单击“时间轴”面板下方的“绘图纸外观轮廓”按钮，然后拖动绘图纸外观标记的两端，使其只显示当前帧和当前帧前 1 帧的轮廓线，如图 6-26 所示。

**步骤 9** 使用“选择工具”拖动选取小熊的全部组成部分，然后参考前 1 帧的轮廓线移动小熊的位置，将小熊的左脚和前 1 帧左脚的位置重合，如图 6-27 所示。最后重新单击“绘图纸外观轮廓”按钮，取消该按钮的按下状态。

通常情况下，在舞台中一次只能显示单个帧上的内容。使用绘图纸功能后，便可以在舞台中同时查看或编辑多个帧上的内容。Flash 提供的各绘图纸功能如下。

（1）按下时间轴面板下方“绘图纸外观”按钮，当前关键帧中的内容在舞台中将用实色显示，其他帧中的内容以半透明显示，如图 6-28 所示。

（2）按下“绘图纸外观轮廓”按钮，将显示各帧内容的轮廓线。

（3）按下“编辑多个帧”按钮，可同时编辑多个关键帧。

无论采用何种方式，都可拖动绘图纸外观标记的两端，设置要同时显示或编辑的帧；另外，要取消同时显示或编辑多个帧，只需取消相关按钮的按下状态即可。

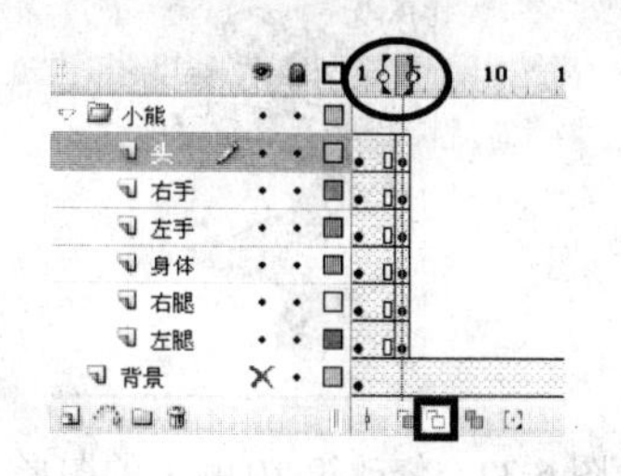


图 6-26　拖动绘图纸外观标记

图 6-27　移动小熊的位置

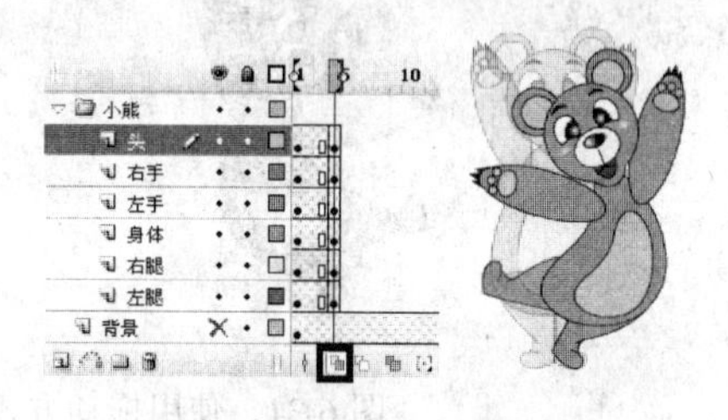


图 6-28　显示绘图纸外观

**步骤 10**　同时选中除“背景”图层之外的所有图层第 7 帧，然后选择“插入”>“时间轴”>“空白关键帧”菜单，或按【F7】键插入空白关键帧，如图 6-29 所示。可以看出，插入空白关键帧后，前一个关键帧上的内容并没有延伸到该帧。

**步骤 11**　单击选中“左腿”图层第 1 帧（此时将自动选中该帧在舞台上的图形），按快捷键【Ctrl+C】，然后单击该图层第 7 帧，按快捷键【Ctrl+Shift+V】将第 1 帧上的图形原位复制到该帧；使用同样的方法，将“右腿”、“身体”、“左手”、“右手”、“头”图层第 1 帧上的图形原位复制到第 7 帧，如图 6-30 所示。

图 6-29　创建空白关键帧

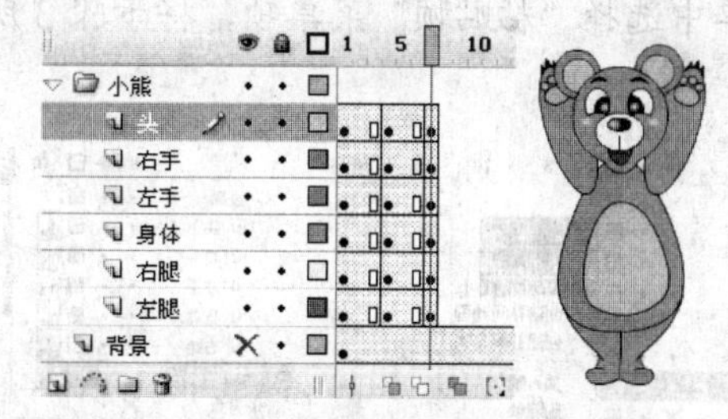


图 6-30　复制关键帧中的内容

## 二、复制和移动帧

复制和移动帧是我们在制作动画时经常进行的操作，下面我们继续制作小熊跳舞动画，以此学习复制和移动帧的操作。

**步骤 1**　选中“背景”图层之外的所有图层第 4 帧，然后按住【Alt】键，将被选帧向右拖到第 10 帧，如图 6-31 所示。如此一来，便将这些图层的第 1 帧复制到了第 10 帧。

**步骤 2**　保持第 10 帧上图形的选中状态，选择“修改”>“变形”>“水平翻转”菜单将其水平翻转，然后显示绘图纸外观轮廓，并移动小熊的位置，使其右脚与前 1 帧上的右脚位置重合，如图 6-32 所示。

图 6-31　使用拖动方式复制帧　　　　图 6-32　修改第 10 帧上的图形

在使用拖动方式复制帧时，如果不按住【Alt】键，则复制帧会变为移动帧操作。

**步骤 3**　另一种复制帧的方式是使用菜单命令。按住【Shift】键单击“头”图层第 1 帧和“左腿”图层第 10 帧，将这两个帧之间的所有帧全部选中，然后在选中的帧上右击鼠标，从弹出的快捷菜单中选择“复制帧”菜单项，如图 6-33 左图所示。

**步骤 4**　同时选中“背景”图层之外的所有图层第 13 帧，然后右击被选帧，从弹出的快捷菜单中选择“粘贴帧”菜单项，将步骤 3 所选的帧复制到此处，如图 6-33 中图和右图所示。

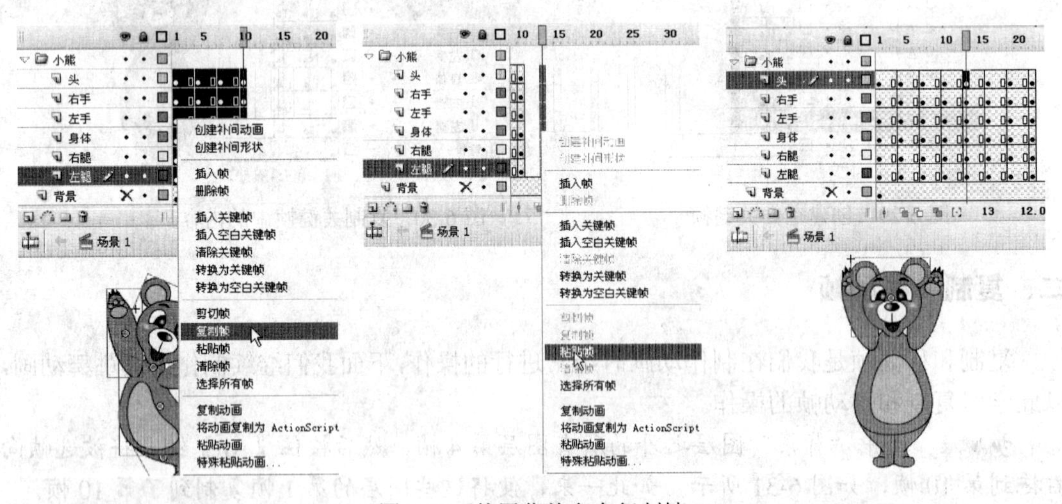


图 6-33　使用菜单命令复制帧

提示

如果在步骤 3 的操作中选择“剪切帧”菜单项，则复制帧会变为移动帧操作。

**步骤 5**　使用拖动方式，将“背景”图层之外的所有图层第 1 帧复制到第 25 帧，然后在这些图层第 26 帧插入关键帧。

**步骤 6**　在“头”图层第 26 帧的小熊头部旁绘制一个图 6-34 左图所示的头部侧面轮廓线，为其填充与原头部相同颜色，如图 6-34 右图所示，然后将其转换为名为“头 2”的图形元件，如图 6-35 所示。

图 6-34　绘制侧面头部

转换为元件
名称(N): 头2
类型(T): 影片剪辑 按钮 图形
注册(R):
确定
取消
高级

图 6-35　将头部侧面转换为图形元件

**步骤 7**　将小熊的身体复制一份，然后按【Ctrl+B】组合键将其分离，删除身体中的填充色和肚皮，然后绘制侧面的身体，并将其转换为名为“身体 3”的图形元件，再将“身体 3”元件实例移动到头部下方，如图 6-36 所示。

**步骤 8**　将小熊的手臂复制一份到“头”图层上，并分离，然后删除手臂中的手掌，并填充空出来的位置，最后将绘制好的手臂转换为名为“手 2”的图形元件，再使用“任意变形工具”调整手臂的角度和位置，如图 6-37 所示。

图 6-36　绘制侧面身体　　　　图 6-37　绘制侧面手臂

**步骤 9**　参照小熊正面的腿部绘制侧面的腿，然后将新绘图形转换为名为“腿 2”的图形元件，并复制一份，最后将两个“腿 2”元件实例移动到合适的位置，如图 6-38 所示。

**步骤 10**　将第 26 帧上正面的小熊删除，然后将侧面的小熊移动到正面小熊的原有位置，如图 6-39 所示（可使用“选择工具”拖动选取整个小熊，然后移动）。

图 6-38　绘制侧面的腿部　　　　图 6-39　移动侧面小熊的位置

**步骤 11**　将背景图层之外的所有图层第 25 帧复制到第 27 帧，然后将第 27 帧上的小熊头部复制一份并分离，然后删除头部上的五官，并填充空出来的位置，再将绘制好的头部背面转换为名为“头 3”的图形元件，如图 6-40 右图所示。

**步骤 12**　将第 27 帧上的小熊身体复制一份并分离，然后删除身体中的填充色和肚皮，接着使用“线条工具”、“椭圆工具”和“选择工具”在原有身体的基础上绘制身体的背面，并填充颜色，最后将绘制好的身体背面转换为名为“身体 4”的图形元件，并将其移动到适当位置，如图 6-41 右图所示。

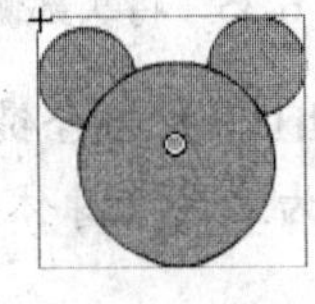

图 6-40　绘制头部背面

图 6-41　绘制身体背面

**步骤 13**　将小熊正面的腿复制一份并分离，使用“选择工具”选中脚面的线条并删除，然后将腿部转换为名为“腿 3”的图形元件，将“腿 3”元件实例复制一份并水平翻转，再将两条背面的腿移动到适当位置，如图 6-42 右图所示。

**步骤 14**　将“头”图层中第 26 帧上的“手 2”元件实例复制到“左手”图层第 27 帧，然后将其复制一份到“右手”图层第 27 帧，并使用“任意变形工具”调整手臂的角度和位置，如图 6-43 右图所示。

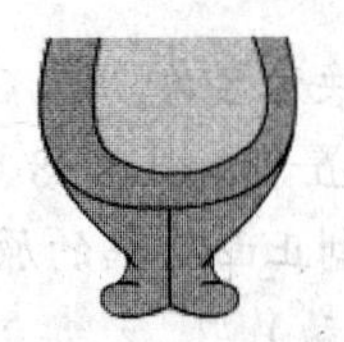
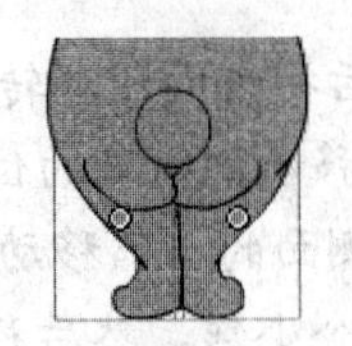

图 6-42　绘制腿部背面

图 6-43　制作背面的手臂

**步骤 15**　将第 27 帧上正面的小熊删除，然后将背面的小熊移动到正面小熊的原有位置，如图 6-44 所示。

**步骤 16**　将除背景图层之外的所有图层第 26 帧复制到第 28 帧，然后将侧面的小熊水平翻转，并调整位置，如图 6-45 所示。

**步骤 17**　将除背景图层之外的所有图层第 25 帧复制到第 29 帧，如图 6-46 所示。

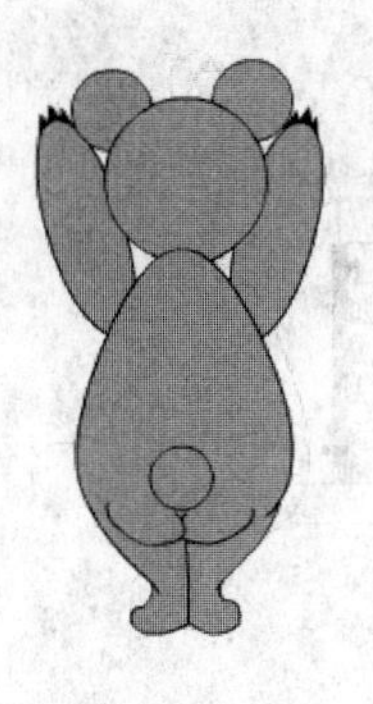

图 6-44　移动背面小熊的位置

图 6-45　复制并翻转小熊

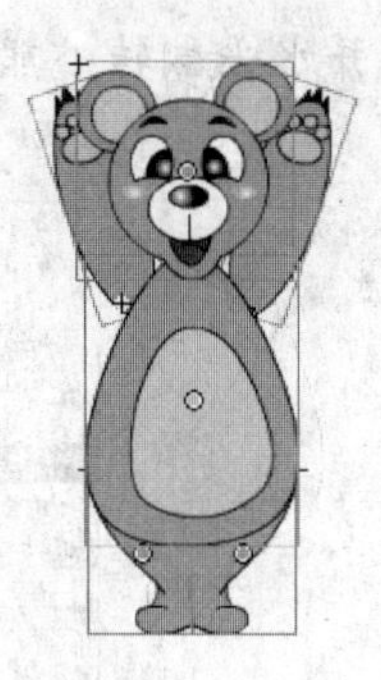

图 6-46　复制小熊

**步骤 18**　选中除"背景"图层之外的所有图层第 26 帧至第 29 帧之间的所有帧，使用拖动复制方式，将其复制到第 30 帧，如图 6-47 左图所示；再复制到第 34 帧，如图 6-47 右图所示。

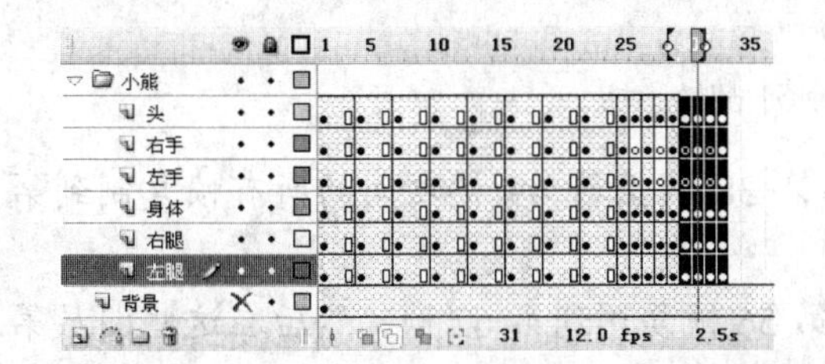

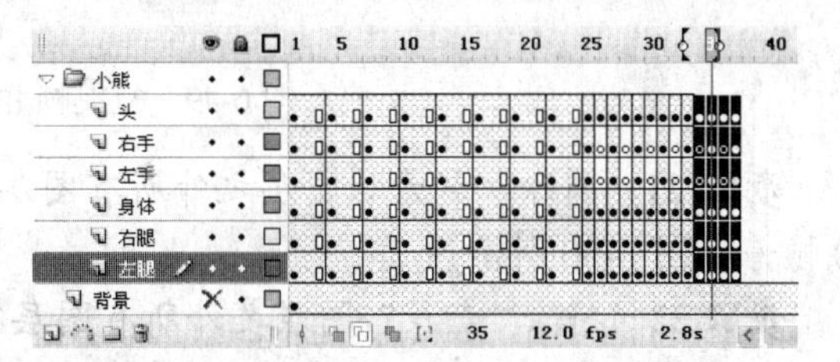

图 6-47　复制帧

**步骤 19**　将除"背景"图层之外所有图层第 35 帧复制到第 38 帧，然后在这些图层第 41 帧插入关键帧，并参考前面介绍的方法重新绘制该帧上的小熊，制作小熊跳舞时的扭曲造型，如图 6-48 所示。

图 6-48　在第 41 帧上绘制小熊扭曲的身体

**步骤 20**　将除"背景"图层之外所有图层第 38 帧复制到第 44 帧，将第 41 帧复制到

第 47 帧，并水平翻转小熊，如图 6-49 所示。

图 6-49　复制帧并水平翻转小熊

**步骤 21**　将除“背景”图层之外所有图层第 38 帧至第 49 帧之间的所有帧复制到第 50 帧，如图 6-50 所示。

**步骤 22**　将除“背景”图层之外所有图层第 56 帧复制到第 62 帧，然后在这些图层第 64 帧插入普通帧，如图 6-51 所示。最后单击“背景”图层右侧的✕标志，重新显示该图层。至此本例就完成了，按快捷键【Ctrl+Enter】测试一下效果吧。

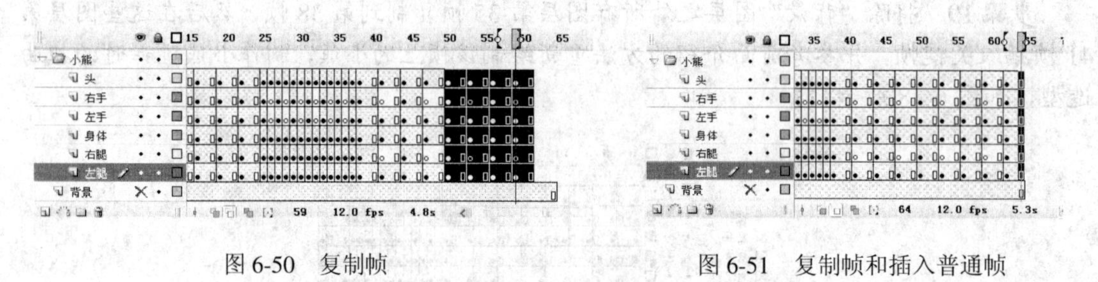

图 6-50　复制帧　　　　图 6-51　复制帧和插入普通帧

# 延伸阅读

## 一、帧的其他操作

### 1. 设置帧的显示状态

制作动画时，可以根据实际需要调整“时间轴”面板上帧的显示状态。方法是单击“时间轴”面板右上角的“帧的视图”按钮，在打开的菜单中选择相应选项，如图 6-52 所示。各选项的效果如图 6-53 所示。

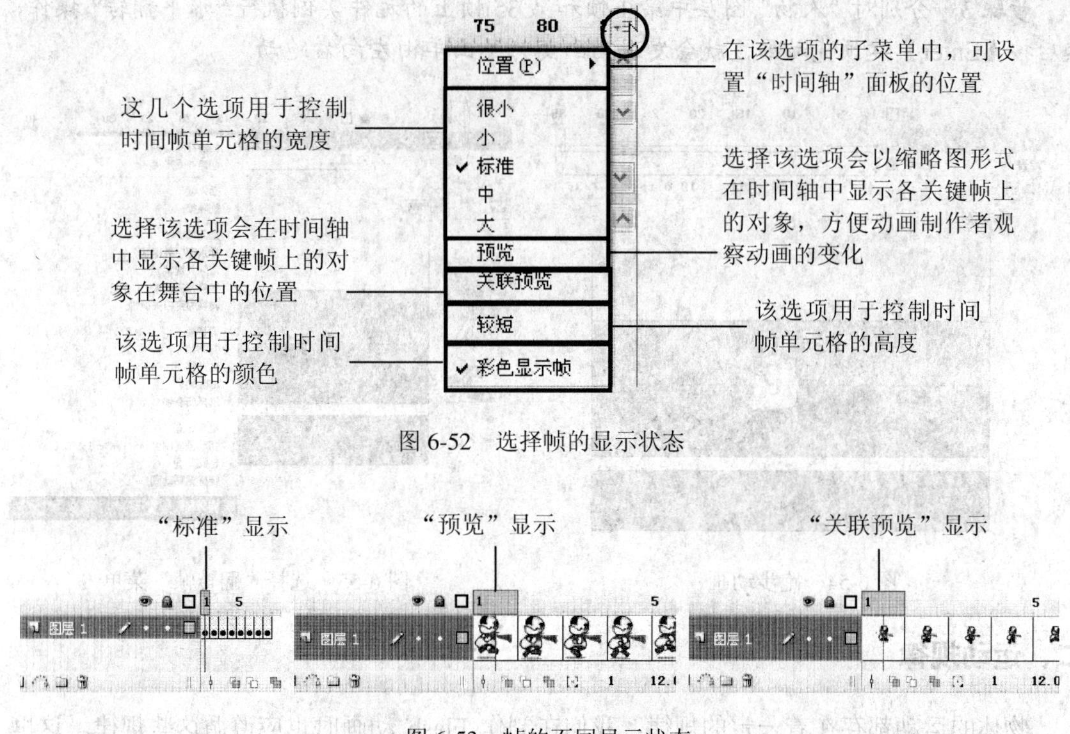


图 6-52　选择帧的显示状态

图 6-53　帧的不同显示状态

## 2. 删除帧、清除帧和转换帧

- 制作动画时，对于某些不符合要求或已经不需要了的帧，可以将其删除。选中要删除的帧，然后在被选帧上右击鼠标，从弹出的快捷菜单中选择“删除帧”项，即可将所选帧删除。
- 如果在弹出的快捷菜单中选择“清除帧”项，可将所选帧在舞台上的内容清除但不删除所选帧。
- 要将关键帧转换为普通帧，可右击关键帧，从弹出的快捷菜单中选择“清除关键帧”项。
- 要将普通帧转换为空白关键帧，可选中普通帧，然后右击选中的帧，从弹出的快捷菜单中选择“转换为空白关键帧”项。

## 3. 翻转帧

利用“翻转帧”命令可调整被选帧在时间轴上的左右顺序，从而改变动画的播放方向。下面我们通过一个小实例来介绍其用法。

**步骤 1**　打开本书配套素材“素材与实例”>“项目六”>“跑步动画.fla”文件，按【Enter】键预览动画，我们可以看到这是一段山羊由右向左跑动的动画，如图 6-54 所示。

**步骤 2**　选中“人物”图层上第 1 帧到第 35 帧之间的所有帧，然后在被选帧上右击鼠标，从弹出的快捷菜单中选择“翻转帧”项，如图 6-55 所示。

**步骤 3** 分别对“人物”图层中第 1 帧和第 35 帧上的元件实例执行“水平翻转”操作，然后按【Enter】键预览动画，就会发现动画变为了山羊由左向右跑动。

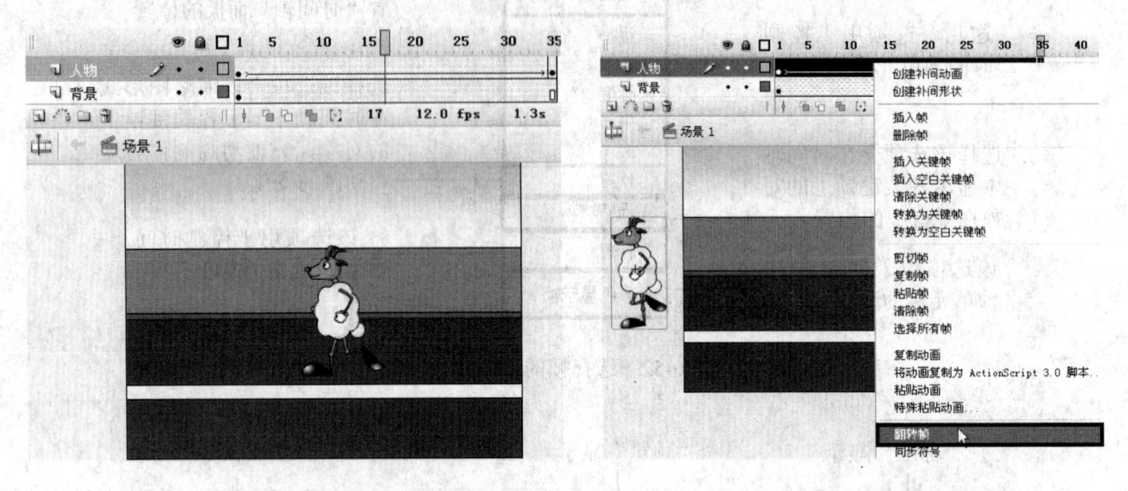


图 6-54 跑步动画

图 6-55 选择“翻转帧”菜单

## 二、运动规律

物体的运动都存在着一定的规律，我们在制作 Flash 动画时也应遵循这些规律。这里将为大家介绍物体的曲线运动规律及人物走路和跑步的运动规律。

### 1. 曲线运动规律

曲线运动规律是制作 Flash 动画时经常运用的一种运动规律，它能使人或动物的动作以及物体的运动产生柔和、圆滑、优美的韵律感，并能帮助我们表现各种细长、轻薄、柔软及富有韧性和弹性的物体的质感。它包括弧形、波形和 S 形 3 种运动规律。

- **弧形运动规律：** 弧形运动是指物体的运动路线呈弧线，比如用力抛出的球、手榴弹以及大炮射出的炮弹等，由于受到重力及空气阻力的作用，物体被迫不断改变其运动方向，它们不是沿一条直线，而是沿一条弧线（即抛物线）向前运动的，如图 6-56 所示。

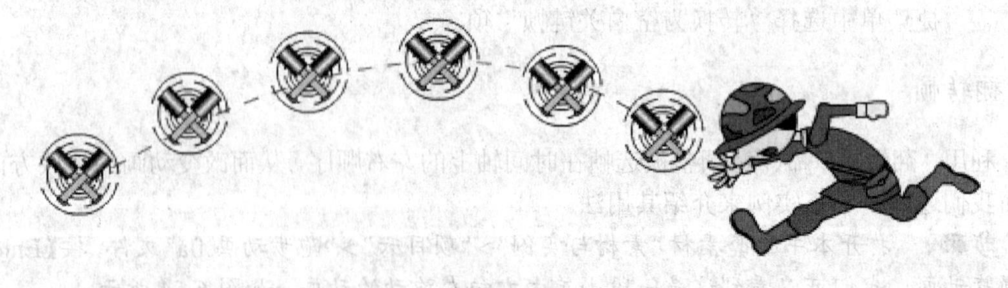

图 6-56 弧线（抛物线）运动

另一种弧形曲线运动是指某些物体的一端固定在一个位置上，当它受到力的作用时，其运动路线也是弧形的曲线。例如：人的四肢的一端是固定的，因此四肢摆动时，手和脚的运动路线呈弧形曲线而不是直线，如图 6-57 所示。

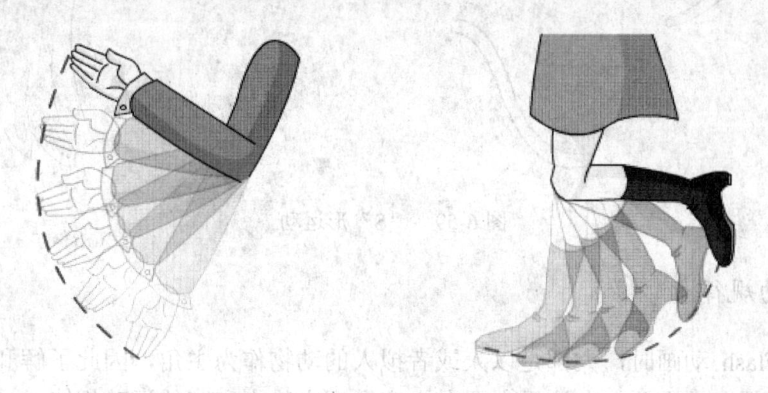

图 6-57　人体四肢的曲线运动

- **波形运动规律：**比较柔软的物体在受到力的作用时，其运动路线呈波形，称为波形曲线运动。比如被风吹动的窗帘，它的一端固定在窗户上，当受到风力的作用时，其运动规律就是顺着风的方向，从固定一端渐渐推移到另一端，形成一浪接一浪的波形曲线运动，如图 6-58 所示。

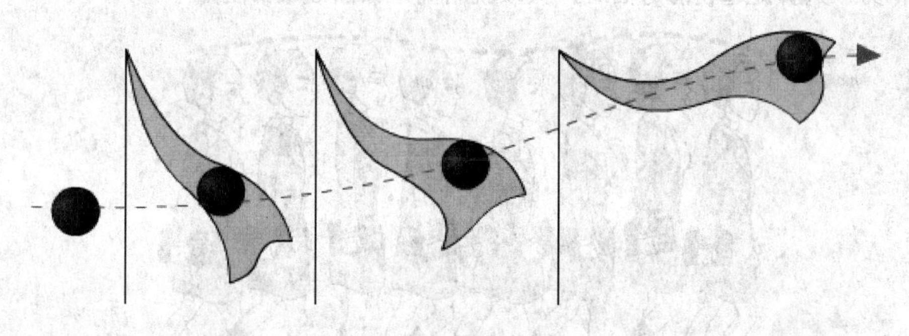

图 6-58　波形曲线运动

在表现波形曲线运动时，必须注意顺着力的方向，一波接一波地顺序推进，不可中途改变。波形的大小也应有所变化，才不会显得呆板。

- **“S”形运动规律：**“S”形曲线运动的特点，一是物体本身在运动中呈“S”形，二是其尾端顶点的运动路线也呈“S”形。最典型的“S”曲线运动，是动物的长尾巴（如松鼠、马、猫虎等）在甩动时所呈现的运动和鸟类扇动翅膀的运动，如图 6-59 所示。

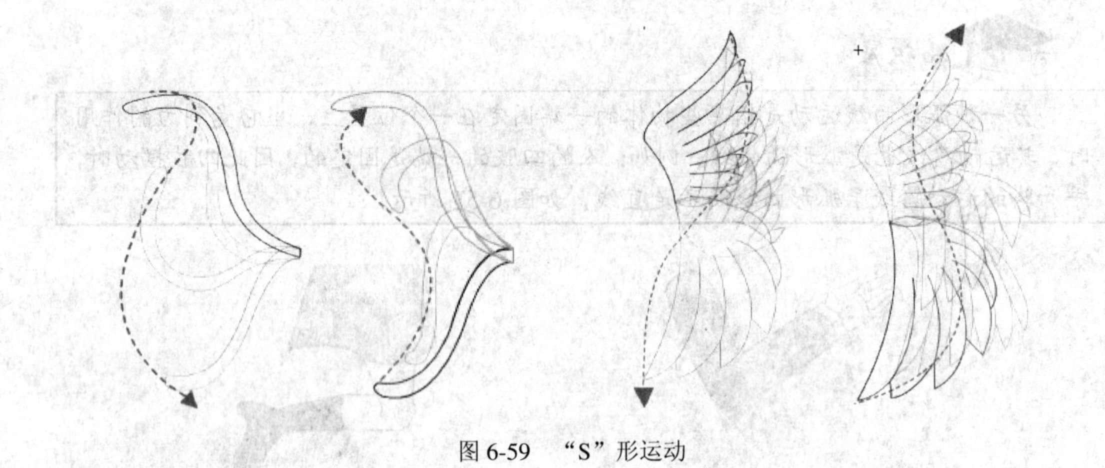

图 6-59 “S”形运动

2. 人体运动规律

在制作 Flash 动画时，大都是以人或者拟人的动物作为主角，因此了解和掌握人物的运动规律就显得非常重要，在这里主要向大家介绍人物走和跑的运动规律。

- **走路的基本规律：**人在走路时，左右两脚交替向前，带动躯干向前运动。为了保持身体平衡，配合两腿的屈伸、跨步，上肢的双臂就要前后摆动。人在走路时为了保持重心，总是一腿支撑，另一条腿才能提起跨步。因此，在走路过程中，头顶的高低必然呈波浪形运动。当迈出步子双脚着地时，头顶就略低，当一脚着地另一只脚提起朝前弯曲时，头顶就略高，如图 6-60 所示。

图 6-60 人物走动规律

- **奔跑的基本规律：**人在跑步时，身体重心前倾，两手自然握拳，手臂略呈弯曲状。奔跑时两臂配合双脚的跨步前后摆动。双脚跨步的幅度较大，膝关节弯曲的角度大于走路动作，脚抬得较高，跨步时，头顶高低的波形运动线，相应的也比走路动作明显。在奔跑时，双脚几乎没有同时着地的过程，而是完全依靠单脚支撑身体的重量。有些跨大步的奔跑动作，双脚甚至会同时离开地面一段时间。图 6-61 所示是一个完整的跑步动作。

图 6-61　人物跑步规律

## 三、Flash 中的动画类型

### 1. 逐帧动画

在连续的关键帧中绘制或编辑同一对象的不同形态（或不同的对象）所形成的动画被称为逐帧动画。例如，要制作一个人物奔跑的动画，只需在 8 个连续的关键帧上放置或绘制人物奔跑时的不同形态图即可，如图 6-61 所示。用户可打开本书配套素材“素材与实例”>“项目 5”>“人物奔跑.fla”进行操作。

逐帧动画的优点是动作细腻、流畅，适合制作人物或动物行走、跑步等动画；缺点是每个帧上的内容都需要用户绘制或设置，制作比较麻烦，而且最终输出的文件容量很大。

制作逐帧动画时，用户可以一帧帧地绘制动画需要的画面；也可以将自己或别人绘制好的 jpg、png 等格式的静态图片导入 Flash 的不同帧中，形成逐帧动画；还可以导入 gif 序列图像或 swf 动画文件，Flash 会自动添加关键帧并形成逐帧动画。

### 2. 补间动画

补间动画是在制作好前后两个关键帧上的内容后，由 Flash 自动生成中间各帧，使得画面从一个关键帧渐变到另一个关键帧所形成的动画。

补间动画的优点是制作简单，只需设置前后两个关键帧上的画面即可，而且由于只储存前后两个关键帧上的内容，因此占用的储存空间小；缺点是很难制作精细的动画效果。

补间动画分为动画补间动画和形状补间动画两种类型，本书将在项目六详细介绍其制作方法。

## 检测与评价

本项目通过制作“小熊跳舞”动画，介绍了编辑帧和图层的方法，还介绍了 Flash 中动画的类型，以及逐帧动画的制作方法。用户在学完本章内容后应重点掌握以下知识。

（1）了解关键帧和普通帧的区别，掌握其创建和编辑方法。

（2）了解图层的作用和类型，掌握操作图层的方法。

（3）想要制作好逐帧动画，必须在平时多注意物体的运动规律，比如人走路和跑步的运动规律。只有这样，才能在制作动画时准确地编辑每一帧上的内容，使动画流畅合理。

## 成果检验

结合本项目所学内容，制作图 6-62 所示的“兔子跑步”动画。动画的最终效果请参考本书配套素材“素材与实例”>“项目六”>“兔子跑步.fla”。

图 6-62　兔子跑步

### 提示

**步骤 1**　打开本书配套素材“素材与实例”>“项目六”>“背景素材.fla”，然后绘制兔子造型，并将兔子的各部位分别群组。

**步骤 2**　将“图层 1”重命名为“兔子”，然后在“兔子”上根据人体跑步规律，制作兔子跑步的逐帧动画。

**步骤 3**　新建“图层 2”并将其重命名为“背景”，再将“背景”图层拖到“兔子”图层下方。

**步骤 4**　按【F11】键打开“库”面板，然后将“库”面板中的“移动”图形元件拖到“背景”图层舞台上的适当位置，实例就完成了。

# 项目七　奥运五环——元件与补间动画

**课时分配：9 学时**

**学习目标**

| 掌握各类元件的创建和使用方法 |
|---|
| 掌握使用“库”面板管理元件的方法 |
| 掌握创建形状补间动画的方法 |
| 掌握创建动画补间动画的方法 |

**模块分配**

| 任务一 | 准备素材——创建与管理元件 |
|---|---|
| 任务二 | 制作动画——创建补间动画 |
| 任务三 | 添加按钮和命令 |

**作品成品预览**

素材位置

实例位置：光盘\素材与实例\项目七\奥运五环.fla

补间动画是 Flash 中最常用的动画类型，本例通过制作“奥运五环”动画，让大家掌握元件的使用方法，以及创建动画补间动画和形状补间动画的方法。

# 任务一　准备素材——创建与管理元件

**学习目标**

| 了解元件的作用和类型 |
| --- |
| 掌握元件的创建和编辑方法 |
| 掌握编辑元件实例和管理元件的方法 |

## 一、元件的作用和类型

### 1. 元件的作用

在 Flash 中，元件主要有以下几个作用。

- 制作动画时如果需要反复使用某个对象，如图形、视频等，可以将此对象转换为元件，或新建一个元件，并在元件内部创建需要的对象。以后便可以重复使用该元件，而不会增加 Flash 文件的大小。
- 元件本身也可以是一个小动画，此外，元件内部还可以包含元件，所以，通过几个元件合成，可以使复杂的动画制作变得简单。例如，要制作一个天使在空中飞翔的动画，可以将天使挥翅的动作和身体制成元件，然后在主时间轴上将该元件实例做成一个向左运动的动作。如此一来，天使向左运动同翅膀的挥动互不干扰，便形成了一个合成动画，如图 7-1 所示。

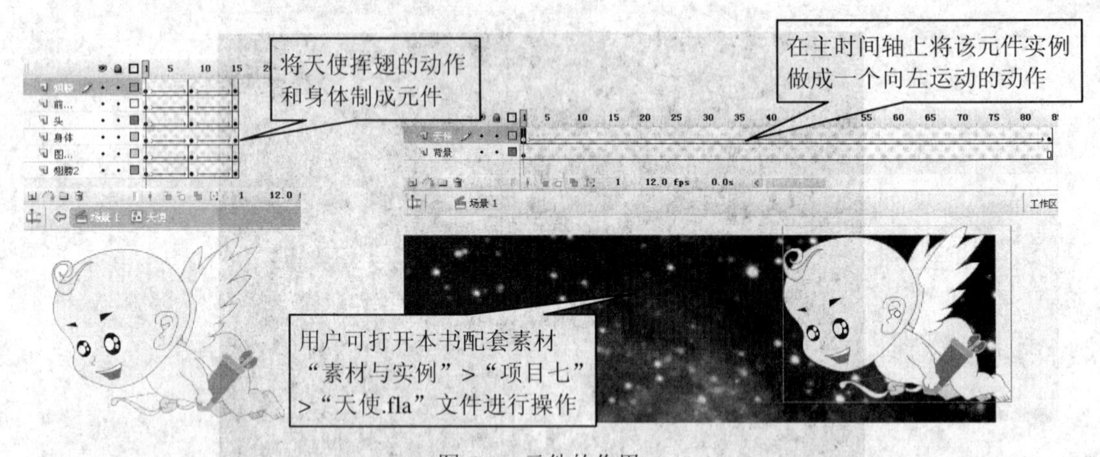


图 7-1　元件的作用

- 制作交互动画时需要使用元件。例如制作有按钮的动画时，需要先使用按钮元件。

### 2. 元件的类型

Flash 中的元件分为 3 种类型，分别是图形元件、影片剪辑元件和按钮元件。

- **图形元件：** 用于制作可重复使用的静态图像，以及附属于主时间轴的可重复使用的动画片段。要注意的是，不能在图形元件内添加声音和动作脚本，也不能将动作脚本添加在图形元件实例上。
- **按钮元件：** 用于创建响应鼠标单击、滑过或其他动作的交互按钮。
- **影片剪辑元件：** 用来制作可重复使用的、独立于主时间轴的动画片段。可以在影片剪辑内添加声音和动作脚本，还可以将动作脚本添加在影片剪辑实例上。影片剪辑元件具有图形元件的所有功能。

## 二、制作背景、火盆和五环图形元件

首先，我们来制作“奥运五环”动画中需要的素材。

**步骤 1**　新建一个 Flash 文档，将“图层 1”重命名为“底图”，然后选择“矩形工具”，在“属性”面板中将其笔触颜色设为黑色，将填充颜色设为无，在舞台上绘制一个覆盖整个舞台的矩形，如图 7-2 所示。

**步骤 2**　选择“颜料桶工具”，在“颜色”面板中设置由红色（#FF0000）到深红色（#680000）的放射状渐变，然后在舞台偏下位置单击填充渐变色，如图 7-3 所示。

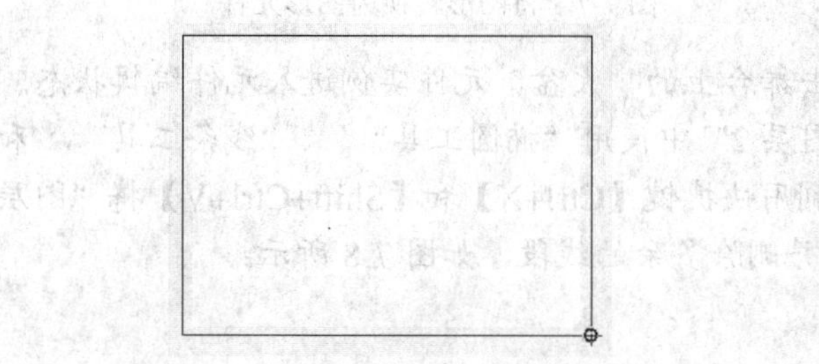

图 7-2　绘制无填充颜色的矩形

图 7-3　填充矩形

**步骤 3**　将“底图”图层锁定，然后新建一个图层，重命名为“火盆”。选择“椭圆工具”，将填充颜色设为无颜色，在舞台上绘制一个椭圆，如图 7-4 所示。

**步骤 4**　将“火盆”图层上的椭圆原位复制，然后按快捷键【Ctrl+Alt+S】打开“缩放和旋转”对话框，将复制的椭圆放大至 140%，如图 7-5 所示。

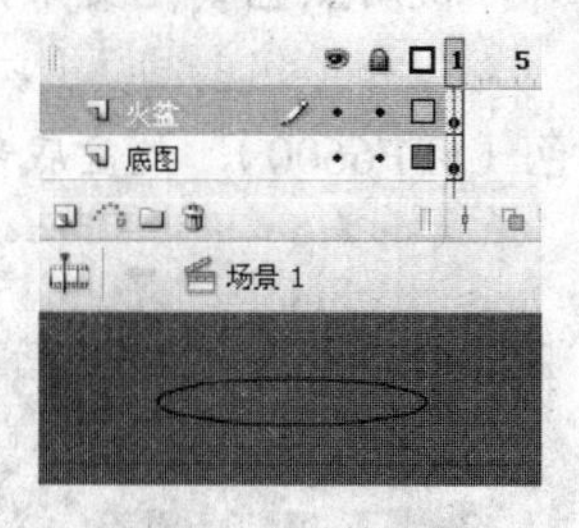


图 7-4　绘制椭圆

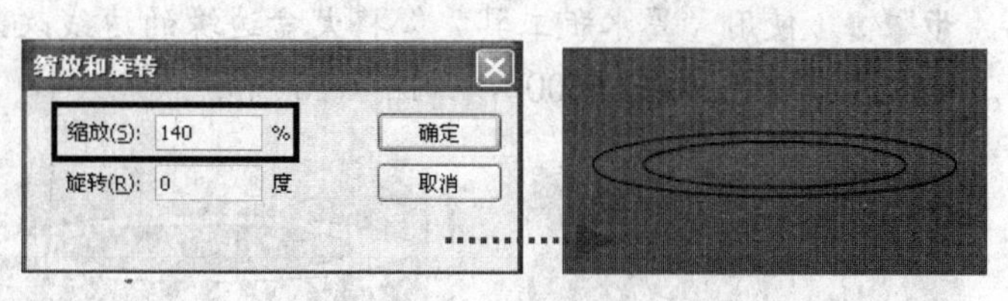


图 7-5　放大复制的椭圆

**步骤 5**　使用“线条工具”在椭圆下方绘制一条直线，然后使用“选择工具”调整线条的弧度，作为火盆的底部，如图 7-6 所示。

**步骤 6** 选中“火盆”图层中绘制的图形，按【F8】键或选择“修改”>“转换为元件”菜单打开“转换为元件”对话框。在该对话框中选择“图形”单选钮，并在“名称”编辑框中输入“火盆”，然后单击“确定”按钮，如图 7-7 所示。这样便将火盆图形转换为了图形元件，并保存在“库”面板中，而位于舞台上的火盆图形会自动变为该元件的一个实例。

另一种创建元件的方法是按【Ctrl+F8】组合键，或选择“插入”>“新建元件”菜单，具体操作请参考第三小节“步骤 3”以及之后的内容。另外，元件注册点是元件的中心点，用于元件的定位。选中舞台上的元件实例后，“属性”面板中“X”和“Y”编辑框中的坐标便是注册点的坐标。

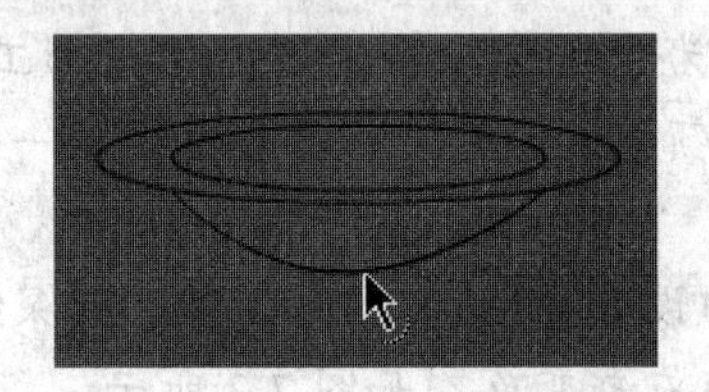

图 7-6　绘制火盆的底部

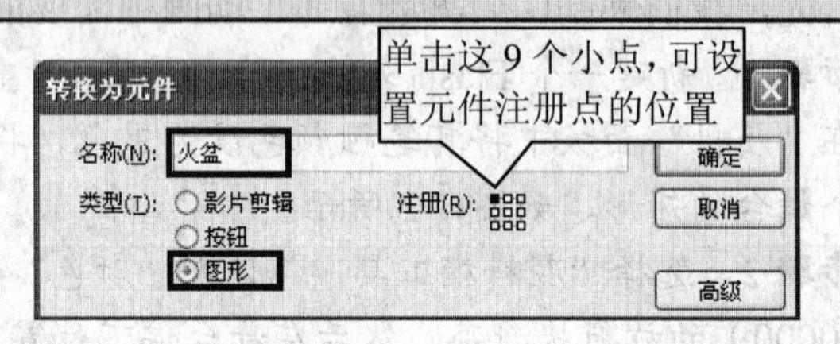


图 7-7　将图形转换为图形元件

**步骤 7** 选择“选择工具”，双击舞台上的“火盆”元件实例进入元件编辑状态。在“图层 1”上方新建“图层 2”，在“图层 2”中使用“椭圆工具”、“线条工具”和“选择工具”绘制火盆的支架，然后利用快捷键【Ctrl+X】和【Shift+Ctrl+V】将“图层 2”上的支架原位复制到“图层 1”中，并删除多余的线段，如图 7-8 所示。

另一种进入元件编辑状态的方法是双击“库”面板中的元件。要注意的是，编辑元件后，该元件在舞台上的所有元件实例也将同步改变。

**步骤 8** 选择“颜料通工具”，使用由米黄色（#FFFFCC）到橙黄色（#FFCC00）的放射状渐变填充火盆的边缘，使用由橙黄色（#FFCC00）到橘黄色（#FF6600）的放射状渐变填充火盆的底部，使用暗黄色（#BD7200）填充火盆的内部，使用黑色填充支架，如图 7-9 所示。

**步骤 9** 使用“墨水瓶工具”将火盆边缘的边线改为橙黄色（#FF6600）、火盆底部的边线改为橘黄色（#FF6600），如图 7-10 所示。

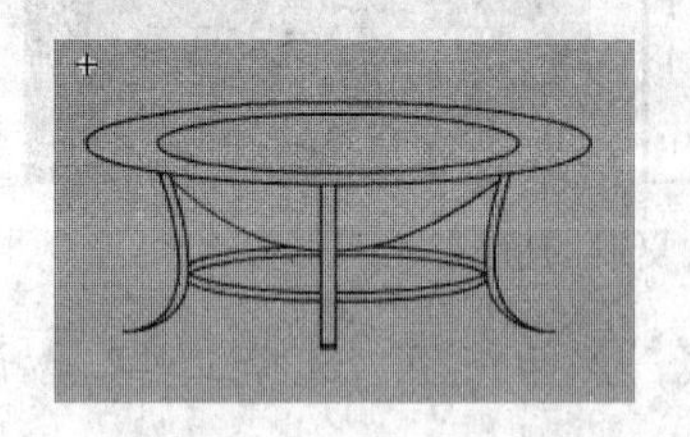

图 7-8　绘制支架

图 7-9　填充火盆

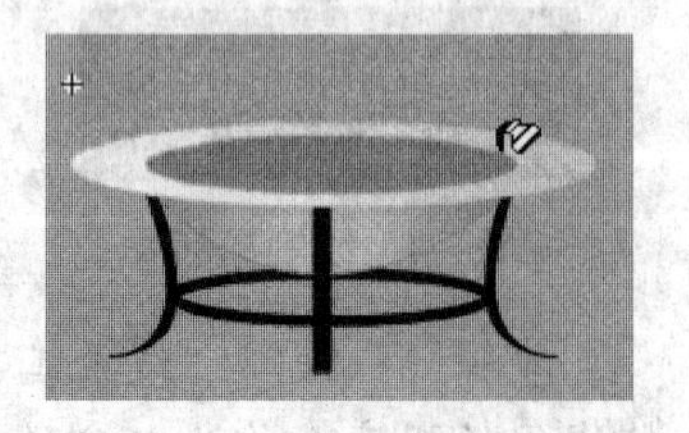

图 7-10　改变火盆线条颜色

**步骤 10**　单击舞台左上角的 按钮，或使用“选择工具” 在舞台空白处双击，或按【Ctrl+E】组合键返回主场景。在“火盆”图层上方新建一个图层，并重命名为“蓝环”。使用“椭圆工具” 在“蓝环”图层上绘制一个没有填充色的正圆，然后将正圆原位复制，并利用“缩放和旋转”对话框将复制的正圆缩小 60%，如图 7-11 所示。

**步骤 11**　使用白色填充圆环，然后删除圆环边线，并将其转换为名为“奥运环”的图形元件，如图 7-12 所示。

**步骤 12**　使用“选择工具” 选中“奥运环”元件实例，在“属性”面板“颜色”下拉列表中选择“色调”，然后单击其右侧的色块，将其设为蓝色（#0000FF），并将“色彩数量”设为“100%”，如图 7-13 所示。

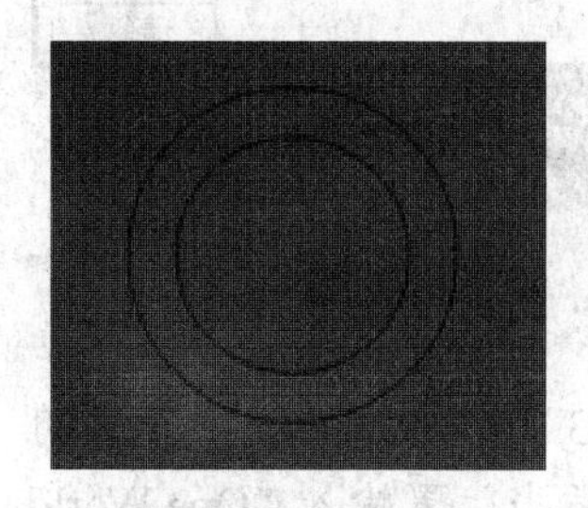

图 7-11　制作圆环

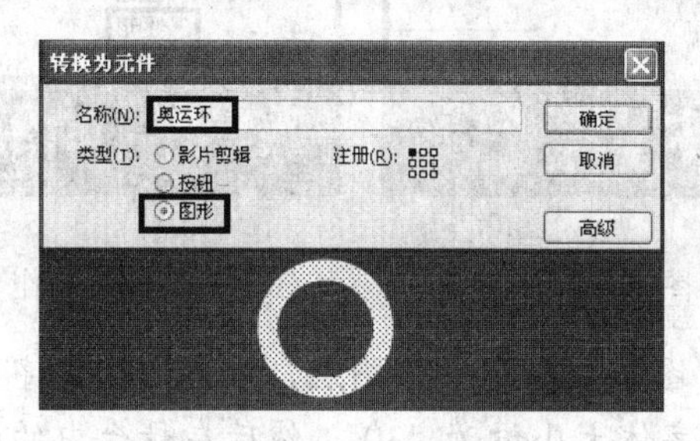


图 7-12　将圆环转换为图形元件

图 7-13　设置元件实例属性

除了设置元件实例的色调外，我们还可利用“属性”面板的“颜色”下拉列表设置其“亮度”、“Alpha”（透明度）等，从而制作变色、发光等动画效果。另外，还可以利用“任意变形工具” 或其他工具修改元件实例的大小、位置等。要注意的是，修改元件实例并不影响元件自身，因此不会对该元件的其他实例造成影响。

**步骤 13**　在“蓝环”图层上新建 4 个图层，并分别将它们重命名为“黑环”、“红环”、“黄环”和“绿环”，如图 7-14 所示。

**步骤 14**　将“奥运环”元件实例复制到新建的图层中，并调整到适当的位置，然后根据图层的名称将元件实例的色调分别调整为黑色、红色（#FF0000）、黄色（#FFFF00）和绿色#00FF00，“色彩数量”均为“100%”，如图 7-15 所示。

图 7-14　新建图层

图 7-15　调整五环色调和位置

**步骤 15**　在“绿环”图层上新建一个图层，命名为“文字 1”。选择“文本工具” ，将字体设为“隶书”，将字体大小设为“40”，将字体（填充）颜色设为橙黄色（#FFCC00），然后在舞台的适当位置输入“同一世界”字样，并将其转换为名为“文字 1”的图形元件，如图 7-16 所示。

**步骤 16** 在“文字 1”图层上新建一个图层，命名为“文字 2”，然后使用“文本工具”T输入“同一梦想”字样，并将其转换为名为“文字 2”的图形元件，如图 7-17 所示。

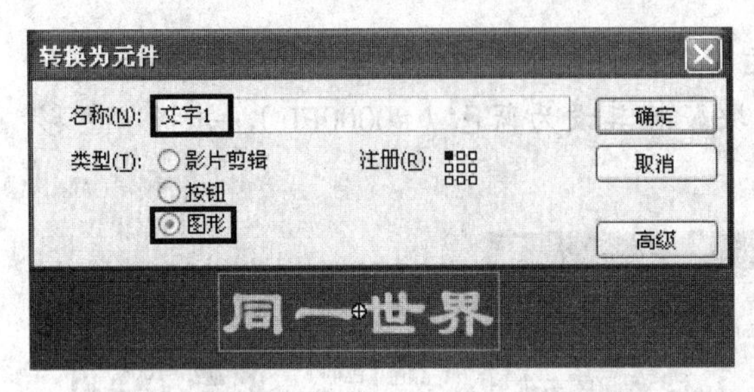


图 7-16 制作“文字 1”图形元件

图 7-17 制作“文字 2”图形元件

**步骤 17** 在“文字 2”图层上新建一个图层，命名为“文字 3”，将“文本工具”T的字体设为“_typewriter”，将字体大小设为“30”，然后在舞台中的适当位置输入“One World One Dream”字样，并将其转换为名为“文字 3”的图形元件，如图 7-18 所示。

**步骤 18** 在“文字 3”图层上新建一个图层，命名为“帷幕 1”，然后使用“矩形工具”在舞台上绘制一个覆盖舞台一半的，没有填充色的矩形，并使用“线条工具”在矩形中绘制线条，如图 7-19 所示。

图 7-18 制作“文字 3”图形元件

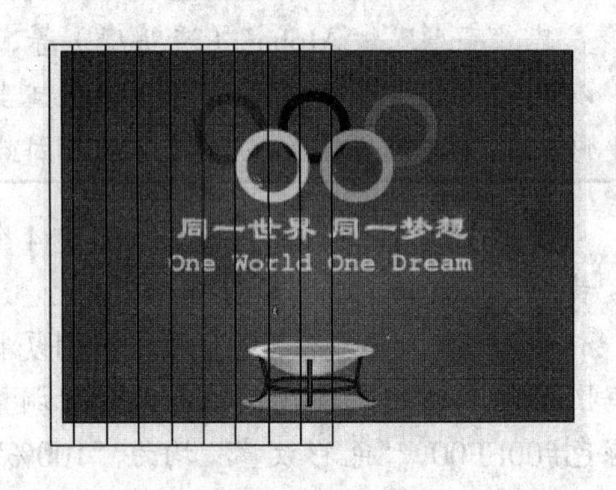


图 7-19 绘制帷幕轮廓

**步骤 19** 选择“颜料桶工具”，使用深红色（#990000）、红色（#FF0000）、深红色（#990000）的线性渐变填充帷幕，然后将“帷幕 1”图层上的图形转换为名为“帷幕”的图形元件，如图 7-20 所示。

**步骤 20** 在“帷幕 1”图层上新建一个图层，命名为“帷幕 2”，然后将“帷幕 1”图层上的“帷幕”元件实例复制一份到“帷幕 2”图层中，水平翻转后移动到适当位置，如图 7-21 所示。制作完成后将“帷幕 1”和“帷幕 2”图层隐藏。

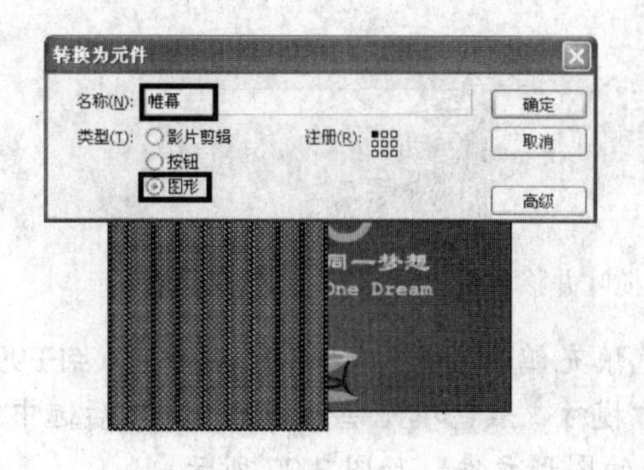


图 7-20　制作“帷幕”图形元件

图 7-21　复制“帷幕”元件实例

## 三、制作火焰和鸽子影片剪辑

下面，我们将火焰图形和一段鸽子飞翔的逐帧动画制作成影片剪辑。

**步骤 1**　选择“铅笔工具”，将铅笔模式设为“平滑”，然后在“火盆”图层中“火盆”元件实例的上方绘制图 7-22 所示的火焰。

**步骤 2**　使用由黄色（#FFFF00）到红色（#FF0000）的放射状渐变填充火焰，然后将火焰图形转换为名为“火焰”的影片剪辑，如图 7-23 所示。最后将“火焰”影片剪辑实例移动到火盆上的适当位置。

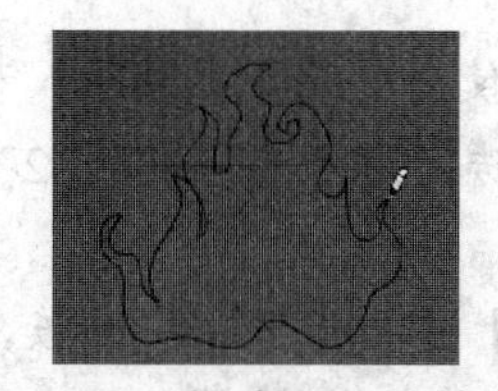

图 7-22　绘制火焰轮廓

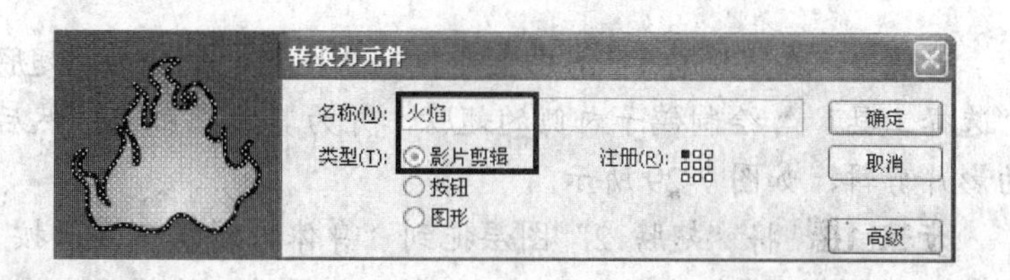


图 7-23　填充火焰并将其转换为影片剪辑

**步骤 3**　按快捷键【Ctrl + F8】，在弹出的“创建新元件”对话框中选择“影片剪辑”单选钮，然后在“名称”编辑框中输入“鸽子”，并单击“确定”按钮，如图 7-24 所示。

**步骤 4**　此时会进入“鸽子”影片剪辑的编辑状态，将“图层 1”重命名为“身体”，使用“椭圆工具”、“线条工具”和“选择工具”绘制鸽子的身体，如图 7-25 所示。

图 7-24　创建“鸽子”影片剪辑

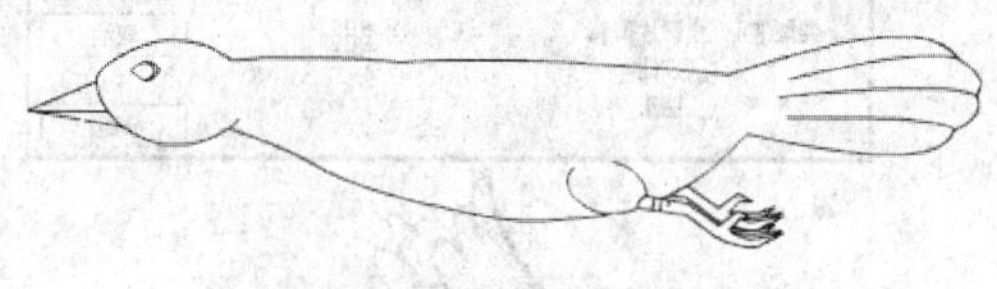

图 7-25　绘制鸽子身体

**步骤 5**　使用“线条工具”和“选择工具”绘制图 7-26 左图所示的橄榄叶。

**步骤 6**　使用“选择工具”选中橄榄叶，然后将其移动到鸽子的嘴部，并删除多余的线段，如图 7-26 右图所示。

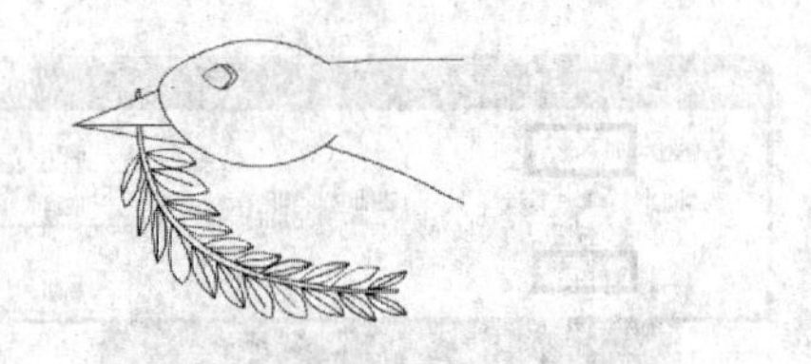

图 7-26　绘制橄榄叶并移动到鸽子嘴部

**步骤 7**　选择“颜料桶工具”，使用白色填充鸽子的身体和眼白、橘黄色（#FF9900）填充鸽子的嘴和腿、深绿色（#009900）填充橄榄叶、黑色填充鸽子的眼珠，然后选中“身体”图层上的图形，将其转换为名为“身体”的图形元件，如图 7-27 所示。

**步骤 8**　在“身体”图层上新建一个图层，命名为“翅膀 1”，使用“线条工具”和“选择工具”绘制鸽子的翅膀，并为其填充白色，然后将其转换为名为“翅膀 1”的影片剪辑，如图 7-28 所示。

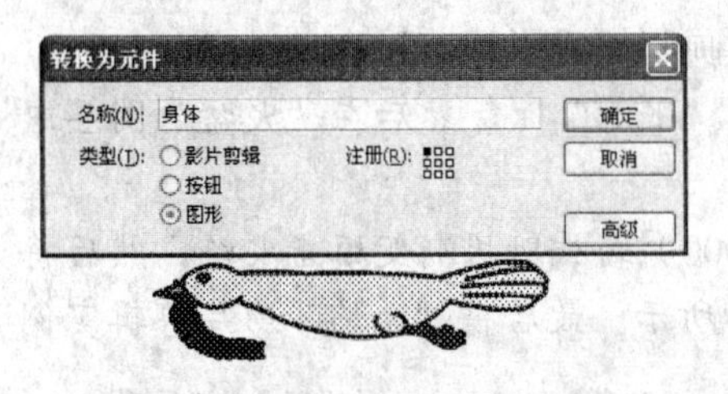


图 7-27　创建“身体”图形元件

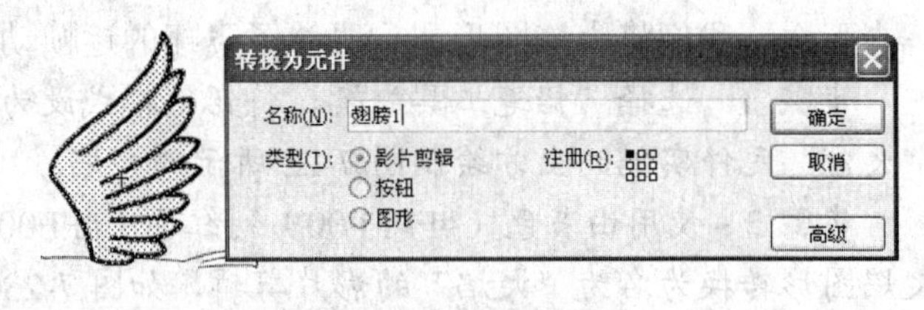


图 7-28　创建“翅膀 1”影片剪辑

**步骤 9**　在“翅膀 1”图层上新建一个图层，命名为“翅膀 2”，使用“线条工具”和“选择工具”绘制鸽子内侧的翅膀，并为其填充白色，然后将其转换为名为“翅膀 2”的影片剪辑，如图 7-29 所示。

**步骤 10**　将“翅膀 2”图层拖到“身体”图层下方，按【F11】键打开“库”面板，然后双击“库”面板中的“翅膀 1”影片剪辑进入编辑状态，选中“图层 1”的第 2 帧，按【F7】键插入空白关键帧，再单击“绘图纸外观轮廓”按钮显示帧的轮廓，然后绘制翅膀向下扇的第 2 个动作，并为其填充白色，如图 7-30 所示。

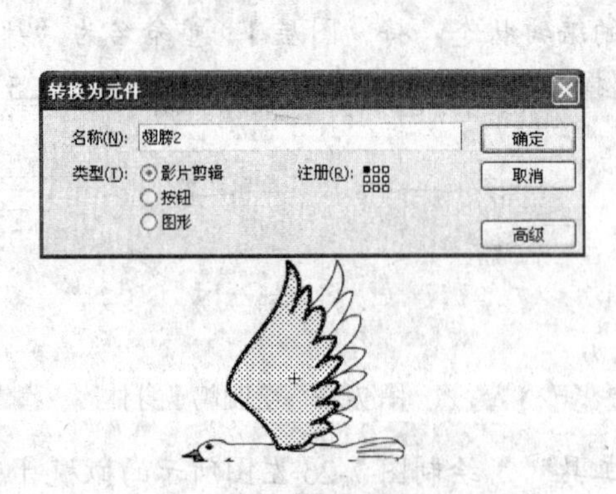


图 7-29　创建“翅膀 2”影片剪辑

图 7-30　绘制外侧翅膀的第 2 个动作

**步骤 11**　分别在“图层 1”的第 3 帧、第 4 帧、第 5 帧、第 6 帧、第 7 帧、第 8 帧插

入空白关键帧，并在这些帧上绘制翅膀向下扇和向上扬的动作（都填充白色），如图 7-31 至图 7-36 所示。

图 7-31　绘制翅膀的第 3 个动作　图 7-32　绘制翅膀的第 4 个动作　图 7-33　绘制翅膀的第 5 个动作

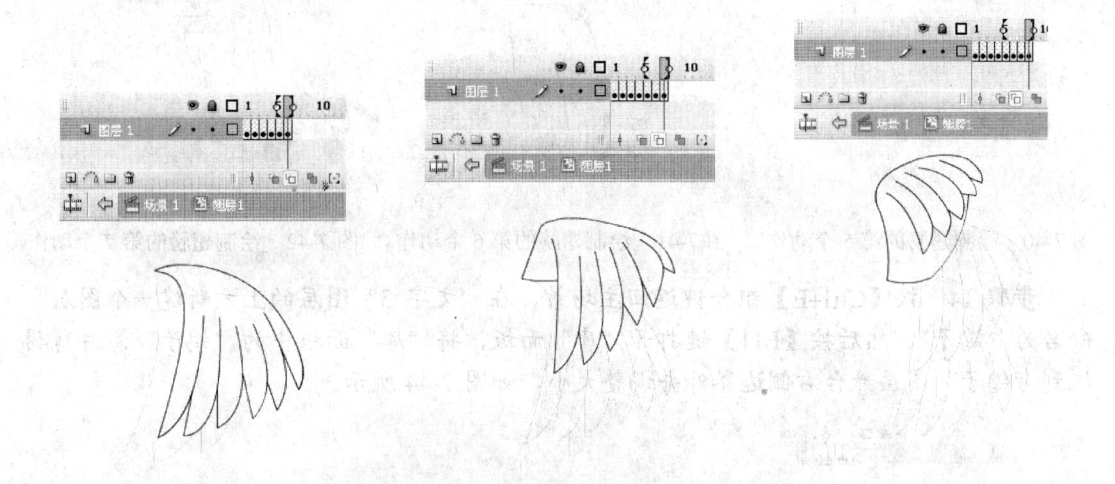


图 7-34　绘制翅膀的第 6 个动作　图 7-35　绘制翅膀的第 7 个动作　图 7-36　绘制翅膀的第 8 个动作

**步骤 12**　双击"库"面板中的"翅膀 2"影片剪辑进入其编辑状态。在"图层 1"的第 2 帧处插入空白关键帧，绘制翅膀向下扇动的第 2 个动作，并为其填充白色，如图 7-37 所示。

**步骤 13**　分别在"翅膀 2"影片剪辑实例内"图层 1"第 3 帧、第 4 帧、第 5 帧、第 6 帧、第 7 帧、第 8 帧插入空白关键帧，并在这些帧上绘制翅膀向下扇和向上扬的动作（都填充白色），如图 7-38 至图 7-43 所示。

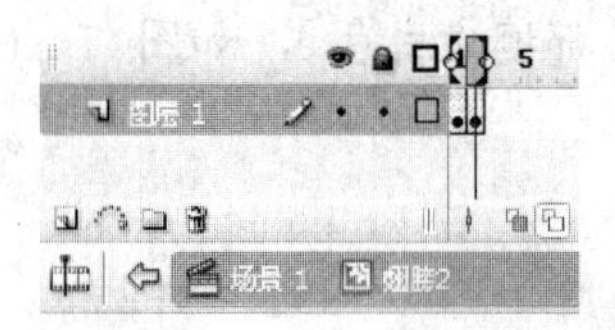

图 7-37 绘制翅膀的第 2 个动作

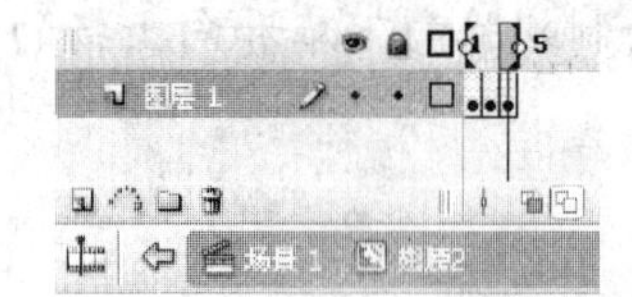

图 7-38 绘制翅膀的第 3 个动作

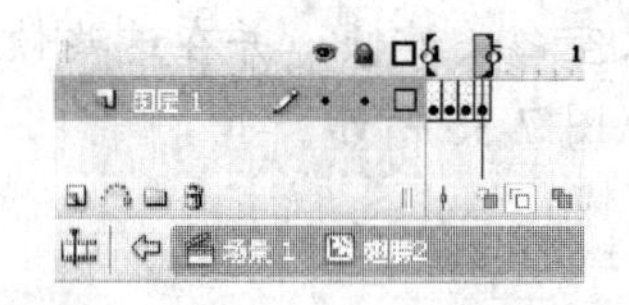

图 7-39 绘制翅膀的第 4 个动作

图 7-40 绘制翅膀的第 5 个动作

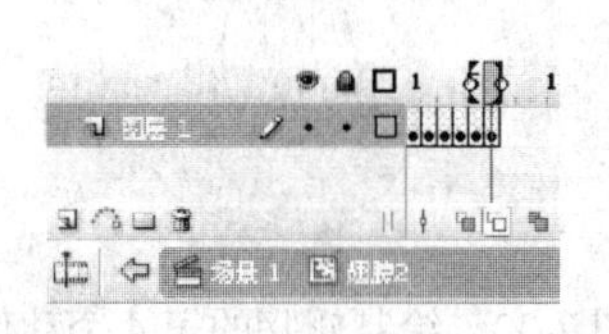

图 7-41 绘制翅膀的第 6 个动作

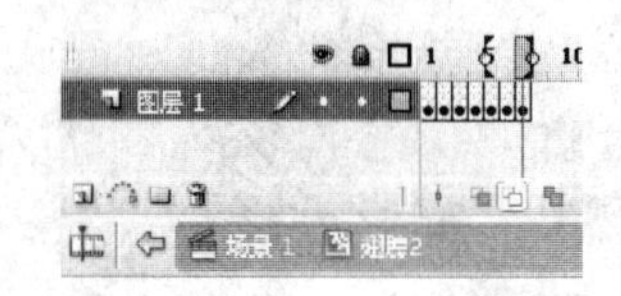

图 7-42 绘制翅膀的第 7 个动作

**步骤 14** 按【Ctrl+E】组合键返回主场景，在“文字 3”图层的上方新建一个图层，命名为“鸽子”，然后按【F11】键打开“库”面板，将“库”面板中的“鸽子”影片剪辑拖到“鸽子”图层舞台右侧边界外并调整大小，如图 7-44 所示。

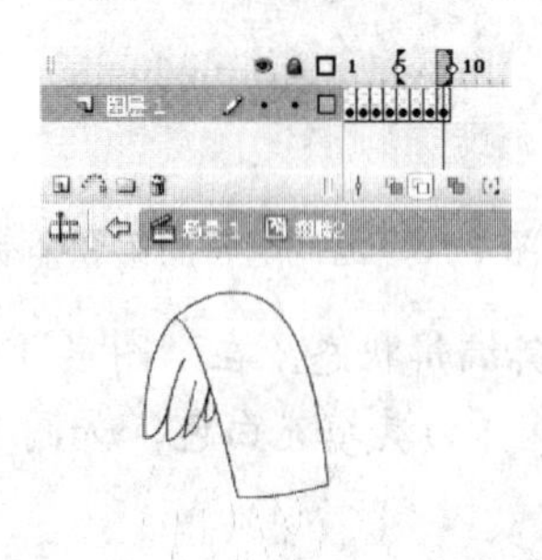


图 7-43 绘制翅膀的第 8 个动作

图 7-44 将“鸽子”影片剪辑拖至舞台右侧

## 四、制作动画播放控制按钮

下面，我们制作两个动画中需要的按钮。

**步骤 1**　按快捷键【Ctrl+F8】，在弹出的“创建新元件”对话框中选择“按钮”单选钮，在“名称”选项的编辑框中输入“播放”，然后单击“确定”按钮，如图 7-45 左图所示。

**步骤 2**　此时会进入“播放”按钮元件的编辑状态，可以看到时间轴中自动添加了“弹起”、“指针经过”、“按下”和“点击”4 个帧，如图 7-45 右图所示，这是按钮的 4 种状态，它们代表的含义如下。

- **弹起状态：**鼠标指针不接触按钮时，按钮的外观。
- **指针经过状态：**鼠标指针移到了按钮上面，但没有按下时，按钮的外观。
- **按下状态：**在按钮上按下鼠标左键时，按钮的外观。
- **点击状态：**定义响应鼠标的区域，此区域在动画播放时不可见。

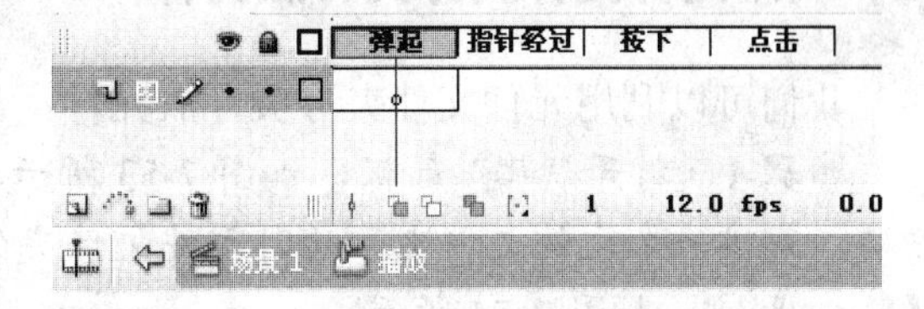


图 7-45　创建“播放”按钮元件

**步骤 3**　使用“矩形工具”在舞台上绘制一个没有填充颜色的矩形，然后将矩形原位复制一份，并利用“缩放和旋转”对话框将复制的矩形缩小 80%，如图 7-46 所示。

**步骤 4**　选择“颜料桶工具”，在“颜色”面板中设置由“绿色#00FF00”到“深绿色#006600”的线性渐变，然后由下向上拖动填充外侧的矩形，由上向下拖动填充内侧的矩形，如图 7-47 所示。

**步骤 5**　选择“文本工具”，将字体设为“隶书”，将字体大小设为“25”，将字体（填充）颜色设为“白色”，然后在内侧的矩形上输入“播放”字样，如图 7-48 所示。

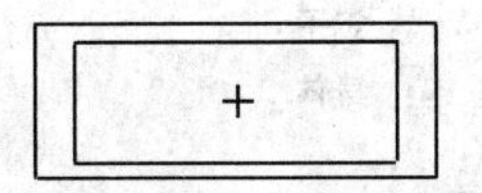

图 7-46　绘制按钮轮廓

图 7-47　填充按钮

图 7-48　输入文字

**步骤 6**　同时选中“指针经过”帧、“按下”帧和“点击”帧，按【F6】键在这些帧插入关键帧，如图 7-49 所示。

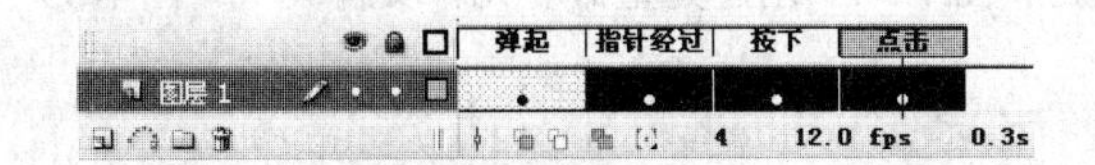


图 7-49　在按钮元件各帧插入关键帧

**步骤 7**　选中“时间轴”面板中的“按下”帧，然后同时选中内侧矩形和文字，利用“缩放和旋转”对话框将它们缩小 90%，并使用“黑色”填充外侧矩形和内侧矩形之间的

区域，如图 7-50 所示。

**步骤 8** 右击“库”面板中的“播放”按钮元件，在弹出的快捷菜单中选择“直接复制”项目，在打开的“直接复制”对话框中将“名称”改为“返回”，并单击“确定”按钮，如图 7-51 所示。

**步骤 9** 双击“库”面板中的“返回”按钮元件进入其编辑状态，将所有帧上的文字都改为“返回”，如图 7-52 所示。

图 7-50 制作按下状态的按钮

图 7-51 “直接复制”对话框

图 7-52 制作“返回”按钮

## 五、利用元件文件夹分类存放元件

我们可以利用元件文件夹分类存放元件，从而使“库”面板中的元件变得井然有序。

**步骤 1** 打开“库”面板，如图 7-53 所示，单击“库”面板底部的“新建文件夹”按钮，新建一个元件文件夹，此时元件文件夹的名称呈可编辑状态，输入“鸽子 1”并按【Enter】键，如图 7-54 所示。

**步骤 2** 在按住【Ctrl】键的同时单击选择“鸽子”、“身体”、“翅膀 1”和“翅膀 2”元件，然后将它们拖到“鸽子”元件文件夹上方，释放鼠标后即可将这些元件置入该元件文件夹中，如图 7-55 所示。

图 7-53 打开“库”面板

如果元件文件夹的名称未处于可编辑状态，只需双击元件文件夹的名称，然后输入新的名称即可

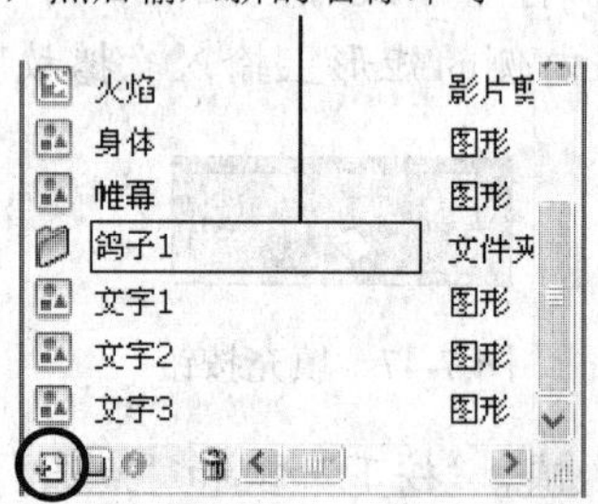


图 7-54 创建并重命名元件文件夹

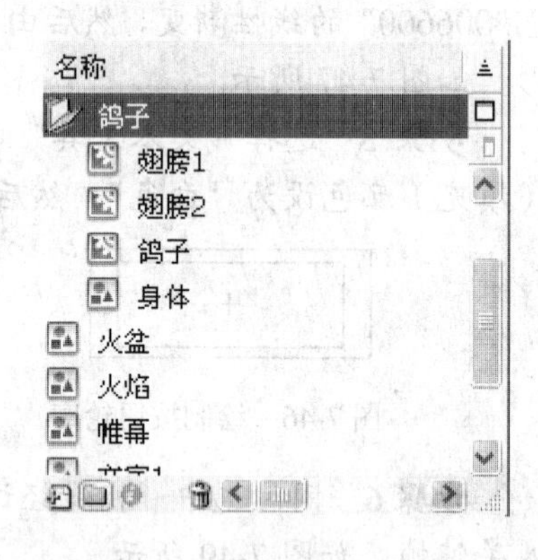


图 7-55 将元件拖入元件文件夹

要展开或折叠某个元件文件夹，直接双击该元件文件夹即可，要展开或折叠所有元件文件夹，只需单击“库”面板右上角的按钮，从弹出的面板菜单中选择“展开所有文件夹”或“折叠所有文件夹”项即可。

**步骤 3**　在按住【Ctrl】键的同时单击选择“火盆”、“火焰”、“文字 1”、“文字 2”、“文字 3”、“奥运环”和“帷幕”元件，然后在选中的元件上右击鼠标，在弹出的快捷菜单中选择“移至新文件夹”项，如图 7-56 所示。

**步骤 4**　在打开的“新建文件夹”对话框的“名称”编辑框中输入“图形素材”，然后单击“确定”按钮，如图 7-57 所示。如此一来，便新建了一个元件文件夹，并将选中的元件移动到新建的元件文件夹中，如图 7-58 所示。

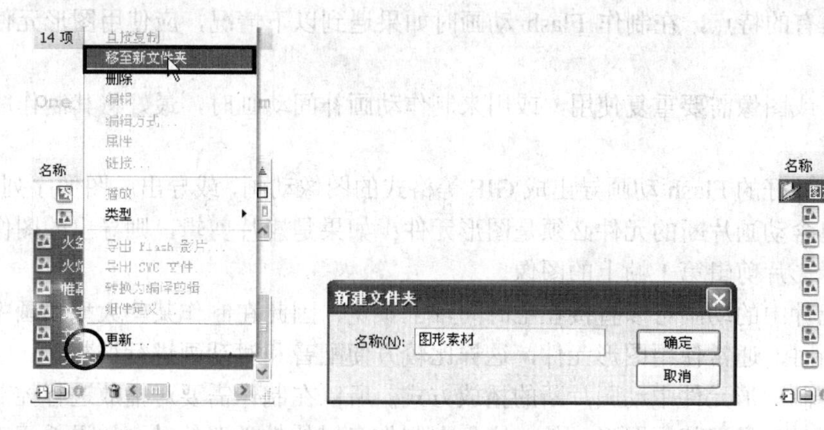

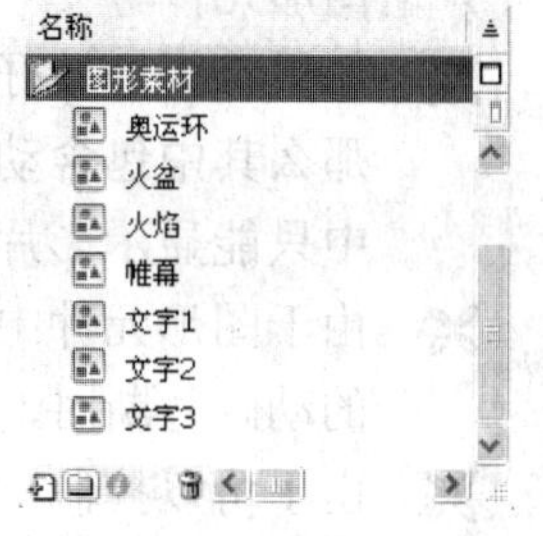


图 7-56　选择元件并右击　　图 7-57　“新建文件夹”对话框　　图 7-58　最后效果

要将元件文件夹中的元件移至文件夹外，只需选中元件后将其拖出文件夹即可，利用这种方法还可将一个元件文件夹中的元件移至另一个元件文件夹中。

# 延伸阅读

## 一、元件使用技巧

### 1. 图形元件的特点和应用技巧

由于图形元件中的动画片断是附属于主影片时间轴的，所以具有以下特点。

- 将带有动画片断的图形元件实例放在主时间轴上时，需要为其添加与动画片断等长的帧，否则播放时将无法完整播放。
- 在主场景中按下【Enter】键预览动画时，可以预览图形元件实例内的动画效果。
- 选中舞台上的图形元件实例后，在“属性”面板中可以设置图形元件中动画的播放方式，如图 7-59 所示。
- 在图形元件中不能包含声音和动作脚本，也不能为舞台上的图形元件实例添加动作脚本。

设置元件实例内动画的播放方式，其中，“循环”表示在主时间轴允许的情况下，实例内的动画不停地循环播放；“播放一次”表示实例内的动画只播放一次；“单帧”表示不播放实例内的动画

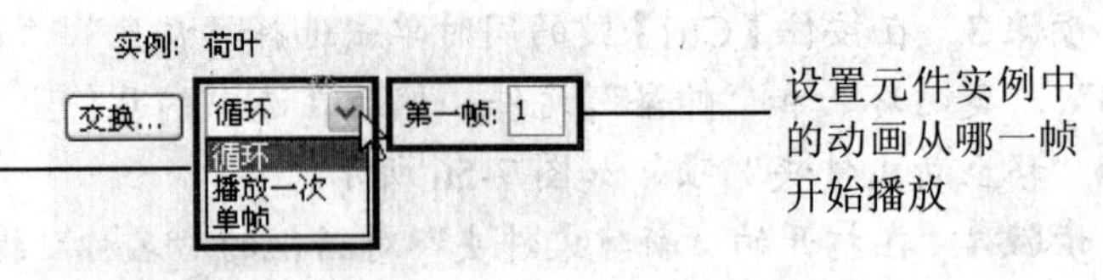


图 7-59　设置图形元件的播放方式

基于图形元件具有的特点，在制作 Flash 动画时如果遇到以下情况，应使用图形元件而非影片剪辑。

- 当静态图形或图像需要重复使用，或用来制作动画补间动画时，最好将其制作成图形元件。
- 如果希望把做好的 Flash 动画导出成 GIF 等格式的图像动画，或导出成图像序列，那么其中包含动画片断的元件必须是图形元件；如果是影片剪辑，则导出的图像中只能显示影片剪辑第 1 帧上的图像。
- 由于图形元件中的动画可以直接在主时间轴上预览，因此在制作某些大型动画中的动画片断时，通常使用图形元件，这样比较方便配音和对动画进行调整。
- 由于可以控制图形元件中动画片断的播放方式，所以在制作需要对播放进行控制的动画片断时，最好使用图形元件，比如在制作多媒体教学课件时，如果希望声音和人物口型匹配，便需要将人物说话的嘴唇制作成图形元件，然后利用插入关键帧，以及控制嘴唇元件实例内部的动画来实现。
- 选中图形元件实例后，单击“属性”面板中的“交换”按钮[交换...]，会打开图 7-60 所示的“交换元件”对话框，利用该对话框可以交换舞台上的元件。在为动画添加字幕时经常需要使用该功能。

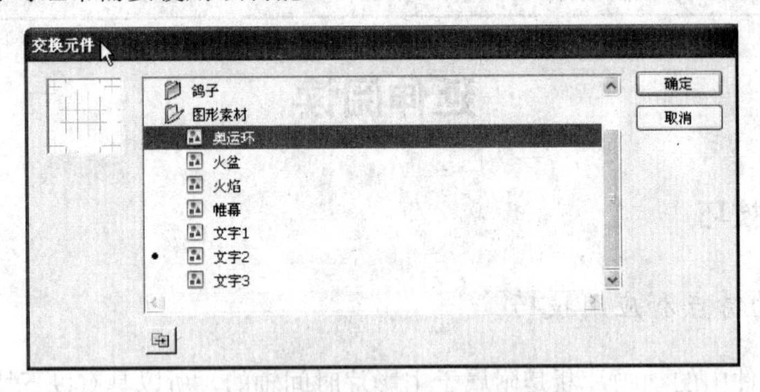


图 7-60　“交换元件”对话框

## 2. 影片剪辑的特点和应用技巧

影片剪辑具有独立的时间轴，本身便是一段独立的动画。它具有以下特点：

- 无法在主时间轴上预览影片剪辑实例内的动画效果，在舞台上看到的只是影片剪辑第 1 帧的画面。如果要欣赏影片剪辑内的完整动画，必须按快捷键【Ctrl+Enter】测试影片才行。

- 由于影片剪辑具有独立的时间轴，所以即使主时间轴只有 1 帧，也可以完整地播放影片剪辑中的动画。
- 在影片剪辑内部可以添加别的影片剪辑、按钮元件和图形元件实例，从而实现复杂动画效果。
- 可以在影片剪辑内部添加动作脚本和声音，也可以为舞台上的影片剪辑实例添加动作脚本。
- 可以为影片剪辑实例添加“滤镜”效果。

### 3. 按钮元件的特点和应用技巧

在 Flash 中利用按钮元件可制作响应鼠标事件或其他动作的交互按钮，它经常用来控制动画的播放进程或制作一些特殊效果。

按钮元件具有以下特点：

- 用来创建按钮元件的对象可以是图形元件实例、影片剪辑实例、位图、组合、分散的矢量图形等。
- 在按钮元件内部可以添加声音但不能添加动作脚本。
- 必须为按钮元件实例添加脚本命令，才能够让其控制动画的播放进程。

## 二、利用“库”面板管理元件

在 Flash 中创建的元件都保存在“库”面板中，对元件的管理也是在“库”面板中进行的，下面进行具体介绍。

### 1. 复制元件

在制作 Flash 动画时，我们可以将一个文档中的元件复制到另一个文档中，以达到文档间素材的共享。复制元件的方法有以下几种：

- 在“库”面板的“元件项目列表”中用鼠标右击需要复制的元件，在弹出的快捷菜单中选择“复制”菜单，然后切换到目标文档，在“库”面板空白处右击，在弹出的快捷菜单中选择“粘贴”菜单即可。
- 将舞台上的元件实例直接复制到目标文档中，此时实例所链接的元件也同时被复制到目标文档的“库”面板中。

### 2. 删除和重命名元件

要删除元件，只需在选定元件之后单击“库”面板底部的“删除”按钮，或者将要删除的元件拖到“库”面板底部的“删除”按钮上即可，如图 7-61 所示。在删除元件的同时，该元件在舞台中的所有元件实例也同时被删除。

要重命名元件，只需在“库”面板的“元件项目列表”中双击元件的名称，然后在文本框中输入新名称即可，如图 7-62 所示。

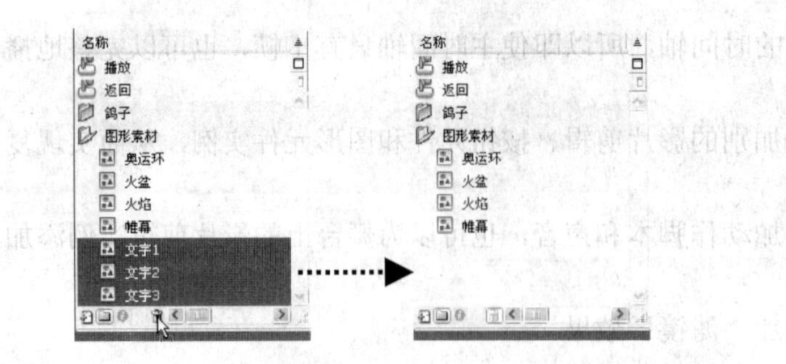


图 7-61　删除元件

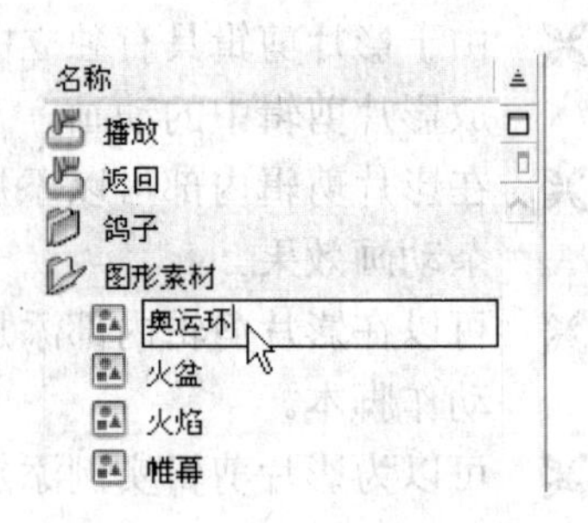


图 7-62　重命名元件

## 3. 查找空闲元件

在制作 Flash 动画时，为了减小动画文件大小，可以将那些没有使用过的元件删除，想要快速找到没有使用过的元件，只需单击“库”面板右上角的≡按钮，在打开的菜单中选择“选择未用项目”菜单，此时没有使用过的元件将会被选中，如图 7-63 所示。

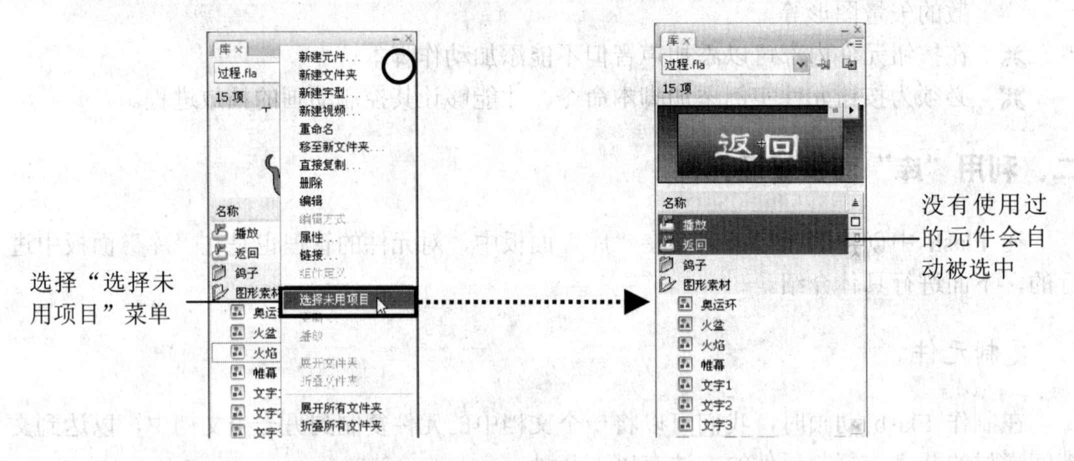


图 7-63　选择没有使用过的元件

## 4. 排序元件

在“元件项目列表”的顶部，有五个“排序”按钮，它们是“名称”、“类型”、“使用次数”、“链接”、“修改日期”，如图 7-64 所示。

默认情况下，元件按名称排列，单击某一按钮，“项目列表”就按其标明的内容排列

单击“切换排序顺序”按钮，可在升序与降序之间切换

| 名称 | 类型 | 使用次数 | 链接 | 修改日期 |
|---|---|---|---|---|
| flat blue play | 按钮 | - | | 2005年5月13日 滨滨砣 12:42 |
| flat blue stop | 按钮 | - | | 2005年5月13日 滨滨砣 12:41 |
| gel Right | 按钮 | - | | 2000年6月28日 滨滨砣 04:51 |
| playback - play | 按钮 | - | | 2001年12月4日 滨滨砣 07:33 |

图 7-64　排序按钮

## 三、使用公用库

Flash 本身自带了很多有用的素材，它们被放置在“公用库”中，并被分为“学习交互”、“按钮”和“类”3 种类型。我们以使用“公用库”中的按钮为例，为大家讲解“公用库”的使用方法。

**步骤 1**　打开或新建 Flash 文档后，选中要添加按钮的图层和关键帧，然后选择“窗口”> “公用库” > “按钮” 菜单，打开按钮的“公用库”。如图 7-65 所示。

**步骤 2**　双击展开“公用库”面板中的各文件夹，即可看到 Flash 提供的各种按钮，选中需要的按钮，将其拖入到舞台即可，如图 7-66 所示。

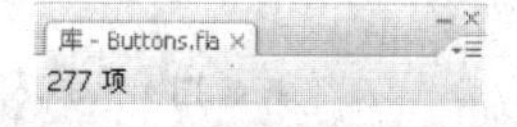

图 7-65　按钮的公用库

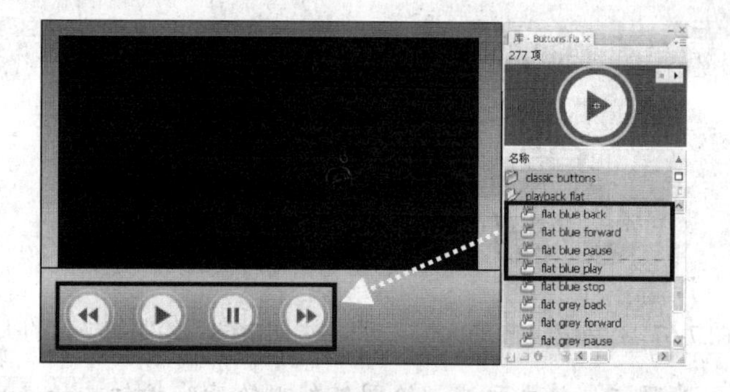


图 7-66　将按钮拖到舞台

如果对公用库中的按钮不满意，可双击舞台上的按钮实例，进入按钮元件的编辑状态进行修改，修改按钮实例并不影响公用库中的按钮。

# 任务二　制作动画——创建补间动画

## 学习目标

| | |
|---|---|
|  | 掌握形状补间动画的创建方法 |
| | 掌握动画补间动画的创建方法 |

## 一、利用形状补间动画制作火焰燃烧效果

在一个关键帧上绘制一个分散的矢量图形，在同一图层的另一个关键帧改变图形形状或绘制另一个图形，Flash 根据二者之间的差值自动生成的动画被称为形状补间动画。

利用形状补间动画可以实现两个图形之间颜色、形状、大小、位置的相互变化，它的组成元素只能是分离的矢量图形，如果使用图形元件、按钮、文字、组合等，需要先将它们分离才能创建形状补间动画。下面就利用形状补间动画制作火焰燃烧的效果：

**步骤 1** 双击“库”面板中的“火焰”影片剪辑进入编辑状态，在“图层 1”第 4 帧处插入空白关键帧，然后单击“时间轴”面板中的“绘图纸外观轮廓”按钮，根据第 1 帧的图形轮廓使用“铅笔工具”在第 4 帧上绘制火焰轮廓，并为其填充由黄色（#FFFF00）到红色（#FF0000）的放射状渐变，如图 7-67 所示。

**步骤 2** 分别在“图层 1”的第 7 帧和第 10 帧插入空白关键帧，并在这两个帧上绘制火焰轮廓，填充由黄色（#FFFF00）到红色（#FF0000）的放射状渐变，如图 7-68 和图 7-69 所示。

图 7-67 绘制第 4 帧的火焰

图 7-68 绘制第 7 帧的火焰

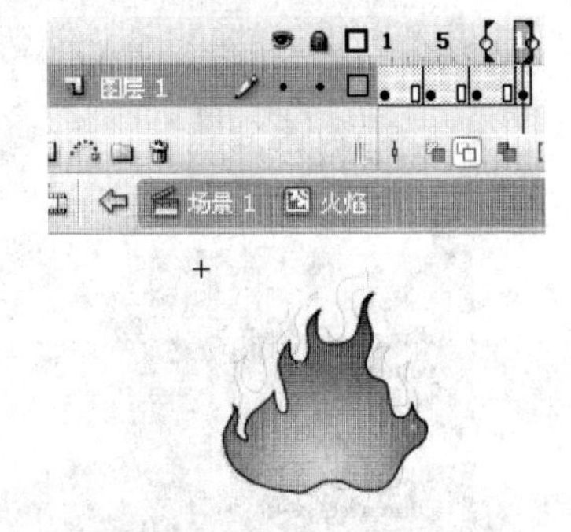



图 7-69 绘制第 10 帧的火焰

**步骤 3** 单击取消“绘图纸外观轮廓”按钮的选中状态，将所有关键帧上火焰的轮廓线删除。

**步骤 4** 选中第 1 帧和第 4 帧之间的任意一帧，从“属性”面板的“补间”下拉列表中选择“形状”，从而在第 1 帧和第 4 帧之间创建动画补间动画，如图 7-70 所示。使用同样的方法，在第 4 帧与第 7 帧、第 7 帧与第 10 帧之间创建形状补间动画，如图 7-71 所示。创建形状补间动画时，“属性”面板中各选项的意义如下。

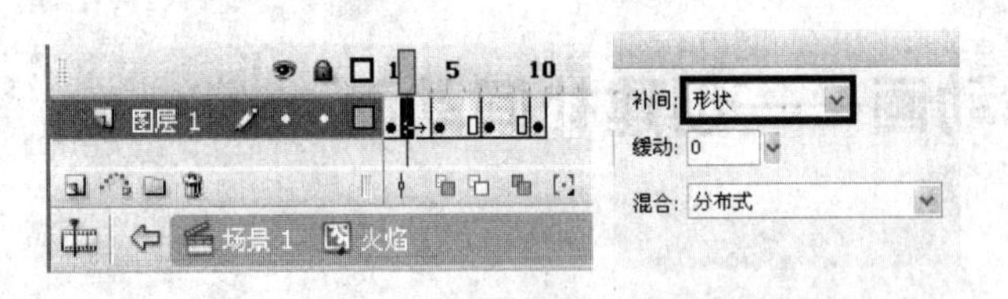



图 7-70 创建形状补间动画

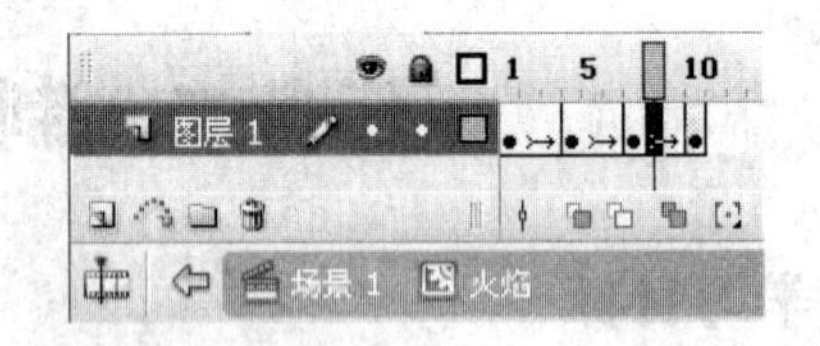



图 7-71 创建其他形状补间动画

- **补间**：在其下拉列表中可选择创建何种补间动画。
- **缓动**：在“缓动”文本框输入数值，可调整运动补间的变化速度，如果希望动画开始时较慢，然后加速，可将“缓动”值设置为一个负值，数值越大效果越明显；如果希望动画开始时快，然后减速，可将“缓动”值设置成一个正值。默认情况下，“缓动”值为“0”，表示动画匀速变化。

**混合**：如果在其下拉列表中选择“分布式”选项，则动画中间形状的过渡比较平滑和不规则；如果选择“角形”选项，则动画中间形状的过渡会保留有明显的角和直线，适合于具有锐化转角和直线的形状变化。

也可以右击两个关键帧之间的任意一帧，从弹出的快捷菜单中选择“创建补间形状”项，来创建形状补间动画。

**步骤 5**　此时按【Enter】键预览动画，会发现火焰的跳动没有规则，下面我们为形状补间添加形状提示，利用该功能可以使形状按我们的要求进行变化。

**步骤 6**　单击选中第 1 帧，选择“修改”>“形状”>“添加形状提示”菜单，或按快捷键【Shift+Ctrl+H】添加一个形状提示，然后将其拖动到第 1 条火焰的顶部，如图 7-72 所示。

**步骤 7**　连续按快捷键【Shift+Ctrl+H】6 次，再添加 6 个形状提示，然后将这 6 个形状提示按照字母顺序依次拖到每条火焰的顶端，如图 7-73 所示。

图 7-72　添加形状提示

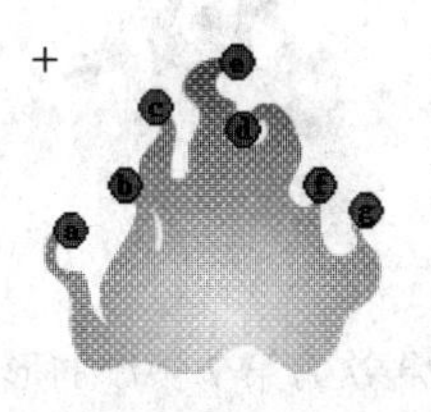

图 7-73　添加更多的形状提示

**步骤 8**　单击“时间轴”面板的第 4 帧，会发现舞台中有与第 1 帧同样数量的形状提示，将形状提示按照字母顺序拖到对应的火焰上，此时会发现第 1 帧上的形状提示变为了黄色，而第 4 帧上的形状提示变为了绿色，如图 7-74 所示。

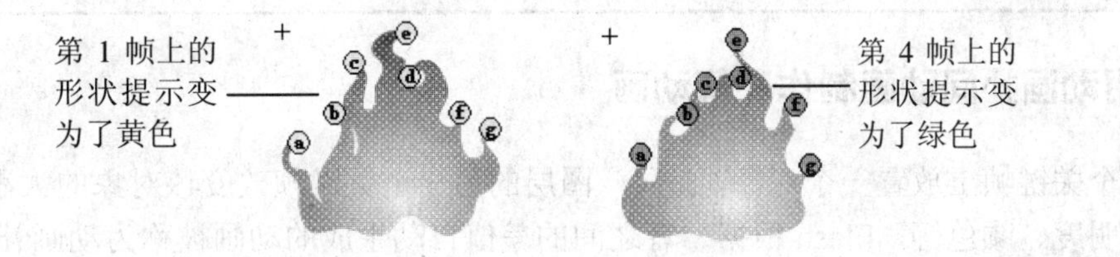


图 7-74　形状提示改变了颜色

开始帧与结束帧上的形状提示是一一对应的，例如动画开始处形状提示“a”的所在位置，会变化到动画结束处形状提示“a”的所在位置。

**步骤 9**　单击“时间轴”面板的第 4 帧，连续按快捷键【Shift+Ctrl+H】7 次，再添加

7 个形状提示，然后将这些形状按照字母顺序提示拖到绿色形状提示上方，如图 7-75 所示。

**步骤 10** 单击“时间轴”面板的第 7 帧，将第 7 帧上的形状提示按照字母顺序拖到对应的火焰上，如图 7-76 所示。

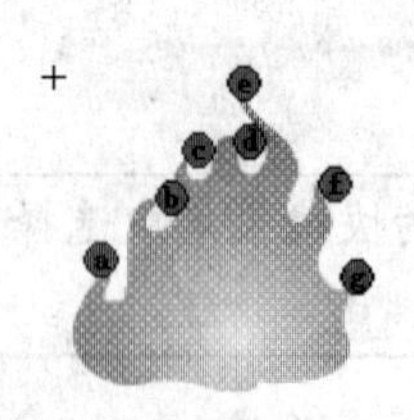

图 7-75 再次为第 4 帧添加形状提示

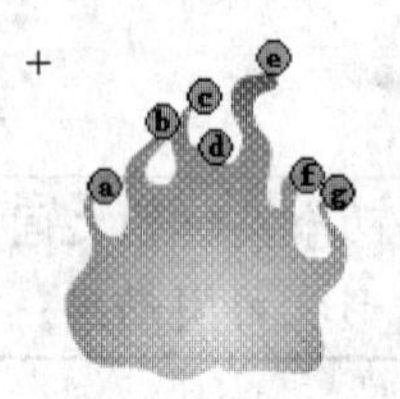

图 7-76 调整第 7 帧的形状提示

**步骤 11** 连续按快捷键【Shift+Ctrl+H】7 次，在第 7 帧中添加 7 个形状提示，然后将形状按照字母顺序提示拖到绿色形状提示上方，如图 7-77 所示。

**步骤 12** 单击“时间轴”面板第 10 帧，将第 10 帧上的形状提示按照字母顺序拖到对应的火焰上，如图 7-78 所示。这样火焰燃烧的动画就制作完成了。

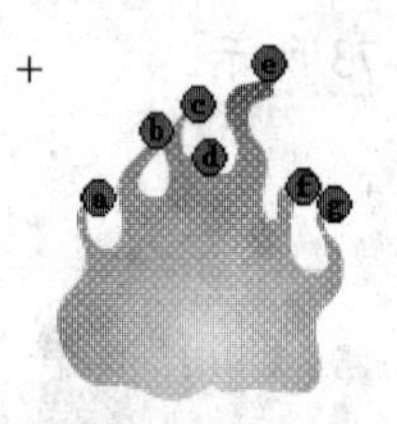

图 7-77 再次为第 7 帧添加形状提示

图 7-78 调整第 10 帧的形状提示

选择“视图”>“显示形状提示”菜单项，可以隐藏或显示形状提示。要删除所有形状提示，可选择“修改“>“形状”>“删除所有提示”菜单；要删除单个形状提示，可右击要删除的形状提示，在弹出的快捷菜单中选择“删除提示”菜单项。

## 二、利用动画补间动画制作开幕动画

在一个关键帧上放置一个对象，在同一图层的另一个关键帧改变该对象的大小、位置、角度、透明度、颜色等，Flash 根据二者之间的差值自动生成的动画被称为动画补间动画。动画补间动画的应用比较广泛，大多数 Flash 动画作品中，都包含有动画补间动画。

创建动画补间动画时，关键帧上的对象不能是分散的矢量图形，可以是元件实例、文本、位图、组合等整体对象。当关键帧上的对象不是元件实例时，若用户通过右击弹出的快捷菜单创建动画补间动画，则 Flash 会自动将它们转换为元件，命名为“补间 1”、“补间 2”。这样不利于我们对元件的管理，因此最好使用元件实例创建动画补间动画。

下面，利用动画补间动画制作开幕动画

**步骤 1** 在所有图层第 185 帧处插入普通帧，然后显示“帷幕 1”和“帷幕 2”图层，

并在这两个图层第 10 帧和第 30 帧处插入关键帧，如图 7-79 所示。

**步骤 2**　选中“帷幕 1”图层中第 10 帧至第 20 帧之间的任意一帧，打开“属性”面板，在“补间”下拉列表中选择“动画”选项，在“缓动”选项的编辑框中输入“-100”，从而在这两个帧之间创建动画补间动画，如图 7-80 所示。动画补间动画各选项意义如下：

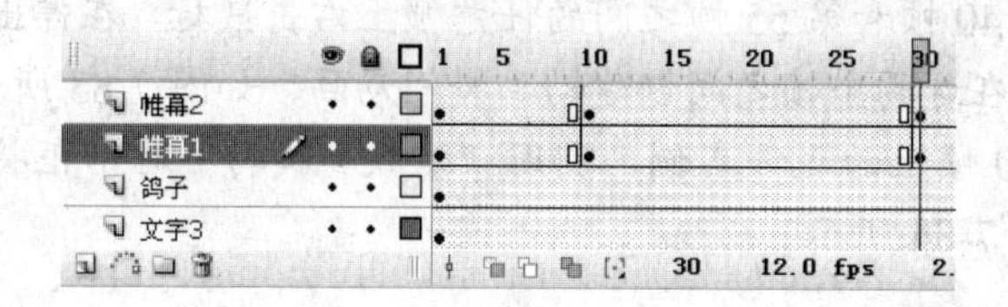

图 7-79　插入关键帧

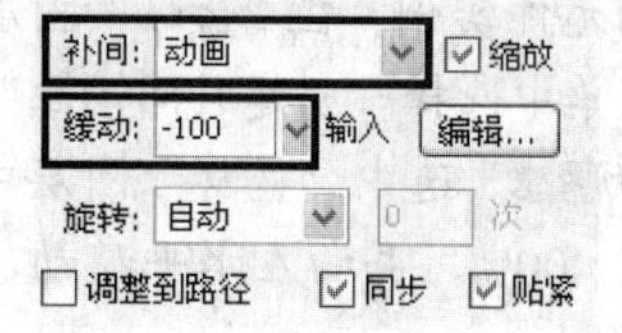


图 7-80　动画补间动画的选项

- **缩放**：当两个关键帧上对象大小不同时，勾选该选项可使对象在动画中按比例进行缩放。
- **缓动**：作用与形状补间动画的相同。
- **旋转**：要在动画中旋转对象，可在“旋转”下拉列表中选择适当选项。其中：“无”表示禁止旋转；“自动”表示根据用户在舞台中的设置旋转；“顺时针”表示让对象顺时帧旋转；“逆时针”表示让对象逆时针旋转。旋转次数是指对象从一个关键帧过渡到另一个关键帧时旋转的次数，360°为一次。
- **调整路径和贴紧**：这两个复选框在制作引导路径动画时使用，请参考项目八内容。
- **同步**：勾选该复选框，可使图形元件实例中的动画和主时间轴同步。

**步骤 3**　利用与步骤 2 相同的操作，在“帷幕 2”的第 10 帧与第 30 帧之间创建动画补间动画。此时可以看到，在“时间轴”面板中的“帷幕 1”和“帷幕 2”图层的第 10 帧与第 30 帧之间出现一个长长的箭头，背景也变成了淡紫色，如图 7-81 所示。

**步骤 4**　选中“帷幕 1”图层中第 30 帧上的“帷幕”元件实例，将其水平移动到舞台左侧边界外，再选中“帷幕 2”图层中第 30 帧上的“帷幕”元件实例，将其水平移动到舞台右侧边界外，如图 7-82 所示。此时我们可以按【Enter】键预览动画，看看帷幕是不是缓缓地拉开了。

**步骤 5**　最后为了方便后续操作，我们将“帷幕 1”和“帷幕 2”图层隐藏。

如果开始帧与结束帧之间不是箭头而是虚线，说明补间没有成功，原因可能是动画组成元素不符合动画补间动画要求

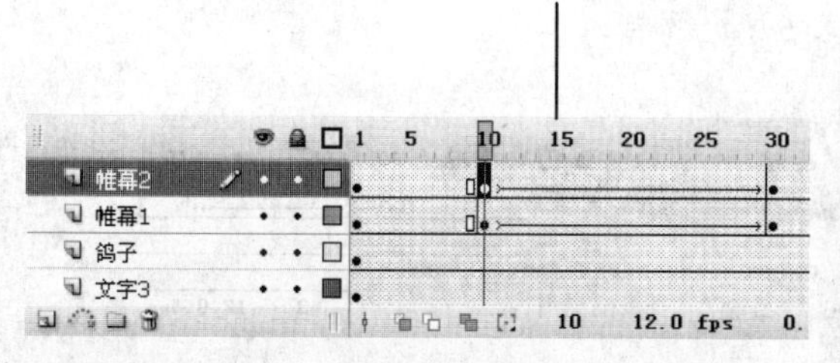


图 7-81　创建动作补间动画后的时间轴

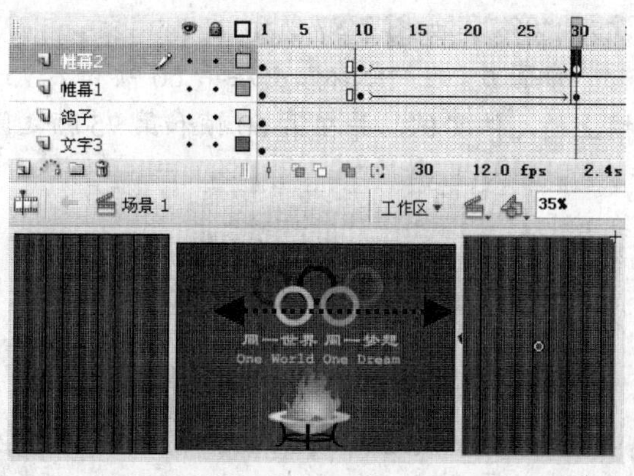


图 7-82　制作开幕动画

## 三、利用动画补间动画制作五环出现动画

下面，利用动画补间动画制作五环出现动画。

**步骤 1** 在“蓝环”图层第 40 帧和第 55 帧处插入关键帧，然后删除第 40 帧前面关键帧上的元件实例。在“蓝环”图层中第 40 帧和第 55 帧之间的任意帧上右击鼠标，在弹出的快捷菜单中选择“创建补间动画”项，在这两个帧之间创建动画补间动画，如图 7-83 所示。

**步骤 2** 选中“蓝环”图层中第 40 帧上的元件实例，利用“缩放和旋转”对话框将其放大至 400%，并向左水平移动，如图 7-84 所示。

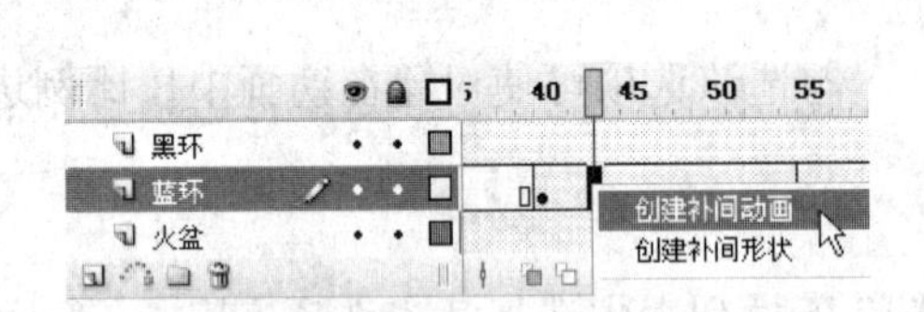


图 7-83 创建动画补间动画

图 7-84 放大蓝环并水平移动

**步骤 3** 使用“选择工具” 选中“蓝环”图层中第 40 帧上的元件实例，在“属性”面板的“颜色”下拉列表中选择“Alpha”选项，并将其数量设为“0%”，如图 7-85 所示。

**步骤 4** 在“黑环”图层中第 50 帧和第 65 帧处插入关键帧，然后删除第 50 帧前面关键帧上的元件实例，并在第 50 帧和第 65 帧之间创建动画补间动画，如图 7-86 所示。

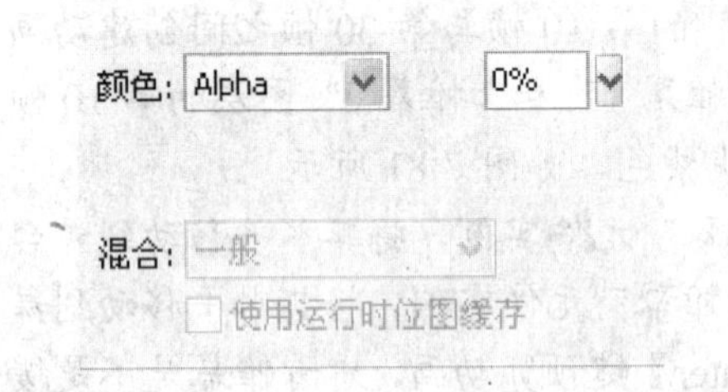


图 7-85 设置元件实例的透明度

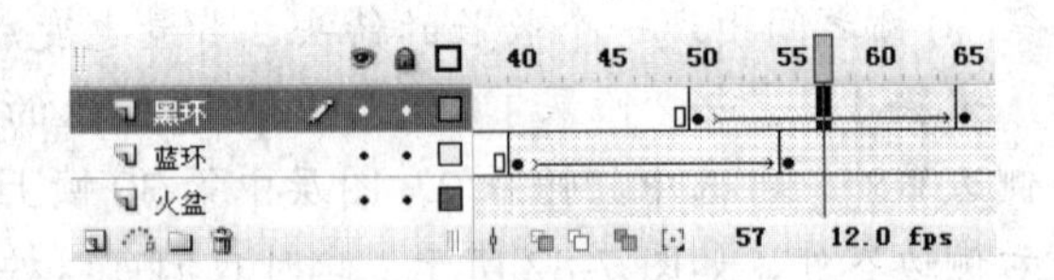


图 7-86 创建动画补间动画

**步骤 5** 将“黑环”图层中第 50 帧上的元件实例放大至 400%，然后将其“Alpha”值设为“0%”，如图 7-87 所示。

**步骤 6** 在“红环”图层第 60 帧和第 75 帧处插入关键帧，然后删除第 60 帧前面关键帧上的元件实例，并在第 60 帧和第 75 帧之间创建动画补间动画，如图 7-88 所示。

图 7-87 放大黑环并改变其透明度

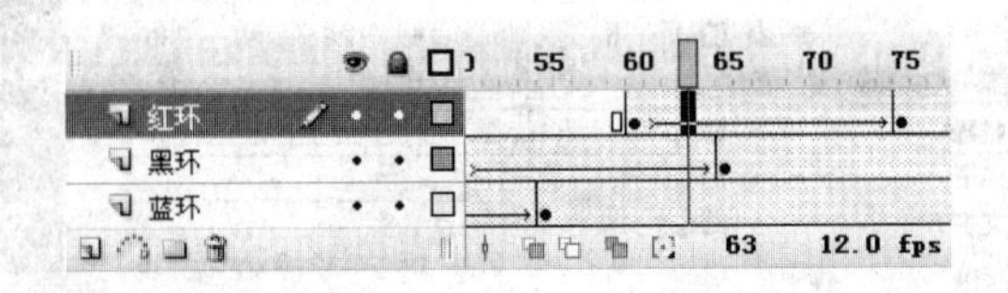


图 7-88 创建动画补间动画

**步骤 7**　将“红环”图层中第 60 帧上的元件实例放大至 400%，然后将其向右水平移动，并将其“Alpha”值设为“0%”，如图 7-89 所示。

**步骤 8**　在“黄环”图层第 70 帧和第 85 帧处插入关键帧，然后删除第 60 帧前面关键帧上的元件实例，并在第 70 帧和第 85 帧之间创建动画补间动画，如图 7-90 所示。

图 7-89　放大红环并改变其透明度

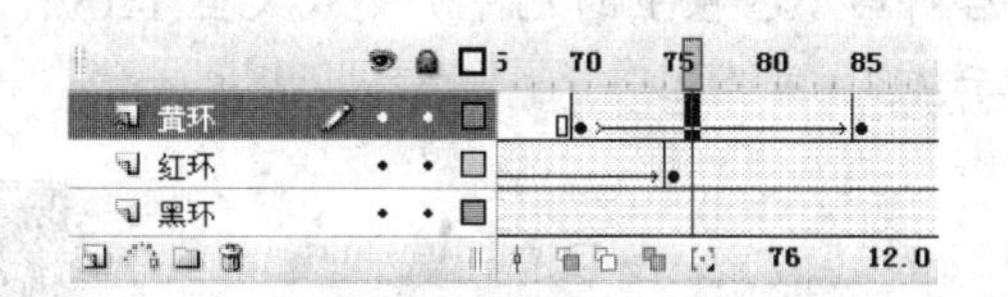


图 7-90　创建动画补间动画

**步骤 9**　将“黄环”图层中第 70 帧上的元件实例放大至 400%，然后将其向左水平移动，并将其“Alpha”值设为“0%”，如图 7-91 所示。

**步骤 10**　在“绿环”图层第 80 帧和第 95 帧处插入关键帧，然后删除第 60 帧前面帧上的元件实例，并在第 80 帧和第 95 帧之间创建动画补间动画，如图 7-92 所示。

图 7-91　放大黄环并改变其透明度

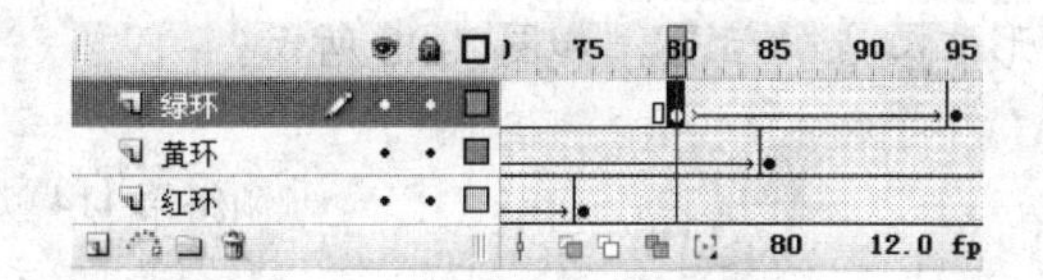


图 7-92　创建动画补间动画

**步骤 11**　将“绿环”图层中第 80 帧上的元件实例放大至 400%，然后将其向左水平移动，并将其“Alpha”值设为“0%”，如图 7-93 所示。

**步骤 12**　在“绿环”图层上方新建一个图层文件夹，并将其重命名为“五环”，然后将“蓝环”、“黑环”、“红环”、“黄环”和“绿环”图层拖到“五环”图层文件夹中，如图 7-94 所示。至此，五环动画就制作完成了，用户可按【Enter】键预览动画效果。

图 7-93　放大绿环并改变其透明度

五环
绿环
黄环
红环
黑环
蓝环

图 7-94　创建图层文件夹

## 四、利用动画补间动画制作文字出现动画

下面，利用动画补间动画制作文字出现动画。

**步骤 1**　在“文字 1”图层第 100 帧、102 帧、103 帧和 104 帧处插入关键帧，然后删除第 100 帧前面关键帧上的元件实例，并在第 100 帧和第 102 帧之间创建动画补间动画，如图 7-95 所示。

**步骤 2**　将“文字 1”图层中第 100 帧上的元件实例放大至 400%，并向上稍微移动，然后将第 103 帧上的元件实例放大至 120%，制作文字突然掉下来并弹起的效果，如图 7-96 所示。

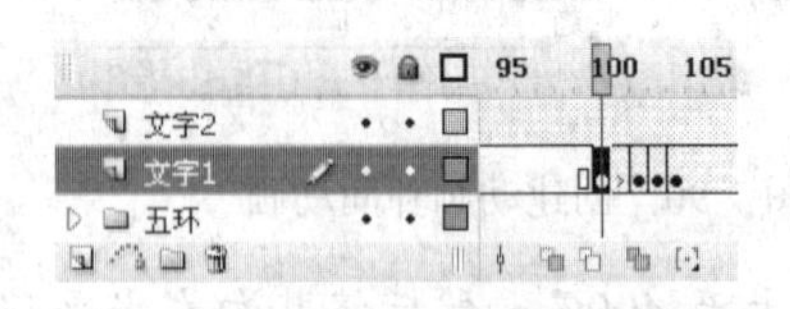


图 7-95　插入关键帧并创建动画补间动画

图 7-96　放大元件实例

**步骤 3**　在“文字 2”图层的第 110 帧、113 帧、114 帧、115 帧、116 帧和 117 帧处插入关键帧，然后删除第 110 帧前面帧上的元件实例，并在第 110 帧和第 113 帧之间创建动画补间动画，如图 7-97 所示。

**步骤 4**　将“文字 2”图层中第 110 帧上的元件实例水平移动至舞台右侧边界外，然后使用“任意变形工具”对第 114 帧和第 116 帧上的元件实例进行倾斜，在倾斜时应注意变形中心点的位置，如图 7-98 所示。

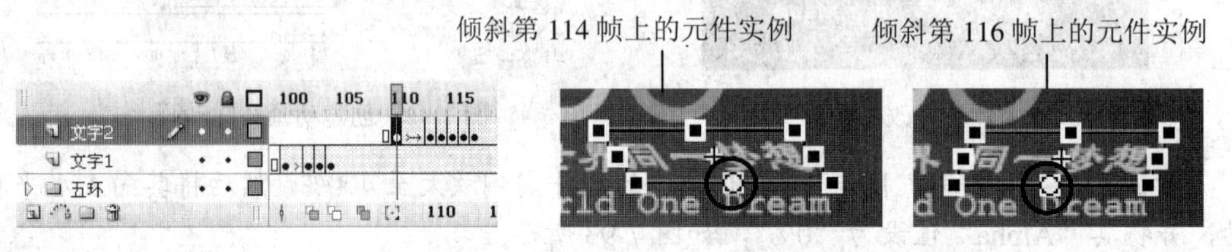


图 7-97　插入关键帧并创建动画补间动画　　图 7-98　倾斜元件实例

**步骤 5**　在“文字 3”图层的第 120 帧和第 125 帧处插入关键帧，然后删除第 120 帧前面帧上的元件实例，并在第 120 帧和第 125 帧之间创建动画补间动画，如图 7-99 所示。

**步骤 6**　选中“文字 3”图层的第 120 帧上的元件实例，将其缩小至 10%，然后将“Alpha”值设为“0%”，如图 7-100 所示。

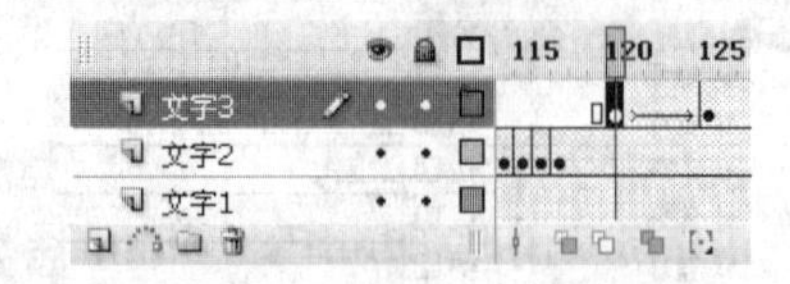


图 7-99　插入关键帧并创建动画补间动画

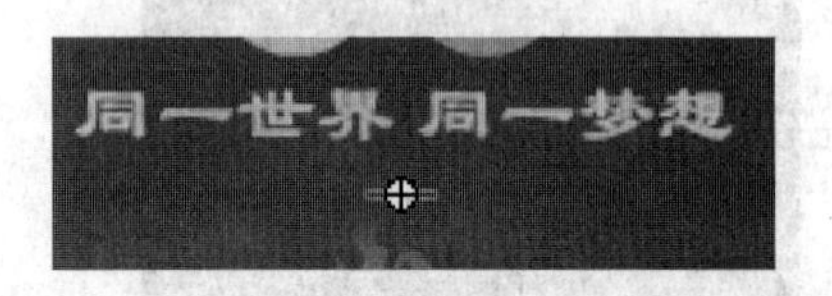


图 7-100　缩小元件实例并改变透明度

**步骤 7**　在“文字 1”、“文字 2”和“文字 3”图层的第 127、128 帧处插入关键帧，然后在“属性”面板中将这 3 个图层中第 127 帧上元件实例的“亮度”设为“100”，制作闪光效果，如图 7-101 所示。

**步骤 8**　在“文字 3”图层上方新建一个图层文件夹，并将其重命名为“文字”，然后将“文字 1”、“文字 2”和“文字 3”图层拖到“文字”图层文件夹中，如图 7-102 所示。

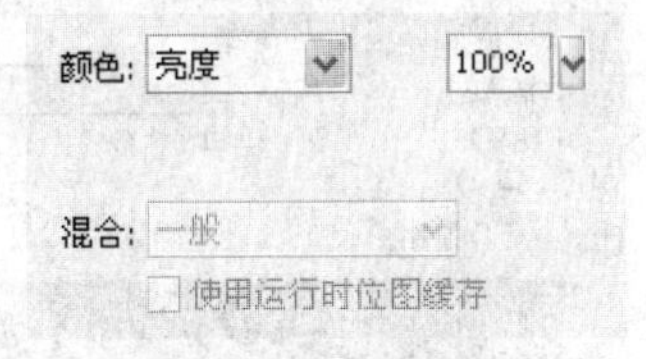


图 7-101　改变元件实例亮度

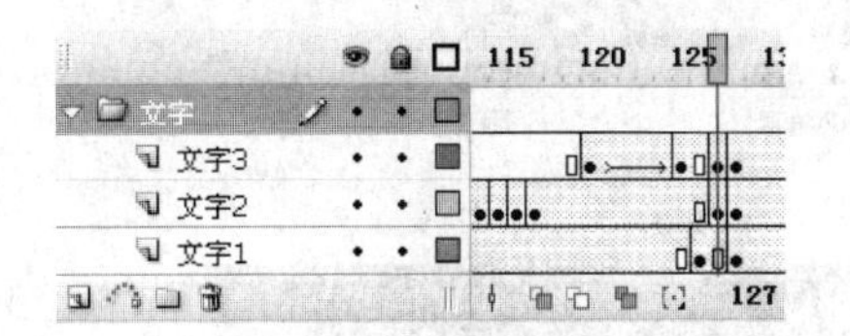


图 7-102　创建图层文件夹

## 五、利用动画补间动画制作鸽子飞翔动画

下面，利用动画补间动画制作鸽子飞翔动画。

**步骤 1**　在“鸽子”图层的第 130 帧和第 180 帧处插入关键帧，然后删除第 130 帧前面帧上的元件实例，并在第 130 帧和第 180 帧之间创建动画补间动画，如图 7-103 所示。

**步骤 2**　将“鸽子”图层中第 180 帧上的“鸽子”元件实例水平移动到舞台左侧边界外，如图 7-104 所示。鸽子飞翔的动画就完成了。

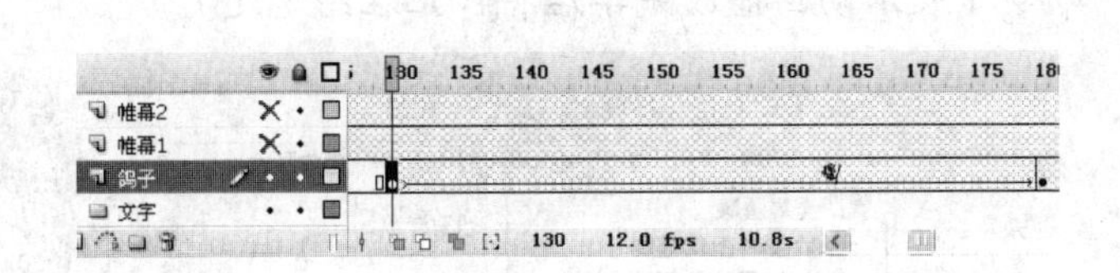


图 7-103　插入关键帧并创建动画补间动画

图 7-104　移动“鸽子”元件实例

**步骤 3**　到这一步，本例的动画制作便基本完成了。我们可以按【Ctrl+Enter】键预览动画效果，并将动画保存。

# 任务三　添加按钮和命令

### 学习目标

|  | 掌握使用按钮元件的方法 |
|---|---|
| | 掌握为按钮元件添加动作脚本的方法 |

下面，我们为影片添加按钮，并为按钮和时间帧添加几个简单的动作脚本命令，让观众可以控制动画的播放。

**步骤 1** 在“帷幕 2”图层上新建一个图层，命名为“按钮”，然后将“库”面板中的“播放”按钮元件拖到“按钮”图层中第 1 帧的舞台右下方，如图 7-105 所示。

**步骤 2** 在“按钮”图层第 2 帧插入空白关键帧，在第 185 帧处插入关键帧，并将“库”面板中的“返回”按钮元件拖到该帧，放在舞台的右下方，如图 7-106 所示。

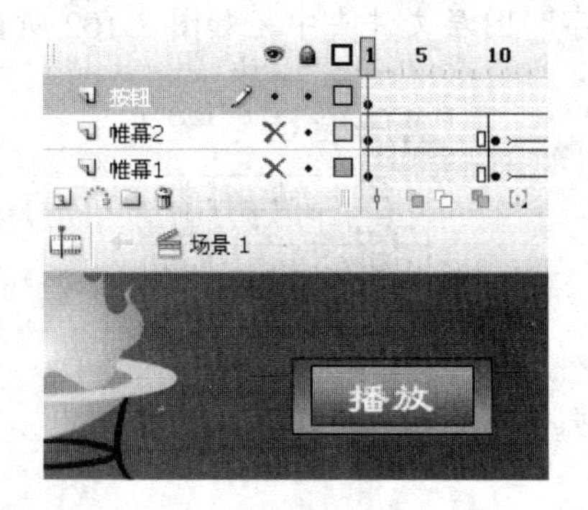


图 7-105 拖入“播放”按钮

图 7-106 拖入“返回”按钮

**步骤 3** 在“按钮”图层上新建一个图层，将其重命名为“命令”，如图 7-107 所示。

**步骤 4** 选中“命令”图层的第 1 帧，并按【F9】键打开“动作”面板，单击左侧命令列表中的“时间轴控制”项将其展开，然后双击“stop”命令，为第 1 帧添加“stop”命令（这样操作后，动画将无法自动播放），如图 7-108 所示。

**步骤 5** 在“命令”图层第 185 帧处插入关键帧，然后利用与步骤 4 同样的方法，为“命令”图层第 185 帧添加“stop”命令（表示动画播放完毕后将停止在结尾处）。

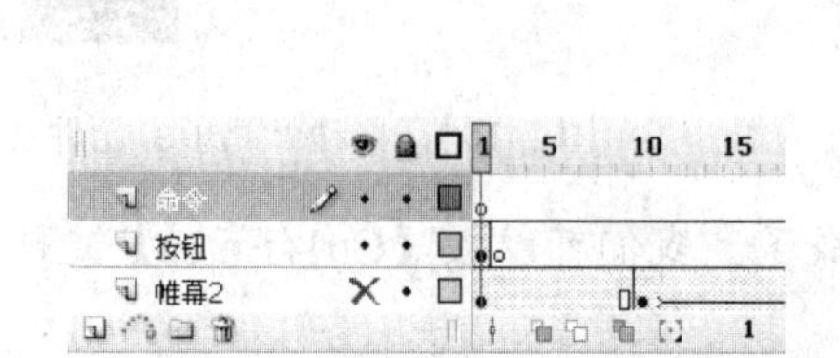


图 7-107 新建“命令”图层

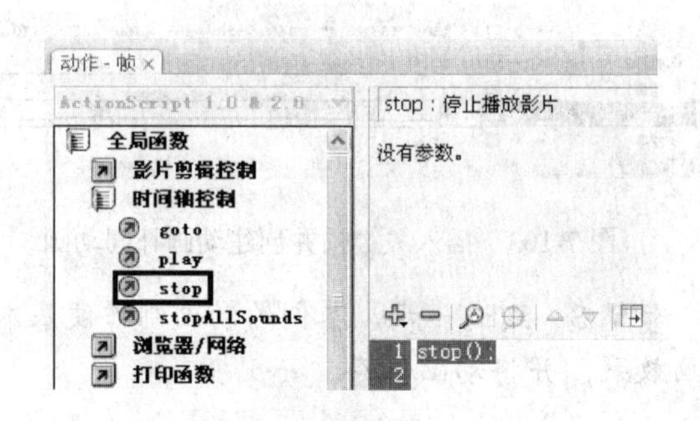


图 7-108 为关键帧添加“stop”命令

**步骤 6** 使用“选择工具”单击选中“按钮”图层中第 1 帧上的“播放”按钮实例，然后确认“动作”面板右上角的“脚本助手”处于激活状态，双击“时间轴控制”项中的“play”命令，为“播放”按钮添加“play”命令（表示单击按钮，动画开始播放），如图 7-109 所示。

**步骤 7** 使用“选择工具”单击选中“按钮”图层中第 185 帧上的“返回”按钮实例，然后双击“动作”面板“时间轴控制”项中的“goto”命令，为“返回”按钮添加“goto”命令，并在“goto”命令的参数设置区中选中“转到并停止”单选钮，如图 7-110 所示。至此本项目就完成了，按快捷键【Ctrl+Enter】预览一下动画效果吧。

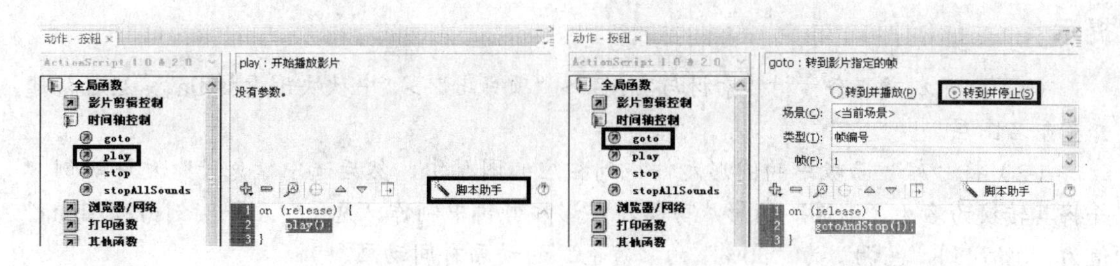

图 7-109　为“播放”按钮添加“play”命令　　　图 7-110　为“返回”按钮添加“goto”命令

“动作”面板和脚本命令的相关知识，我们会在后面的项目中详细介绍。

## 检测与评价

本项目主要介绍了使用元件的方法，创建动画补间动画和形状补间动画的方法。这两类动画都是 Flash 中最基本的动画，其中，动画补间动画一般应用于对象的运动以及颜色、透明度等变化，通常应用在元件实例上；形状补间动画一般应用于图形的变形，只能应用在矢量图形上。此外，通过学习本章的实例，读者应该领会元件、图层在制作动画时所起的作用。

## 成果检验

结合本项目所学内容，制作图 7-111 所示的“中秋快乐”动画。本题最终效果请参考本书配套素材“素材与实例”>“项目七”>“中秋快乐.fla”。

图 7-111　中秋快乐

**提示**

（1）打开本书配套素材“素材与实例”>“项目七”>“中秋快乐素材.fla”，然后新建并重命名图层。

（2）将“库”面板中的图形元件拖到相应的图层中，然后选中“兔子”元件实例，并将其转换为名为“渐显”的影片剪辑，在影片剪辑中制作“兔子”元件实例由“Alpha”值为“0%”到“色调”为“30%”的“黄色”的动画补间动画。

（3）将“云”元件实例转换为名称为“云飘”的影片剪辑，然后在影片剪辑中制作云从右到左移动的动画补间动画。

（4）新建一个图层，并将其重命名为“文字”，然后使用“刷子工具”在树梢的位置绘制 4 朵小花，再使用“文本工具”在舞台上的适当位置输入“中秋快乐”字样，将文字分离，然后将每朵小花分别与一个文字组成一个影片剪辑，并在影片剪辑中制作小花转换为文字的形状补间动画。

（5）在制作小花转换为文字的动画时，要注意 4 个影片剪辑的时间顺序，要逐个转换，不要一起转换。

# 项目八　天体运动——特殊动画

**课时分配：11 学时**

**学习目标**

| 掌握遮罩动画的制作方法 |
| --- |
| 掌引导路径动画的制作方法 |
| 掌握时间轴特效的使用方法 |

**模块分配**

| 任务一 | 制作自转的地球——遮罩动画 |
| --- | --- |
| 任务二 | 制作月球环绕动画——引导路径动画 |
| 任务三 | 制作流星动画——时间轴特效动画 |

**作品成品预览**

素材位置：光盘\素材与实例\项目八\天体素材.fla

实例位置：光盘\素材与实例\项目八\天体运动.fla

本例通过制作“天体运动”动画，让大家掌握遮罩动画、引导路径动画和时间轴特效动画的制作方法。

# 任务一　制作自转的地球——遮罩动画

## 学习目标

| | |
|---|---|
|  | 掌握遮罩动画的创建方法与特点 |
| | 掌握使用遮罩动画的技巧 |

在 Flash 中有一种特殊的图层类型，即遮罩图层，遮罩动画便是利用遮罩图层创建的。使用遮罩图层后，被遮罩层上的内容就像通过一个窗口显示出来一样，这个窗口便是遮罩层上的对象。播放动画时，遮罩层上的对象不会被显示，被遮罩层上位于遮罩层对象之外的内容也不会被显示，如图 8-1 所示。

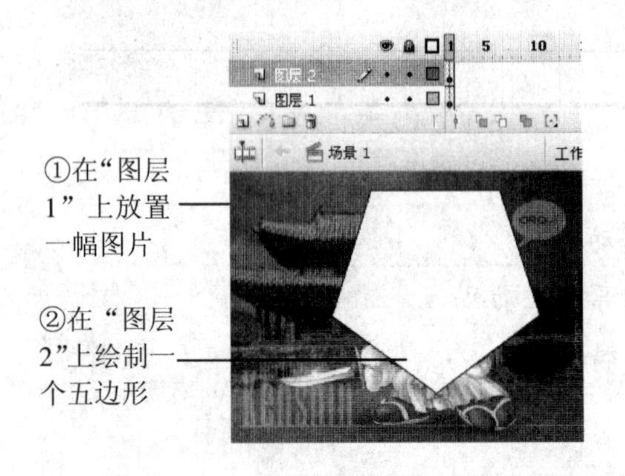

图 8-1　遮罩图层

制作动画时，可以在遮罩层或被遮罩层上创建任何形式的动画，例如动画补间动画、形状补间动画等，从而制作出各种特殊的动画效果，如百页窗、放大镜、聚光灯等。下面，我们利用遮罩动画来制作地球自转的动画效果。

**步骤 1**　打开本书配套素材“素材与实例”>“项目八”>“天体素材.fla”文件，按【F11】键打开“库”面板，我们会发现“库”面板中有 3 幅位图元件，如图 8-2 所示。

**步骤 2**　将“图层 1”重命名为“底图”，然后将“库”面板中的“太空.jpg”位图拖到舞台中，并在“属性”面板中将位图的“X”坐标和“Y”坐标都设为“0”，如图 8-3 所示。

图 8-2　“库”面板中的位图元件

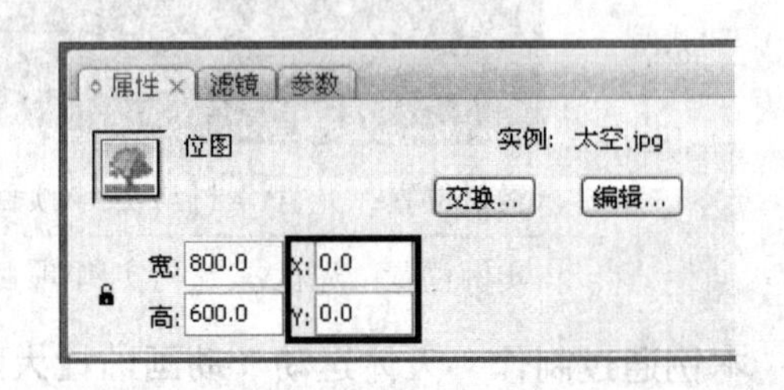


图 8-3　设置舞台中位图的坐标

**步骤 3**　将“底图”图层锁定，然后新建一个图层并命名为“地球 1”。将“库”面板中的“地球平面图”位图元件拖到舞台中，并利用“缩放和旋转”对话框将其等比例缩小“80%”，然后将位图转换成名为“平面图”的图形元件，如图 8-4 所示。

**步骤 4**　选中“平面图”元件实例，再按【F8】键将其转换为名为“地球”的图形元件，如图 8-5 所示。

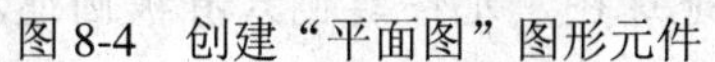

图 8-4　创建“平面图”图形元件

图 8-5　创建“地球”图形元件

**步骤 5**　双击“地球”元件实例进入编辑状态，将“图层 1”重命名为“地球”，在“地球”图层上方新建一个图层并将其重命名为“遮罩”，然后使用“椭圆工具”，在“遮罩”图层上绘制一个与“底图”元件实例等高的任意颜色的正圆，如图 8-6 所示。

**步骤 6**　在“遮罩”图层上方新建一个图层并命名为“阴影”，然后将“遮罩”图层中的正圆原位复制到“阴影”图层，在“颜色”面板中将“填充颜色”设为透明度为“0%”的黑色到透明度为“60%”的黑色的放射状渐变，如图 8-7 所示。

图 8-6　绘制正圆

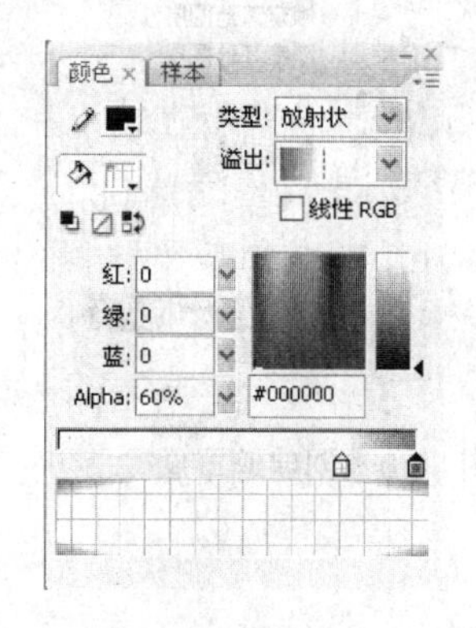


图 8-7　设置放射状渐变

**步骤 7**　选择“颜料桶工具”将光标移动到“阴影”图层上正圆的左上角，单击填充放射状渐变，然后删除正圆的边线，如图 8-8 所示。

**步骤 8**　在所有图层第 60 帧处插入普通帧，在“地球”图层第 60 帧处插入关键帧，然后在“地球”图层第 1 帧与第 60 帧之间创建动画补间动画。

**步骤 9**　将“地球”图层第 1 帧上的“平面图”元件实例向左移动，使其最右端与正圆对其，然后将“地球”图层第 60 帧上的“平面图”元件实例向右移动，如图 8-9 所示。

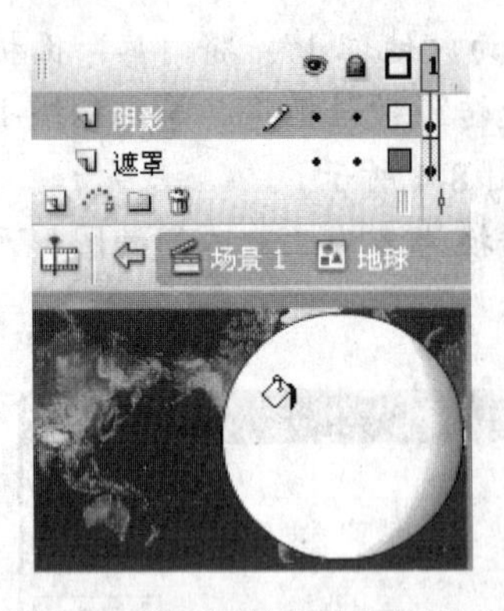


在移动元件实例时，要注意第 1 帧与第 60 帧上在正圆区域内的图像应一致，如果觉得不好把握，可单击“遮罩”图层右侧的“只显示图层轮廓”按钮□进行确认

图 8-8　为正圆填充放射状渐变

图 8-9　创建动画补间动画

**步骤 10**　在“遮罩”图层上右击鼠标，在弹出的快捷菜单中选择“遮罩层”菜单项，此时“遮罩”图层变为了遮罩层，而其下方的“地球”图层变为了被遮罩层，并且这两个图层会自动被锁定，如图 8-10 所示。

**步骤 11**　此时按【Enter】键预览动画，会发现“地球图”元件实例只有被圆遮挡的区域才显示出来，由此形成了地球自转的效果。本例中的“阴影”图层中的圆是为了增加地球自转的立体效果而添加，与遮罩没有任何关系。

**步骤 12**　单击左上角的场景 1按钮返回主场景，将“地球”元件实例移动到舞台偏右位置，并使用“任意变形工具”调整“地球”元件实例的大小和角度，如图 8-11 所示。这样地球自转的动画就制作完成了。

图 8-10　创建遮罩层

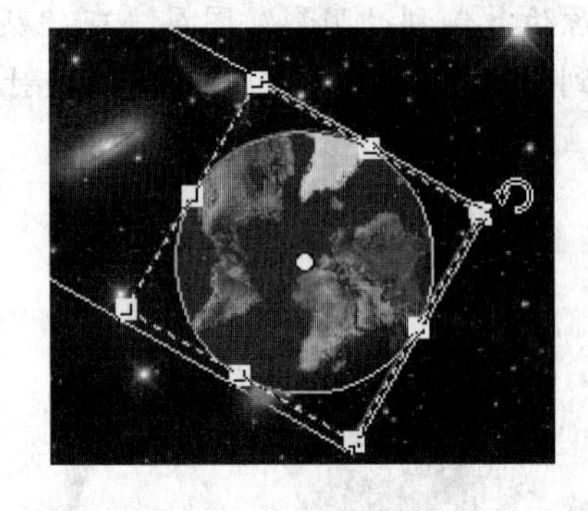

图 8-11　调整“地球”元件实例的大小和角度

# 延伸阅读

## 一、遮罩应用技巧

在应用遮罩动画时，应注意以下技巧和事项。

- 遮罩层中的内容可以是元件实例、图形、位图或文字等，但不能使用线条，如果动画中需要使用线条，需要先将其转化为填充。无论遮罩层上的对象使用何种填充颜色、透明度，以及何种图形类型，遮罩效果都一样。

- 在被遮罩层中，可以使用元件实例、图形、位图、文字或线条等元素，但不能使用动态文本。被遮罩层中的对象只能透过遮罩层中的对象被看到。
- 要在舞台中显示遮罩效果，必须锁定遮罩层和被遮罩层。
- 在制作动画时，遮罩层上的对象经常挡住下层的对象，影响视线，为方便编辑，可以按下遮罩层右侧的“只显示图层轮廓”按钮□，使遮罩层上的对象只显示轮廓线。

## 二、操作遮罩图层

**步骤 1**　在 Flash 中，一个遮罩图层可以同时遮罩多个图层。在设置遮罩图层时，系统默认将遮罩图层下面的一个图层设置为被遮罩图层。当需要使一个遮罩图层遮罩多个图层时，可通过下面两种方法实现。

- 如果需要添加为被遮罩的图层位于遮罩图层上方，则选取该图层，然后将它拖到遮罩层下方即可，如图 8-12 所示。
- 如果需要添加为被遮罩的图层位于遮罩层下方，可双击该图层图标，打开“图层属性”对话框，在类型列表中选择“被遮罩”单选钮即可，如图 8-13 所示。

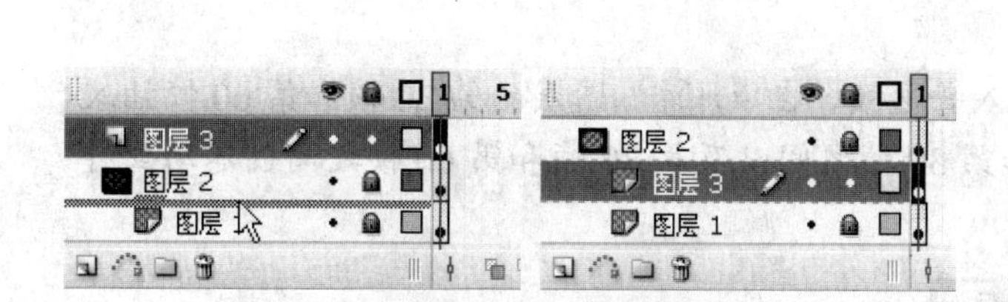


图 8-12　通过拖动创建被遮罩层

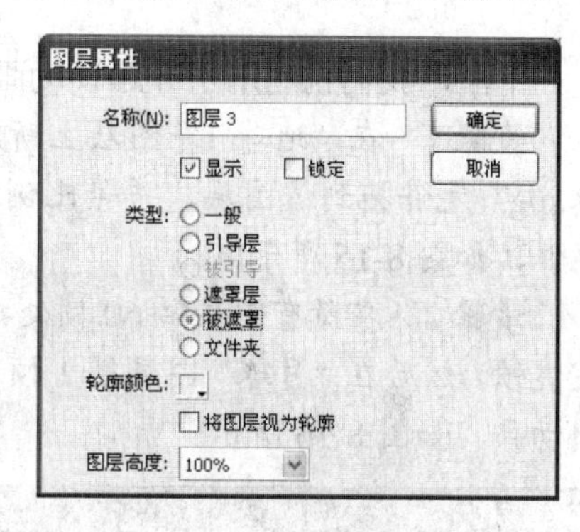


图 8-13　设置“图层属性”对话框

**步骤 2**　要将被遮罩层转换为普通图层，则将该图层拖到遮罩层上面，或者打开该图层的“图层属性”对话框，在类型列表框中选择“一般”单选钮即可；要将遮罩层转换为普通图层，可右击遮罩层，从弹出的快捷菜单中取消选择“遮罩层”项即可。

# 任务二　制作月球环绕动画——引导路径动画

## 学习目标

|  | 掌握引导路径动画的创建方法与特点 |
| --- | --- |
| | 掌握使用引导路径动画的技巧 |

利用引导路径动画可以使对象沿制作者绘制的路径有规律地运动，常用来制作鸟儿飞

翔、蝴蝶飞舞等效果。

一个最基本的引导路径动画由两个图层组成，上面一层是“引导层”，图标为，下面一层是“被引导层”，图标为。创建路径引导动画时，在引导层中绘制一条线段作为引导线，便可以让被引导层中的对象沿着该引导线运动，如图 8-14 所示。播放动画时，引导层上的内容不会被显示。

“引导层”是用来指示对象运行路径的，其内容可以是用钢笔、铅笔、线条、椭圆工具、矩形工具或画笔工具等绘制出的曲线

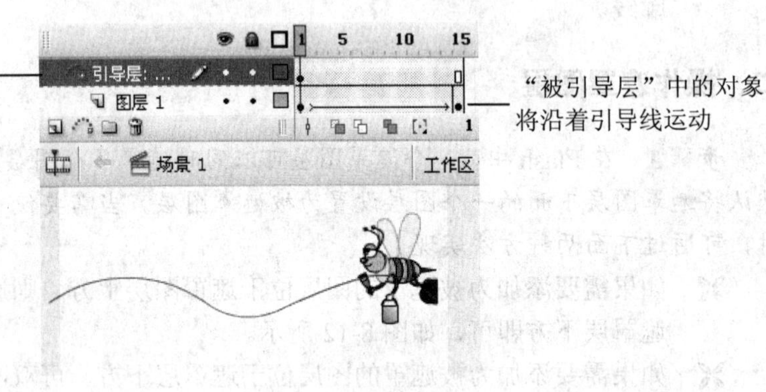


图 8-14　引导路径动画

下面，我们就利用引导路径动画制作月球环绕的动画效果。

**步骤 1**　在“地球 1”图层上新建一个图层，命名为“月球”。将“库”面板中的“月球.jpg”元件拖到该图层，并等比例缩小至“50%”，然后将其转换为名为“月球”的图形元件，如图 8-15 所示。

**步骤 2**　在所有图层第 60 帧处插入普通帧，在“月球”图层的第 30 帧和第 60 帧插入关键帧，然后在“月球”图层第 1 帧和第 30 帧之间以及第 30 帧和第 60 帧之间创建动画补间动画，如图 8-16 所示。

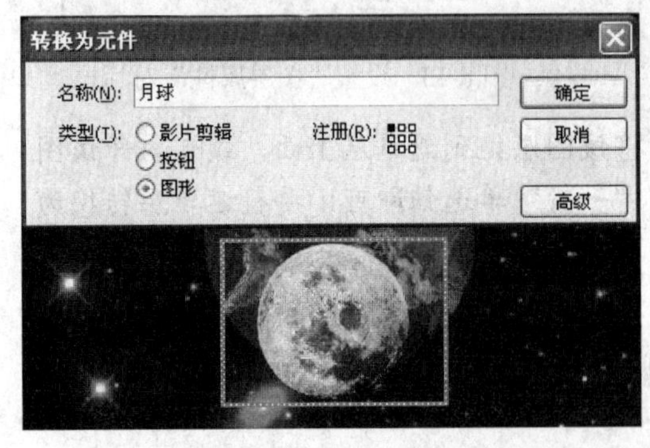


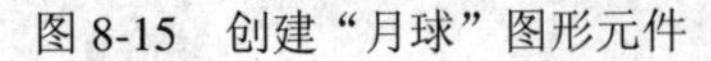
图 8-15　创建“月球”图形元件

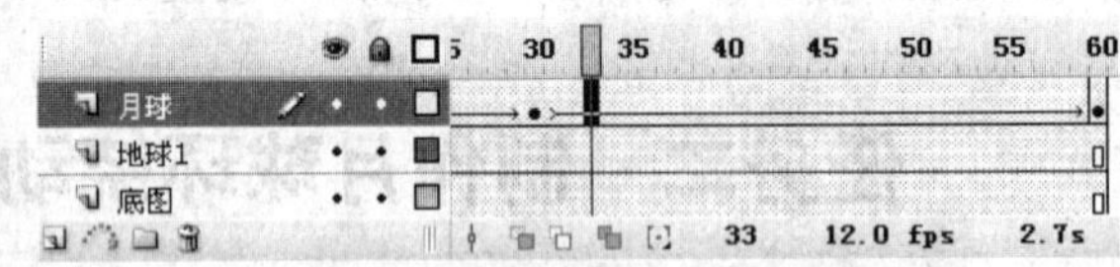


图 8-16　创建动画补间动画

**步骤 3**　单击“时间轴”面板左下方的“添加运动引导层”按钮，创建一个引导层，然后选择“椭圆工具”，将笔触颜色设为红色（#FF0000），将填充颜色设为无，在引导图层上绘制一个环绕地球的椭圆作为引导路径，如图 8-17 所示。

**步骤 4**　将“月球”图层中第 1 帧上的“月亮”元件实例拖到椭圆正侧，其将自动吸附在椭圆上，如图 8-18 所示；将第 30 帧上的“月亮”元件实例缩小，吸附在椭圆的另一

侧，将第 60 帧上元件实例吸附在椭圆正侧稍微偏右的位置，各帧上的元件实例大小和位置分别如图 8-18 和图 8-19 所示所示。

注意动画补间动画前后关键帧上的元件实例的变形中心点必须吸附在引导线上，否则引导线将无法引导其运动

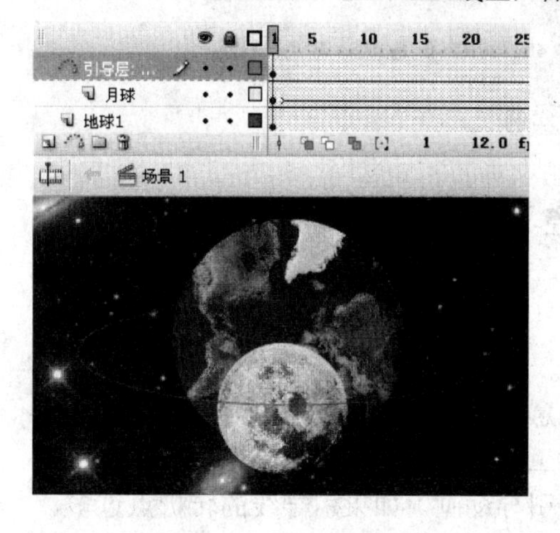


图 8-17　绘制引导线

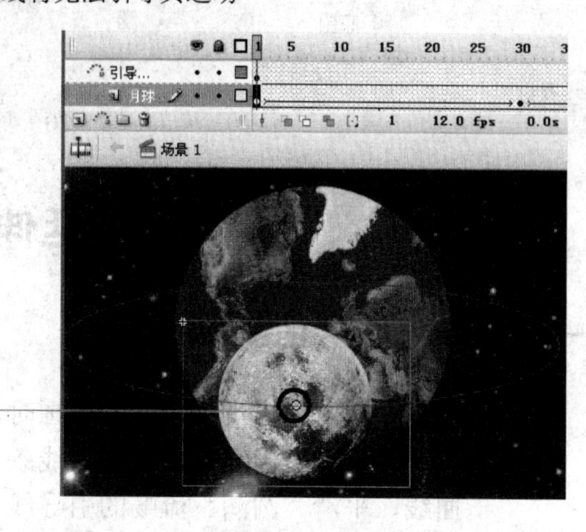


图 8-18　调整第 1 帧上的元件实例

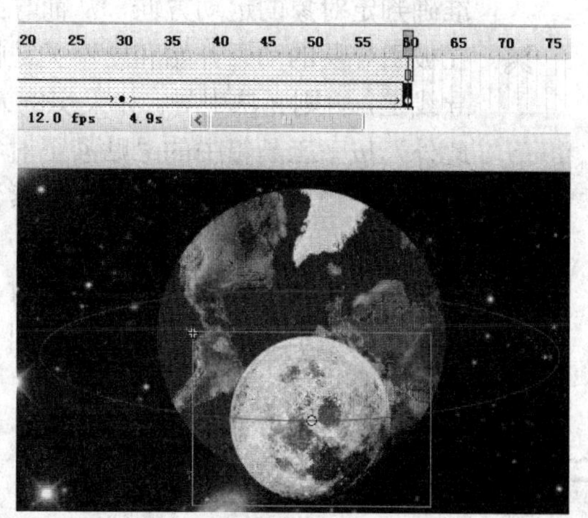


图 8-19　调整第 30 帧和第 60 帧上的元件实例

**步骤 5**　此时按【Ctrl+Enter】键预览动画，会发现月球该转到地球后面的时候却还在地球前面，下面我们来解决这个问题。在“引导层”上方新建一个图层，命名为“地球 2”，在“地球 1”和“地球 2”图层第 15 帧处插入关键帧，将“地球 1”图层中第 15 帧上的元件实例原位复制到“地球 2”图层第 15 帧中，再在“地球 2”图层的第 45 帧处插入空白关键帧，如图 8-20 所示。至此，月球环绕的动画就制作完成了。

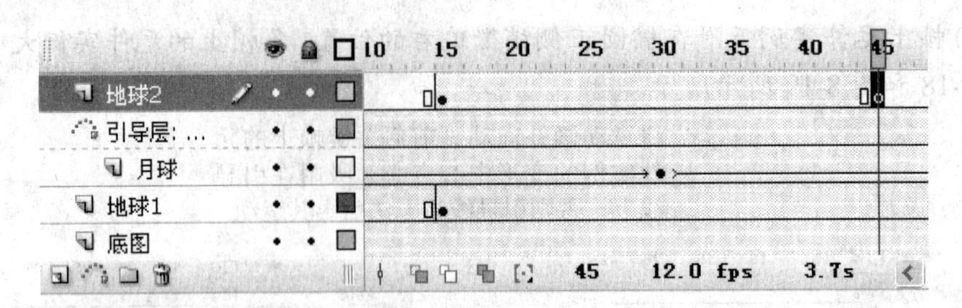


图 8-20　复制元件实例

# 延伸阅读

## 一、应用引导路径的技巧

下面为大家列出了制作引导路径动画时，应注意的一些事项和技巧。

- 引导线可以是用钢笔、铅笔、线条、椭圆工具、矩形工具或画笔工具等绘制出的曲线，平滑、圆润、流畅的引导线有利于引导动画。如果引导线的转折点过多、转折处的线条转弯过急、中间出现中断或交叉重叠现象，都可能导致 Flash 无法准确判定对象的运动方向，从而导致引导失败。
- 在被引导层的动画开始和结束关键帧上，一定要让元件实例的变形中心点位于引导线上，否则无法引导。如果实例为不规则形状，可以适当调整变形中心点位置。此外，按下工具箱中的“贴紧至对象”按钮，可以使对象更容易吸附在引导线上；勾选“属性”面板中的“贴紧”复选框，可使对象的变形中心点自动吸附在引导线上。
- 制作引导动画中的动画补间动画时，勾选“属性”面板中的“调整到路径”复选框，可使被引导层上的对象按照引导线的走势改变自身的角度。例如，在制作蝴蝶飞舞、鸟儿飞翔等引导动画时，勾选该复选框会使对象的运动更自然。

## 二、操作引导图层

**步骤 1**　要将现有图层转换为引导层，可用鼠标右击需要转换为引导层的图层，选择“引导层”菜单项，将该图层转换为引导层。此时引导层图标为，表示其下没有被引导层。

如果在弹出的快捷菜单中选择“添加引导层”项，则会在该图层上方创建一个引导层，且该图层自动转换为被引导层。

**步骤 2**　要将引导层下方的普通图层转换为被引导层，可用鼠标右击该图层，从弹出的快捷菜单中选择“属性”项，打开“图层属性”对话框，然后选择“被引导”单选钮。使用此方法可在一个引导层下设置多个被引导层。

**步骤 3**　要将引导层或被引导层转换为普通图层，只需打开这些图层的“图层属性”对话框，然后选择“一般”单选钮即可。

# 任务三　制作流星动画——时间轴特效动画

## 学习目标

掌握时间轴特效的使用方法

利用 Flash 提供的时间轴特效，能让系统自动生成各种特殊动画，从而在执行最少步骤的情况下创建出复杂的动画效果。下面，我们就利用时间轴特效制作流星的动画效果。

**步骤 1**　在“地球 2”图层上方新建一个图层，然后使用“线条工具”和“选择工具”在舞台中绘制流星的轮廓线，如图 8-21 所示。

**步骤 2**　在“颜色”面板中设置由橘黄色（#FF9900）到黄色（#FFFF00）再到“Alpha”值为“30%”的黄色（#FFFF00）的放射状渐变，如图 8-22 所示。

图 8-21　绘制流星轮廓

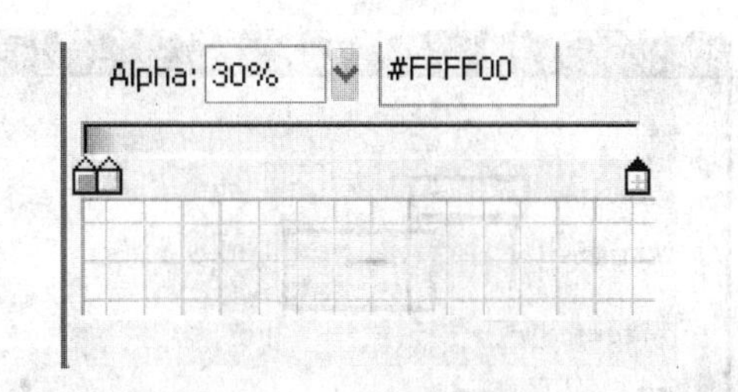


图 8-22　设置放射状渐变

**步骤 3**　选择“颜料通工具”，将光标移动到流星轮廓的顶端，然后单击进行填充，再删除轮廓线。最后将其转换为名为“流星”的图形元件，如图 8-23 所示。

**步骤 4**　将“流星”元件实例移动到舞台右上方，适当缩小，如图 8-24 所示。

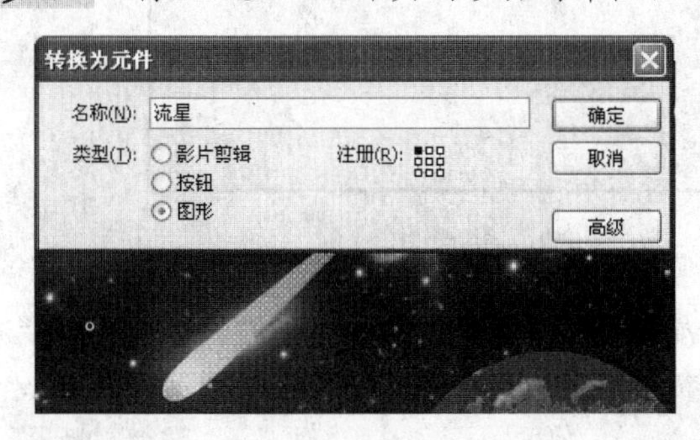


图 8-23　创建“流星”图形元件

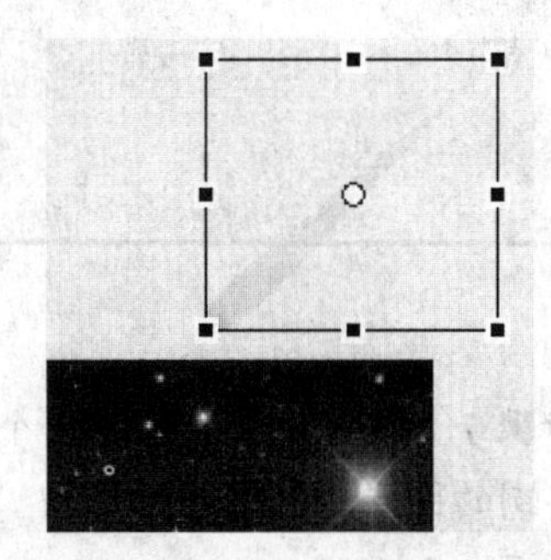

图 8-24　调整元件实例的位置和大小

**步骤 5**　选中“流星”元件实例所在图层的第 1 帧，然后选择“插入”>“时间轴特效”>“变形/转换”>“变形”菜单，打开“变形”对话框。

**步骤 6**　在“变形”对话框中将“效果持续时间”设为“20”帧，将 X 值设为“-900”，将 Y 值设为“700”，其他参数保持默认，单击“确定”按钮，如图 8-25 所示。“变形”对话框中各选项的作用如下。

- **效果持续时间：**设置变形时前后两个关键帧之间的间隔时间。
- **更改位置方式/移动位置：**选择“更改位置方式”选项后，可在后面的 X: 0 像素数 和 Y: 0 像素数 文本框中设置对象在特效结束帧中的 X 轴和 Y 轴位置；选择“移动位置”选项，对象将向左上方移动。
- **“缩放比例”：**设置对象在两个关键帧之间的缩放比例。取消选取按钮，可具体设置宽（X）和高（Y）的缩放比例。
- **“旋转度数”：**设置对象在两个关键帧之间的旋转度数。
- **“旋转次数”：**设置对象在两个关键帧之间的旋转次数，一次表示旋转 360 度。
- **：**单击按钮，对象将逆时针旋转，单击按钮对象将顺时针旋转。
- **“更改颜色”：**选中该复选框，可设置对象在特效结束帧上的颜色。
- **“最终的 Alpha”：**设置动画结束帧上对象的透明度。
- **“移动减慢”：**设置对象运动的变化速度，当设置为 0 到 90 之间时，对象运动由快到慢，设置为-90 到 0 之间时由慢到快。

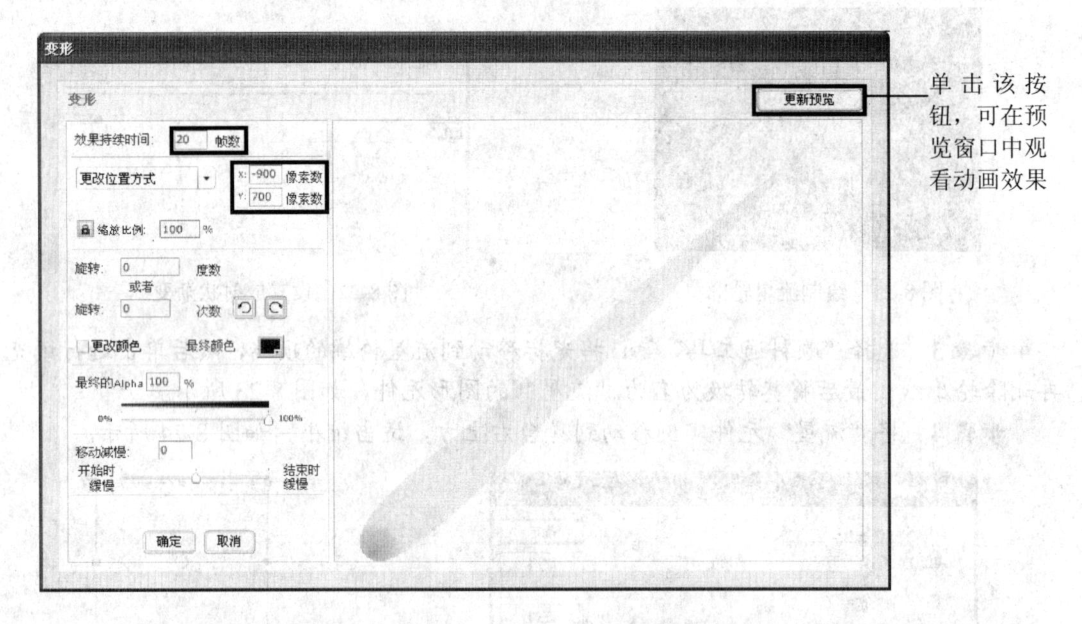


图 8-25 “变形”对话框

**步骤 7** 此时会自动生成一个名为“变形 1”的图层。本例中我们将原来包含“流星”元件实例的图层删除，然后选中“变形 1”图层上的所有帧，将其拖动到第 15 帧处，如图 8-26 所示。

**步骤 8** 打开“库”面板，会发现 Flash 自动生成了一个“特效文件夹”，里面包含了与特效动画相关的元件，如图 8-27 所示。至此项目八就制作完成了，按快捷键【Ctrl+Enter】预览一下效果吧。

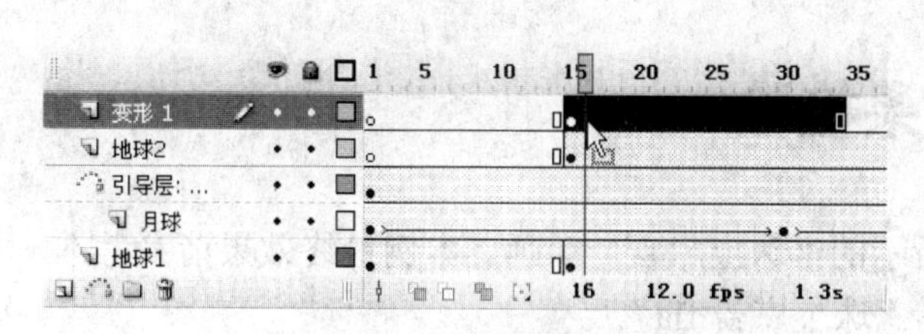

图 8-26　移动帧

图 8-27　“库”面板中自动生成的元件

# 延伸阅读

## 一、各时间轴特效的特点

Flash 提供了变形、转换、分离、展开、模糊、投影、分散式直接复制和复制到网格几种时间轴特效，这些特效可应用在矢量图形、群组、元件实例、位图图像、文本等对象上。我们可选择“插入”>“时间轴特效”菜单中的子菜单，来启用相应的时间轴特效。

- **“变形”特效：**通过调整对象的位置、缩放比例、旋转、透明度和色调生成动画。
- **“转换”特效：**制作淡入\淡出、逐渐显示或逐渐消失效果的动画。
- **“分离”特效：**使对象分离成一个个碎片并散开，可用来制作爆炸效果。
- **“展开”特效：**制作对象逐渐增大（展开）、逐渐收缩、偏移等动画效果。
- **“模糊”特效：**制作对象逐渐模糊消失的动画效果。
- **“投影”特效：**制作对象的投影，其生成的是静态对象而不是动画。
- **“分散式直接复制”和“复制到网格”特效：**如果希望在舞台上有规律地复制多个对象，可使用这两种特效。

## 二、时间轴特效的编辑和删除

为对象添加了时间轴特效后，如果对效果不满意，可以更改特效参数，具体方法是：在添加了时间轴特效的对象上右击，在弹出的快捷菜单中选择“时间轴特效”>“编辑特效”项。即可在打开的特效对话框中对参数进行修改。

要删除特效，只需在添加了时间轴特效的对象上右击，在弹出的快捷菜单中选择“时间轴特效”>“删除特效”菜单即可。

# 检测与评价

本项目主要介绍了制作遮罩动画、引导路径动画的方法，还介绍了时间轴特效的应用。大多数 Flash 动画作品都不是只采用一种制作手法，而是综合应用多种制作手法的结果。在学习遮罩动画，引导路径动画时，既要学会它们的制作方法，还要善于引申，举一反三，从而制作出更多、更精彩的动画。

## 成果检验

结合本项目所学内容，制作图 8-28 所示的“珠宝广告”动画。本例最终效果请参考本书配套素材“素材与实例”>“项目八”>“珠宝广告.fla”。

图 8-28　珠宝广告

**提示**

（1）打开本书配套素材“素材与实例”>“项目八”>“广告素材.fla”，然后将“库”面板中的“钻石 3.jpg”位图拖入舞台。

（2）新建并重命名图层，然后将“蝴蝶”图形元件拖入舞台，并利用它制作引导路径动画。

（3）新建并重命名图层，使用“线条工具”和“选择工具”绘制花纹，并将其转换为名为“花纹”的图形元件，然后在“花纹”图形元件中制作遮罩动画。

（4）新建并重命名图层，使用使用“文本工具”输入文字，并为文本添加滤镜特效，然后将文字转换为图形元件，并在图形元件中制作遮罩动画。

# 项目九　制作音乐 MTV——声音应用

**课时分配：** 11 学时

**学习目标**

| 掌握导入和添加声音的方法 |
|---|
| 掌握编辑声音的方法 |
| 掌握设置输出音频的方法 |

**模块分配**

| 任务一 | 导入、添加和编辑声音 |
|---|---|
| 任务二 | 合成动画与添加歌词字幕 |
| 任务三 | 设置 MTV 输出音频 |

**作品成品预览**

素材位置：光盘\素材与实例\项目九\MTV 素材.fla、浪花一朵朵.mp3、声效.mp3

实例位置：光盘\素材与实例\项目九\MTV.fla

本例通过制作音乐 MTV 动画，让大家掌握在 Flash 中导入、添加和编辑声音，以及使声音与字幕同步的方法。

# 任务一　导入、添加和编辑声音

## 学习目标

|  | 掌握导入声音的方法 |
|---|---|
| | 掌握添加声音的方法 |
| | 掌握编辑声音的方法 |

## 一、导入声音文件

一般情况下，可以直接导入 Flash 软件的声音文件格式有 WAV 和 MP3 两种。如果在系统中安装了 QuickTime 4 或更高版本，则可以导入 AIFF、Sound Designer II、只有声音的 QuickTime 影片、Sun AU 和 System 7 Sounds 等格式的声音文件。

- **WAV 格式：**WAV 格式是一种没有经过任何压缩的声音文件格式。在 Windows 平台下，几乎所有音频软件都提供对它的支持。但是由于其容量较大，所以一般只用来保存音乐和音效素材。
- **MP3 格式：**MP3 格式是一种经过高度压缩的声音文件格式，为动画添加声音时，最好使用 MP3 格式，以减少 Flash 动画的体积。

下面，我们就来导入本例中需要的声音文件。

**步骤 1**　打开本书配套素材"素材与实例" > "项目九" > "MTV 素材.fla"文件，打开"库"面板，可以看到我们提供的制作本例所需的所有图形元件，如图 9-1 所示。

**步骤 2**　将"图层 1"重命名为"声音"，然后选择"文件" > "导入" > "导入到库"菜单，在打开的"导入到库"对话框中选择本书配套素材"素材与实例" > "项目九" > "浪花一朵朵.mp3"文件，单击"打开"按钮，如图 9-2 所示。

图 9-1　"库"面板中的元件

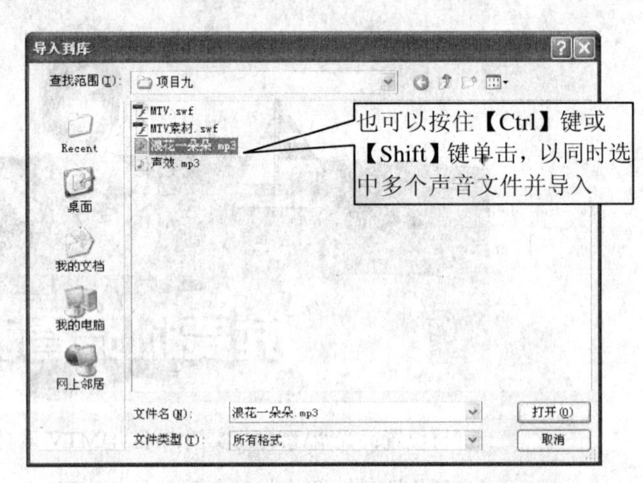


图 9-2　"导入到库"对话框

**步骤 3**　出现一个进度条，等待一会即可将声音文件导入，如图 9-3 所示。使用与步

骤 2 相同的方法，导入“声效.mp3”文件，导入的声音文件将保存在“库”面板中，如图 9-4 所示。

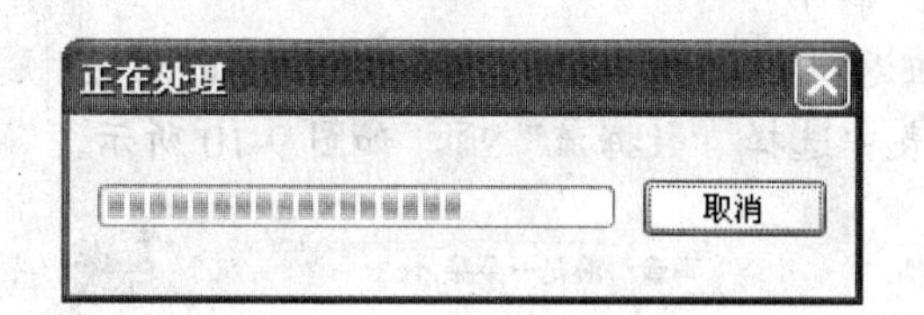


图 9-3　导入进度条

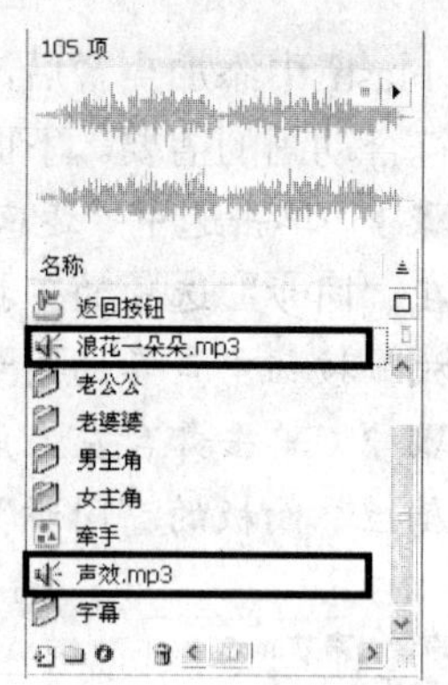


图 9-4　“库”面板中的声音元件

## 二、添加声音

将声音文件导入后，声音并不会自己播放，必须将声音添加到关键帧上，才能使声音从该帧开始播放。

**步骤 1**　在“声音”图层上的任意帧处插入普通帧，在第 2 帧处插入关键帧，然后选中第 2 帧，打开“属性”面板，在“声音”选项的下拉列表中选择“浪花一朵朵.mp3”项，如图 9-5 所示。

**步骤 2**　为关键帧添加声音后，时间轴上会显示波形形状，波的长度便是声音文件在时间轴上的播放长度，如图 9-6 所示。

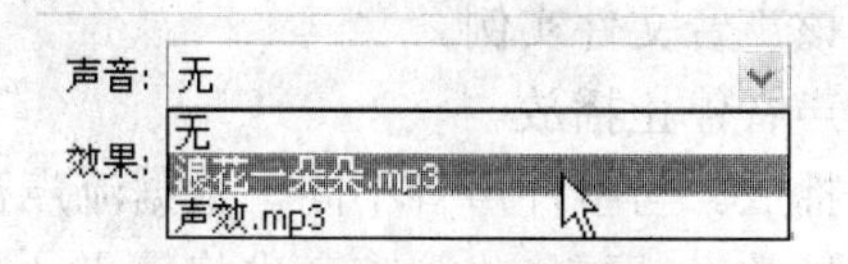


图 9-5　为关键帧添加声音

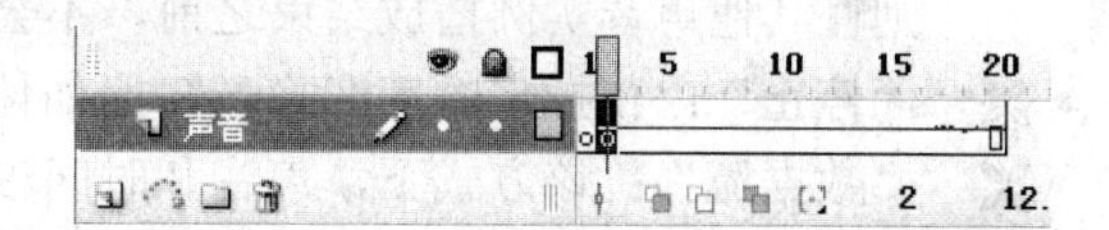


图 9-6　声音在时间轴上的表现

**步骤 3**　双击“库”面板中的“播放”按钮元件进入其编辑状态，然后在“图层 1”的上方新建一个图层，命名为“声音”，再在“声音”图层的“按下”帧处插入关键帧，如图 9-7 所示。

**步骤 4**　确保“按下”帧处于选中状态，将“库”面板中的“音效.mp3”拖到舞台中，即可为该关键帧添加声音，如图 9-8 所示。

**步骤 5**　使用与步骤 3、步骤 4 相同的方法为“返回”按钮添加声音。

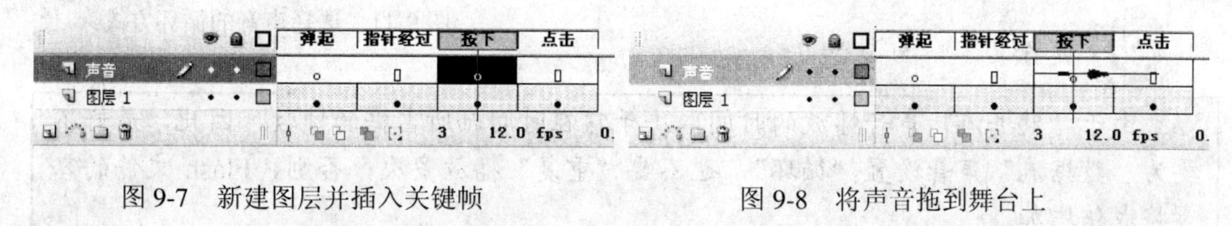


图 9-7　新建图层并插入关键帧　　　　图 9-8　将声音拖到舞台上

## 三、编辑声音

在 Flash 中添加声音后，我们还可以对声音的同步选项、效果和封套等进行编辑，以使声音符合动画的需要。下面，就让我们对添加的声音进行编辑。

**步骤 1** 单击选中“返回”按钮元件中“声音”图层的“按下”帧，然后打开“属性”面板，在“同步”选项的下拉列表中选择“事件”项，如图 9-9 所示。利用同样的方法，将“播放”按钮中声音的同步选项也设为“事件”。

**步骤 2** 单击舞台左上角的场景 1按钮返回主场景，选中“声音”图层的第 2 帧，然后在“属性”面板的“同步”选项下拉列表中选择“数据流”项，如图 9-10 所示。

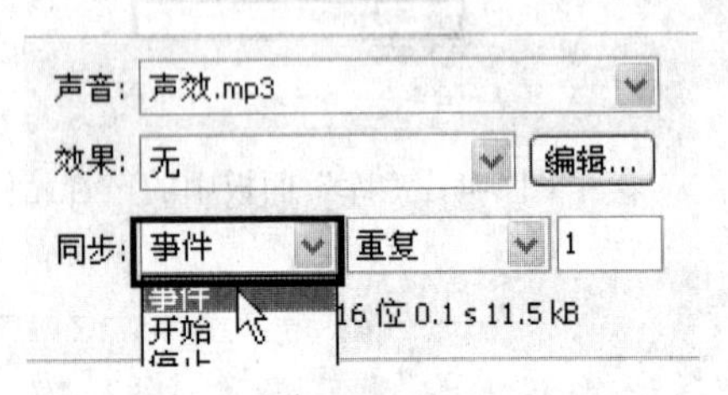


图 9-9 设置同步选项为“事件”

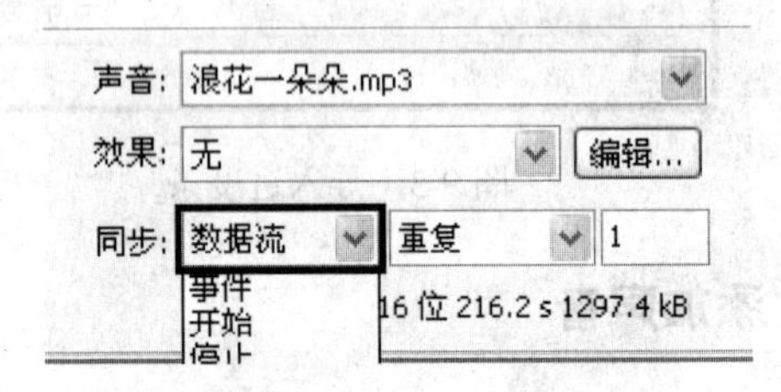


图 9-10 设置同步选项为“数据流”

“同步”选项下拉列表中各选项意义如下：

- **“事件”**：选择此项后，声音的播放与时间轴无关，当动画播放到添加声音的关键帧时，声音开始播放，无论关键帧后是否有普通帧，一直到将该声音文件播放完为止。事件声音一般用在不需要控制声音播放的地方，例如按钮或贺卡的背景音乐。
- **“开始”**：与事件声音相似，区别是：如果当前正在播放该声音文件的其他实例，则在其他声音实例播放结束之前，不会播放该声音文件实例。
- **“停止”**：使指定的声音静音，比如使事件声音停止播放。
- **“数据流”**：该方式下，声音和时间轴同步播放。与事件声音不同，数据流声音的播放时间完全取决于它在时间轴中占据的帧数，动画停止，声音也将停止。制作音乐动画、音乐短剧等需要影片和声音同步播放的动画时，需要选择该选项。

**步骤 3** 选择好“同步”选项后，还可以设置是“重复”播放还是“循环”播放，如图 9-11 所示。若选择“重复”选项，则还可以选择声音重复播放的次数，本例设置为 1 次。

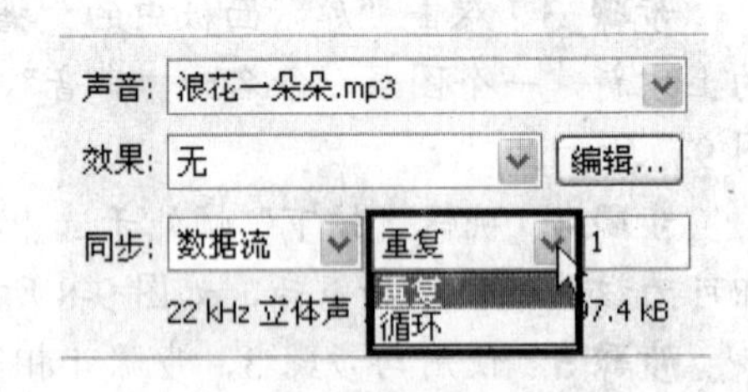


图 9-11 选择声音的循环方式

由于“数据流”声音播放的时间取决于它在时间轴所占据的帧数，因此，最好不要为“数据流”声音设置“循环”，也不要“重复”播放多次，否则，Flash 文件的容量将成倍增加。

# 延伸阅读

## 一、设置声音效果和封套

选中添加声音的关键帧后，我们还可通过“属性”面板“效果”下拉列表为声音选择播放效果，如图 9-12 所示。

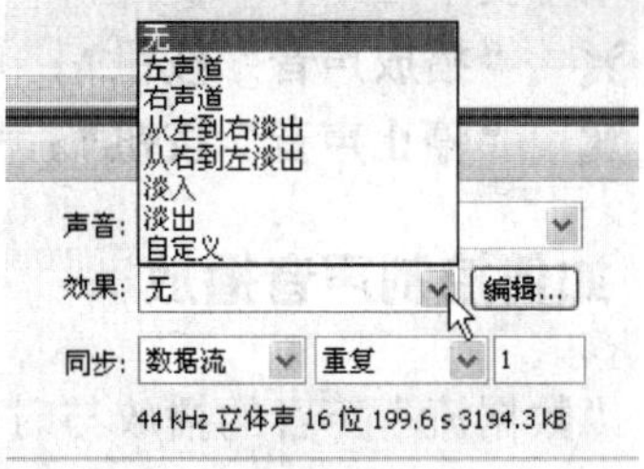

- **无：**不使用任何声音效果。
- **左声道/右声道：**仅使用左声道或右声道播放声音。
- **从左到右淡出：**声音从左声道到右声道逐渐减小。
- **从右到左淡出：**声音从右声道到左声道逐渐减小。
- **淡入：**播放时声音逐渐加大。
- **淡出：**播放时声音逐渐减小。
- **自定义：**打开“编辑封套”对话框对声音效果进行编辑。

图 9-12　“效果”下拉列表

如果单击“效果”选项后的“编辑”按钮，则将打开“编辑封套”对话框，如图 9-13 所示。“编辑封套”对话框用来设置设置声音的播放长度、音量等，其分为上下两部分，上面是左声道编辑窗格，下面是右声道编辑窗格。

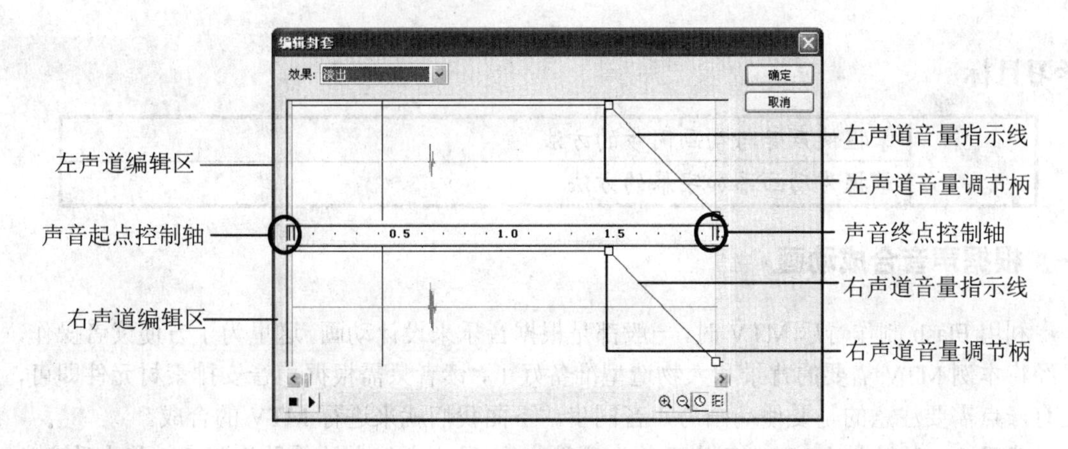


图 9-13　“编辑封套”对话框

- **声音起点控制轴：**向右拖动声音起点控制轴可设置声音开始播放的位置，即可将声音的开头部分去掉。
- **声音终点控制轴：**向左拖动声音终点控制轴可设置声音结束播放的位置，即将声音的尾部去掉。

- **音量指示线和调节柄：**上下拖动音量调节柄可以调整音量的大小，音量指示线位置越高，音量越大；单击音量指示线，在单击处会增加一个音量调节柄，最多可添加 8 个；用鼠标将音量调节柄拖动到编辑区外面，可将其删除。
- **“放大”按钮/“缩小”按钮：**单击这两个按钮，可以改变对话框中声音长度的显示比例，从而方便编辑声音。
- **“秒”按钮/“帧”按钮：**单击这两个按钮，可以改变对话框中声音显示的长度单位，有“秒”和“帧”两种。
- **“播放声音”按钮：**单击该按钮，可以试听编辑后的声音。
- **“停止声音”按钮：**单击该按钮，可以停止试听声音。

## 二、如何控制声音播放

“数据流”声音的播放与时间轴同步，因此控制“数据流”声音的播放，只需在相关位置插入普通帧或关键帧即可。例如，要使声音从第 20 帧开始播放，到第 50 帧停止，在只需在 20 帧插入关键帧，并在该帧上添加声音，然后在第 50 帧处插入关键帧即可。

要控制“事件”声音的播放，需要使用“停止”选项，例如，要在第 50 帧停止某事件声音的播放，需要在第 50 帧插入关键帧，然后选中该帧并在“属性”面板“声音”下拉列表中选择要停止播放的声音文件，在“同步”下拉列表中选择“停止”选项。

# 任务二　合成动画与添加歌词字幕

## 学习目标

|  | 掌握使声音与动画同步的方法 |
| --- | --- |
| | 掌握为动画添加字幕的方法 |

## 一、根据声音合成动画

利用 Flash 制作音乐 MTV 时，一般都是根据音乐来设计动画，这里为了方便读者操作，已经将本例 MTV 需要的背景和人物造型准备好了，读者只需根据声音安排素材元件即可，还有一点需要注意的是要使动画与声音同步。下面我们就来进行 MTV 的合成。

**步骤 1**　本例中的 MTV 只使用歌曲的第 1 段，因此我们先计算歌曲长度并掐去歌曲的后半部分。在“声音”图层中一边插入普通帧一边聆听歌曲，会发现歌曲第 1 段结束的帧为第 1302 帧，因此我们在第 1302 帧处插入关键帧，在第 1315 帧处插入普通帧（在此处插入普通帧的目的是为了制作歌唱结束后的谢幕效果），如图 9-14 所示。

**步骤 2**　新建 7 个图层，分别命名为“背景 1”、“背景 2”、“人物 1”、“人物 2”、“字幕”、“按钮”和“命令”，并将这些图层按照图 9-15 所示的顺序排列。

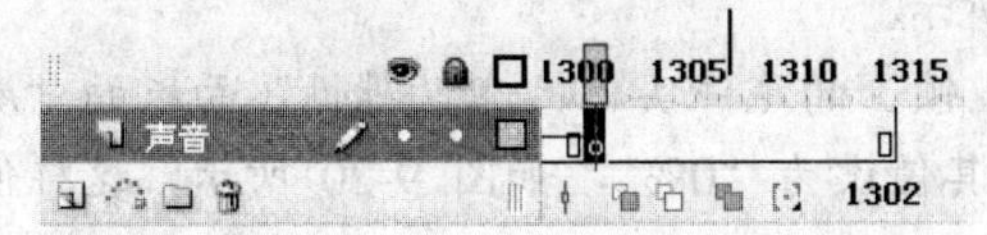


图 9-14　插入普通帧和关键帧

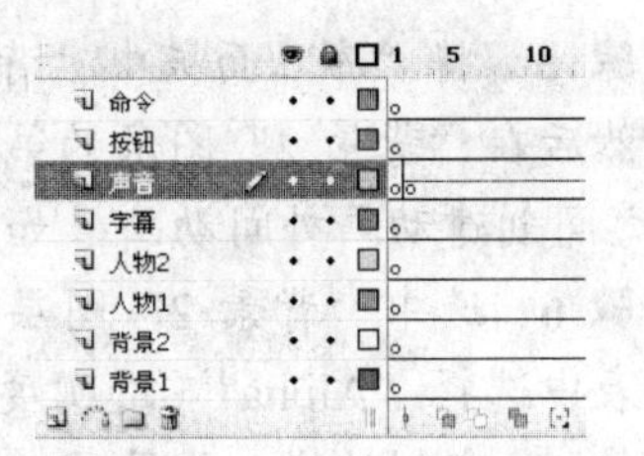


图 9-15　新建并排列图层

本例中，我们也可在选中“声音”图层第 2 帧后，打开“编辑封套”对话框，向左拖动“声音起点控制轴”，切掉歌曲的后半部分，只留下歌曲的第 1 段（可以边拖动边单击“播放声音”按钮▸和“停止声音”■按钮来预览声音），如图 9-16 所示；此时还可看到歌曲占据的时间轴帧数，从而方便我们确定在时间轴上将声音延长到何处。

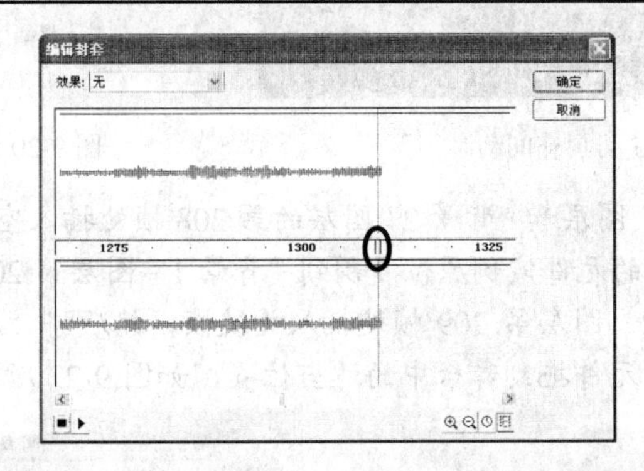


图 9-16　利用“编辑封套”对话框掐去歌曲后半部分

**步骤 3**　选中“背景 1”图层第 1 帧，打开“库”面板，将“库”面板中“背景”文件夹下的“背景 1”图形元件拖到舞台中，移动其位置，使其右上角的天空覆盖整个舞台，如图 9-17 所示。

**步骤 4**　按【Enter】键预览动画，当听到“拉~拉~拉~”的前奏时按下【Enter】键暂停播放，在“背景 2”图层插入关键帧（本例中为第 162 帧，可根据实际情况进行调整），如图 9-18 所示。

如果找不准位置，可单击“显示图层轮廓”按钮■进行确认

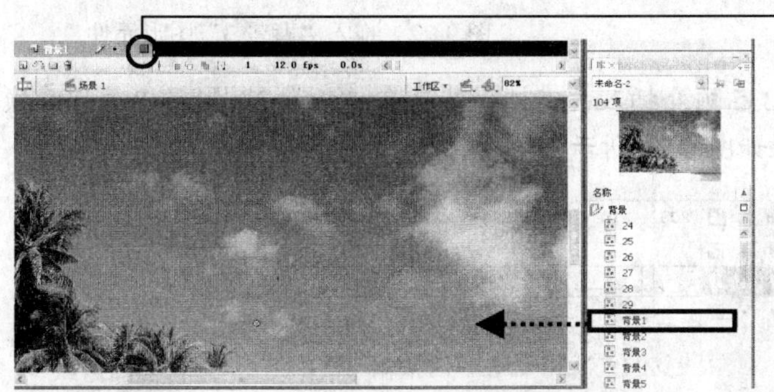

图 9-17　将“背景 1”图形元件拖入舞台

图 9-18　根据声音插入关键帧

**步骤 5** 将“库”面板中“背景”文件夹下的“背景 2”图形元件拖到舞台中，放好位置，然后在“背景 2”图层的第 191 帧处插入关键帧，并在“背景 2”图层第 162 帧与 191 帧之间创建动画补间动画，如图 9-19 所示。

**步骤 6** 选中“背景 2”图层的第 162 帧上的元件实例，在“属性”面板的“颜色”下拉列表中选择“Alpha”（透明度），并将其值设为“0%”，如图 9-20 所示，这样便制作了“背景 2”实例的淡入效果。

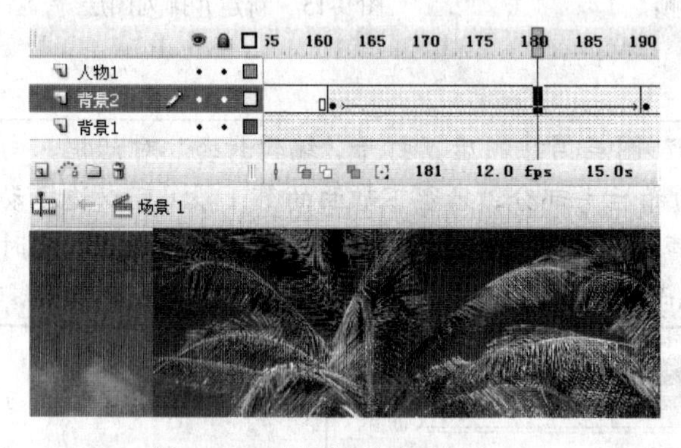


图 9-19 创建动画补间动画

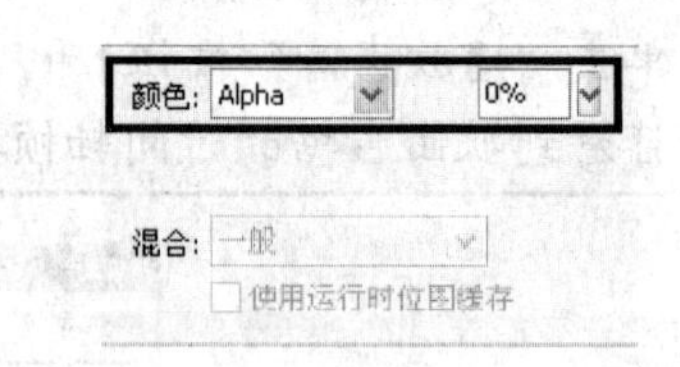


图 9-20 设置元件实例透明度

**步骤 7** 在“背景 1”图层和“背景 2”图层的第 208 帧处插入空白关键帧，然后将“背景 2”图层中第 191 帧上的元件实例原位复制到“背景 1”图层第 208 帧，如图 9-21 所示。

**步骤 8** 在“背景 2”图层第 209 帧处插入关键帧，然后将“库”面板中“背景”文件夹下的“背景 3”图形元件拖到舞台中的适当位置，如图 9-22 所示。

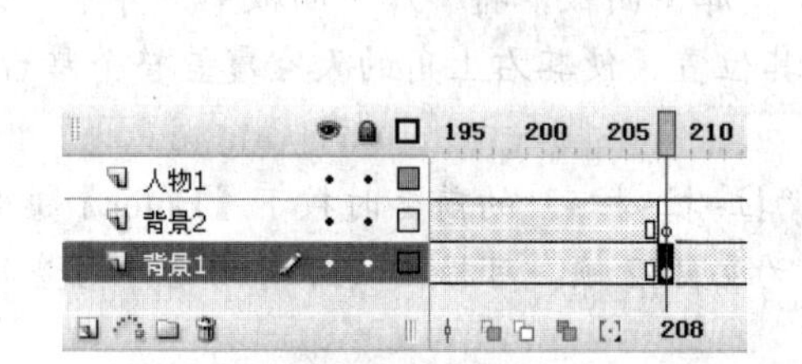


图 9-21 复制元件实例

图 9-22 拖入“背景 3”图形元件

**步骤 9** 在“背景 2”图层第 235 帧处插入关键帧，然后在“背景 2”图层中第 209 帧与 235 帧之间创建动画补间动画，如图 9-23 所示。

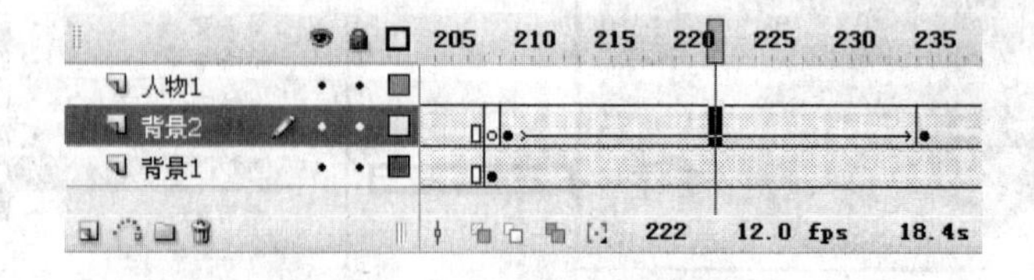


图 9-23 创建动画补间动画

**步骤 10**　选中“背景 2”图层中第 209 帧上的元件实例，然后在“属性”面板的“颜色”下拉列表中选择“Alpha”，并将其值设为“0%”。

**步骤 11**　在“背景 1”图层和“背景 2”图层的第 261 帧处插入空白关键帧，然后将“背景 2”图层中第 235 帧上的元件实例原位复制到“背景 1”图层第 261 帧。在“背景 2”图层第 262 帧处插入关键帧，然后将“库”面板中“背景”文件夹下的“背景 4”图形元件拖到舞台中，如图 9-24 所示。

**步骤 12**　在“背景 2”图层第 291 帧处插入关键帧，然后在“背景 2”图层第 262 帧与第 291 帧之间创建动画补间动画，如图 9-25 所示。再将“背景 2”图层中第 262 帧上元件实例的“Alpha”值设为“0%”。

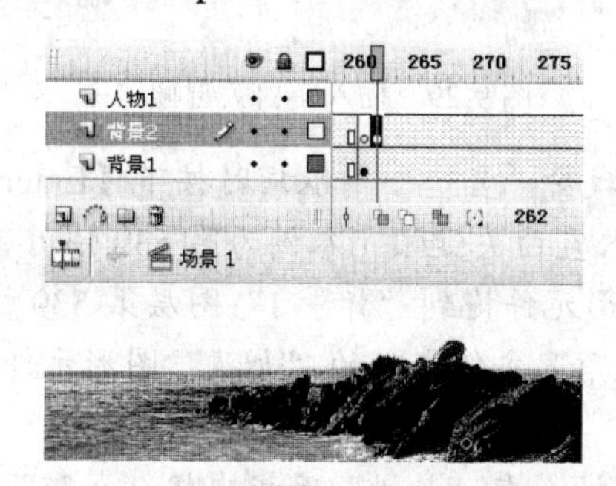


图 9-24　拖入“背景 4”图形元件

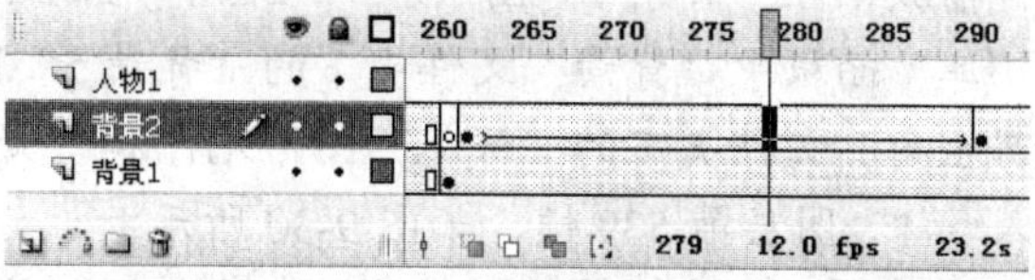

图 9-25　创建动画补间动画

**步骤 13**　按下【Enter】键预览动画，当听到“我要你陪着我……”歌词时按下【Enter】键暂停播放，在“背景 1”图层和“背景 2”图层插入空白关键帧，在“人物 1”图层插入关键帧（本例为第 313 帧，可根据实际情况进行调整），然后将“库”面板中“背景”文件夹下的“海滩 2”图形元件拖到“背景 1”图层第 313 帧，将“男主角”文件夹下的“唱歌”影片剪辑拖到“人物 1”图层第 313 帧，并放在舞台中间，如图 9-26 所示。

**步骤 14**　在“人物 2”图层第 385 帧处插入关键帧，然后将“库”面板中“背景”文件夹下的“沙滩 1”影片剪辑拖到“人物 2”图层第 385 帧，放好位置，如图 9-27 所示。

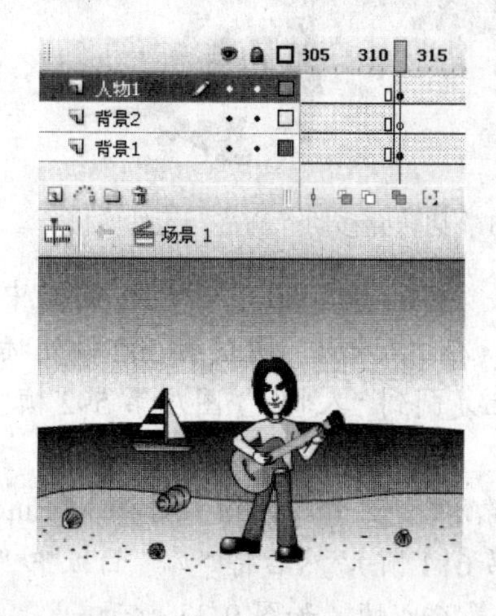


图 9-26　拖入背景和人物

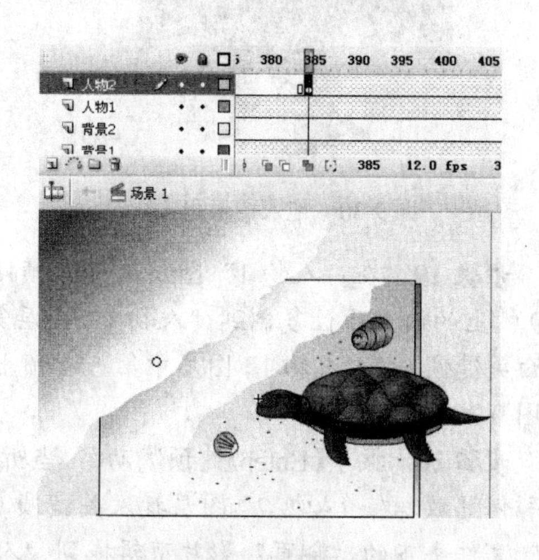


图 9-27　拖入“沙滩 1”影片剪辑

**步骤 15** 在“人物 2”图层第 411 帧处插入关键帧，然后在该图层第 385 帧与 411 帧之间创建动画补间动画，如图 9-28 所示，再将“人物 2”图层中第 385 帧上影片剪辑实例的“Alpha”值设为“0%”。

**步骤 16** 按下【Enter】键预览动画，当听到“你不要害怕……”歌词时按下【Enter】键暂停播放，在“人物 2”图层插入空白关键帧（本例中为第 460 帧），如图 9-29 所示。

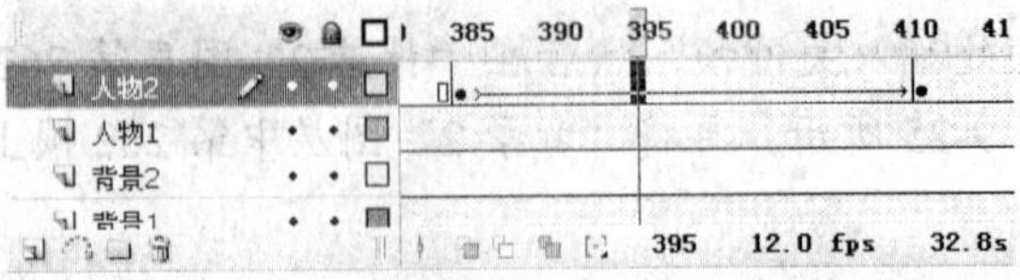

图 9-28 创建动画补间动画

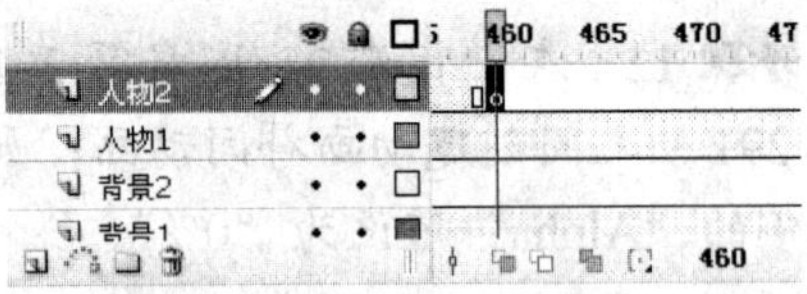

图 9-29 插入空白关键帧

**步骤 17** 按下【Enter】键预览动画，当听到“我会一直……”歌词时按下【Enter】键暂停播放，在“背景 1”图层和“人物 1”图层插入空白关键帧（本例为第 539 帧），然后将“库”面板中“背景”文件夹下的“背景 5”图形元件拖到“背景 1”图层第 539 帧，将“男主角”文件夹下的“鲜花”图形元件和“女主角”文件夹下的“女孩”图形元件拖到“人物 1”图层第 539 帧，如图 9-30 所示。

**步骤 18** 在“人物 1”图层第 557 帧处插入关键帧，在“属性”面板中将“女孩”元件实例交换为“女孩 2”元件实例，然后将“鲜花”元件实例水平翻转，并移动到图 9-31 所示的位置。

图 9-30 拖入背景和人物

图 9-31 翻转并移动“鲜花”元件实例

**步骤 19** 在“人物 1”图层第 574 帧处插入空白关键帧，然后将“人物 1”图层中第 539 帧上的内容原位复制到“人物 1”图层第 574 帧中，在“人物 1”图层第 592 帧处插入空白关键帧，将“人物 1”图层中第 557 帧上的内容原位复制到“人物 1”图层第 592 帧中，如图 9-32 所示。

**步骤 20** 按下【Enter】键预览动画，当听到“……让你乐悠悠”的歌词结束时按下【Enter】键暂停播放，在“人物 2”图层插入关键帧（本例中为第 614 帧），然后将“库”面板中“背景”文件夹下的“翻页”影片剪辑拖到“人物 2”图层第 614 帧，如图 9-33 所示。

图 9-32　原位复制元件实例

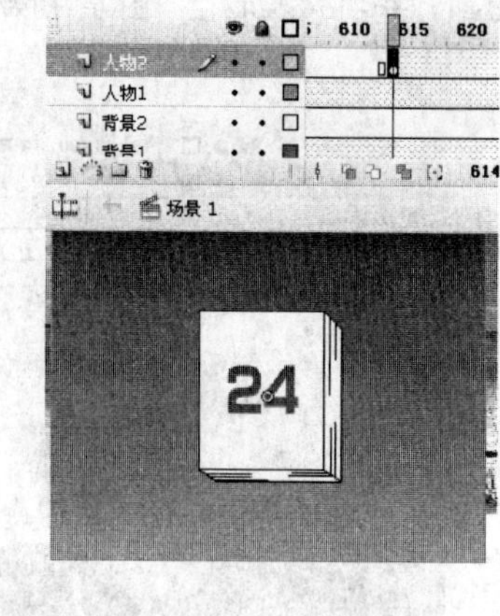

图 9-33　拖入“日历”影片剪辑

**步骤 21**　在“背景 1”图层和“人物 1”图层第 636 帧处插入空白关键帧，在“人物 2”图层第 636 帧处插入关键帧，然后在“人物 2”图层第 614 帧与第 636 帧之间创建动画补间动画，并将第 614 帧上的影片剪辑实例的“Alpha”值设为“0%”，如图 9-34 所示。

**步骤 22**　按下【Enter】键预览动画，当听到“我不管你懂不懂……”的歌词时按下【Enter】键暂停播放，在“背景 1”图层、“人物 1”图层和“人物 2”图层插入空白关键帧（本例中为第 708 帧），将“背景 1”图层第 313 帧上的元件实例原位复制到“背景 1”图层第 708 帧中，将“人物 1”图层中第 313 帧上的影片剪辑实例原位复制到“人物 1”图层第 708 帧中，如图 9-35 所示。

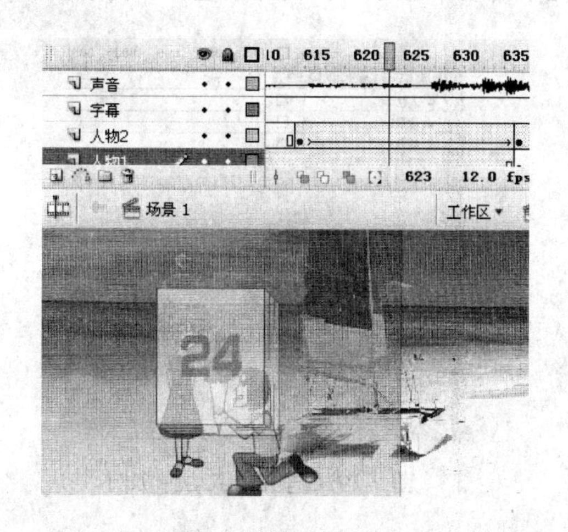

图 9-34　创建动画补间动画

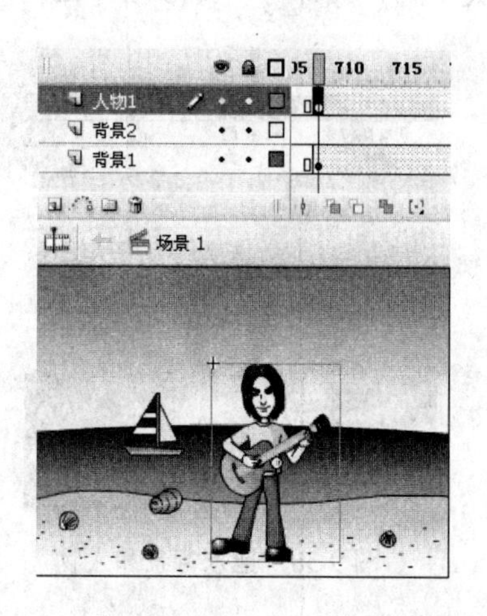

图 9-35　复制背景和人物

**步骤 23**　按下【Enter】键预览动画，当听到“我知道有一天……”的歌词时按下【Enter】键暂停播放，在“人物 2”图层插入关键帧（本例中为第 788 帧），将“库”面板“女主角”文件夹下的“爱”图形元件拖到“人物 2”图层中第 788 帧的舞台中，如图 9-36 所示。

**步骤 24**　在“背景 1”图层和“人物 1”图层第 806 帧处插入空白关键帧，在“人物 2”图层第 806 帧处插入关键帧，然后在“人物 2”图层第 788 帧与第 806 帧之间创建动画

补间动画，并将“人物 2”图层中第 788 帧上元件实例的“Alpha”值设为“0%”，如图 9-37 所示。

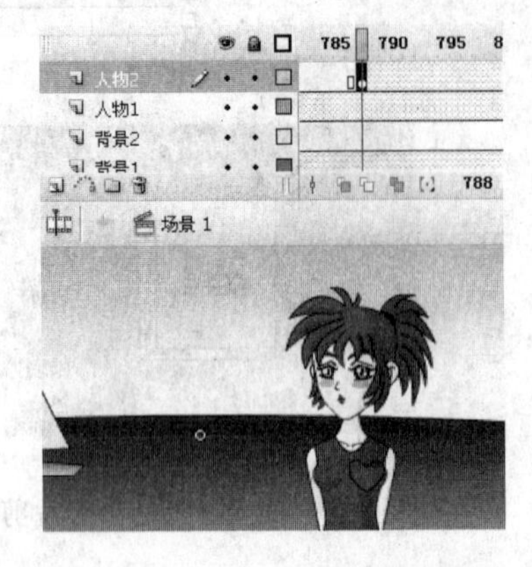

图 9-36　拖入“爱”图形元件

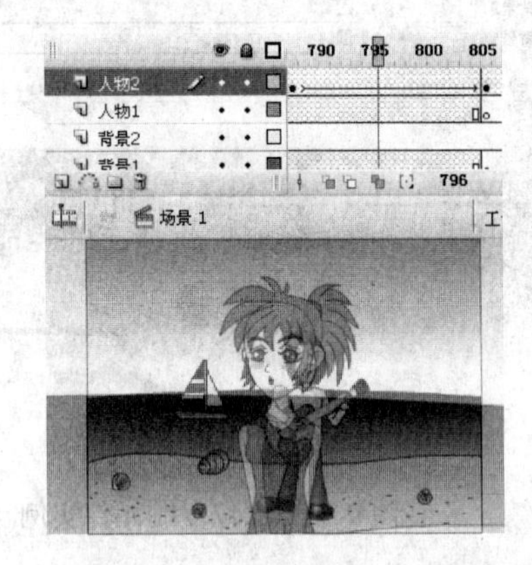

图 9-37　创建动画补间动画

**步骤 25**　按下【Enter】键预览动画，当听到“……爱上我”的歌词结束时按下【Enter】键暂停播放，在“背景 2”图层、“人物 1”图层和“人物 2”图层插入空白关键帧（本例中为第 862 帧），将“库”面板“背景”文件夹下的“海滩 2”图形元件拖到“背景 2”图层第 862 帧并放大，再将“库”面板中“男主角”文件夹下的“装帅”图形元件拖到“人物 1”图层第 862 帧，如图 9-38 所示。

**步骤 26**　在“人物 2”图层第 891 帧处插入关键帧，然后将“库”面板中“男主角”文件夹下的“大帅哥”图形元件拖到“人物 2”图层第 891 帧，放好位置，如图 9-39 所示。

图 9-38　拖入背景和人物

图 9-39　拖入文字动画实例

**步骤 27**　按下【Enter】键预览动画，当听到“……真的很不错”的歌词结束时按下【Enter】键暂停播放，在“背景 1”图层、“背景 2”图层、“人物 1”图层和“人物 2”图层插入空白关键帧（本例中为第 930 帧），将“库”面板中“背景”文件夹下的“日月交替”图形元件拖到“背景 1”图层第 930 帧，如图 9-40 所示。

**步骤 28**　按下【Enter】键预览动画，当听到“……也也也也不回头”的歌词结束时按下【Enter】键暂停播放，在“人物 1”图层插入关键帧（本例中为第 980 帧），将“库”面板中“背景”文件夹下的“老人”图形元件拖到该图层的第 980 帧，如图 9-41 所示。

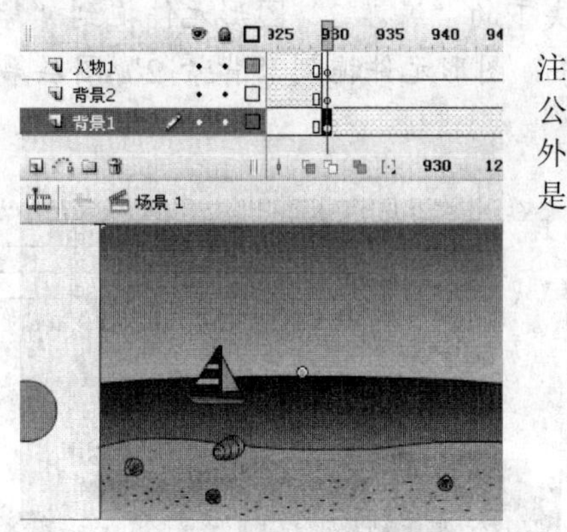

图 9-40　拖入“日月交替”图形元件

注意此时老公公在舞台外面，播放时是看不到的

图 9-41　拖入“老人”图形元件

**步骤 29**　在“背景 1”图层的第 995 帧插入空白关键帧，在“人物 1”图层第 995 帧处插入关键帧，然后在该图层第 980 帧与 995 帧之间创建动画补间动画，并将该图层中第 980 帧上的元件实例的“Alpha”值设为“0%”，如图 9-42 所示。

**步骤 30**　按下【Enter】键预览动画，当听到“哎呦……”歌词时按下【Enter】键暂停播放，在“人物 1”图层插入关键帧（本例为第 1010 帧），再在该图层第 1040 帧处插入关键帧，然后将该图层中第 1040 帧上的元件实例向右移动，使舞台中只显示老公公的特写，最后在该图层第 1010 帧与第 1040 帧之间创建动画补间动画，如图 9-43 所示（这种手法在动画制作中被称为“摇镜头”）。

图 9-42　制作渐显效果

图 9-43　制作“摇镜头”

**步骤 31**　按下【Enter】键预览动画，当听到“拉~拉~……”歌词时按下【Enter】键暂停播放，在“人物 1”图层插入关键帧（本例为第 1082 帧），再在该图层第 1110 帧处插入关键帧，然后将该图层中第 1110 帧上的“老人”图形元件实例缩小，使老公公和老婆婆在舞台中都能够显示，最后在该图层第 1082 帧与第 1110 帧之间创建动画补间动画，如图 9-44 所示（这种手法在动画制作中被称为“拉镜头”）。

**步骤 32**　按下【Enter】键预览动画，当听到“……拉~拉~”的歌词结束时按下【Enter】键暂停播放，在“背景 1”图层、“背景 2”图层和“人物 1”图层插入空白关键帧（本例中为第 1129 帧），将“库”面板中“背景”文件夹下的“海滩 2”图形元件拖到“背景 1”图层第 1129 帧并放大，将“库”面板中的“牵手”图形元件拖到“背景 2”图层第 1129 帧，如图 9-45 所示。

图 9-44 制作“拉镜头”

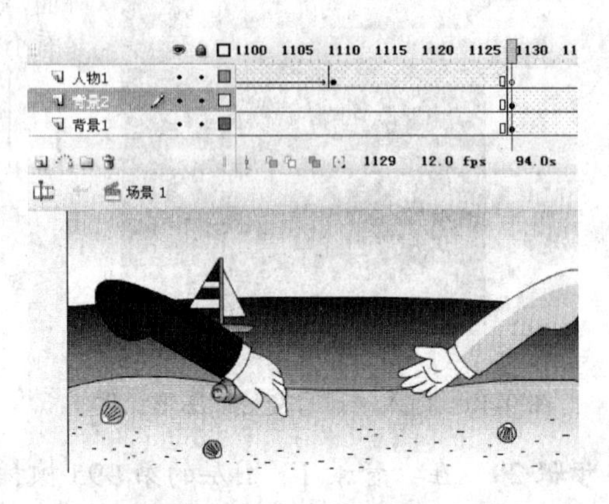

图 9-45 拖入图形元件

**步骤 33** 在“人物 1”图层第 1175 帧处插入关键帧，并将“库”面板中“背景”文件夹下的“夕阳”图形元件拖到该帧舞台中；在“背景 1”图层和“背景 2”图层第 1200 帧处插入空白关键帧，在“人物 1”图层第 1200 帧处插入关键帧，然后在该图层第 1175 帧与第 1200 帧之间创建动画补间动画，并将第 1175 帧上元件实例的“Alpha”值设为“0%”，如图 9-46 所示。

**步骤 34** 在“人物 2”图层第 1263 帧处插入关键帧，将“库”面板中“背景”文件夹下的“黑屏”图形元件拖到“人物 2”图层第 1263 帧，使其完全覆盖舞台中的其他元素，然后在该图层第 1307 帧处插入关键帧，在第 1263 帧与第 1307 帧之间创建动画补间动画，并将“人物 2”图层中第 1263 帧上元件实例的“Alpha”值设为“0%”，如图 9-47 所示。

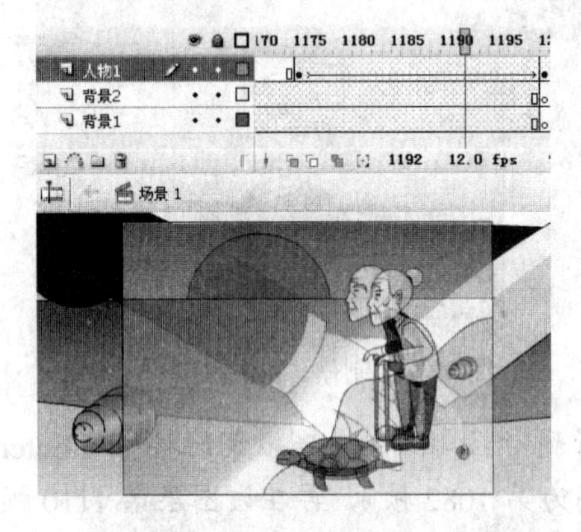

图 9-46 制作渐显效果

图 9-47 制作渐黑效果

## 二、添加歌词字幕

下面我们为 MTV 添加歌词字幕，这主要利用图形元件的“交换”功能，而且还要注

意字幕与声音的同步。

**步骤 1**　在“字幕”图层第 2 帧处插入关键帧，然后将“库”面板中“字幕”文件夹下的“开场字幕”影片剪辑拖到该帧，放在舞台中心偏上位置，如图 9-48 所示。

**步骤 2**　按下【Enter】键预览动画，当听到第 1 句歌词时按【Enter】键暂停播放（本例中为第 163 帧），然后在“字幕”图层第 162、163 帧处插入空白关键帧，将“库”面板中“字幕”文件夹下的“歌词 1”图形元件拖到该图层第 163 帧的舞台下方，如图 9-49 所示。

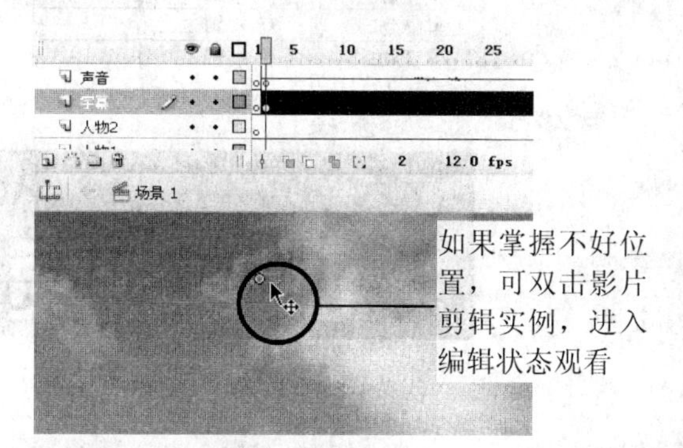


图 9-48　添加开场字幕

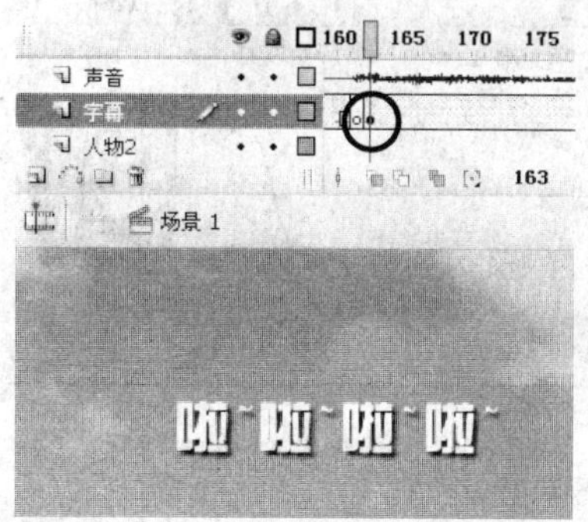


图 9-49　添加第 1 句歌词

**步骤 3**　按【Enter】键预览动画，当第 2 句歌词出现时按下【Enter】键暂停播放，并在“字幕”图层中播放头所在的位置插入关键帧（本例为第 313 帧）。

**步骤 4**　选中“字幕”图层中第 313 帧上的“歌词 1”元件实例，在“属性”面板中单击“交换”按钮交换...，打开“交换元件”对话框，在该对话框中选择“歌词 2”图形元件，然后单击“确定”按钮，如图 9-50 所示。

**步骤 5**　利用与步骤 3、步骤 4 相同的方法，继续为 MTV 添加后面的字幕（有的歌词会多次使用，所以在添加字幕时要注意确认）。

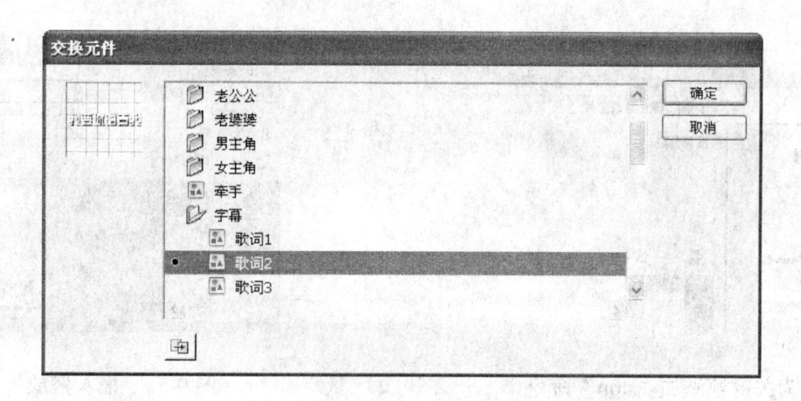


图 9-50　交换元件

**步骤 6**　当添加完最后一句歌词后（即“歌词 5”图形元件），在“字幕”图层第 1250、1261 帧处插入关键帧，并在这两帧之间创建动画补间动画，然后将“字幕”图层中第 1261 帧上元件实例的“Alpha”值设为“0%”，最后在“字幕”图层第 1262 帧处插入空白关键帧，如图 9-51 所示。

**步骤 7**　在“字幕”图层第 1307 帧处插入关键帧，选择“文本工具” T，将“字体”设为“汉仪综艺体简”（字体可根据自己的喜好选择），将字体大小设为“70”，将文本颜色设为白色，然后在舞台中心位置输入“谢谢观赏”字样，如图 9-52 所示。

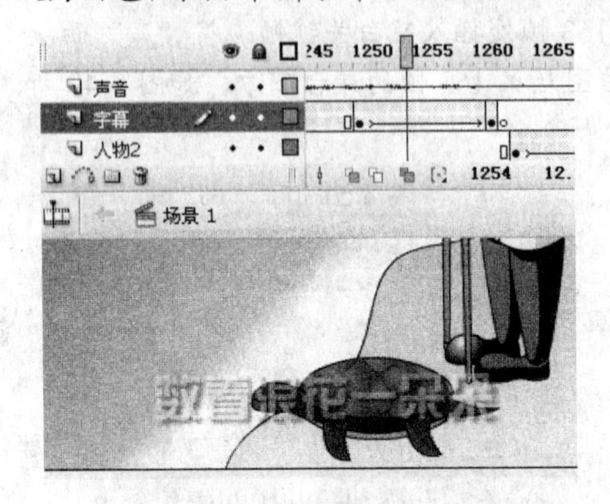


图 9-51　制作渐隐效果

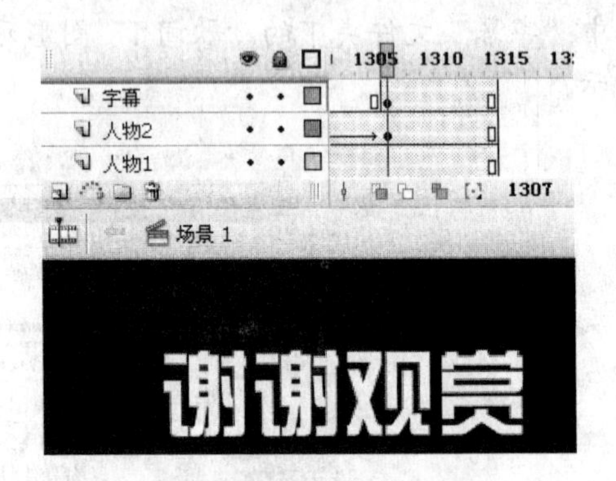


图 9-52　输入文字

## 三、添加按钮和脚本

下面，我们为 MTV 添加用于控制影片播放的按钮和脚本命令。

**步骤 1**　在“命令”图层第 1315 帧处插入关键帧，然后按【F9】键打开“动作”面板，在“动作”面板左上角的命令列表中展开“全局函数”>“时间轴控制”项，再双击“stop”命令，如图 9-53 所示，这样动画便不会循环播放。利用同样的方法为“命令”图层第 1 帧添加“stop”命令。

**步骤 2**　将“库”面板中的“播放”按钮元件拖到“按钮”图层中第 1 帧的舞台右下角，然后在“按钮”图层第 2 帧处插入空白关键帧，如图 9-54 所示。

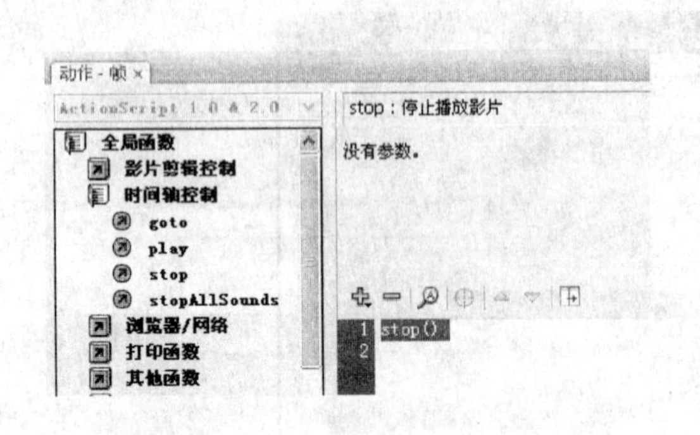


图 9-53　为关键帧添加“stop”命令

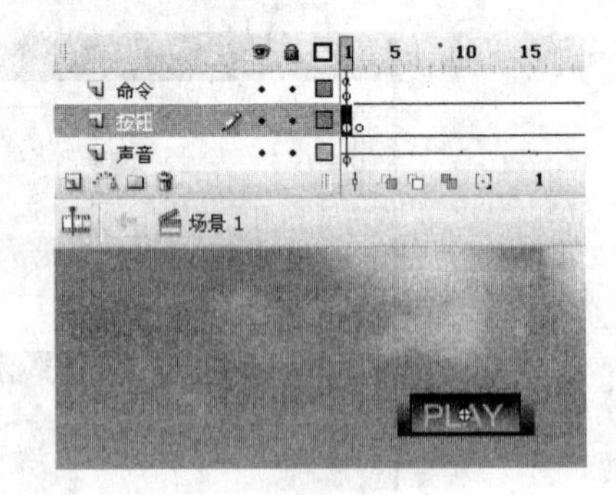


图 9-54　拖入播放按钮

**步骤 3**　选中“按钮”图层中第 1 帧上的“播放按钮”按钮元件，确认“动作”面板的“脚本助手”处于激活状态，然后在“动作”面板左上角的命令列表中展开“全局函数”>“时间轴控制”项，再双击“goto”命令，最后在“帧”编辑框中输入“2”，如图 9-55 所示。这样设置后，在动画播放时单击该按钮，动画将自动跳转到第 2 帧并播放。

**步骤 4**　在“按钮”图层第 1315 帧处插入关键帧，然后将“库”面板中的“返回按钮”按钮元件拖到舞台的右下角位置，如图 9-56 所示。

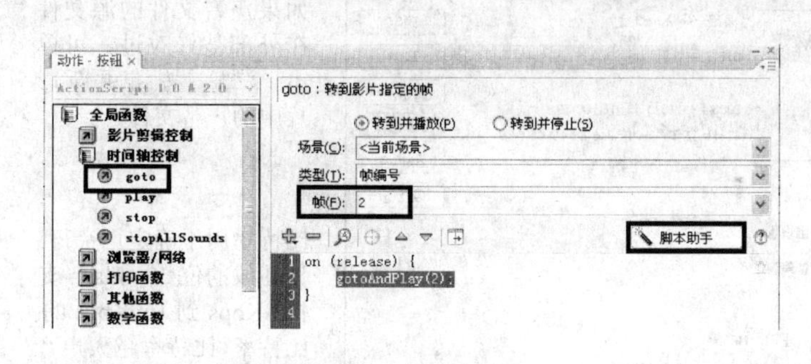

图 9-55　为“播放”按钮添加“goto”命令

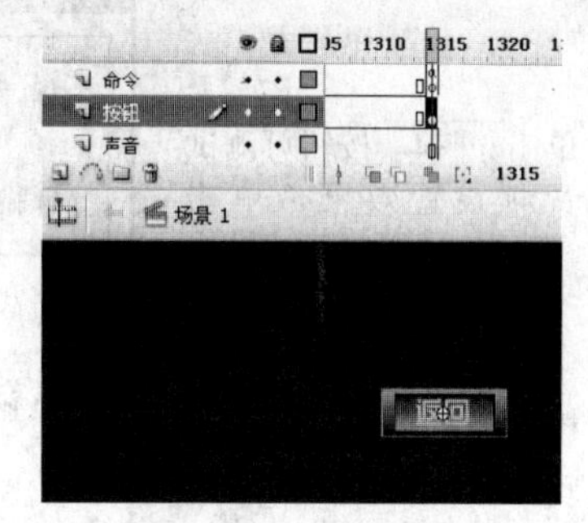

图 9-56　拖入返回按钮

**步骤 5**　选中“返回按钮”按钮实例，打开“动作”面板，利用与步骤 3 相同的方法为按钮添加“goto”命令（所有参数保持默认），并选择“转到并停止”单选钮，如图 9-57 所。这样设置后，在动画播放时单击该按钮，动画将转到第 1 帧并停止播放。

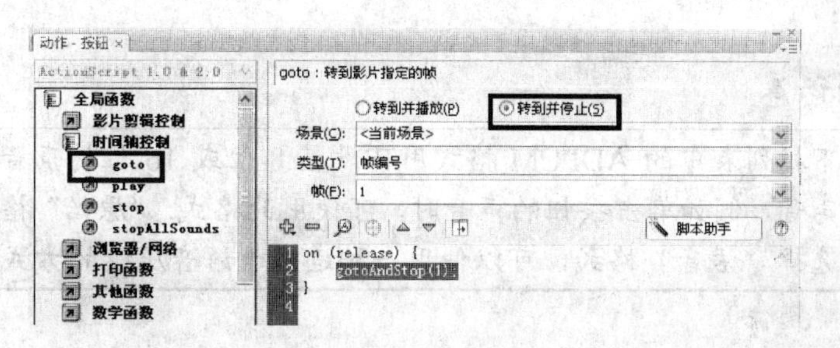

图 9-57　为“返回”按钮添加“goto”命令

# 任务三　设置 MTV 输出音频

**学时分配：3 学时**

**学习目标**

掌握设置输出音频的方法

包含声音文件的 Flash 文件一般体积都会比较大，因此，在将动画发布成.swf 文件时，Flash 会自动对输出的音频进行压缩，以减小 swf 文件的体积。用户也可以在制作好动画后，根据自己的需要设置输出音频。下面，就让我们来设置 MTV 的输出音频。

**步骤 1**　在“库”面板中右击“浪花一朵朵.mp3”声音文件，在弹出的快捷菜单中选择“属性”菜单，打开“声音属性”对话框。

**步骤 2**　在“声音属性”对话框中将“压缩”方式设为“MP3”，将“比特率”设为“48kbps”，将“品质”设为“最佳”，取消选择“将立体声转换为单声道”复选项，设置好后单击“确定”按钮，如图 9-58 所示。

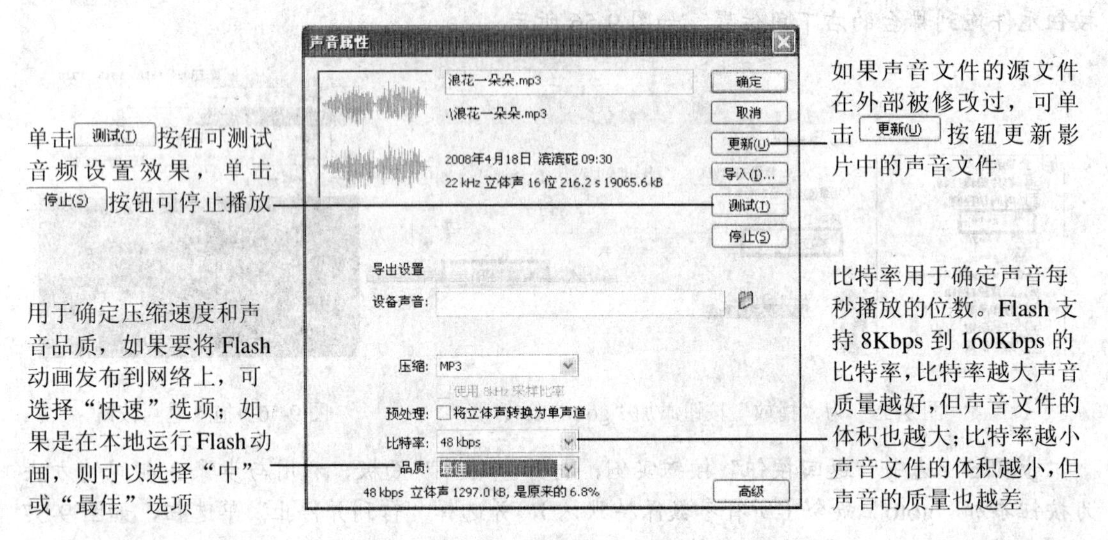


图 9-58 设置输出音频

“压缩”下拉列表中的 ADPCM 格式用来设置 8 位或 16 位的声音数据，当输出较短小的事件声音，例如单击按钮的声音时，可使用此格式；“原始”格式表示不对声音进行压缩；选择“语音”格式，可以使用一种适用于语音压缩的方式导出声音。

# 检测与评价

本项目主要介绍了在动画中添加声音、编辑声音、设置声音与字幕同步，以及设置输出音频的方法。在 Flash 中加入声音时，需要注意的是选择声音的同步方式。其中，事件声音一般用在不需要控制声音播放的地方，例如按钮或某些背景音乐；数据流声音的播放与时间轴同步，常用来制作音乐 MTV 或动画短剧等。对于音乐 MTV 或动画短剧来说，制作时很关键的一点是使声音和字幕同步。

# 成果检验

结合本项目所学内容，制作图 9-59 所示的“咪咪流浪记”动画，本题最终效果请参考本书配套素材“素材与实例”>“项目九”>“咪咪流浪记.fla”。

**提示**

（1）打开本书配套素材“素材与实例”>“项目九”>“咪咪流浪记素材.fla”文件，然后导入同一文件夹下的“咪咪流浪记.mp3”声音文件。

（2）为关键帧添加声音并将“同步”选项设为“数据流”，然后新建并重命名图层，将“库”面板中的元件素材拖到不同的图层中。

（3）为动画添加歌曲字幕，注意使歌曲与字幕同步。

图 9-59　咪咪流浪记

# 项目十　外星人看足球——应用位图和视频

**课时分配：**8 **学时**

**学习目标**

| 掌握导入和编辑位图的方法 |
| --- |
| 掌握导入和编辑视频的方法 |

**模块分配**

| 任务一 | 外星人出场——导入与编辑位图 |
| --- | --- |
| 任务二 | 外星人看足球——导入与编辑视频 |

**作品成品预览**

素材位置：光盘\素材与实例\项目十\外星人素材.fla、太空.psd、足球.avi

实例位置：光盘\素材与实例\项目十\外星人看足球.fla

本例通过制作“外星人看足球”动画，让大家掌握在 Flash 中应用外部图像和视频的方法。

# 任务一　外星人出场——导入与编辑位图

## 学习目标

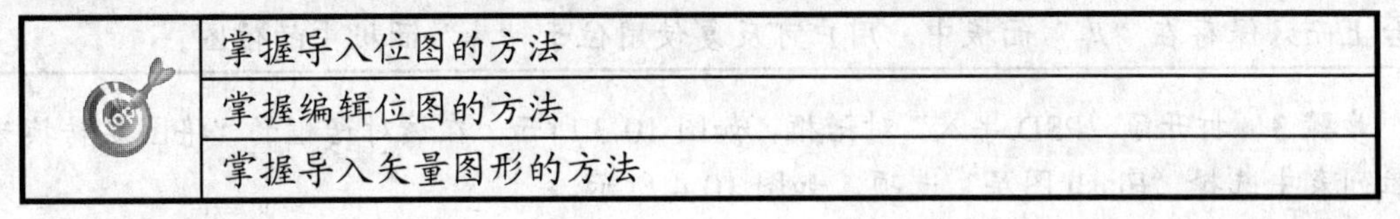

| | 掌握导入位图的方法 |
|---|---|
| | 掌握编辑位图的方法 |
| | 掌握导入矢量图形的方法 |

## 一、导入位图

Flash 支持的图片格式有 BMP（扩展名为.bmp）、JPEG（扩展名为.jpg）、GIF（扩展名为.gif）、PNG（扩展名为.png）、PSD（扩展名为.psd）等。

如果安装了 QuickTime 4 或更高版本，则还可以支持 MacPaint 文件（扩展名为.pntg）、PICT 文件（扩展名为.pct 或.pic）、QuickTime 图像（扩展名为.qtif）、Silicon Graphics 图像（扩展名为.sgi）、TGA 文件（扩展名为.tga）和 TIFF 文件（扩展名为.tiff）等格式的图片。

下面，我们先来导入本例需要的位图图像。

**步骤 1**　打开本书配套素材“素材与实例”>“项目十”>“外星人素材.fla”文件，该文档的“库”面板中有一个“太空站”图形元件，和一个包含了所有外星人元件的“外星人”元件文件夹，如图 10-1 所示。

**步骤 2**　选择“文件”>“导入”>“导入到舞台”菜单，或按快捷键【Ctrl+R】，打开“导入”对话框，在该对话框中选择本书配套素材“素材与实例”>“项目十”>“太空.psd”文件，单击“打开”按钮，如图 10-2 所示。

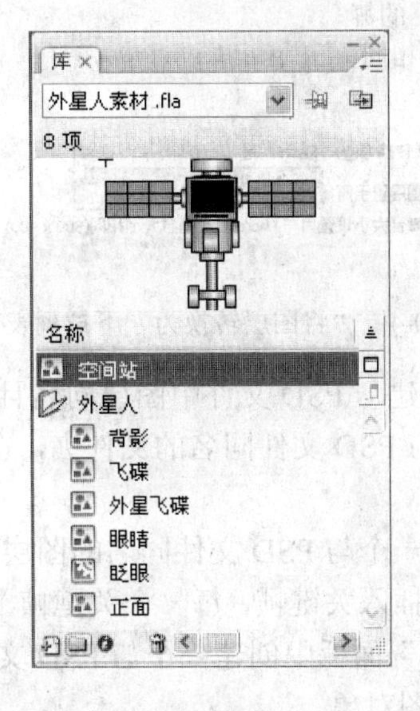


图 10-1　“库”面板中的元件

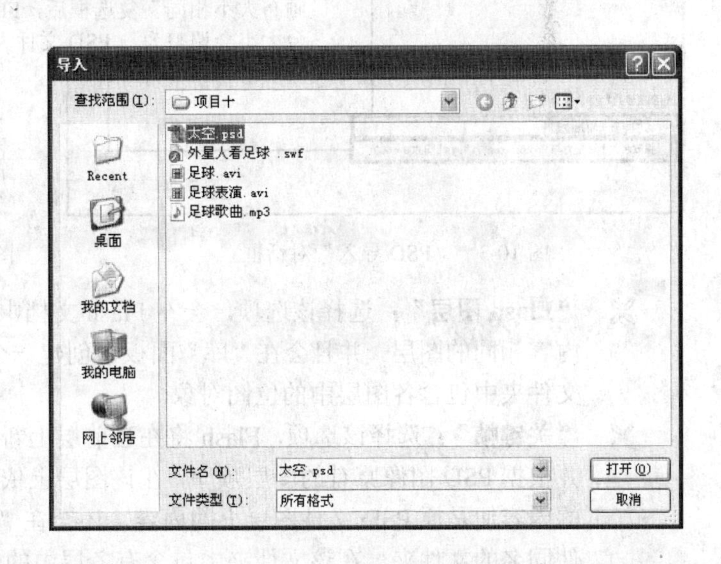


图 10-2　“导入”对话框

选择“文件”>“导入”>“导入到舞台”菜单，会将位图导入到舞台上，并保存在“库”面板中；选择“文件”>“导入”>“导入到库”菜单，则位图不会出现在舞台上而只保存在“库”面板中。用户可反复使用位于“库”面板中的位图。

**步骤 3** 打开了“PSD 导入”对话框，如图 10-3 所示。在该对话框的“将图层转换为”下拉列表中选择“Flash 图层”选项，如图 10-4 所示。

如果导入的是 BMP、JPEG、GIF 以及 PNG 等格式的图片，那么在“导入”对话框中选中图片并单击“打开”按钮后，即可将图片导入到舞台和“库”面板中。

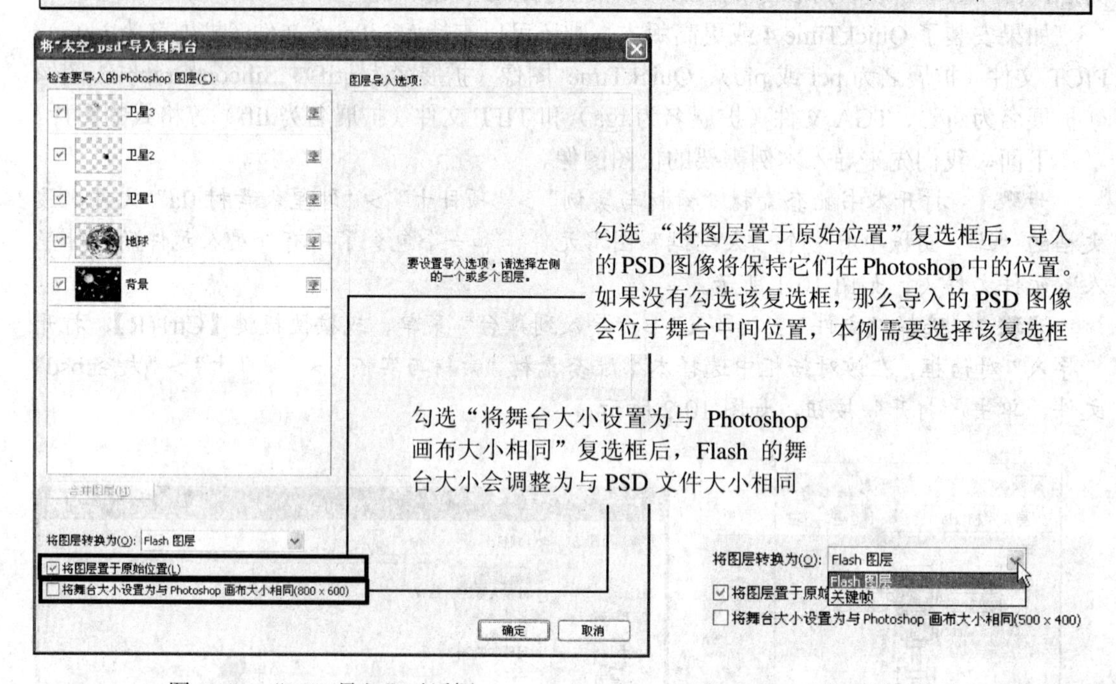


图 10-3 “PSD 导入”对话框　　　　图 10-4 “将图层转换为”下拉列表

- **“Flash 图层”**：选择该选项，会在 Flash 文档中创建与 PSD 文件中图层同名且内容相同的图层。并且会在“库”面板中创建一个与 PSD 文件同名的文件夹，在文件夹中包含各图层中的位图对象。
- **“关键帧”**：选择该选项，Flash 将在当前层上新建一个与 PSD 文件同名的图层，并根据 PSD 图像原有的图层顺序，在该图层上依次插入关键帧，每一个关键帧上的内容便是原 PSD 文件图层上的内容。还会在“库”面板中创建一个与 PSD 文件同名的文件夹，在该文件夹中包含有各层中的位图对象。

**步骤 4** 在对话框左侧的“检查要导入的 PhotoShop 图层（C）:”列表框中列出了图像中所包含的图层，选中某个图层，可在对话框右侧设置其导入选项，例如选中“地球”图

层后，右侧的设置选项如图 10-5 所示。

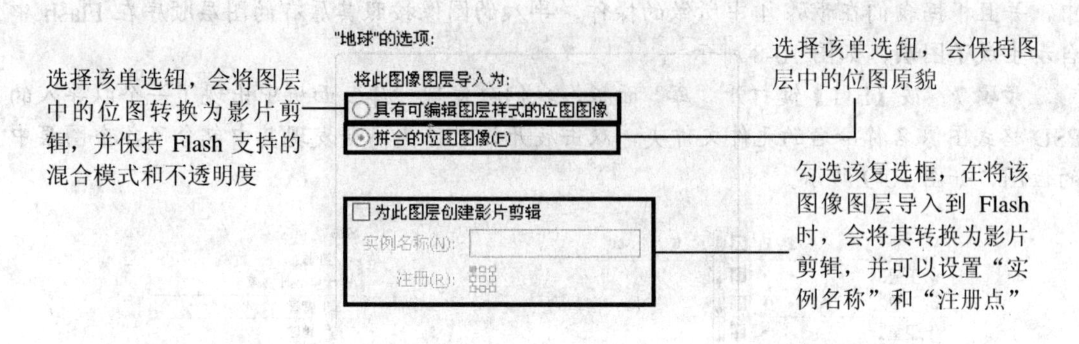


图 10-5　图像图层的导入选项

不同类型的图层导入选项也不相同，如果选择的是文本图层，那么其导入选项如图 10-6 所示。

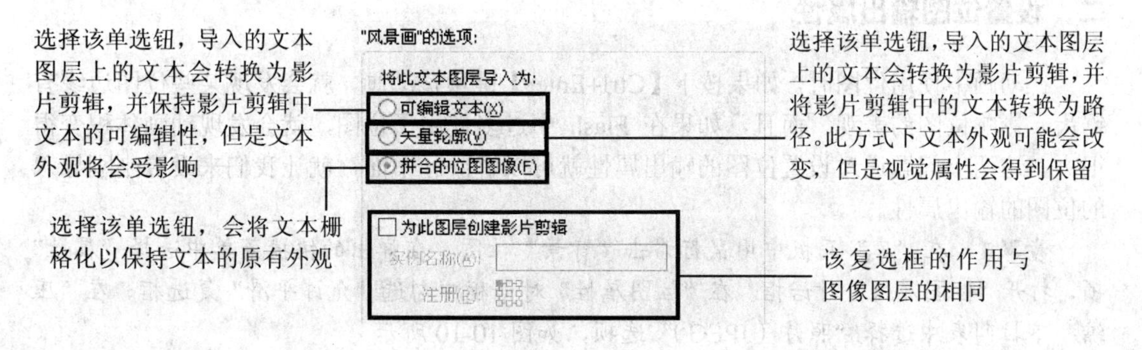


图 10-6　文本图层的导入选项

**步骤 5**　设置好图层导入选项后，我们还可以在对话框下方设置发布选项，请按照图 10-7 所示进行设置。

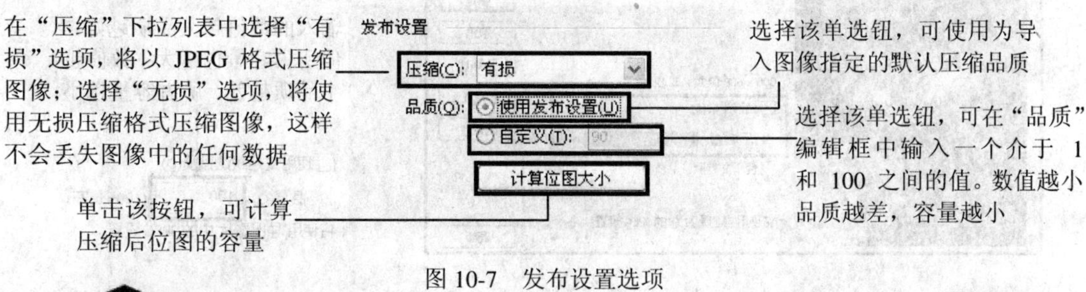


图 10-7　发布设置选项

知识库

一般来说对于颜色复杂或色调变化较多的图像（例如具有渐变填充的图像），使用“有损”压缩格式。对于形状简单、颜色相对较少的图像，使用“无损”压缩。

**步骤 6** 设置好相关参数后单击“确定”按钮，即可将“太空.psd”文件导入到 Flash 中，并且根据我们在步骤 4 中所做的操作，导入的图像按照其原有的图层顺序在 Flash 中自动生成了图层，如图 10-8 所示。

**步骤 7** 按【F11】键打开“库”面板，我们会发现“库”面板中出现了一个以导入的 PSD 格式图像名称命名的元件文件夹，双击展开该文件夹，会发现其中包含了各个图层中的位图，如图 10-9 所示。

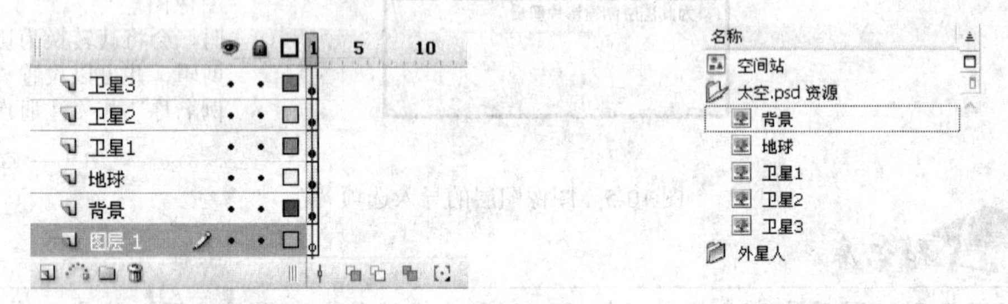


图 10-8 Flash 自动创建图层　　　图 10-9 元件文件夹中的位图

## 二、设置位图输出属性

在动画中使用位图时，如果按下【Ctrl+Enter】键预览动画，就会发现某些位图边缘有锯齿，影响位图的美观。而且，如果在 Flash 中过多使用了位图，就会发现动画体积变得很大。这两个问题通过设置位图的输出属性就可以解决。下面，就让我们来设置刚刚导入的位图的输出属性。

**步骤 1** 在“库”面板中用鼠标右击“背景”位图，在弹出的快捷菜单中选择“属性”项，打开“位图属性”对话框。在“位图属性”对话框中勾选“允许平滑”复选框，在“压缩”下拉列表中选择“照片（JPEG）”选项，如图 10-10 所示。

**步骤 2** 在“位图属性”对话框中取消选择“使用文档默认品质”复选框，在“品质”文本框中输入品质参数，本例中输入“100”，如图 10-11 所示。

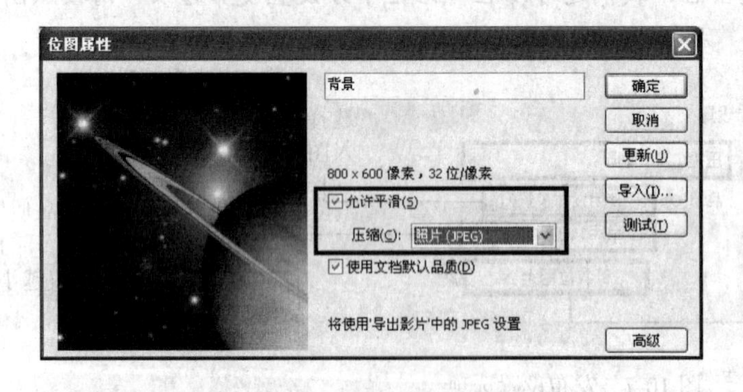


图 10-10 “位图属性”对话框

输入的数值越大品质越好，但所占容量也越大；数值越小品质越差，所占容量越小

使用文档默认品质(D)
品质(Q): 100 (100=最高)
将使用'导出影片'中的 JPEG 设置

图 10-11 设置输出品质

“位图属性”对话框中部分选项意义如下：

- **“允许平滑”复选框**：选择该复选框可为位图消除锯齿，使位图边缘变得光滑。

- “**压缩”下拉列表**：选择“照片（JPEG）”选项，将以JPEG格式压缩图像，适用于具有复杂颜色或色调变化的图像，例如具有渐变填充的照片或图像；选择“无损（PNG/GIF）”选项，将使用无损压缩格式压缩图像，这样不会丢失图像中的任何数据，适用于具有简单形状和较少颜色的图像。
- **“使用文档默认品质”复选框**：选择“照片（JPEG）”压缩方式后，若选择此复选框，会使用导入图像的默认压缩品质压缩图像。否则，将出现“品质”文本框，在该文本框中输入的值越高（1到100），图像质量越好，但文件也会越大。

**步骤 3**　设置好相关选项后，单击“测试”按钮，从对话框底部可查看压缩前和压缩后的图像大小，如图10-12所示。单击“确定”按钮，可将设置应用于该位图在动画中链接的所有图像。

**步骤 4**　使用步骤1和步骤2相同的方法，为“太空.psd资源”元件文件夹中的所有位图设置输出属性。

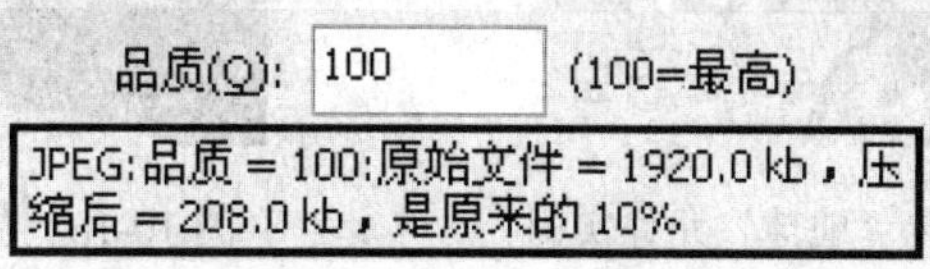

品质(Q): 100 (100=最高)

JPEG:品质 = 100:原始文件 = 1920.0 kb，压缩后 = 208.0 kb，是原来的 10%

图 10-12　压缩前后的图像大小

## 三、利用素材制作动画

下面，我们将利用素材文档中的素材和导入的位图制作动画。

**步骤 1**　将“地球”图层上的地球图像移动到舞台左下角，并将其转换为名为“地球”的图形元件，如图10-13所示。再将“卫星1”、“卫星2”、“卫星3”图层上的图像分别转换为名为“卫星1”、“卫星2”和“卫星3”的图形元件。

**步骤 2**　将“图层1”拖到所有图层的上方，然后将其重命名为“空间站”，再将“库”面板中的“空间站”图形元件拖到该图层，放置在舞台右下角并调整其大小，如图10-14所示。

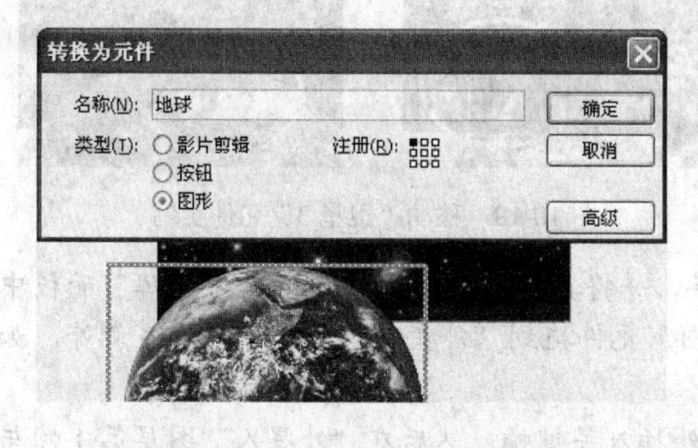


图 10-13　创建“地球”图形元件

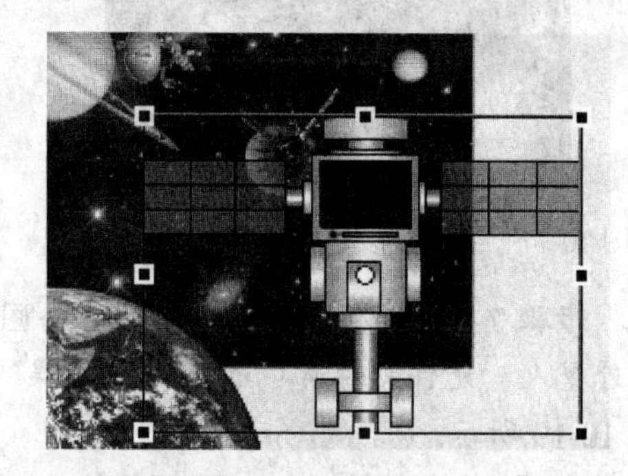

图 10-14　拖入并调整“空间站”图形元件

**步骤 3**　在所有图层第945帧处插入普通帧，在“地球”图层第40帧处插入关键帧，在“地球”图层第 1 帧和第 40 帧之间创建动画补间动画，然后将第 40 帧上的“地球”元件实例使用“任意变形工具”顺时针旋转一些，如图 10-15 所示。

**步骤 4** 在“卫星 1”、“卫星 2”和“卫星 3”图层第 40 帧插入关键帧，然后在“卫星 1”图层第 1 帧与第 40 帧之间创建动画补间动画，将第 40 帧上的“卫星 1”元件实例移动到舞台中心偏下位置，如图 10-16 所示。

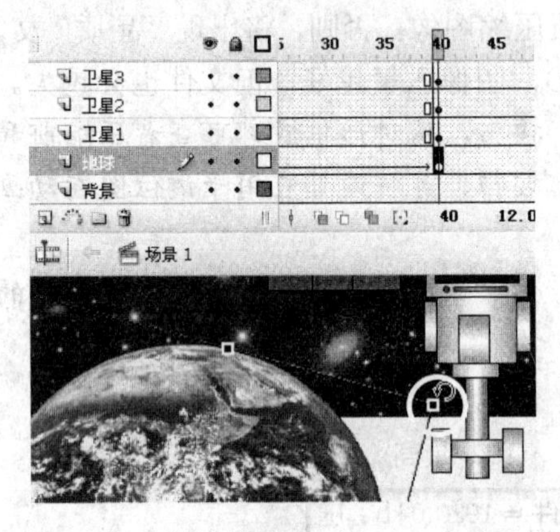


图 10-15 顺时针旋转“地球”元件实例

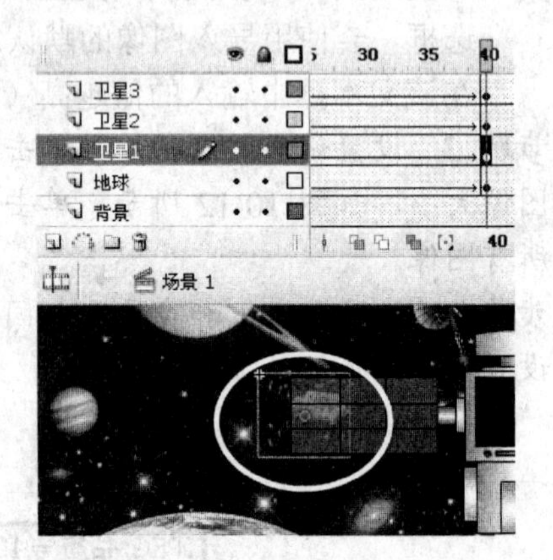


图 10-16 移动“卫星 1”元件实例

**步骤 5** 在“卫星 2”图层第 1 帧与第 40 帧之间创建动画补间动画，将第 1 帧上的“卫星 2”元件实例缩小并向上移动，如图 10-17 所示。

**步骤 6** 在“卫星 3”图层第 1 帧与第 40 帧之间创建动画补间动画，将第 1 帧上的“卫星 3”元件实例移动到地球的右侧，如图 10-18 左图所示。将第 40 帧上的“卫星 3”元件实例移动到地球的左侧，如图 10-18 右图所示。

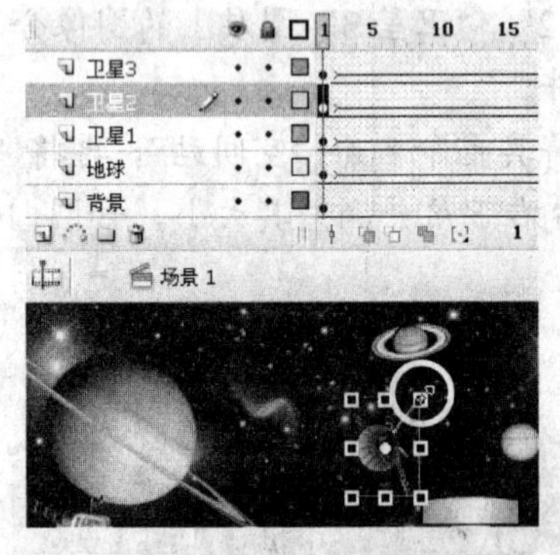


图 10-17 缩小并移动“卫星 2”元件实例

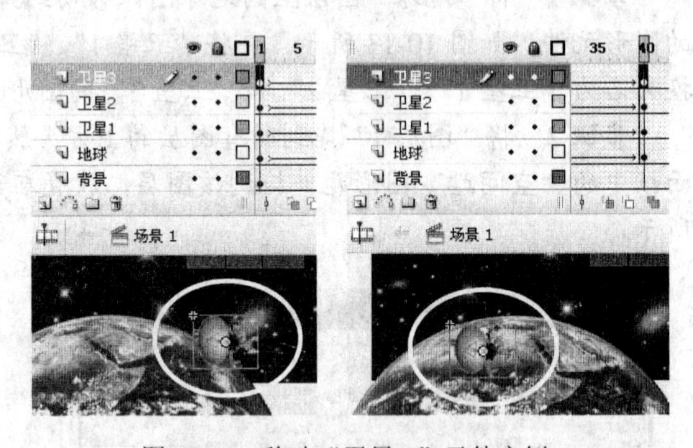


图 10-18 移动“卫星 3”元件实例

**步骤 7** 在所有图层上方新建一个图层，并将其重命名为“外星人”，将“库”面板中“外星人”元件文件夹中的“外星飞碟”图形元件拖到“外星人”图层的舞台左侧外，如图 10-19 所示。

**步骤 8** 在“外星人”图层的第 30 帧处插入关键帧，然后在“外星人”图层第 1 帧与第 30 帧之间创建动画补间动画，并将第 30 帧上的“外星飞碟”元件实例移动到图 10-20 所示的位置。

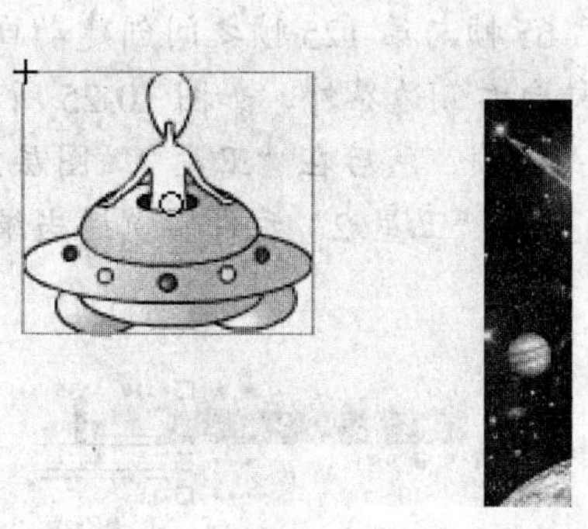

图 10-19　拖入“外星飞碟”元件实例

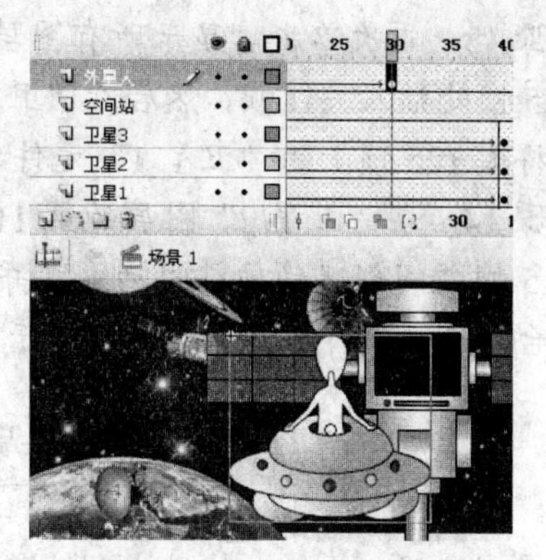

图 10-20　移动“外星飞碟”元件实例

**步骤 9**　选中“外星人”图层，然后单击“时间轴”面板的“添加运动引导层”按钮创建引导图层，在引导图层上绘制一条弧线作为引导线，如图 10-21 所示。调整“外星人”图层第 1 帧和第 40 帧上的“外星飞船”元件实例，使其变形中心点与引导线对齐。

**步骤 10**　在除“引导层”的所有图层的 65 帧处插入关键帧，然后在“背景”图层的第 41 帧处插入关键帧，再在除“背景”图层外的所有图层的第 41 帧处插入空白关键帧，如图 10-22 所示。

图 10-21　绘制引导线

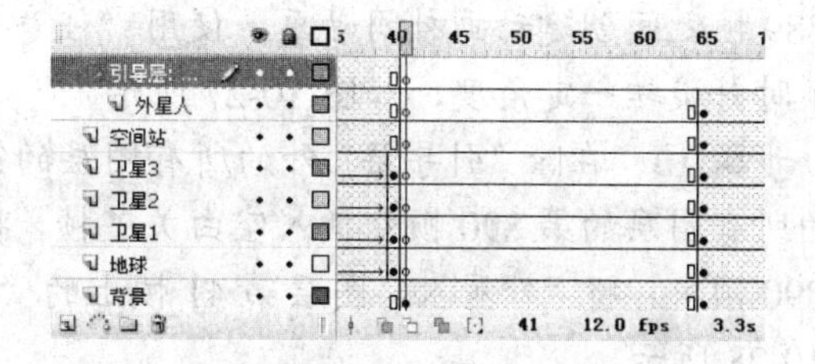

图 10-22　插入空白关键帧

**步骤 11**　将“背景”图层上的位图放大至 200%，然后将“库”面板中“外星人”元件文件夹下的“正面”图形元件拖到“外星人”图层第 41 帧的舞台中，并调整其大小，如图 10-23 所示。

**步骤 12**　拖动鼠标选中所有图层第 65 帧上的对象，然后将其成比例放大至“150%”，然后单击“时间轴”面板左上方的“显示所有图层的轮廓”按钮□，使所有图层上的对象都只显示轮廓线，再将所有图层第 65 帧上的对象移动到图 10-24 所示的位置。

图 10-23　拖入并调整“正面”图形元件

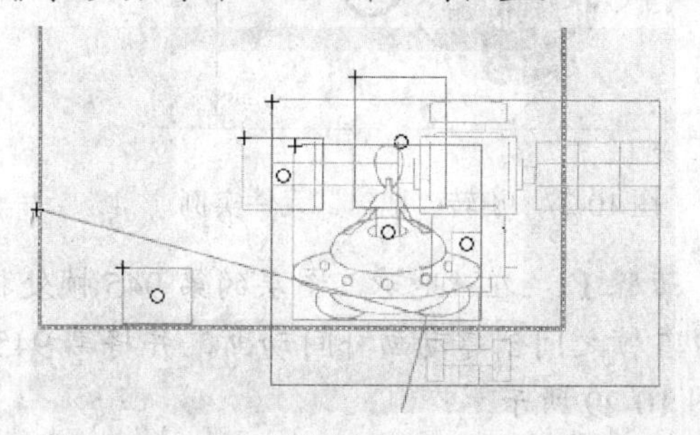

图 10-24　移动所有图层第 41 帧上的对象

**步骤 13** 再次单击“显示所有图层的轮廓”按钮□恢复正常显示，在“卫星 1”图层的第 125 帧处插入关键帧，然后在“卫星 1”图层第 65 帧与第 125 帧之间创建动画补间动画，并将第 125 帧上的“卫星 1”元件实例移动到舞台右侧边界外，如图 10-25 所示。

**步骤 14** 在“卫星 2”图层的第 115 帧处插入关键帧，然后在“卫星 2”图层第 65 帧与第 115 帧之间创建动画补间动画，并将第 115 帧上的“卫星 2”元件实例适当缩小并移动到舞台左侧边界外，如图 10-26 所示。

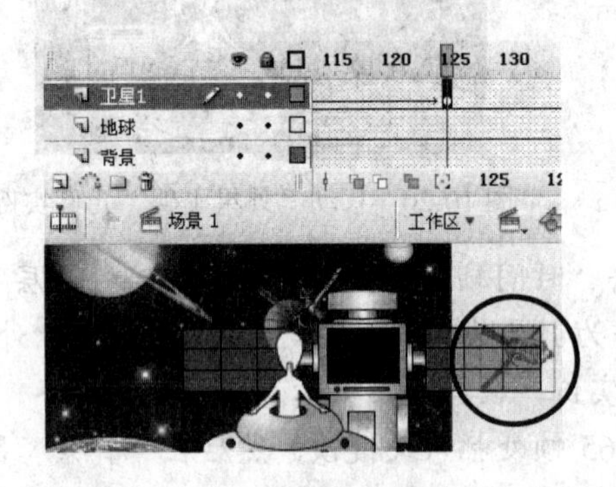


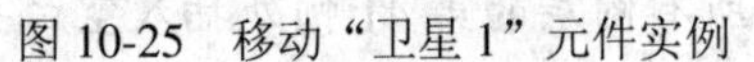
图 10-25　移动“卫星 1”元件实例

图 10-26　缩小并移动“卫星 2”元件实例

**步骤 15** 在“地球”图层的第 889 帧处插入关键帧，然后在“地球”图层第 41 帧与第 889 帧之间创建动画补间动画，使用“任意变形工具”将第 889 帧上的“地球”元件实例顺时针旋转一定角度，如图 10-27 所示。

**步骤 16** 在除“引导层”外的所有图层的第 910 帧处插入关键帧，然后在除“引导层”外的所有图层的第 890 帧处插入空白关键帧，将“背景”图层第 41 帧上的位图原位复制到第 890 帧中，将“外星人”图层第 41 帧上的“正面”元件实例原位复制到第 890 帧中，如图 10-28 所示。

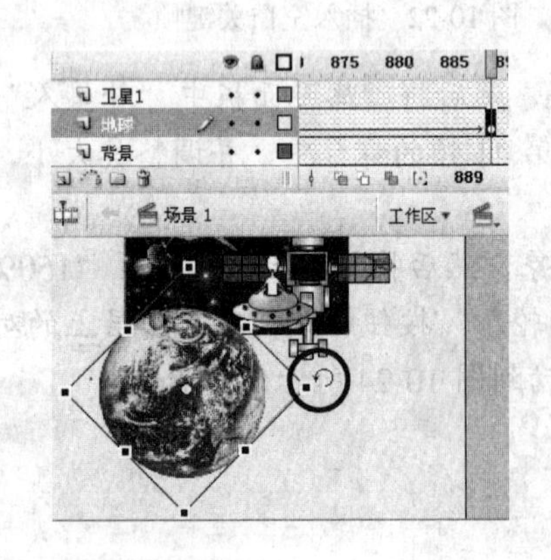


图 10-27　旋转“地球”元件实例

图 10-28　复制位图和元件实例

**步骤 17** 在“地球”图层的第 945 帧处插入关键帧，然后在“地球”图层第 910 帧与第 945 帧之间创建动画补间动画，并将第 945 帧上的“地球”元件实例顺时针稍微旋转，如图 10-29 所示。

**步骤 18** 在“外星人”图层的第 925 帧处插入关键帧，然后在“外星人”图层第 910

帧与第925帧之间创建动画补间动画，再将“外星人”图层第925帧上的“外星飞碟”元件实例向右上移动到舞台外，如图10-30所示。

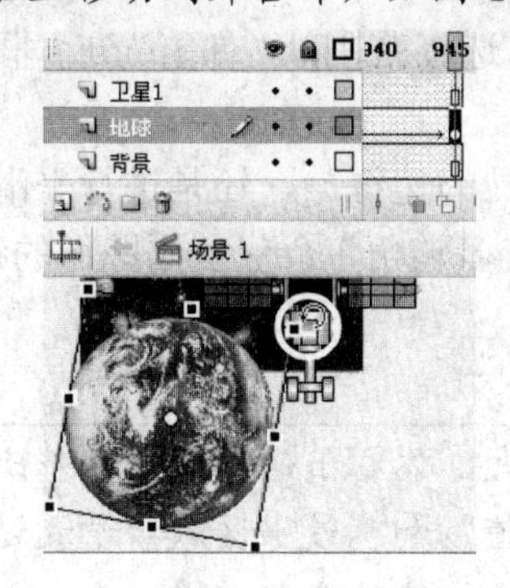


图10-29　旋转“地球”元件实例

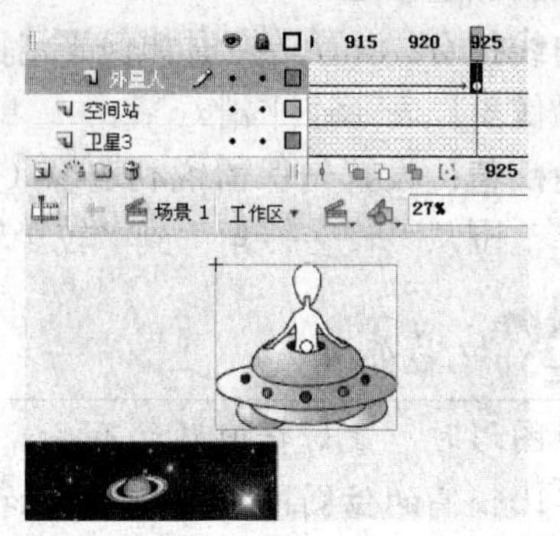


图10-30　移动“外星飞碟”元件实例

# 延伸阅读

## 一、编辑位图

编辑位图的方法主要有使用“套索工具”选取位图区域、将位图转换为矢量图形和外部编辑等。使用“套索工具”选取位图区域的方法我们已在项目四中介绍（注意在选取位图区域前需要先按【Ctrl+B】组合键分离位图），这里主要介绍将位图转换为矢量图形和外部编辑位图两种方法。

### 1. 将位图转换为矢量图形

将位图转换为矢量图形后，可以像编辑普通矢量图形一样对其进行编辑。要将位图转换为矢量图形，只需选中要转换的位图，然后选择“修改”>“位图”>“转换位图为矢量图”菜单，在打开的“转换位图为矢量图”对话框中设置相关参数后，单击“确定”按钮即可，如图10-31所示。

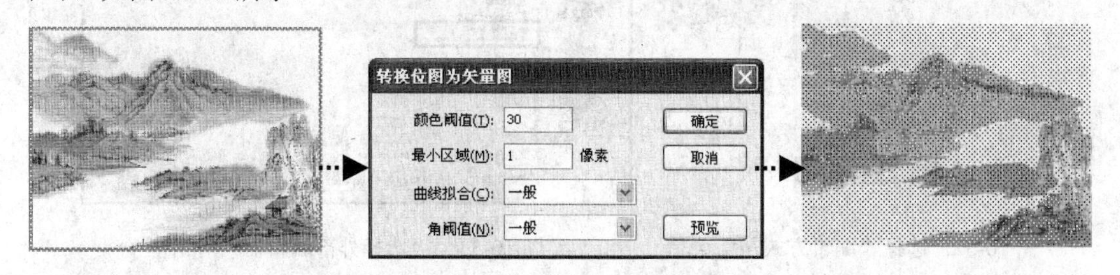


图10-31　将位图转换为矢量图形

“转换位图为矢量图”对话框中各选项意义如下：

- **颜色阈值：**设置颜色之间的差值，可输入范围为1～500之间的整数。阈值越小，转换过来的矢量图形颜色越丰富，与原图像差别越小。

- **最小区域：** 可输入范围为 1～1000 之间的整数。值越小，转化后图像越精确，与原图像越接近。
- **曲线拟合：** 设置转换时如何平滑图形轮廓线，选择范围从“像素”到“非常平滑”，“像素”表示不平滑。
- **角阈值：** 设置是保留锐利边缘（颜色对比强烈的边缘），还是进行平滑处理，选择范围从“较多转角”到“较少转角”。“较多转角”会保留原图像的锐利边缘。

转换图形时，最好转换颜色不丰富、分辨率不大、体积小的图像。色彩比较丰富或分辨率比较高的位图图像，转换时如果“颜色阈值”和“最小区域”设置过小，会使转换后的矢量图形的容量比原图像大许多，而且转换速度会非常慢。

## 2. 外部编辑

由于 Flash 并不是专业的位图编辑软件，使用它编辑位图有一定的局限性，不过，我们可以利用其他软件（如 Photoshop）对位图进行编辑，其编辑结果将自动反应在已导入 Flash 的位图中。

在“库”面板中用鼠标右击需要修改的位图，在弹出的快捷菜单中选择“编辑方式…”项（如图 10-32 所示），打开“选择外部编辑器”对话框。在“选择外部编辑器”对话框中择一款图形编辑软件，如 Photoshop，单击“打开”按钮，即可启动选中的图形编辑软件，如图 10-33 所示。

在图形编辑软件中对位图进行修改并保存后，切换回 Flash 中会发现位图发生了变化。

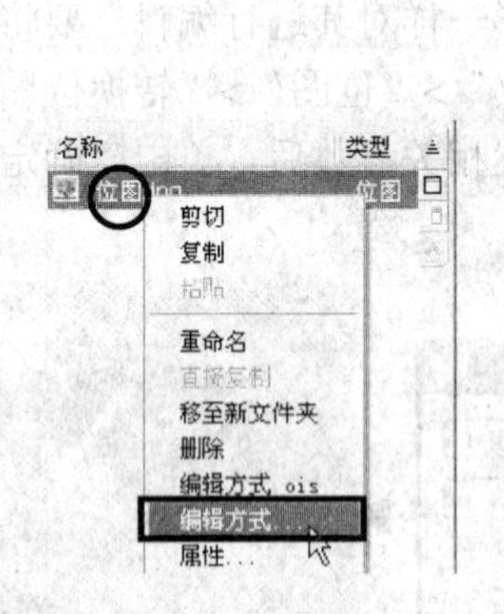


图 10-32　选择“编辑方式…”菜单

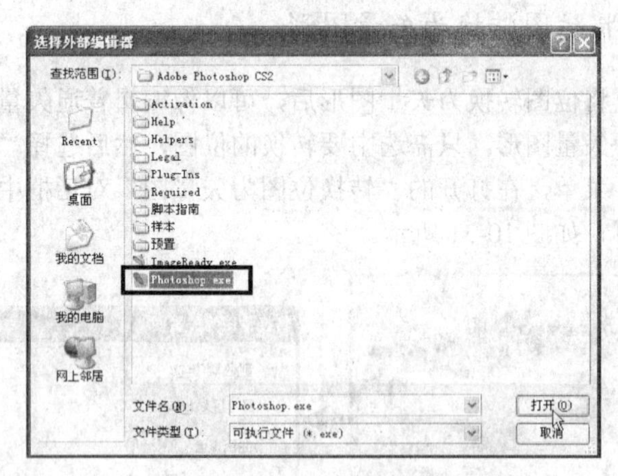


图 10-33　“选择外部编辑器”对话框

进行外部编辑之后，导入的位图的原文件也会被改变，因此如果希望要保留原文件，最好先复制一份，再进行操作。

## 二、导入矢量图形

Flash 支持的矢量图形有 Windows 元文件（扩展名为.wmf）、增强的 Windows 元文件（扩展名为.emf）、AutoCAD DXF（扩展名为.dxf）、Illustrator 10 或早期版本（扩展名为.eps、.ai、.pdf）等。

选择“文件”>“导入”>“导入到舞台”菜单导入矢量图形时，矢量图形会被导入到舞台，与导入位图不同的是，其不会出现在“库”面板中，如图 10-34 所示。

选择“文件”>“导入”>“导入到库”菜单导入矢量图形时，会将矢量图形导入到“库”面板中，并转换为与源文件同名的图形元件，如图 10-35 所示。

图 10-34　将矢量图形直接导入舞台

图 10-35　将矢量图形导入“库”面板

# 任务二　外星人看足球——导入与编辑视频

## 学习目标

| 掌握导入和编辑视频的方法 |
| --- |
| 掌握为视频更换声音的方法 |

## 一、导入视频片段

在 Flash 中可以导入的视频格式有.avi、.dv、.mpg、.mpeg、.mov、wmv、.asf 等。由于目前视频文件大多数采用了最新的编码技术，所以在导入视频前，需要先确认系统中是否已安装了 QuickTime 7 和 DirectX 9.0 或更高版本。如果没有安装这两个软件或其版本太低，都可能会使导入失败。

用户只需安装一个能播放所有格式视频的万能播放器，如“暴风影音”（其内嵌有 QuickTime 6.5、DirectX 9.0 及其他视频解码器），即可将视频导入到 Flash 中。如果依然无法导入某些视频，则可下载并安装专业的视频解码器，如“万能视频解码器”。

接下来让我们将一个视频文件的片段导入到刚刚制作的动画中，以使动画更加精彩：

**步骤 1** 在所有图层的上方新建一个图层，命名为“视频”，然后在“视频”图层的第 65 帧处插入关键帧，如图 10-36 所示。

**步骤 2** 确保“视频”图层第 65 帧处于被选中状态，选择“文件”>“导入”>“导入视频”菜单，在打开的“导入视频”对话框的“选择视频”界面中单击 浏览... 按钮，在打开的“打开”对话框中双击本书配套素材“素材与实例”>“项目十”>“足球.avi”文件，完成后单击“下一个”按钮，如图 10-37 所示。

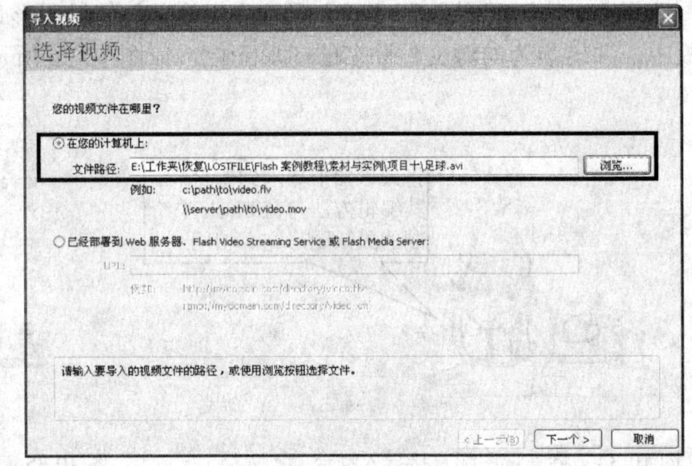


图 10-36 插入关键帧 图 10-37 在“选择视频”对话框中选择“足球.avi”

**步骤 3** 在打开的“部署”界面中的“您希望如何部署视频？”栏下选择“在 SWF 中嵌入视频并在时间轴上播放”单选钮，单击“下一个”按钮，如图 10-38 所示。

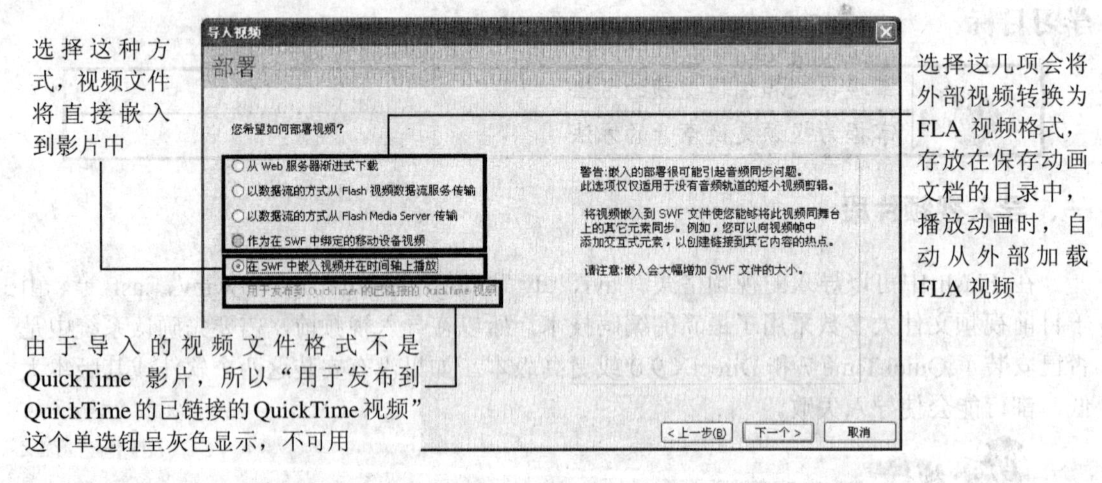


图 10-38 在“部署”界面中选择“在 SWF 中嵌入视频并在时间轴上播放”单选钮

**步骤 4** 在打开的“嵌入”界面的“符号类型”下拉列表中选择“图形”选项，在“音频轨道”下拉列表中选择“分离”选项，然后选择“先编辑视频”单选钮，再单击“下一个”按钮，如图 10-39 所示。

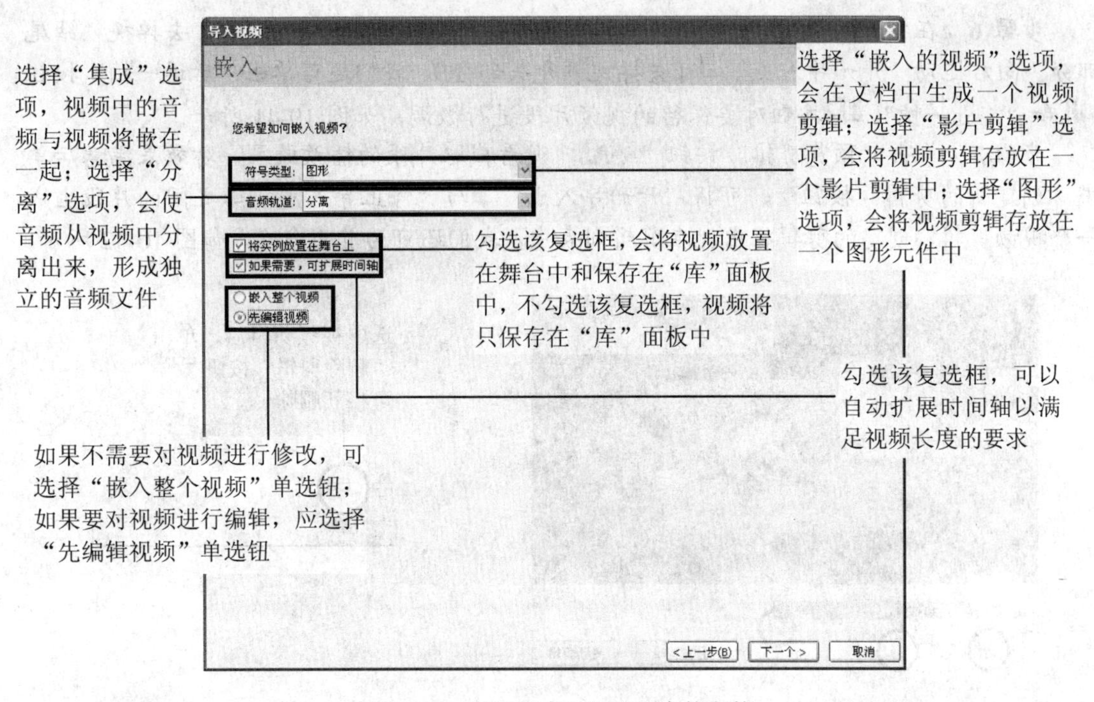


图 10-39　设置“嵌入”界面中的参数

**步骤 5**　由于刚才在“嵌入”界面中选择了“先编辑视频”单选钮，所以此时会打开图 10-40 所示的“拆分视频”界面。

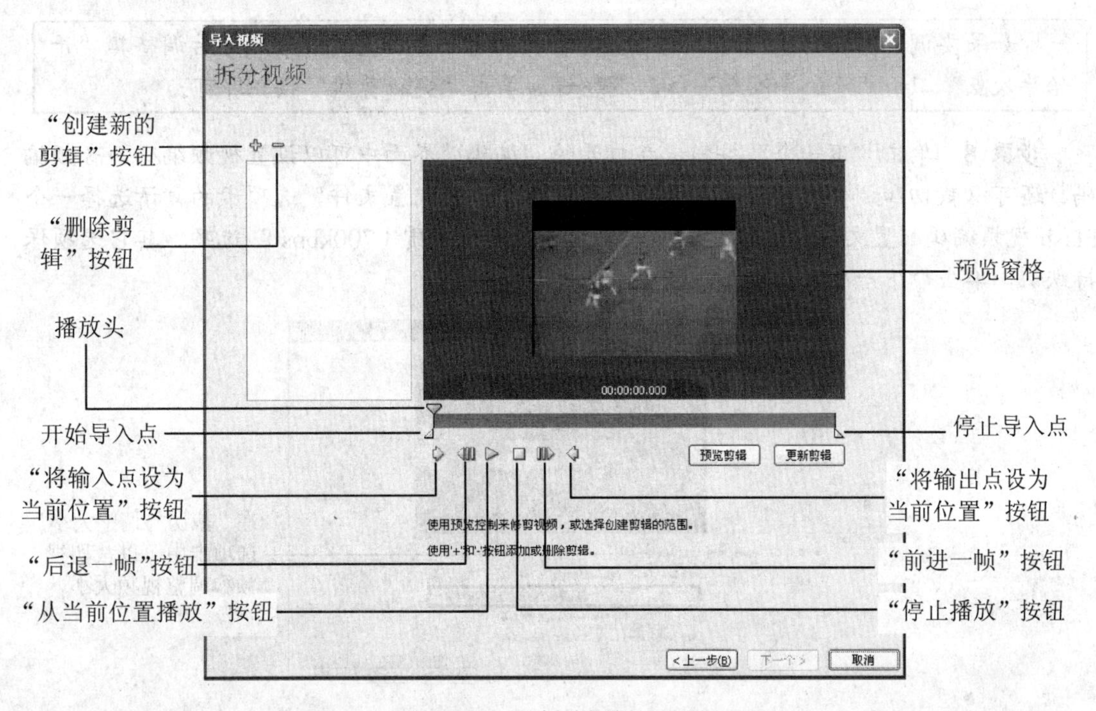


图 10-40　“拆分视频”界面

**步骤 6** 在打开的“拆分视频”对话框中向左拖动“停止导入点”，去掉视频结尾部分（向右拖动“开始导入点”可去掉视频开头部分）。我们还可单击“后退一帧”按钮和“前进一帧”按钮对要保留的视频片段进行微调，如图 10-41 所示。

**步骤 7** 单击“预览剪辑”按钮，观看截取片段的播放效果，对效果满意后单击“创建新的剪辑”按钮，可将“开始导入点”与“停止导入点”之间的片段生成一个视频剪辑，创建的剪辑将出现在剪辑列表中，我们还可为其重命名，如图 10-42 所示。

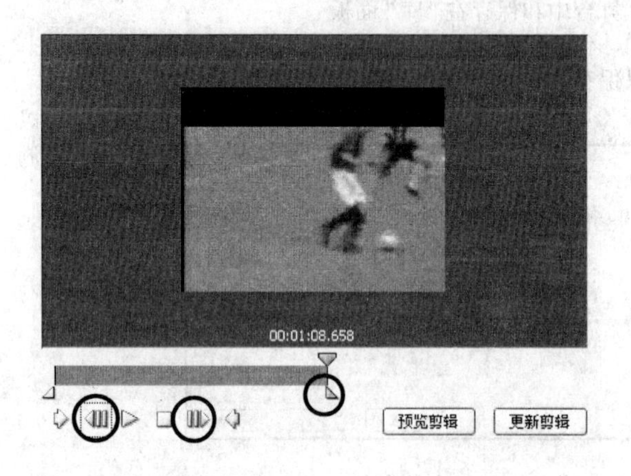


图 10-41 设置视频片段的结束帧

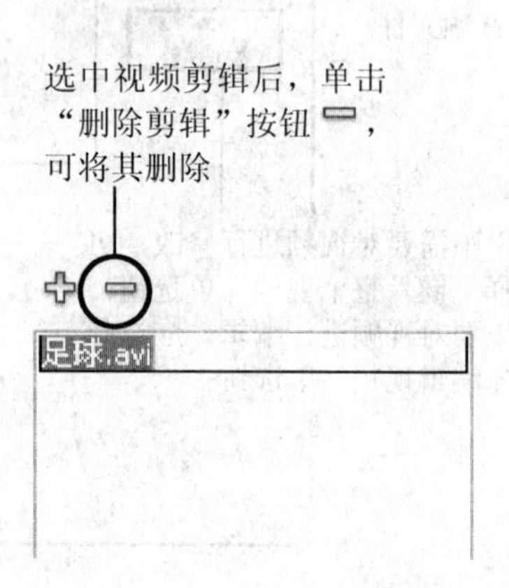


图 10-42 生成的视频剪辑

如果要调整剪辑内容，可以先在剪辑列表中选中要调整的剪辑，然后调整其“开始导入点”和“停止导入点”，调整好后单击“更新剪辑”按钮即可。

**步骤 8** 单击“下一个”按钮，在打开的“编码”界面中可以设置视频编码、音频编码，还可以裁切和调整视频的大小。这里我们在“编码配置文件”选项卡的“请选择一个 Flash 视频编码配置文件”下拉列表中选择“Flash8-高品质（700kbps）”选项，其它选项保持默认，单击“下一个”按钮，如图 10-43 所示。

图 10-43 在“编码”界面中选择 Flash 视频编码配置文件

**步骤 9**　在打开的“完成视频导入”对话框中单击“完成”按钮，如图 10-44 所示。

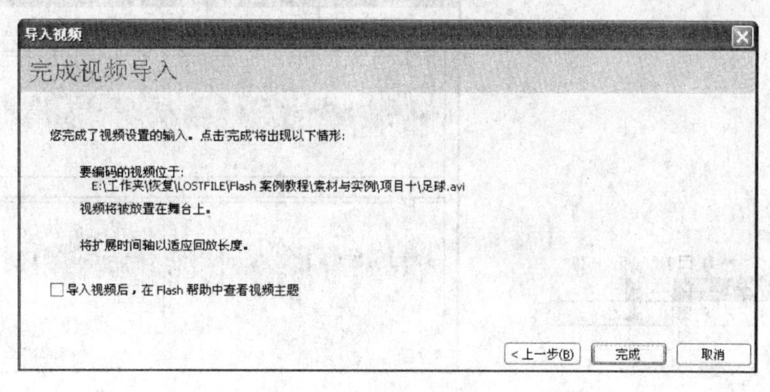


图 10-44　“完成视频导入”对话框

**步骤 10**　此时会出现一个进度条，稍等一段时间，就会将视频导入到 Flash 文档中，我们可以在“库”面板中看到导入的视频及分离出来的声音文件，如图 10-45 所示。

**步骤 11**　将“视频”图层第 65 帧上的“足球.avi”视频剪辑实例移动到“空间站”元件实例上方，然后使用“任意变形工具” 调整“足球.avi”视频剪辑实例大小，使其与“空间站”元件实例上的屏幕重合，如图 10-46 所示

图 10-45　“库”面板中的视频和声音文件

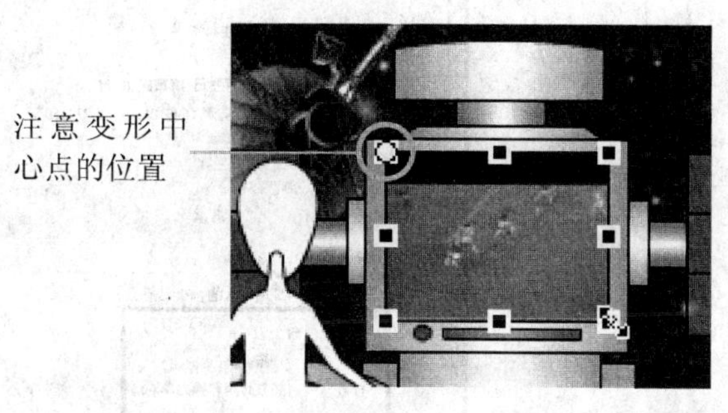


图 10-46　使“足球.avi”视频剪辑实例与屏幕重合

## 二、为视频更换声音

由于本项目中视频本身声音的音质不是很好，所以接下来我们为视频更换声音。

**步骤 1**　在所有图层的上方新建一个图层，重命名为“声音”，然后在“声音”图层第 65 帧处插入关键帧，如图 10-47 所示。

**步骤 2**　将本书配套素材“素材与实例”>“项目十”>“足球歌曲.mp3”文件导入到“库”面板中。

**步骤 3**　选中“声音”图层第 65 帧，然后打开“属性”面板，在“声音”下拉列表中选择“足球歌曲.mp3”选项，并将其“同步”选项设为“数据流”，单击“编辑”按钮，在打开的“编辑封套”对话框中向右拖动“声音起点控制轴”，使声音从有歌词的地方开始播放，然后单击“确定”按钮，如图 10-48 所示。

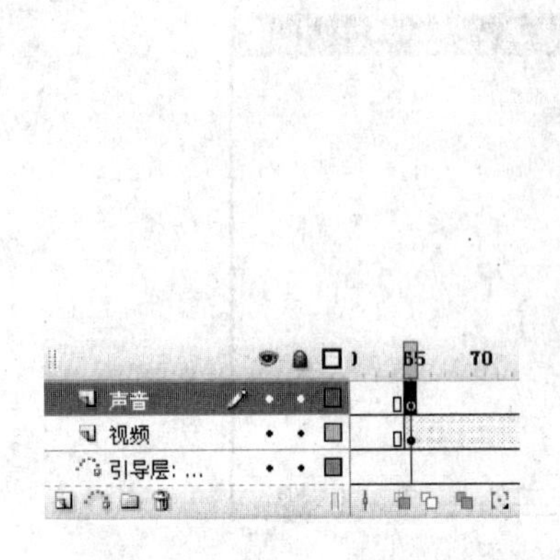


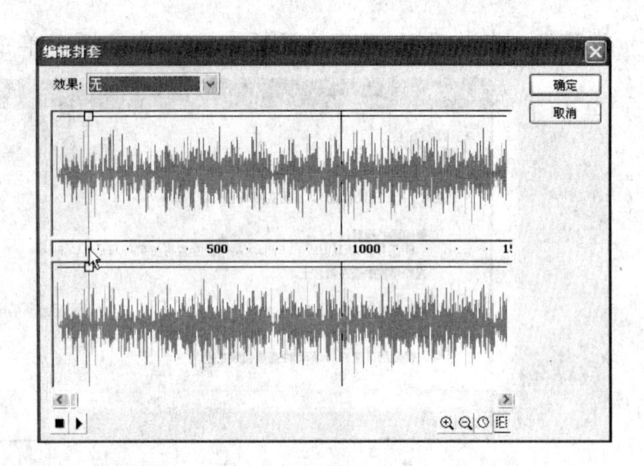


图 10-47　插入关键帧　　　　图 10-48　掐去声音开头部分

**步骤 4**　双击“库”面板中的“足球歌曲.mp3”，在弹出的“声音属性”对话框中的“压缩”下拉列表中选择“MP3”选项，在“比特率”下拉列表中选择“48kbps”，在“品质”下拉列表中选择“快速”，然后取消选择“将立体声转换为单声道”复选框，单击“确定”按钮，如图 10-49 所示。

图 10-49　设置输出音频

**步骤 5**　最后在“视频”图层和“声音”图层第 880 帧处插入空白关键帧，动画就完成了，按快捷键【Ctrl+Enter】预览一下效果吧。

## 检测与评价

本项目主要介绍了在 Flash 中使用位图和视频的方法。使用位图时，需要注意的是选择位图区域的不同方法，此外，平常要养成搜集素材的习惯，这样制作动画时便可以节省很多时间。使用视频时，要重点掌握如何在导入视频过程中对其进行编辑。

# 成果检验

结合本项目所学内容，制作图 10-50 所示的小狗看电影动画。动画最终效果请参考本书配套素材“素材与实例”>“项目十”>“小狗看电影.fla”。

图 10-50　小狗看电影

## 提示

（1）新建一个 Flash 文档，导入本书配套素材“素材与实例”>“项目十”>“小狗与电脑.psd”图像文件。

（2）在“电脑”图层上新建图层，将本书配套素材“素材与实例”>“项目十”>“动画剪辑.avi”文件作为图形元件导入到 Flash 文档中，注意导入时应将声音分离。

（3）使用“任意变形工具”扭曲包含视频剪辑的图形元件，并调整其大小。

（4）在所有图层上新建一个图层，将声音添加到该图层的第 1 帧，然后设置位图和声音的输出属性。

# 项目十一　脑筋急转弯——应用动作脚本

**课时分配：14学时**

**学习目标**

| | |
|---|---|
| | 了解动作脚本的基本概念和语法规则 |
| | 了解实例名称、变量和路径的作用 |
| | 了解时间轴控制函数 |
| | 了解条件语句的使用方法 |
| | 了解影片剪辑属性和控制函数 |
| | 了解浏览器/网络函数 |
| | 了解动态文本与输入文本的使用方法 |

**模块分配**

| | |
|---|---|
| 任务一 | 制作基本动画——动作脚本入门 |
| 任务二 | 完成脑筋急转弯效果——添加动作脚本 |

**作品成品预览**

素材位置：光盘\素材与实例\项目十一\脑筋急转弯素材.fla

实例位置：光盘\素材与实例\项目十一\脑筋急转弯.fla

本例通过制作一个脑筋急转弯的动画，让大家掌握利用动作脚本制作交互动画的方法。

# 任务一　制作基本动画——动作脚本入门

## 学习目标

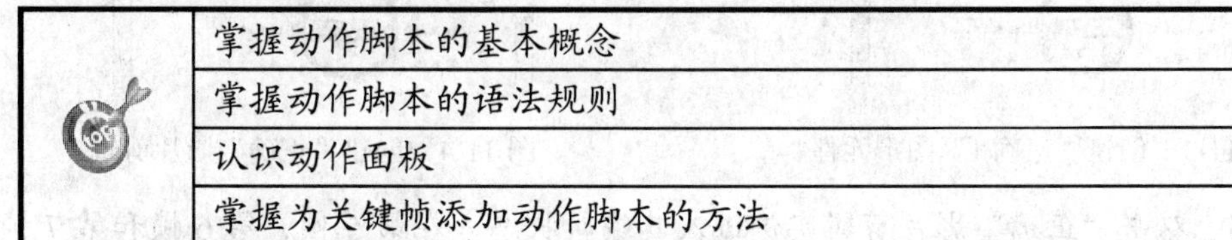

| | |
|---|---|
| | 掌握动作脚本的基本概念 |
| | 掌握动作脚本的语法规则 |
| | 认识动作面板 |
| | 掌握为关键帧添加动作脚本的方法 |

## 一、制作正确和错误提示

下面，我们利用素材文档制作脑筋急转弯的正确和错误提示，并利用“动作”面板为关键帧添加动作脚本。

**步骤 1**　打开本书配套素材“素材与实例”>“项目十一”>“脑筋急转弯素材.fla”文档，在文档中有两个图层，分别放置着背景和文字，如图 11-1 所示。

**步骤 2**　单击“文字”图层第 1 帧，选择“文本工具” T，将字体设为隶书，将字体大小设为 80，将文本（填充）颜色设为红色（#CC0000），然后在舞台中输入“正确”字样，如图 11-2 所示。

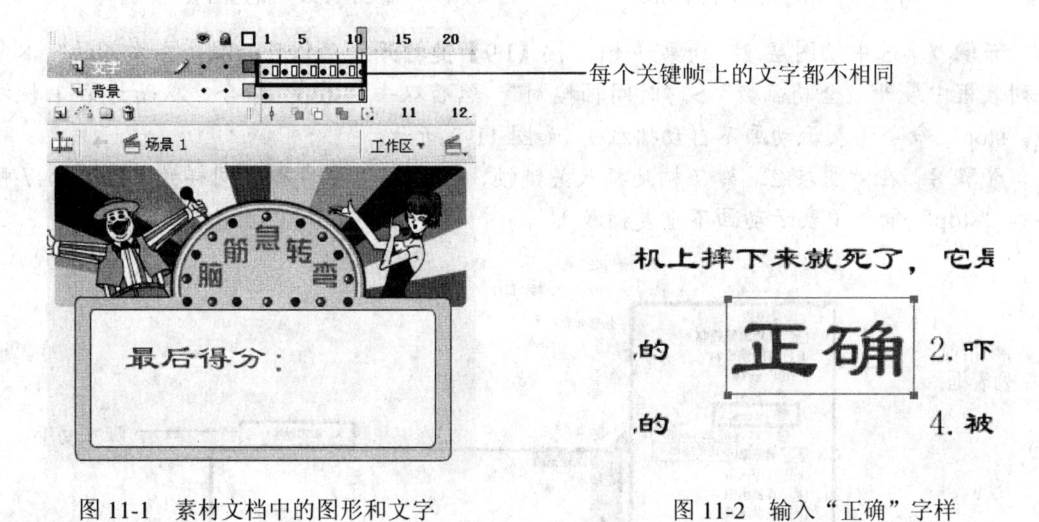


图 11-1　素材文档中的图形和文字　　　　图 11-2　输入“正确”字样

**步骤 3**　选择“椭圆工具”，将笔触颜色设为红色（#CC0000），将填充颜色设为无，将笔触高度设为 15，在“正确”文字上绘制一个正圆轮廓，并将正圆轮廓和“正确”字样转换为名为“正确 1”的图形元件，如图 11-3 所示。

**步骤 4**　选中“正确 1”元件实例，将其转换为名为“正确”的影片剪辑，如图 11-4 所示。

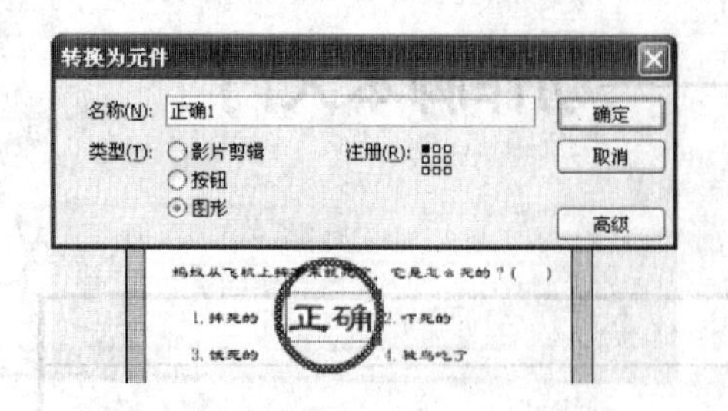


图 11-3 创建“正确 1”图形元件

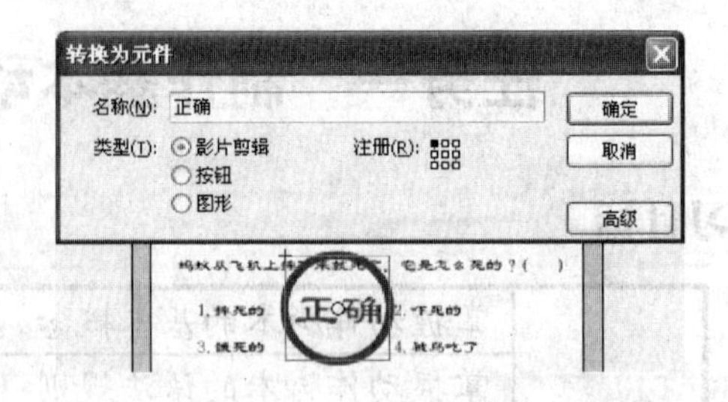


图 11-4 创建“正确”影片剪辑

**步骤 5** 双击“正确”影片剪辑实例进入其编辑状态，在第 5 帧、第 6 帧和第 7 帧处插入关键帧，然后选中第 1 帧，将其拖到第 2 帧的位置，最后在第 2 帧与第 5 帧之间创建动画补间动画，如图 11-5 所示。

**步骤 6** 将第 2 帧上的“正确 1”元件实例放大至 400%，将第 6 帧上的“正确 1”元件实例放大至 120%，制作文字掉下并弹起的动画效果，然后在“图层 1”上方新建“图层 2”，如图 11-6 所示。

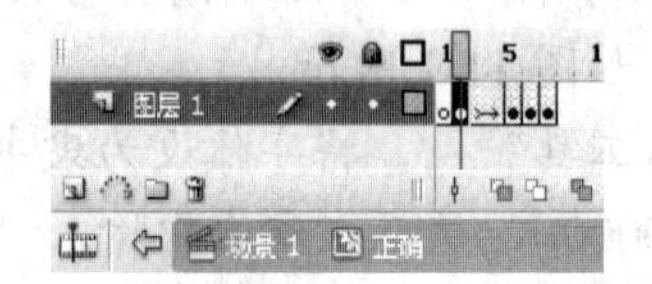


图 11-5 创建动画补间动画

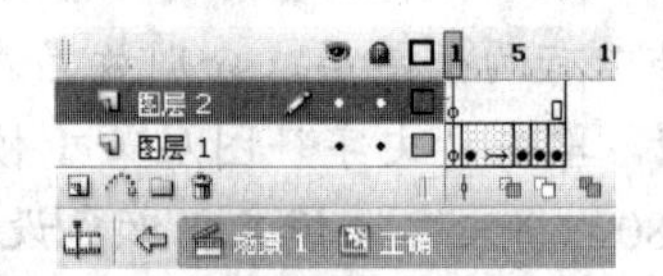


图 11-6 新建图层

**步骤 7** 选中“图层 2”的第 1 帧，按【F9】键打开“动作”面板，在左侧的脚本命令列表框中展开“全局函数”>“时间轴控制”，然后双击“stop”命令，从而为第 1 帧添加“stop”命令（表示动画不自动播放），如图 11-7 所示。

**步骤 8** 在“图层 2”第 7 帧处插入关键帧，然后利用与步骤 7 同样的方法为第 7 帧添加“stop”命令（表示动画不重复播放）。

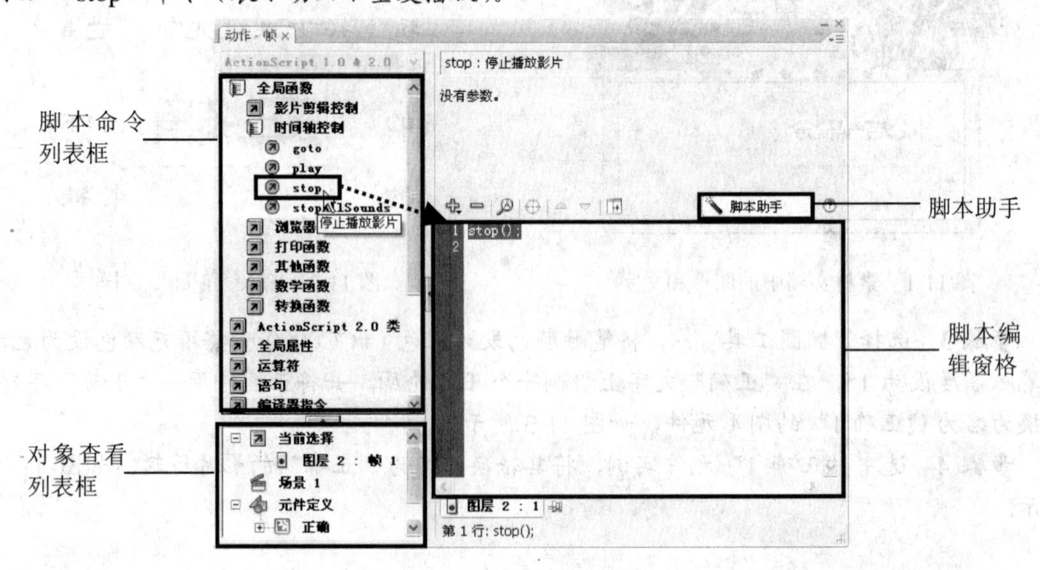


图 11 7 利用“动作”面板为关键帧添加“stop”命令

"动作"面板中各组成部分作用如下：

- **脚本命令列表框：**分类列出了Flash软件提供的所有动作脚本命令。
- **对象查看列表框：**用来查看动画中已添加脚本的对象的具体信息。
- **脚本编辑窗格：**可以直接从这里为选择的对象输入脚本命令。
- **脚本助手：**单击"脚本助手"按钮，会进入"脚本助手"模式，在此模式下为对象添加动作脚本时，Flash会根据对象的不同，自动安排脚本格式，用户只需根据提示设置参数即可。

**步骤9**　单击舞台左上角的"场景1"按钮返回主场景，选择"线条工具"，在"文字"图层上绘制一个叉，并将其转换为名为"错误"的影片剪辑，如图11-8所示。

**步骤10**　双击"错误"影片剪辑实例进入其编辑状态，在"图层1"上方新建"图层2"，然后将"图层1"上左侧开始的斜线原位剪切到"图层2"中，如图11-9所示。

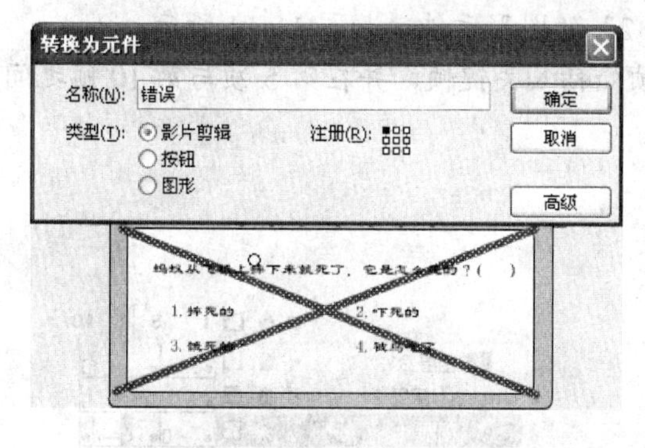


图11-8　创建"错误"影片剪辑

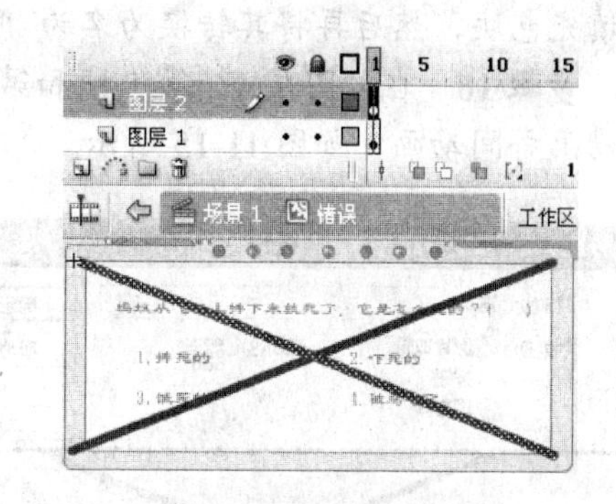


图11-9　将斜线剪切到"图层2"中

**步骤11**　在"图层2"上方新建"图层3"，将"图层2"中的斜线原位复制到"图层3"中，选择"修改">"形状">"将线条转换为填充"菜单，将"图层3"中的线条转换为填充色块，然后将其转换为名为"遮罩1"的图形元件，如图11-10所示。

**步骤12**　在所有图层的第10帧插入普通帧，然后在"图层3"的第5帧处插入关键帧，最后在"图层3"第1帧与第5帧之间创建动画补间动画，如图11-11所示。

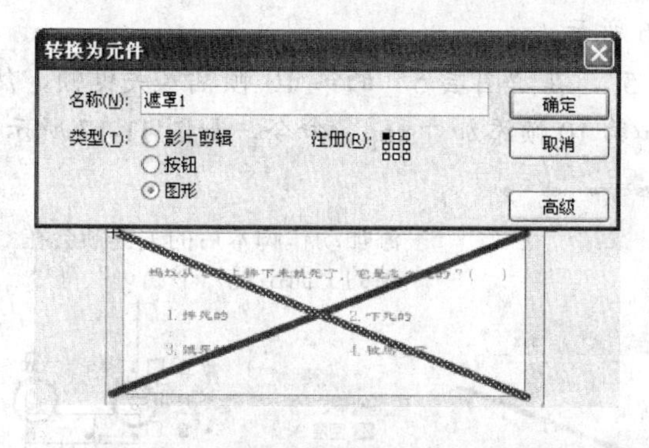


图11-10　创建"遮罩1"图形元件

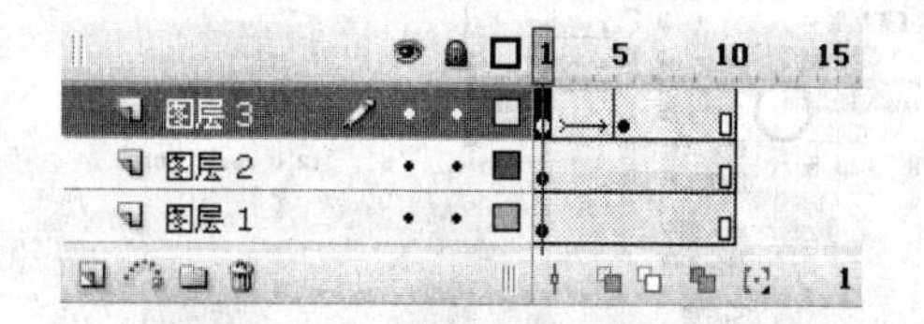


图11-11　创建动画补间动画

**步骤13**　将"图层3"上的"遮罩1"元件实例沿着"图层2"上斜线的走势向左上方移动，一直到与斜线完全没有重合的地方，如图11-12所示。

**步骤 14**　右击“图层 3”，在弹出的快捷菜单中选择“遮罩层”菜单，如图 11-13 所示。

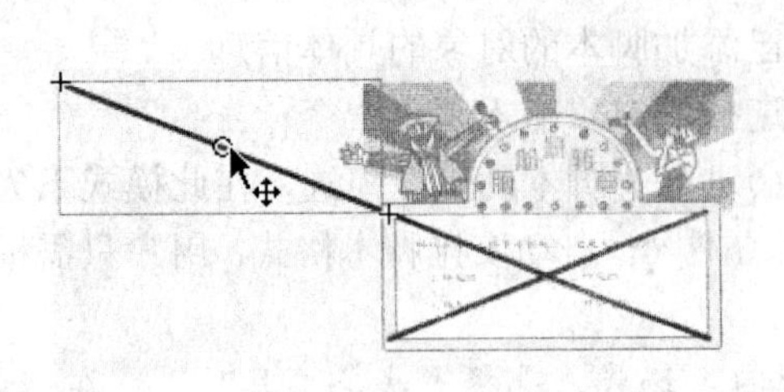

图 11-12　移动“遮罩 1”元件实例

图 11-13　创建遮罩层

**步骤 15**　在“图层 1”上方新建“图层 4”，将“图层 1”中的斜线原位复制到“图层 4”中，选择“修改”>“形状”>“将线条转换为填充”菜单，将“图层 4”中的线条转换为填充色块，然后再将其转换为名为“遮罩 2”的图形元件，如图 11-14 所示。

**步骤 16**　在“图层 4”第 5 帧和第 10 帧处插入关键帧，并在第 5 帧与第 10 帧之间创建动画补间动画，如图 11-15 所示。

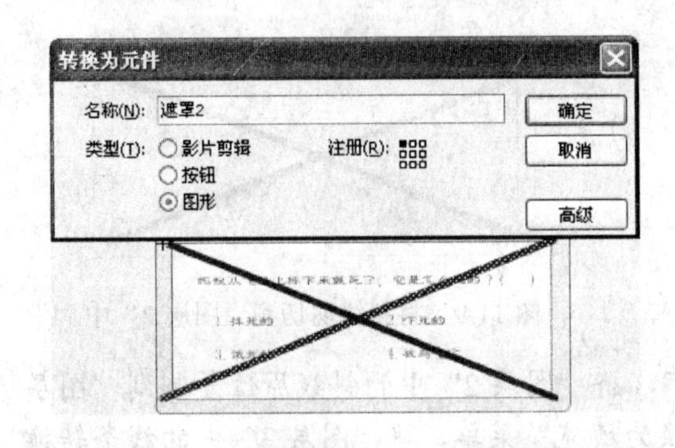


图 11-14　创建“遮罩 2”图形元件

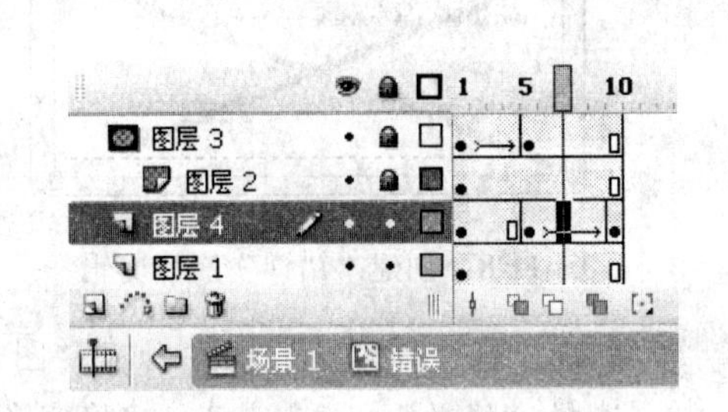


图 11-15　创建动画补间动画

**步骤 17**　将“图层 4”第 1 帧和第 5 帧上的“遮罩 2”元件实例沿“图层 1”上斜线的走势向右上方移动，直到与斜线完全没有重合的地方，然后再右击“图层 4”，在弹出的快捷菜单中选择“遮罩层”菜单，如图 11-16 所示。

**步骤 18**　在“图层 3”上方新建“图层 5”，在“图层 5”的第 10 帧插入关键帧，然后按照步骤 7 的方法为“图层 5”的第 1 帧和第 10 帧添加“stop”命令，如图 11-17 所示。

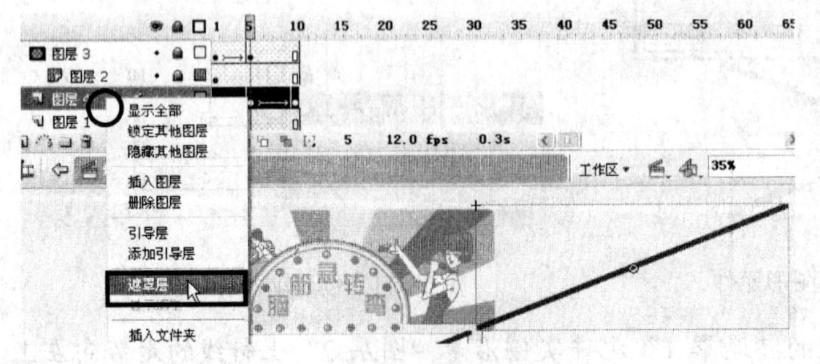


图 11-16　创建遮罩动画

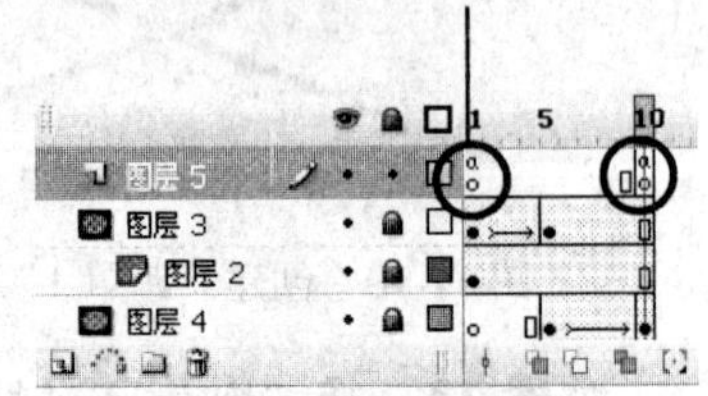


图 11-17　为关键帧添加“stop”命令

**步骤 19**　单击舞台左上角的[场景 1]按钮返回主场景，此时“正确”和“错误”影片剪辑实例在舞台上都不可见，单击“文字”图层的第 1 帧，然后在按住【Shift】键的同时单击第 2 帧上的文字取消其选中状态，此时便将“正确”和“错误”影片剪辑实例选中了，接着将“正确”和“错误”影片剪辑实例原位复制到“文字”图层的第 3、5、7、9 帧中。

## 二、制作按钮

下面，我们为动画制作按钮。

**步骤 1**　在“文字”图层上新建一个图层，并将其重命名为“按钮”。选择“矩形工具”，将笔触颜色设为深绿色（#009900），将填充颜色设为无，将笔触高度设为极细，将矩形边角半径设为 15，然后在“按钮”图层的第 1 帧中绘制一个圆角矩形轮廓，如图 11-18 所示。

**步骤 2**　将圆角矩形轮廓原位复制一份，然后利用“缩放和旋转”面板将其缩小至 80%，如图 11-19 所示。

**步骤 3**　在“颜色”面板中设置由浅绿色（#00FF00）到深绿色（#009900）的线性渐变，然后使用“颜料桶工具”由上向下拖动填充外部的矩形，再由下向上填充内部的矩形，最后使用“墨水瓶工具”将内部矩形的轮廓线颜色修改为浅绿色（#00FF00），如图 11-20 所示。

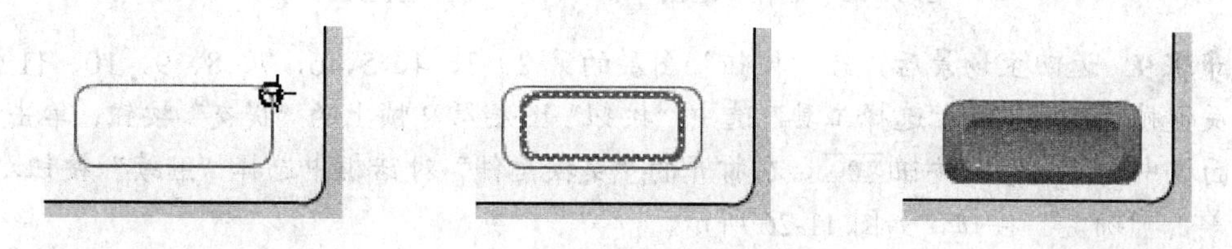

图 11-18　绘制圆角矩形　　图 11-19　复制并缩小矩形轮廓线　　图 11-20　填充渐变色

**步骤 4**　选择“文本工具”，将字体设为隶书，将字体大小设为 30，将字体（填充）颜色设为白色，然后在“按钮”图层的圆角矩形上方输入“提交”字样，最后选中圆角矩形和文本，将它们转换为名为“提交”的按钮元件，如图 11-21 所示。

**步骤 5**　双击“提交”按钮实例，进入其编辑状态，在“指针经过”帧、“按下”帧和“点击”帧处插入关键帧，然后将“按下”帧中内部矩形和文字缩小至 90%，并使用深绿色（#003300）填充外部与内部矩形的间隙，如图 11-22 所示。

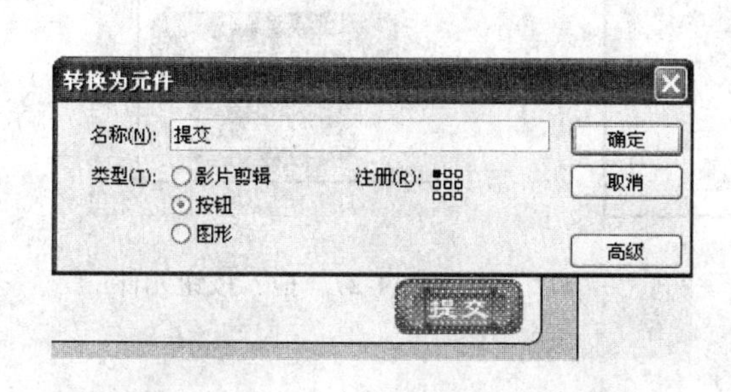


图 11-21　创建“提交”按钮元件

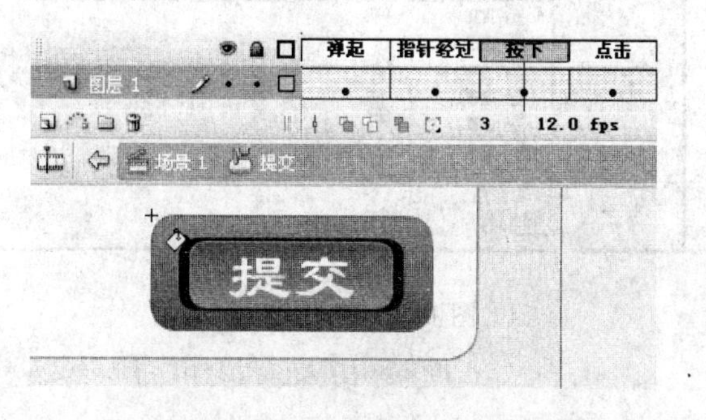


图 11-22　填充外部与内部矩形的间隙

**步骤 6** 右击“库”面板中的“提交”按钮元件，在弹出的快捷菜单中选择“直接复制”项，在打开的“直接复制元件”对话框中的“名称”编辑框中输入“继续”字样，单击“确定”按钮，如图 11-23 所示。

**步骤 7** 双击“库”面板中的“继续”按钮元件进入其编辑状态，将所有帧上的文字改为“继续”，如图 11-24 所示。

图 11-23 创建“继续”按钮元件　　图 11-24 修改按钮元件的文字

**步骤 8** 参考步骤 6 和步骤 7 的方法，制作“退出”和“再来一次”按钮元件，如图 11-25 所示。

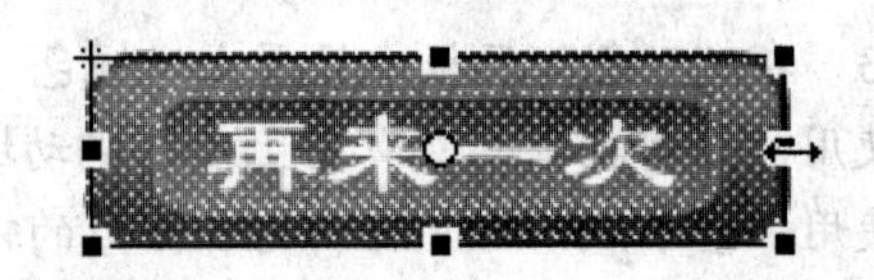


图 11-25 制作“退出”和“再来一次”按钮元件

**步骤 9** 返回主场景后，在“按钮”图层的第 2、3、4、5、6、7、8、9、10、11 帧处插入关键帧，然后使用“选择工具”选中“按钮”图层第 2 帧上的“提交”按钮，单击“属性”面板中的“交换”按钮[交换...]，在打开的“交换元件”对话框中选择“继续”按钮元件，然后单击“确定”按钮，如图 11-26 所示。

**步骤 10** 利用与步骤 9 相同的方法，将“按钮”图层第 4、6、8、10 帧上的“提交”按钮交换为“继续”按钮。

**步骤 11** 将“按钮”图层第 11 帧上的“提交”按钮删除，然后将“库”面板中的“退出”和“再来一次”按钮元件拖入到舞台中，并调整它们的位置，如图 11-27 所示。

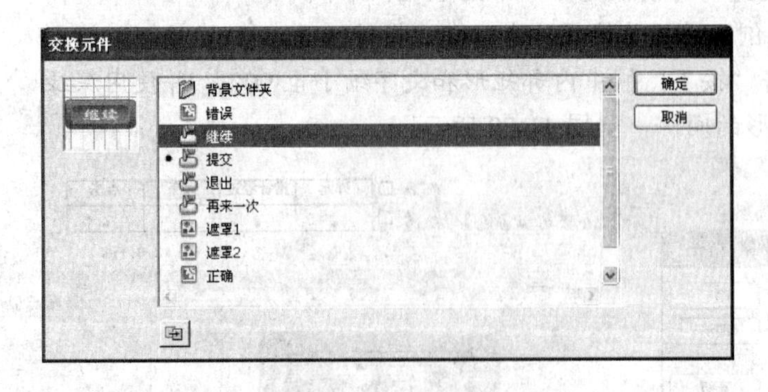


图 11-26 交换按钮元件

图 11-27 拖入按钮元件

# 延伸阅读

## 一、动作脚本的基本概念

在 Flash 中，动作脚本最简单的应用是控制动画播放进程，例如单击添加了动作脚本的按钮可使动画暂停或播放，又或者转到动画的某个场景。利用动作脚本还可以制作 Flash 课件、Flash 游戏等具有很强交互功能的动画；此外，在制作下雨、下雪等动画时，利用动作脚本不仅能简化操作，还能使动画效果更好。下面是 Flash 动作脚本的一些基本概念。

- **动作**：动作是在播放 SWF 文件时指示 SWF 文件执行某些任务的语句。例如，gotoAndStop()命令语句是将播放头跳转到特定的帧或标签，并停止播放动画。
- **对象**：是面向对象程序设计的核心和基本元素，对象把一系列的数据和操作该数据的代码封装在一起，从而使得程序设者在编程时不必关心对象内部的设计。例如，在 Flash 中，所有影片剪辑和按钮元件实例都属于对象。所有对象都有属于自己的属性和方法，有自己的名称（在每个程序中都是唯一的），某些对象还有一组与之相关的事件。
- **属性**：用于定义对象的特性，如是否可见、颜色和尺寸等。例如，_visible 用于定义影片剪辑是否可见，所有影片剪辑都有此属性。
- **方法**：是与对象相关的函数，通过这些函数可操纵对象或了解与对象相关的一些信息。例如，getBytesLoaded() 是影片剪辑对象的方法，用来指示加载的字节数。
- **事件**：是播放 SWF 文件时发生的动作。例如，加载影片剪辑，播放头进入某个帧，操作者单击按钮或影片剪辑，以及操作者按下按键，都会产生不同的事件。
- **内置对象**：内置对象是在动作脚本语言中预先定义的。例如，内置的 Date 对象可以提供系统时钟的信息。

## 二、动作脚本语法规则

要使动作脚本能够正常运行，必须按照正确的语法规则进行编写。下面为大家介绍动作脚本的语法规则。

### 1. 区分大小写

在 Flash CS3 中，所有关键字、类名、变量、方法名等均区分大小写。例如 play 和 PLAY 在动作脚本中被视为互不相同。

### 2. 点语法

在动作脚本中，点“.”用于指示与对象或影片剪辑相关的属性或方法，它还用于标识影片剪辑、变量、函数或对象的目标路径。点语法表达式以对象或影片剪辑的名称开头，后面跟着一个点，最后以要指定的元素结尾，例如：

_root.qq.qq1.stop();

表示为主时间轴（-root）中“qq”影片剪辑实例中的“qq1”影片剪辑添加 stop()语句。

### 3. 大括号、分号与小括号

- **大括号：**动作脚本事件处理函数、类定义和函数用大括号 “{}” 组合在一起形成块，如下面的示例所示：

```
on (release) {
  myDate = new Date();
  currentMonth = myDate.getMonth();
}
```

- **分号：**动作脚本语句以分号 “;” 结束，如以下示例所示：

```
var column = passedDate.getDay();
var row = 0;
```

> 虽然在结束处不添加分号，Flash 仍然能够成功地运行脚本。但是，使用分号是一个很好的脚本撰写习惯。

- **小括号：**在定义函数时，需要将所有参数都放在小括号中。

### 4. 注释

通过在脚本中添加注释，有助于用户理解动作脚本的含义，以及向其他开发人员提供信息。

要指示某一行或一行的某一部分是注释，只要在该注释前加两个斜杠 “//” 即可，如下所示：

```
on (release) {
// 创建新的 Date 对象
myDate = new Date();
currentMonth = myDate.getMonth();
// 将月份数转换为月份名称
monthName = calcMonth(currentMonth);
year = myDate.getFullYear();
currentDate = myDate.getDate();
}
```

### 5. 关键字

动作脚本保留一些单词用于该语言中的特定用途，例如变量、函数或标签名称，它们不能用作标识符，我们称其为关键字。下表列出了所有动作脚本关键字。

| break | case | class | continue |
| --- | --- | --- | --- |
| default | delete | dynamic | else |
| extends | for | function | get |
| if | implements | import | in |
| instanceof | interface | intrinsic | new |
| private | public | return | set |
| static | switch | this | typeof |
| var | void | while | with |

# 任务二　完成脑筋急转弯效果——添加动作脚本

## 学习目标

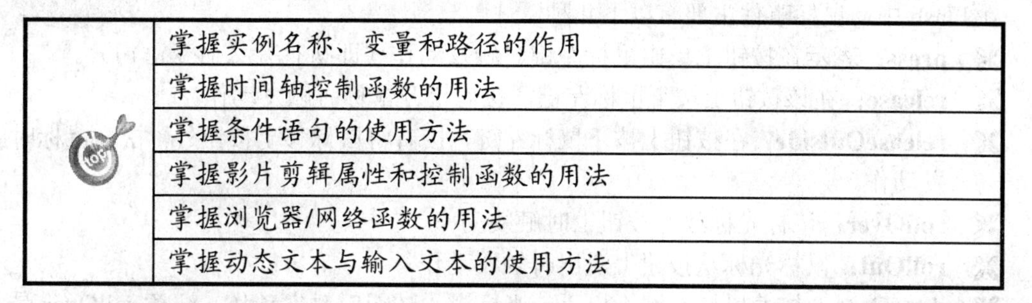

|  |
| --- |
| 掌握实例名称、变量和路径的作用 |
| 掌握时间轴控制函数的用法 |
| 掌握条件语句的使用方法 |
| 掌握影片剪辑属性和控制函数的用法 |
| 掌握浏览器/网络函数的用法 |
| 掌握动态文本与输入文本的使用方法 |

## 一、为按钮添加脚本命令

下面我们为按钮添加时间轴控制函数，使按钮可以在动画播放时控制播放的进程。

**步骤 1**　选中“按钮”图层第 1 帧上的“提交”按钮，然后按【F9】键打开“动作”面板，取消“脚本助手”的选中状态，然后展开“全局函数”>“影片剪辑控制”项，并双击“on”事件函数，此时将出现鼠标事件让用户选择，如图 11-28 左图所示。

**步骤 2**　双击“release”鼠标事件，此时结果如图 11-28 右图所示。用户也可以直接在脚本编辑窗格输入需要的动作脚本。

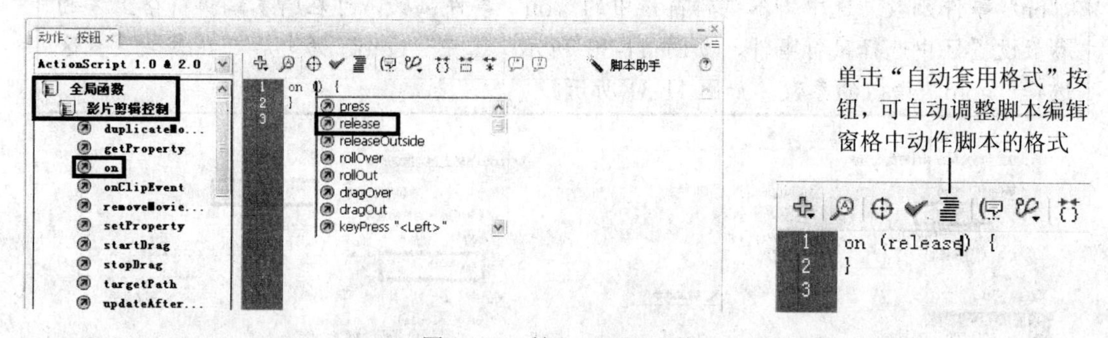


图 11-28　输入“on”函数

**步骤 3**　将光标定位在“{”右侧，然后在左侧脚本命令列表框中展开“全局函数”>

“时间轴控制”项，并双击“gotoAndStop”命令，然后在“gotoAndStop”命令后面的括号中输入“2”，如图 11-29 所示。

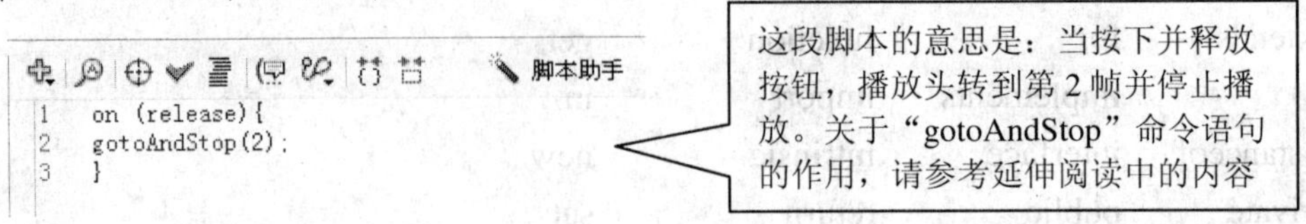


图 11-29 输入“gotoAndStop”命令

在按钮实例上添加动作脚本时，必须先为其添加“on”事件函数，“on”事件函数的语法格式为：

on（鼠标事件）{

此处是语句，用来响应鼠标事件

}

在 Flash 中，鼠标事件主要有以下几种：

- **press**：表示在按钮上单击鼠标左键时触发动作（即执行什么命令语句）。
- **release**：在该按钮上按下鼠标左键，接着松开鼠标时触发动作。
- **releaseOutside**：在按钮上按下鼠标左键，接着将鼠标移至按钮外，松开鼠标时触发动作。
- **rollOver**：鼠标光标放在按钮上时触发动作。
- **rollOut**：鼠标光标从按钮上滑出时触发动作。
- **dragOver**：按着鼠标左键不松手，光标滑入按钮时触发动作。注意 rollOver 是没有按下鼠标，这里是按下鼠标。
- **dragOut**：按着鼠标左键不松手，光标滑出按钮时触发动作。
- **keyPress**：其后的文本框处于可编辑状态，在其中按下相应的键输入键名，以后当按下该键时可触发动作。

在“脚本助手”处于激活状态时，为按钮实例添加命令语句时，系统会自动添加“on”事件函数。选中脚本编辑窗格中的“on”事件函数，可在脚本编辑窗格上方的参数设置区中选择鼠标事件，如图 11-30 所示；选中“goto”语句后可在参数设置区选择“goto”语句的参数，如图 11-31 所示。

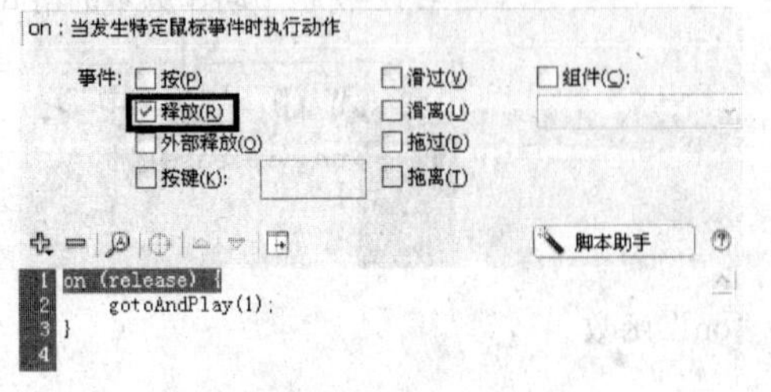


图 11-30 选择鼠标事件

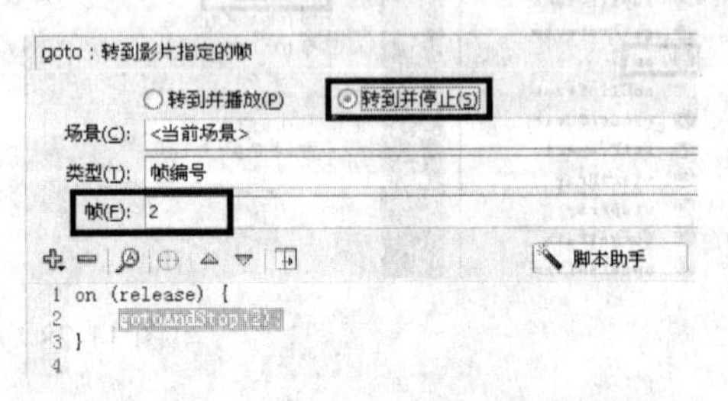


图 11-31 选择“goto”语句的参数

**步骤 4**　选中"按钮"图层第 2 帧上的"继续"按钮，然后在"动作"面板中输入图 11-32 所示的语句。

**步骤 5**　选中"按钮"图层第 3 帧上的"提交"按钮，然后在"动作"面板中输入图 11-33 所示的语句。

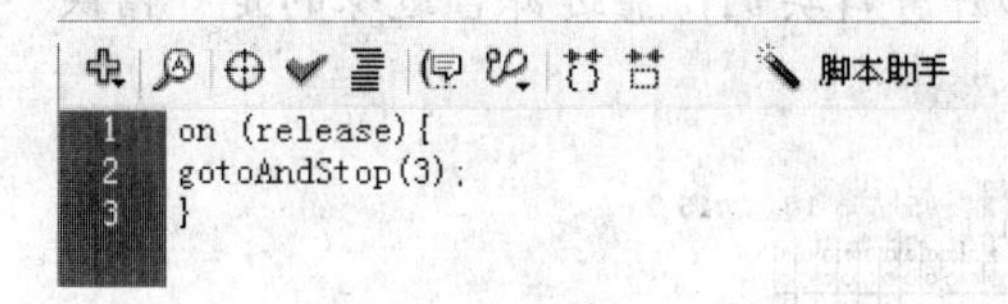


图 11-32　为第 2 帧上的按钮添加动作脚本

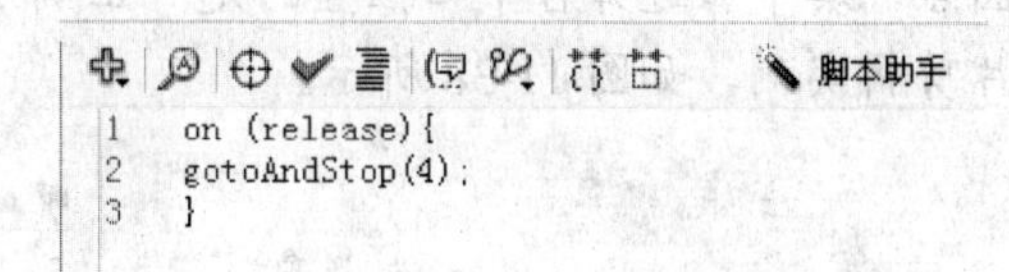


图 11-33　为第 3 帧上的按钮添加动作脚本

**步骤 6**　选中"按钮"图层第 4 帧上的"继续"按钮，然后在"动作"面板中输入图 11-34 所示的语句。

**步骤 7**　选中"按钮"图层第 5 帧上的"提交"按钮，然后在"动作"面板中输入图 11-35 所示的语句。

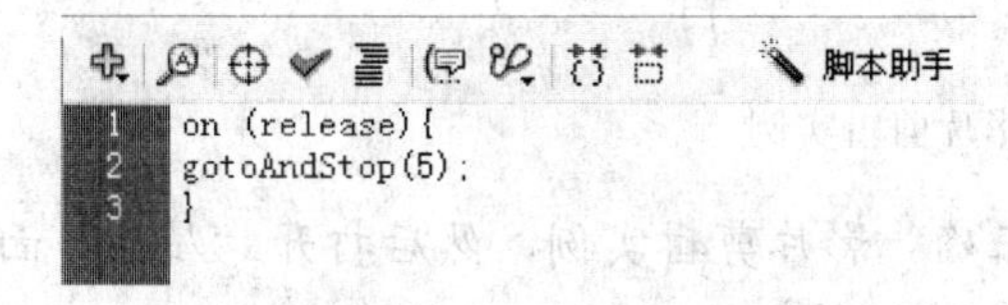


图 11-34　为第 4 帧上的按钮添加动作脚本

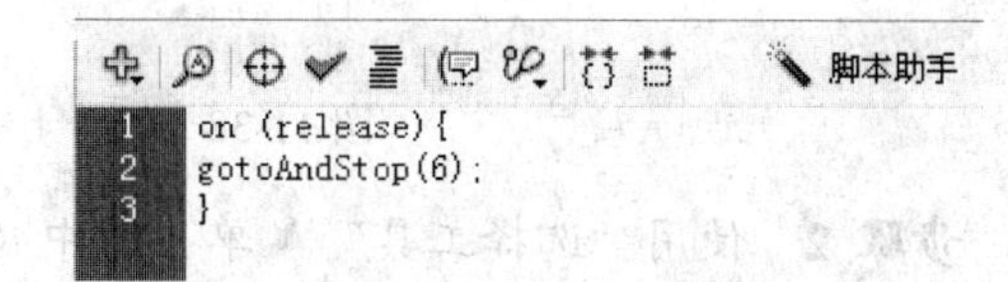


图 11-35　为第 5 帧上的按钮添加动作脚本

**步骤 8**　参照步骤 1 至步骤 7 的操作继续为第 6 至第 10 帧上的按钮实例添加动作脚本。

**步骤 9**　选中"按钮"图层第 11 帧上的"再来一次"按钮，然后在"动作"面板中输入图 11-36 所示的语句。

**步骤 10**　在"按钮"图层上新建一个图层，并将其重命名为"命令 1"，然后在"命令 1"图层第 2 帧至第 11 帧处插入关键帧，并分别选中这些关键帧，利用"动作"面板为每个关键帧添加"stop"命令，如图 11-37 所示。这样操作后，播放头在任何一帧上都不会自动播放。

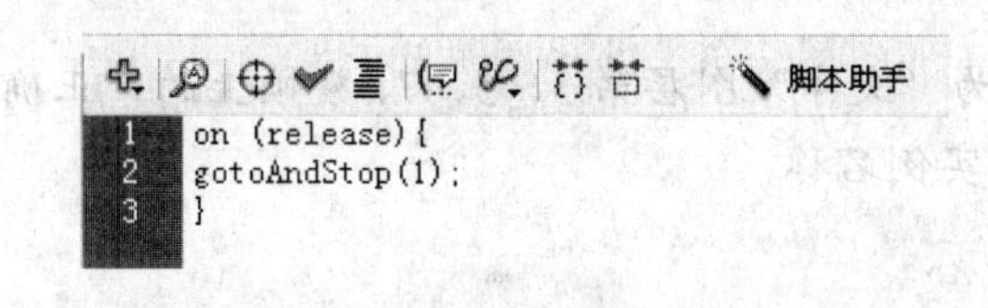


图 11-36　为"再来一次"按钮添加动作脚本

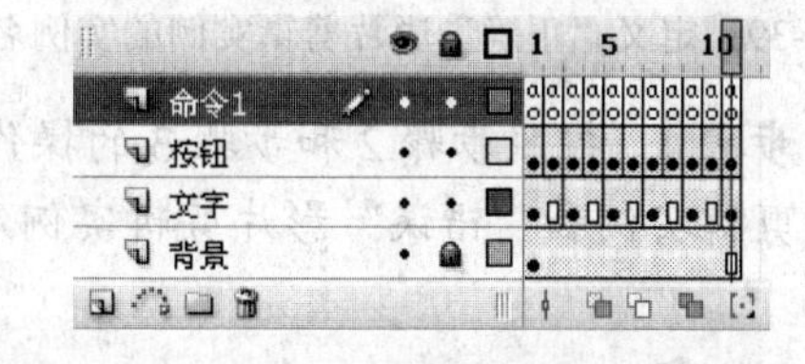


图 11-37　为关键帧添加"stop"命令

## 二、为影片剪辑实例定义实例名称

这里所指的实例包括影片剪辑实例、按钮元件实例、视频剪辑实例、动态文本实例和

输入文本实例，它们是 Flash 动作脚本面向的对象。在 Flash 中，无论这些对象在任何位置，都可以利用动作脚本找到它们，但前提是为实例取一个名称。下面我们就来为影片剪辑实例和文本定义实例名称。

**步骤 1** 首先锁定“背景”图层，然后将播放头转到第 1 帧，此时会发现舞台上有两个圆点，其中靠近舞台中心位置的是“正确”影片剪辑实例，靠近舞台边缘的是“错误”影片剪辑实例，如图 11-38 所示。

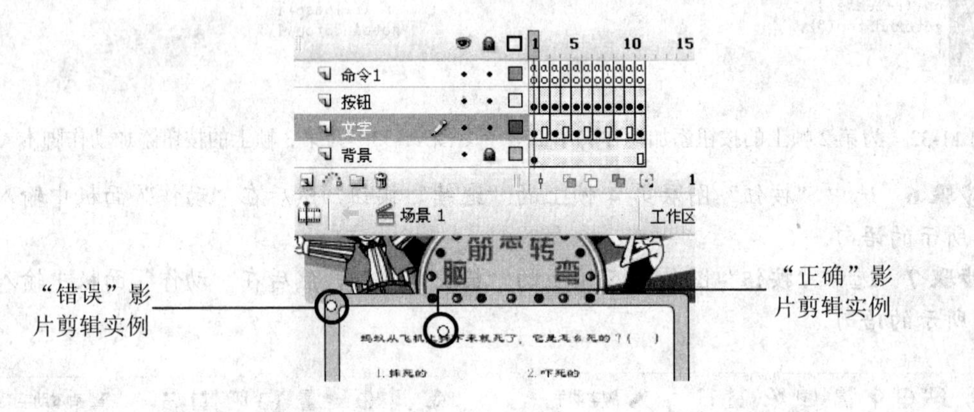


图 11-38　舞台上的影片剪辑实例

**步骤 2** 使用“选择工具” 单击选中“正确”影片剪辑实例，然后打开“属性”面板，在“实例名称”编辑框中输入“zq”，如图 11-39 所示。

**步骤 3** 选中“错误”影片剪辑实例，然后打开“属性”面板，在“实例名称”编辑框中输入“cw”，如图 11-40 所示。

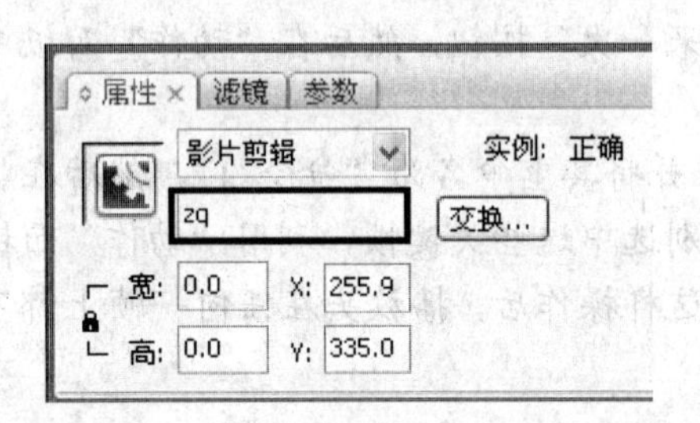


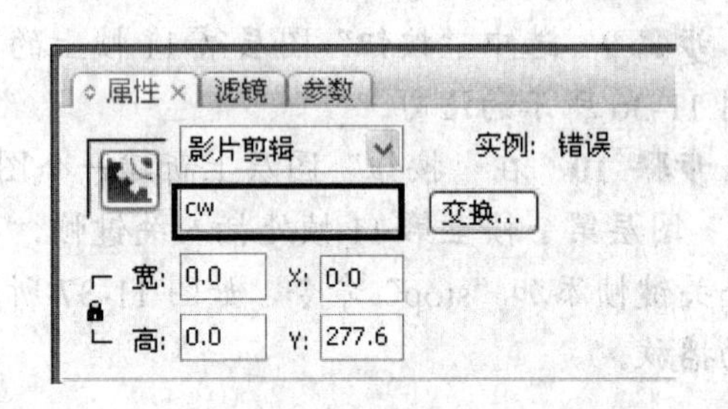


图 11-39　定义“正确”影片剪辑实例的实例名称　　图 11-40　定义“错误”影片剪辑实例的实例名称

**步骤 4** 按照步骤 2 和步骤 3 的操作，为“文字”图层第 3、5、7、9 帧上的“正确”影片剪辑实例和“错误”影片剪辑实例定义实例名称。

每个实例名称都是唯一的，在动画中不应有相同的实例名称，否则动作脚本在执行时容易出现错误。此外，实例名称第一个字符必须是字母、下滑线（_）或货币符号（$），后续字符可以是字母、数字、下滑线或货币符号的任意组合，中间不能有空格。

## 三、为输入和动态文本定义变量

在项目四中我们提到过，动态文本和输入文本需要通过动作脚本来控制，下面我们来为输入文本和动态文本定义变量。

**步骤 1**　选择“文本工具”T，在“属性”面板“文本类型”下拉列表中选择“输入文本”选项，再将字体设为隶书，将字体大小设为30，将文本（填充）颜色设为黑色，将对齐方式设为居中对齐，如图11-41所示。

**步骤 2**　在“文字”图层第1帧中按住鼠标左键拖出一个文本框，然后将其移动到“括号”位置并调整其宽度，如图11-42所示。

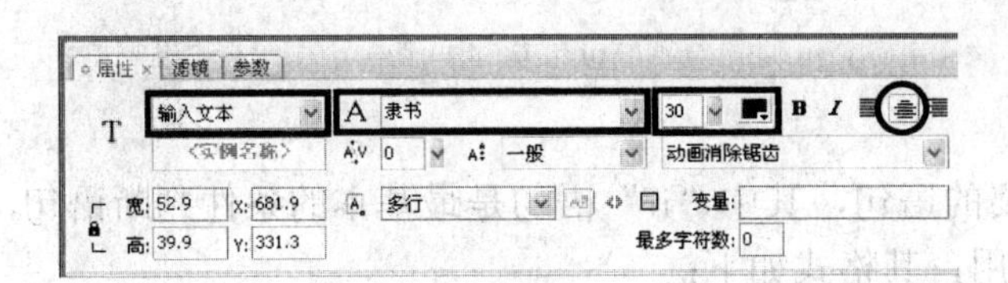

图11-41　设置“文本工具”的属性

图11-42　调整文本框的位置和宽度

**步骤 3**　保持文本框的选中状态，然后打开“属性”面板，在“变量”编辑框中输入“t1”，如图11-43所示。这样就把这个文本框的变量定为了“t1”。

**步骤 4**　将“文字”图层第1帧上的文本框原位复制到“文字”图层的第3、5、7、9帧中，并分别将这4个关键帧上的文本框的变量定义为“t2”、“t3”、“t4”和“t5”。

**步骤 5**　继续选中“文本工具”T，在“属性”面板“文本类型”下拉列表中选择“动态文本”选项，再将字体大小设为80，将文本（填充）颜色设为红色（#CC0000），如图11-44所示。

一定要取消勾选“自动调整字距”复选框，否则动作脚本在执行时会出现问题

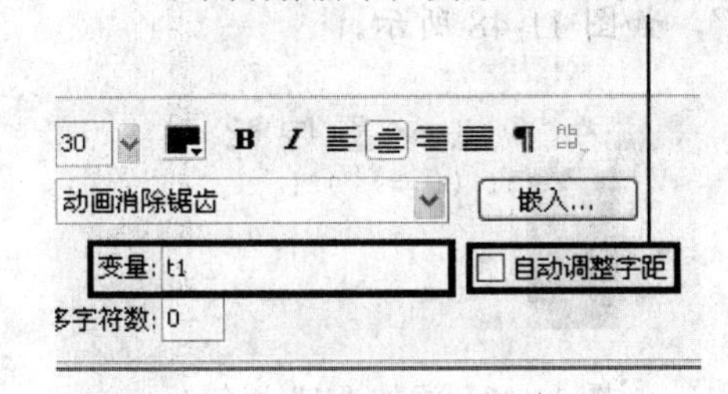

图11-43　定义文本框的变量

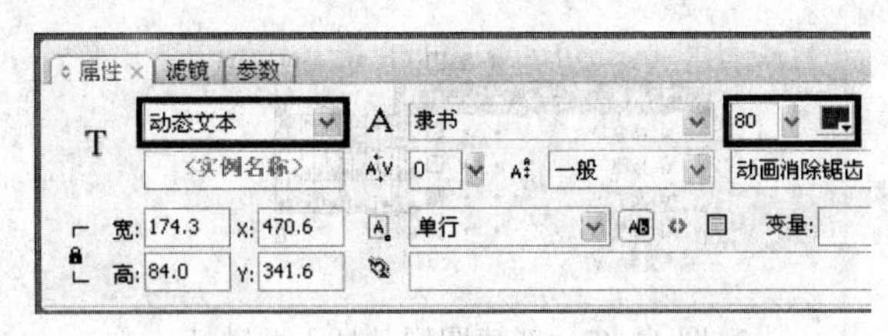

图11-44　设置“文本工具”的属性

**步骤 6**　在“文字”图层第11帧中按住鼠标左键拖出一个文本框，然后将其移动到第11帧上文字的右侧，如图11-45所示。

**步骤 7**　保持文本框的选中状态，然后打开“属性”面板，在“变量”编辑框中输入“df”，如图11-46所示。

图 11-45 移动文本框的位置

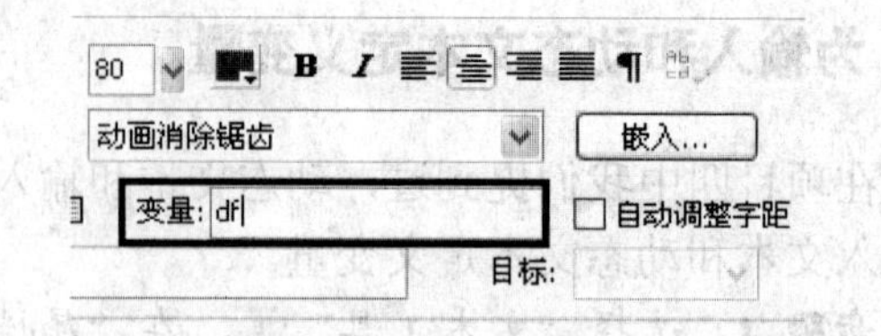


图 11-46 定义文本框的变量

知识库

变量简单来说就是存放信息的容器，容器本身是不变的，但是容器中的内容却可以修改。与其对应的是常量，常量就是一种属性，是指在程序运行中不会改变的量。

## 四、利用条件语句实现互动

条件语句是动作脚本中非常重要的语句，其中“if”语句是最基本的条件判断语句，最常见的形式是结合“else”语句使用，其格式如下：

```
if(条件) {
    当符合条件时执行的指令
  }else{
    当不符合条件时执行的指令
  }
```

下面，就让我们利用“if”语句和“else”语句实现动画中的对错判断和计分。

**步骤 1** 在“命令 1”图层上方新建一个图层，然后将其命名为“命令 2”，再在“命令 2”图层的第 2 帧处插入关键帧，如图 11-47 所示。

**步骤 2** 选中“命令 2”图层的第 2 帧，然后打开“动作”面板，确认“脚本助手”未处于激活状态，然后依次双击“语句”>“条件/循环”>“if”语句，为关键帧添加“if”语句，并在“if”语句右侧的括号中输入“t1=="3"”，如图 11-48 所示。

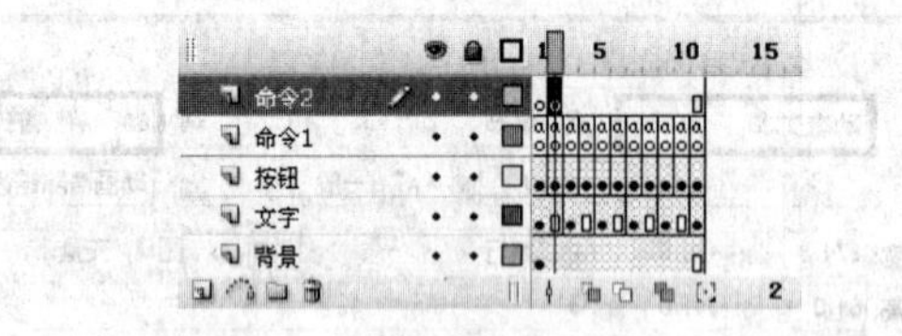


图 11-47 新建图层并插入关键帧

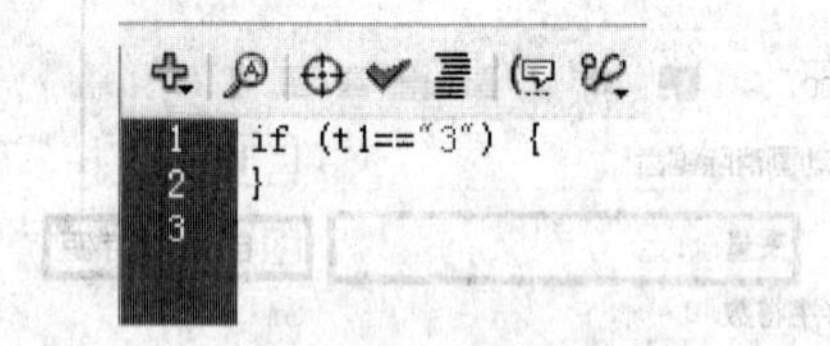


图 11-48 添加“if”语句

**步骤 3** 将光标定位在“{”右侧，按键盘上的【Enter】键，然后输入图 11-49 所示的脚本。这段脚本的意思是当变量“t1”等于“3”时，变量“df1”就等于“1”，主时间轴上实例名称为“zq”的影片剪辑实例转到并播放第 2 帧。

**步骤 4** 将光标定位在“}”左侧，依次双击“语句”>“条件/循环”>“else”语句，然后将光标定位在“{”右侧，按键盘上的【Enter】键，并输入图 11-50 所示的脚本。这段

脚本的意思是当不满足“if”语句中的条件时，变量“df1”等于“0”，实例名称为“cw”的影片剪辑实例转到并播放第 2 帧。

if (t1=="3") {
df1=1;
_root.zq.gotoAndPlay(2);
}
df1 是我们定义的一个变量，后面的 df2、df3……都与 df1 一样

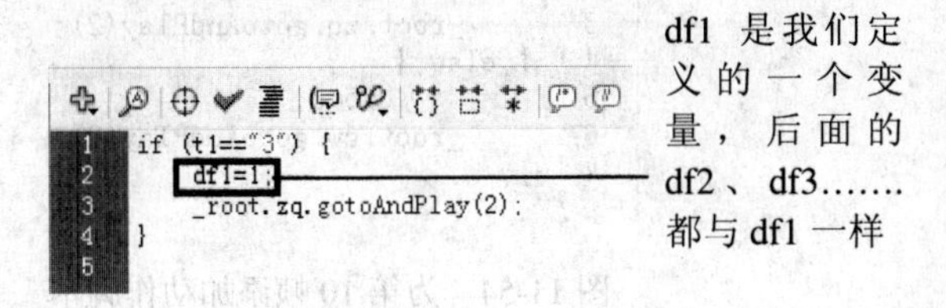

图 11-49　输入条件满足时执行的命令

if (t1=="3") {
df1=1;
_root.zq.gotoAndPlay(2);
} else {
df1=0;
_root.cw.gotoAndPlay(2);
}
这里使用的是绝对路径

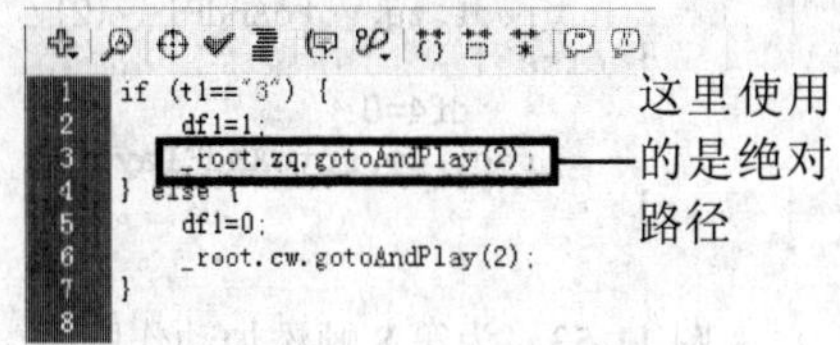

图 11-50　输入条件不满足时执行的命令

**知识库**

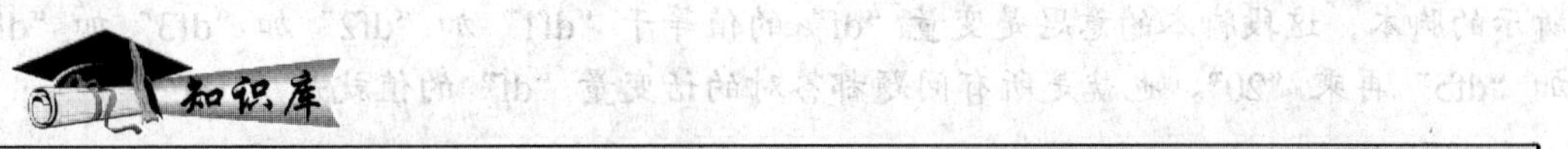

在本项目中我们使用的是绝对路径，关于绝对路径和相对路径的详细讲解，请参考后面延伸阅读中的内容。

**步骤 5**　在“命令 2”图层的第 4 帧处插入关键帧，然后在“动作”面板中输入图 11-51 所示的脚本。这段脚本的意思是当变量“t2”等于“2”时，变量“df2”等于“1”，主时间轴上实例名称为“zq”的影片剪辑实例转到并播放第 2 帧；如果“t2”不等于“2”，变量“df2”等于“0”，主时间轴上实例名称为“cw”的影片剪辑实例转到并播放第 2 帧。

**步骤 6**　在“命令 2”图层的第 6 帧处插入关键帧，然后在“动作”面板中输入图 11-52 所示的脚本。这段脚本的意思是当变量“t3”等于“1”时，变量“df3”等于“1”，主时间轴上实例名称为“zq”的影片剪辑实例转到并播放第 2 帧；如果“t3”不等于“1”，变量“df3”等于“0”，主时间轴上实例名称为“cw”的影片剪辑实例转到并播放第 2 帧。

if (t2 == "2") {
df2=1;
_root.zq.gotoAndPlay(2);
} else {
df2=0;
_root.cw.gotoAndPlay(2);
}

图 11-51　为第 4 帧添加动作脚本

if (t3 == "1") {
df3=1;
_root.zq.gotoAndPlay(2);
} else {
df3=0;
_root.cw.gotoAndPlay(2);
}

图 11-52　为第 6 帧添加动作脚本

**步骤 7**　在“命令 2”图层的第 8 帧处插入关键帧，然后在“动作”面板中输入图 11-53 所示的脚本。这段脚本的意思是当变量“t4”等于“4”时，变量“df4”等于“1”，主时间轴上实例名称为“zq”的影片剪辑实例转到并播放第 2 帧；如果“t4”不等于“4”，变量“df4”等于“0”，主时间轴上实例名称为“cw”的影片剪辑实例转到并播放第 2 帧。

**步骤 8**　在“命令 2”图层的第 10 帧处插入关键帧，然后在“动作”面板中输入图 11-54 所示的脚本。这段脚本的意思是当变量“t5”等于“4”时，变量“df5”等于“1”，主时间轴上实例名称为“zq”的影片剪辑实例转到并播放第 2 帧；如果“t5”不等于“4”，变量“df5”等于“0”，主时间轴上实例名称为“cw”的影片剪辑实例转到并播放第 2 帧。

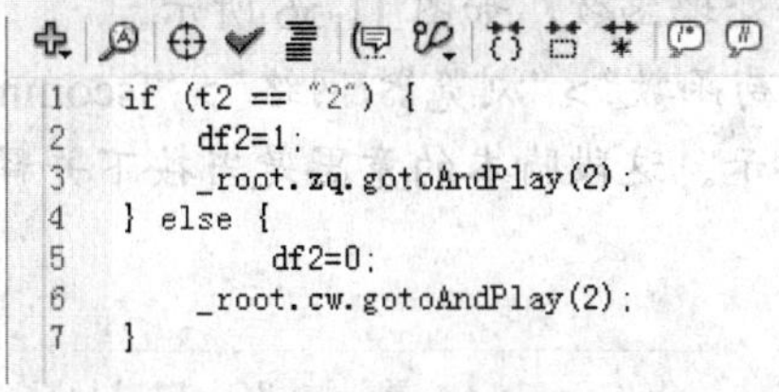

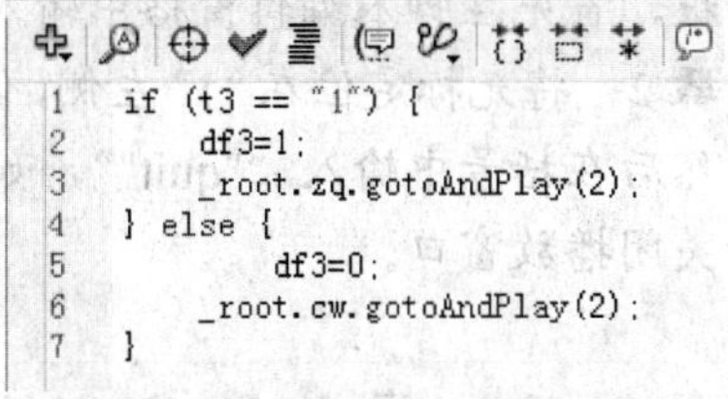

```
1  if (t4 == "4") {
2       df4=1;
3       _root.zq.gotoAndPlay(2);
4  } else {
5           df4=0;
6       _root.cw.gotoAndPlay(2);
7  }
```

图 11-53　为第 8 帧添加动作脚本

```
1  if (t5 == "4") {
2       df5=1;
3       _root.zq.gotoAndPlay(2);
4  } else {
5           df5=0;
6       _root.cw.gotoAndPlay(2);
7  }
```

图 11-54　为第 10 帧添加动作脚本

**步骤 9**　在“命令 2”图层的第 11 帧处插入关键帧，然后在“动作”面板中输入图 11-55 所示的脚本。这段脚本的意思是变量“df”的值等于“df1”加“df2”加“df3”加“df4”加“df5”再乘“20”，也就是所有问题都答对的话变量“df”的值就是“100”。

```
1    df=(df1+df2+df3+df4+df5)*20
```

图 11-55　为第 11 帧添加动作脚本

## 五、利用浏览器/网络函数制作退出按钮

浏览器/网络函数主要用来控制动画的播放，以及链接网站，其中最常用的是“getURL”和“fscommand”命令。下面我们就利用“fscommand”命令制作单击“退出”按钮就关闭播放窗口的效果。

**步骤 1**　使用“选择工具”选中“按钮”图层第 11 帧上的“退出”按钮，然打开“动作”面板，首先在脚本编辑窗格中输入“on”事件处理函数，如图 11-56 所示。

**步骤 2**　将光标定位在“}”左侧，依次双击“全局函数”>“浏览器/网络”>“fscommand”命令，然后在括号中输入“"quit"”，如图 11-57 所示。这段脚本的意思是当按下并释放按钮后，关闭播放窗口。

```
1  on (release) {
2  }
```

图 11-56　输入“on”语句

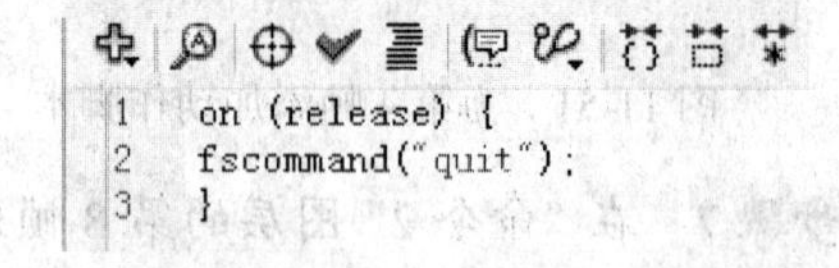

```
1  on (release) {
2  fscommand("quit");
3  }
```

图 11-57　添加“fscommand”命令

**步骤 3**　选中“按钮”图层第 11 帧上的“再来一次”按钮，打开“动作”面板，将光标移动到“gotoAndStop”命令的右侧，并按键盘上的【Enter】键，然后输入图 11-58 所示的动作脚本。这段脚本的意思是当按下并释放按钮后，播放头转到第 1 帧并停止播放，变量“t1”、“t2”、“t3”、“t4”和“t5”的值变为没有内容。

```
1   on (release) {
2       gotoAndStop(1);
3       t1="";
4       t2="";
5       t3="";
6       t4="";
7       t5="";
8   }
9
```

图 11-58　为“再来一次”按钮添加动作脚本

# 延伸阅读

## 一、绝对路径和相对路径

Flash 中有个主时间轴，在主时间轴里可以放置多个影片剪辑实例，每个影片剪辑都有它自己的时间轴，而且每个影片剪辑还可以包含多个子影片剪辑实例或按钮实例等。这样，在一个 Flash 动画中，就会出现层层叠叠的实例，要利用动作脚本控制一个实例的播放，不仅需要知道该实例名称，还需要知道该实例的路径，而实例的路径又分为绝对路径和相对路径，下面我们分别进行介绍。

### 1. 绝对路径

使用绝对路径时，不论在哪个影片剪辑中进行操作，都是从主时间轴（用_root 表示）出发，到影片剪辑实例，再到下一级子影片剪辑实例，一层一层地往下寻找，每个影片剪辑实例之间用“.”分开。

比如我们在项目十一中的一段动作脚本“_root.zq.gotoAndPlay（2）;”就是使用的绝对路径。假设在实例名称为“zq”的影片剪辑实例中还有一个实例名称为“zq1”的影片剪辑实例，要使“zq1”影片剪辑实例转到并播放第 10 帧可输入如下动作脚本：

_root.zq.zq1.gotoAndPlay（10）;

### 2. 相对路径

相对路径是以当前实例为出发点，来确定其他实例的位置。假设我们目前的位置在“zq1”影片剪辑实例中，要为“zq”影片剪辑实例添加“play”命令，因为“zq”是“zq1”影片剪辑实例的上一级（父级），所以动作脚本为：

_parent.play();

如果目前的位置在“zq”影片剪辑实例中，要为“zq1”影片剪辑实例添加“play”命令，因为“zq1”是“zq”影片剪辑实例的子级，所以动作脚本应为：

this.zq1.stop();或者 zq1.stop();

绝对路径比较好理解，并且绝对路径可以不必考虑你是在哪级的影片剪辑中进行操作，直接从主时间轴（_root）出发，一层一层的往下找，对于初学者来说，最好使用绝对路径。用相对路径必须清楚动作脚本是在哪一级影片剪辑中写的，是在对哪一级的影片剪辑进行操作。比较熟练时，使用相对路径会较快捷。

## 二、时间轴控制函数

时间轴控制函数用来控制动画中时间轴（播放头）的播放进程，时间轴控制函数可以加在关键帧、按钮实例、影片剪辑实例上。在“动作”面板中展开“全局函数”>“时间轴控制”，可以看到 Flash 内置有哪些时间轴控制函数，如图 11-59 所示。需要注意的是，每一个函数都需要以“()”和分号“;”结尾。下面介绍各时间轴控制函数的具体应用。

图 11-59 时间轴控制函数

### 1. stop();

“stop”语句的作用是将动画停止在当前帧。其语法格式为：

```
stop();
```

### 2. play();

“play”语句的作用是使停止播放的动画从当前位置继续播放。其语法格式为：

```
play();
```

### 3. gotoAndPlay();

“gotoAndPlay”语句通常加在关键帧或按钮实例上，作用是当动画播放到某帧或单击某按钮时，跳转到指定的帧并从该帧开始播放。“gotoAndPlay”语句的语法格式与“gotoAndStop”语句一样。

### 4. gotoAndStop();

“gotoAndStop”语句的作用是当播放头播放到某帧或单击某按钮时，跳转到指定的帧并从该帧停止播放。我们在项目十一的操作中多次使用了该语句。

### 5. nextFrame();

从当前帧跳转到下一帧并停止播放。例如，为某按钮添加如下脚本，这样单击并释放按钮后，动画将从当前帧跳到下一帧并停止播放。

```
on(release){
nextFrame();
}
```

6. prevFrame();

从当前帧跳转到前一帧并停止播放。其语法格式和使用方法同“nextFrame”语句相同。

7. nextScene();

跳转到下一个场景并停止播放。当有多个场景时，可以使用此命令使各场景产生交互。

8. prevScene();

跳转到前一个场景并停止播放。

9. stopAllSounds();

在不停止播放动画的情况下，使当前播放的所有声音停止播放。例如，为某按钮添加如下脚本，这样单击并释放按钮后，将停止播放动画中的声音。

```
on(release){
stopAllSounds();
}
```

利用这个命令可以制作静音按钮。

## 三、影片剪辑属性

影片剪辑属性是指舞台上的影片剪辑实例属性。制作动画时，利用动作脚本设置影片剪辑实例的属性，能让它们在动画播放过程中自身产生变化，从而制作出多姿多彩的动画特效。下面我们是一些常用的影片剪辑属性：

- **_alpha**：影片剪辑实例的透明度。有效值为 0（完全透明）到 100（完全不透明），默认值为 100。例如：zq._alpha=20;，表示将“zq”实例的透明度设置为 20%。
- **_rotation**：影片剪辑实例的旋转角度（以度为单位）。从 0 到 180 的值表示顺时针旋转，从 0 到-180 的值表示逆时针旋转。不属于上述范围的值将与 360 相加或相减以得到该范围内的值。例如：语句“zq._rotation=450;”与“zq._rotation=90;”相同。
- **_visible**：确定影片剪辑实例的可见性，当影片剪辑实例的_visible 值是 true（或者为 1）时，实例可见；当实例的_visible 的值是 false（或者为 0）时，实例不可见。
- **_height**：影片剪辑实例的高度（以像素为单位）。例如：zq._height =70;，表示将“zq”实例的高度设置为 70 像素。

- **_width**：影片剪辑实例的宽度（以像素为单位）。例如：zq._height =30;，表示将“zq”实例的宽度设置为 30 像素。
- **_xscale**：影片剪辑实例的水平缩放比例。例如：zq._ xscale =50;，表示将“zq”实例的宽度缩小为原来的 50%。
- **_yscale**：影片剪辑实例的垂直缩放比例。例如：zq._ yscale =60;，表示将“zq”实例的高度缩小为原来的 60%。

> 当_xscale 和_yscale 的值在 0 ~ 100 之间时，是缩小影片剪辑为原影片剪辑的百分数；当_xscale 和_yscale 的值大于 100 时，是放大原影片剪辑；当_xscale 或_yscale 为负时，水平或垂直翻转原影片剪辑并进行缩放。

- **_x**：影片剪辑的在舞台上的 x 坐标（整数，以像素为单位），例如 zq._ x=120;，表示“zq”实例在舞台上的 x 坐标变为 120。
- **_y**：电景剪辑的在舞台上的 y 坐标（整数，以像素为单位）。例如 zq._ y=240;，表示“zq”实例在舞台上的 y 坐标变为 240。

## 四、影片剪辑控制函数

影片剪辑控制函数是用来控制影片剪辑的命令语句，在“动作”面板中展开“全局函数”>“影片剪辑控制”，可以看到 Flash 内置有哪些影片剪辑控制函数，如图 11-60 所示。“on”函数已经在前面介绍过，下面介绍其他重要语句的应用。

图 11-60　影片剪辑控制函数

### 1. duplicateMovieClip();

duplicateMovieClip 语句的作用是复制影片剪辑，它经常被用来制作下雨、下雪等效果。其语法格式为：

duplicateMovieClip（目标,新名称,深度）;

其中参数的意义如下：

- **目标**：要复制的电影剪辑的名称和路径。
- **新名称**：是复制后的电影剪辑实例名称。
- **深度**：已经复制电影剪辑的堆叠顺序编号。每个复制的影片剪辑都必须设置唯一的深度，否则后来复制的电影剪辑将替换以前复制的影片剪辑，新复制的电影剪辑总是在原电影剪辑的上方。

例如，在主场景事件轴上有一个名称为“cw”的影片剪辑实例，如果要在动画播放到第 30 帧时复制出一个该影片剪辑实例，可在第 30 帧插入关键帧，并输入如下脚本：

```
duplicateMovieClip("cw","cw2",2);
```

2. setProperty();

setProperty 语句用来设置影片剪辑属性，格式为：

setProperty(目标,属性,值);

其中参数的意义如下：

- **目标：**需要设置属性的影片剪辑实例路径和实例名。
- **属性：**要控制何种属性，例如透明度、可见性、放大比例等。
- **值：**属性对应的值。例如：

setProperty("_root.zq.zq1", _alpha, 40);

表示把实例"zq"的子实例"zq1"的透明度设置为 40%。

3. onClipEvent

在 Flash 中利用影片剪辑属性和影片剪辑控制函数，可以控制影片剪辑实例和影片剪辑实例的属性。在为影片剪辑实例添加动作脚本命令语句时，必须先为其添加"onClipEvent"事件处理函数。"onClipEvent"函数的语法格式为：

```
onClipEvent (系统事件) {
此处是语句，用来相应事件
}
```

Flash 中，系统事件主要有以下几种：

- **load：**载入影片剪辑时，启动此大括号里的动作。
- **unload：**在时间轴中删除影片剪辑实例之后，启动大括号里的动作。
- **enterFrame：**只要影片剪辑在播放，便会不断地启动大括号里的动作。
- **mouseMove：**每次移动鼠标时启动动作。
- **mouseDown：**当按下鼠标左键时启动动作。
- **mouseUp：**当释放鼠标时启动动作。
- **keyDown:** 当按下某个键时启动动作。
- **keyUp：**当释放某个键时启动动作。

4. getProperty();

getProperty 语句用来获取某个影片剪辑实例的属性。常常用来动态地设置影片剪辑实例属性，其格式为：

getProperty(目标,属性);

其中参数的意义如下：

- **目标：**被取属性的影片剪辑实例名称。
- **属性：**取得何种属性。例如：

setProperty("_root.cw",_x, getProperty("_root.zq",_x));

表示将影片剪辑实例"zq"的 x 坐标设置为实例"cw"的 x 坐标。或者说，取得影片剪辑实例“zq”的横坐标值，并把这个值作为“cw”的横坐标值。

5. removeMovieClip();

removeMovieClip 语句用来删除用 duplicateMovieClip 语句复制的影片剪辑实例，其格式为：

removeMovieClip("复制的影片剪辑实例路径和名称");

6. startDrag();

startDrag 语句用来在播放动画时，托拽影片剪辑实例。格式为：

名称.startDrag(锁定, 左,上,右,下);

其中参数的意义如下：

- **名称**：要托拽的影片剪辑实例名称和路径。
- **锁定**：表示拖动时中心是否锁定在鼠标，true 表示锁定，false 表示不锁定。
- **左、上、右、下**：设置托拽的范围，注意该范围是相对于未被拖动前的影片剪辑实例而言。

除名称外，后面几个参数可以设置，也可以不设置。例如：zq.startDrag();，表示可以任意拖动当前场景中的“zq”实例。

7. stopDrag();

stopDrag 语句用来停止拖动舞台上的影片剪辑实例，格式为：

stopDrag();

## 五、浏览器/网络函数

下面就来介绍“getUR”命令的应用以及“fscommand”命令各参数的意义。

1. getURL();

getURL 语句可为按钮或其他事件添加网页网址，也可以用来向其他应用程序传递变量，格式为：

getURL(网址,窗口,变量);

其中各参数的意义如下：

- **网址**：在其中输入要链接的网址，必须在网址前面加上"http://"，否则无法链接。
- **窗口（可选参数）**：可选择以什么方式打开链接，其中“_self”表示在当前的浏览器打开链接；“_blank”表示在新窗口打开链接；“_parent”表示在当前位置的上一级浏览器窗口打开链接；“_top”表示在当前浏览器上方新开一个链接。
- **变量（可选参数）**：用来规定参数的传输方式，其中“用 GET 方式发送”表示将参数列表直接添加到 url 之后，与之一起提交，一般适用与参数较少且简单的情

况；“用 POST 方式发送”表示将参数列表单独提交，在速度上会慢一些，但不容易丢失数据，适用与参数较多较复杂的情况。

比如，要单击某个按钮打开百度网站，可为其添加如下脚本：

```
on(release){
    getURL("http://www.baidu.com");
}
```

2. fscommand();

利用“fscommand”命令可以使动画全屏播放、右键单击无效和关闭全屏动画。表 11-1 所示为 fscommand 命令可以执行的命令和参数。

**表 11-1　fscommand 命令相关参数**

| 命令 | 参数 | 功能说明 |
| --- | --- | --- |
| quit | 没有参数 | 关闭动画播放器 |
| fullscreen | true 或 false | 用于控制是否让影片播放器成为全屏播放模式，true 为是，false 为不是。 |
| allowscale | true 或 false | false 让动画画面始终以 100%的方式呈现，不会随着播放器窗口的缩放而跟着缩放；true 则正好相反。 |
| showmenu | true 或 false | true 代表当用户在动画画面上右击时，可以弹出带全部命令的右键菜单，false 则表示命令菜单里只显示“About Shockwave”信息。 |
| exec | 应用程序的路径 | 从播放器执行其他应用软件。 |
| trapallkeys | true 或 false | 用于控制是否让播放器锁定键盘的输入，true 为是，false 为不是。这个命令通常用在全屏幕播放的时候，避免用户按下【Esc】键解除全屏播放。 |

“fscommand”命令只有在 Flash 播放器中才有效，把动画发布成网页文件时，此命令无法发挥它的功能。

# 检测与评价

本项目主要介绍了动作脚本的基本概念、语法规则，以及时间轴控制函数、影片剪辑控制函数、浏览器/网络函数等常用脚本语句的应用。在学习过程中应重点注意以下几点。

- 要掌握动作脚本的语法规则，这是学习动作脚本的基础。
- 可以为关键帧、按钮实例和影片剪辑实例添加动作脚本。
- 要使用动作脚本控制某个对象，必须为该对象定义一个实例名称，并利用路径指明它的位置。

- 激活“脚本助手”后，在添加脚本命令时，系统会自动安排格式，这对新手来说帮助很大。
- 手动输入脚本命令后，可单击“语法检查”按钮✔进行测试。
- 在为按钮实例添加脚本命令时，必须先为其添加 on 事件处理函数；在为影片剪辑实例添加脚本命令时，必须先为其添加 onClipEvent 事件处理函数。
- 在利用快捷键【Ctrl+Enter】测试影片时 fscommand 命令并不起作用，要使用 FlashPlayer 播放器打开.swf 文件后该命令才会生效。

## 成果检验

结合本项目所学内容，制作图 11-61 所示的填空考卷，动画最终效果请参考本书配套素材“素材与实例”>“项目十一”>“填空考卷.fla”。

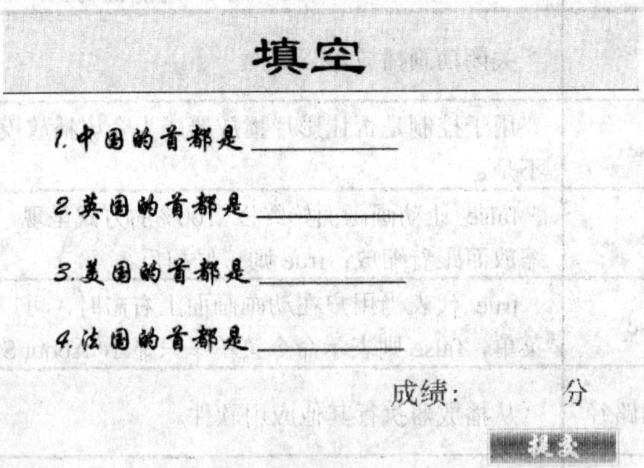

填空

1.中国的首都是 ________

2.英国的首都是 ________

3.美国的首都是 ________

4.法国的首都是 ________

成绩：　　分

提交

图 11-61　填空考卷

### 提示

（1）新建一个 Flash 文档，将“图层 1”重命名为“底图”，然后在“底图”图层上绘制背景图形。

（2）新建一个图层并将其命名为“文字”，然后在“文字”图层上输入文字，并使用“文本工具” T 拖出输入文本框和动态文本框。

（3）创建一个名为“对错”的影片剪辑，在第 2 帧绘制一个对勾，在第 3 帧绘制一个叉子，并为第 1 帧添加“stop”命令，再将“对错”影片剪辑拖到主场景的“文字”图层中。

（4）在“文字”图层上新建一个图层，然后将其重命名为“按钮”，并在“按钮”图层的第 2 帧处插入关键帧，制作一个“提交”按钮和一个“返回”按钮，然后将它们分别拖入“按钮”图层的第 1 帧和第 2 帧，并为其添加动作脚本。

（5）在“按钮”图层上新建一个图层，然后将其重命名为“命令”，在“命令”图层的第 2 帧处插入关键帧，然后分别为“命令”图层的第 1 帧和第 2 帧添加动作脚本。

# 项目十二　太空影院——应用行为

**课时分配：6 学时**

## 学习目标

| 掌握使用行为控制影片剪辑的方法 |
|---|
| 掌握使用行为控制声音播放的方法 |
| 掌握使用行为控制视频播放的方法 |

## 模块分配

| 任务一 | 利用行为加载位图和声音 |
|---|---|
| 任务二 | 利用行为控制视频和声音播放 |

## 作品成品预览

素材位置：光盘\素材与实例\项目十二\太空影院素材.fla

实例位置：光盘\素材与实例\项目十二\太空影院.fla

本例通过制作一个太空影院的动画，让大家掌握利用行为控制影片剪辑、视频和声音播放的方法。

# 任务一　利用行为加载位图和声音

## 学习目标

|  | 掌握利用行为加载位图的方法 |
| --- | --- |
| | 掌握利用行为加载声音的方法 |

## 一、利用行为加载位图

在 Flash 中，行为相当于已编写好的“动作脚本”，可以使用它控制影片剪辑实例、视频和声音的播放。对于不擅长使用动作脚本的朋友，行为无疑是制作交互动画的好帮手。下面，我们就利用“行为”面板在素材文档中加载外部位图。

**步骤 1**　打开本书配套素材“素材与实例”>“项目十二”>“太空影院素材.fla”文件，我们会看到舞台中有一个名为“屏幕”的图形元件，新建一个图层，然后将其重命名为“背景”，将“背景”图层拖到“屏幕”图层的下方，如图 12-1 所示。

**步骤 2**　在“背景”图层上绘制一个任意颜色的矩形，并将其转换为名为“背景”的影片剪辑。选中“背景”影片剪辑实例，然后在“属性”面板中将其“X”坐标和“Y”坐标都设为“0”，并将“背景”影片剪辑实例的实例名称设为“bj”，如图 12-2 所示。

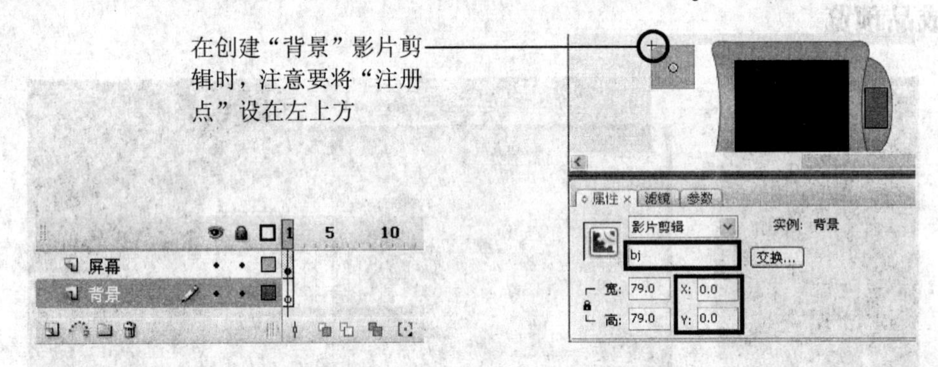


图 12-1　新建并改变图层顺序　　　　图 12-2　设置影片剪辑实例的坐标和实例名称

**步骤 3**　在“屏幕”图层上新建一个图层，将其命名为“命令”，选中“命令”图层的第 1 帧，然后选择“窗口”>“行为”菜单，打开“行为”面板，如图 12-3 所示。

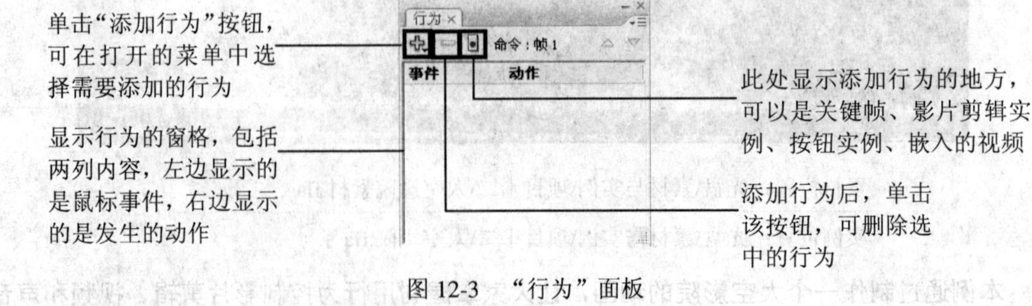


图 12-3　“行为”面板

**步骤 4**　单击“添加行为”按钮，在打开的菜单中选择“影片剪辑”>“加载图像”菜单，如图 12-4 所示。

**步骤 5**　在打开的“加载图像”对话框中的“输入要加载的.jpg 文件的 URL:”编辑框中输入“背景.jpg”，在“选择要将该图像载入到哪个影片剪辑”编辑框中选择“bj”，然后选择“相对”单选钮，并单击“确定”按钮，如图 12-5 所示。

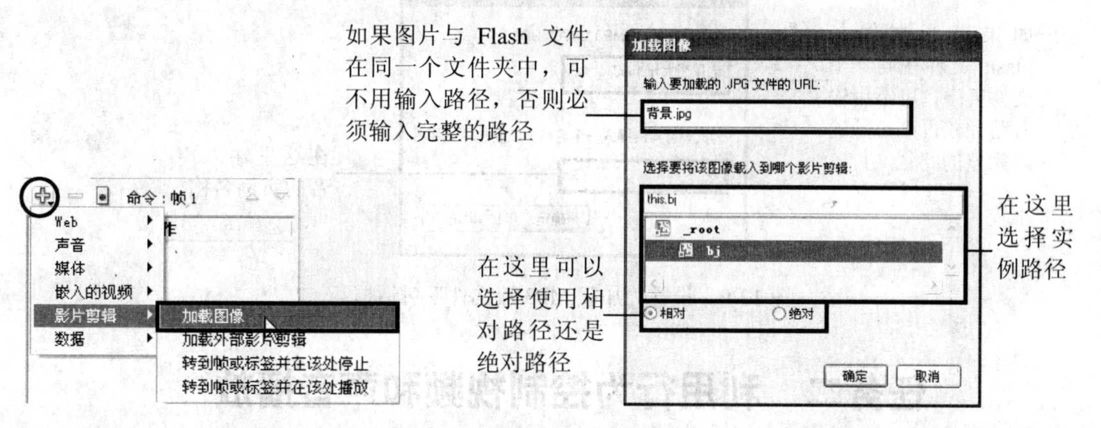


图 12-4　选择“加载图像”菜单　　　　图 12-5　设置“加载图像”对话框

**步骤 6**　此时打开“动作”面板，会发现 Flash 自动为“命令”图层的第 1 帧添加了动作脚本，在最后一行添加“stop”命令，如图 12-6 所示。此时在键盘上按【Ctrl + Enter】键预览动画，可以看到加载的图像。

```
1
2       //load Graphic Behavior
3       this.bj.loadMovie("背景.jpg");
4       //End Behavior
5   stop();
6
```

图 12-6　为关键帧添加“stop”命令

## 二、利用行为加载声音

下面，我们利用“行为”面板在文档中加载声音。

**步骤 1**　在“屏幕”图层的上方新建一个图层，并将其重命名为“声音”，在“声音”图层的第 2 帧处插入关键帧，如图 12-7 所示。

**步骤 2**　确保“声音”图层第 2 帧处于选中状态，单击“行为”面板的“添加行为”按钮，在打开的菜单中选择“声音”>“加载 MP3 流文件”菜单，如图 12-8 所示。

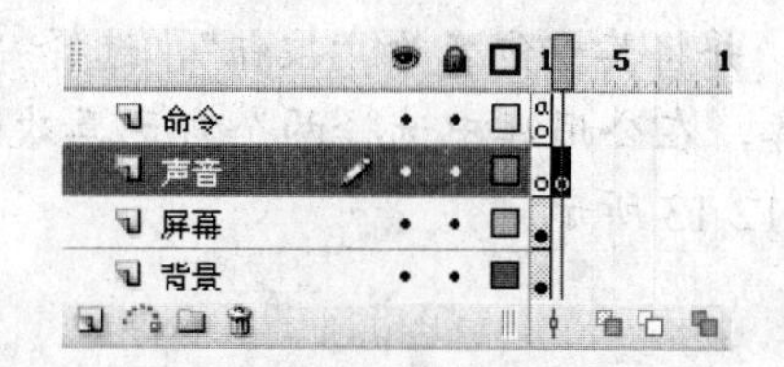


图 12-7　插入关键帧

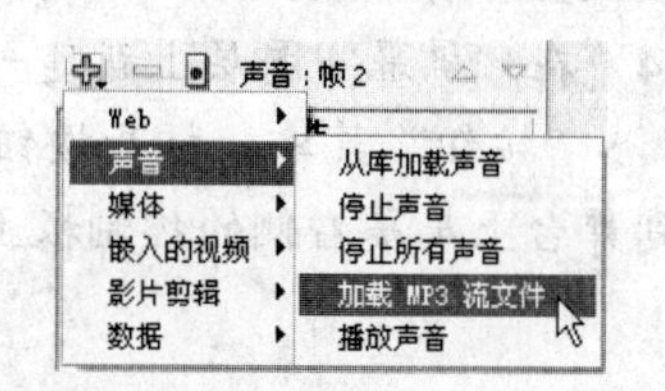


图 12-8　选择“加载 MP3 流文件”菜单

**步骤 3** 在打开的"加载 MP3 流文件"对话框中的"输入要加载的.MP3 流文件的 URL"编辑框中输入"老鼠爱大米.mp3"，在"为此声音实例键入一个名称，以便以后引用"编辑框中输入"sy"，然后单击"确定"按钮，如图 12-9 所示。此时在键盘上按【Ctrl + Enter】键预览动画，便可以听到加载的声音。

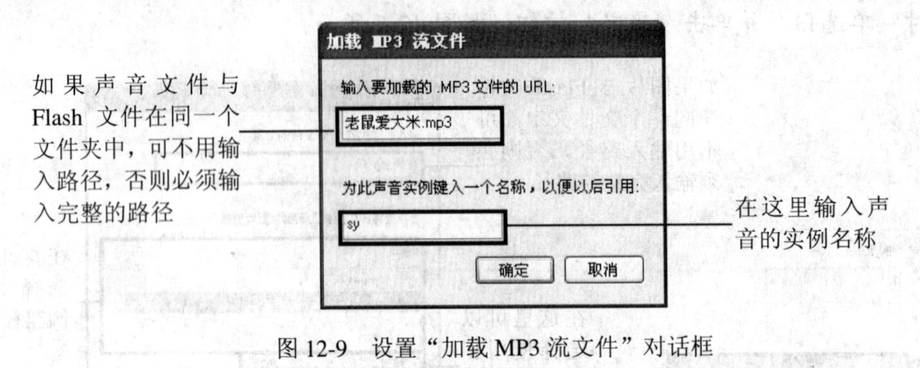


图 12-9　设置"加载 MP3 流文件"对话框

# 任务二　利用行为控制视频和声音播放

## 学习目标

|  | 掌握利用"行为"面板控制视频播放的方法 |
|---|---|
| | 掌握利用"行为"面板控制声音播放的方法 |

## 一、导入视频并添加按钮

下面我们将本例所用的视频文件导入文档，并将"公用库"中的按钮添加到文档中。

**步骤 1** 在"屏幕"图层上方新建一个图层，将其重命名为"视频"，然后选择"文件">"导入">"导入视频"菜单，在打开的"导入视频"对话框的"文件路径"选项中选择本书配套素材"素材与实例">"项目十二">"老鼠爱大米.avi"文件，单击"下一个"按钮，如图 12-10 所示。

**步骤 2** 在"部署"界面中选择"在 swf 中嵌入视频并在时间轴上播放"单选钮，然后单击"下一个"按钮，如图 12-11 所示。

**步骤 3** 一路单击"下一个"按钮，将视频导入到文档中，此时 Flash 会根据视频的长度自动在"视频"图层中添加普通帧（399 帧），在其他图层的第 399 帧处也插入普通帧，然后将视频放置在屏幕最上方，如图 12-12 所示。

**步骤 4** 在"屏幕"图层上新建一个图层，并将其重命名为"按钮"，选择"窗口">"公用库">"按钮"菜单，打开按钮的公用库，在公用库中选择两个自己喜欢的按钮，并将其拖到舞台上屏幕右侧的控制板上，如图 12-13 所示。

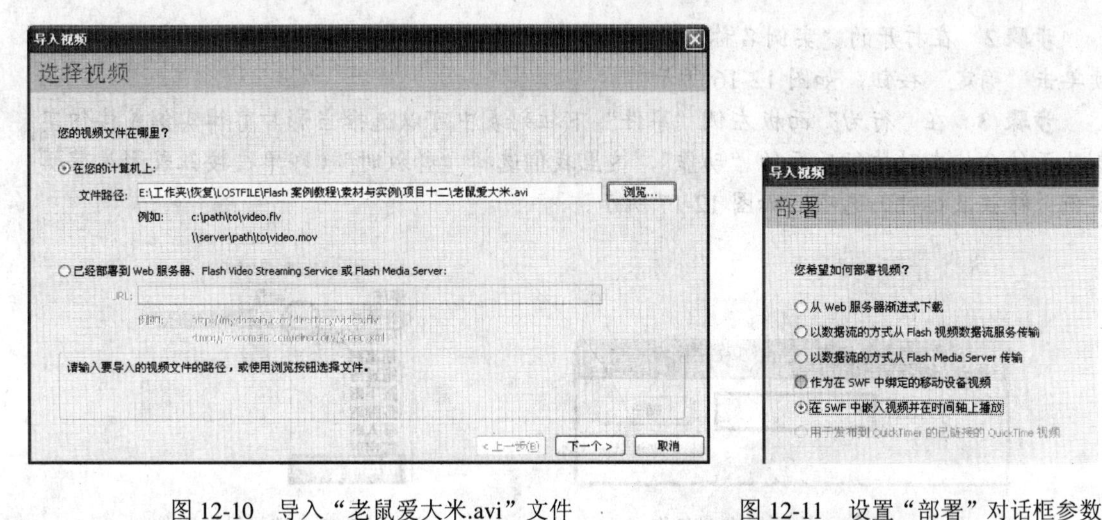


图 12-10　导入“老鼠爱大米.avi”文件

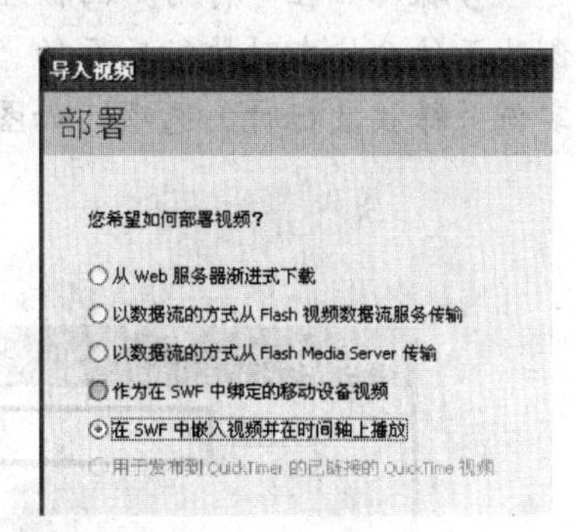


图 12-11　设置“部署”对话框参数

图 12-12　插入普通帧

图 12-13　拖入按钮

## 二、利用行为控制视频和声音的播放

利用“行为”面板不仅可以加载图像和声音，还可以控制视频、声音或影片剪辑的播放，下面我们就利用“行为”面板控制视频和声音的播放。

**步骤 1**　选中“按钮”图层中用于播放视频和声音的按钮，然后单击“行为”面板中的“添加行为”按钮，在打开的菜单中选择“嵌入的视频”>“播放”菜单，在打开的“播放视频”对话框中选中导入的视频，如图 12-14 所示。此时会弹出“是否重命名？”对话框，单击“重命名”按钮，如图 12-15 所示。

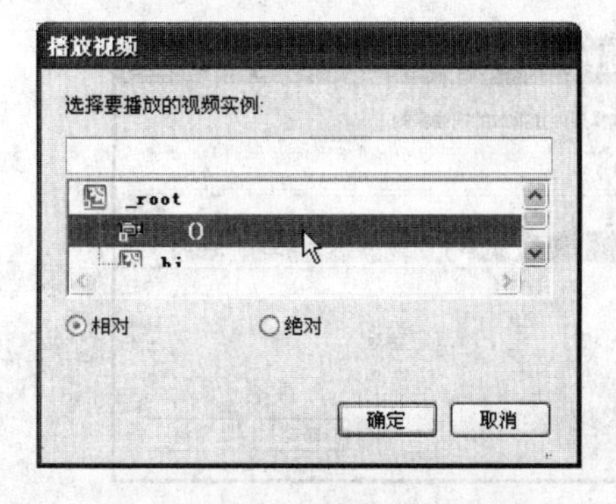


图 12-14　选择要播放的的视频

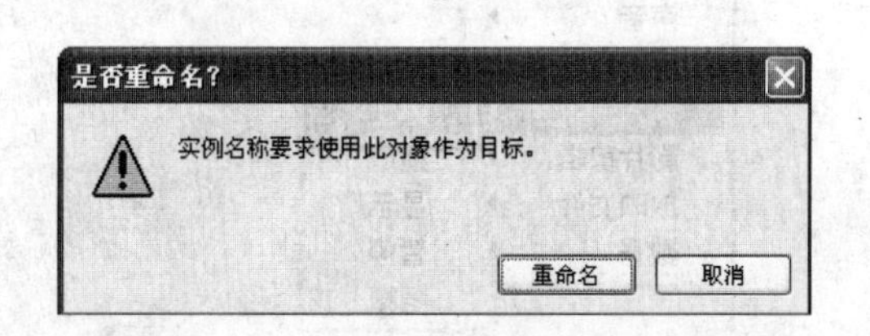


图 12-15　“是否重命名？”对话框

**步骤 2** 在打开的"实例名称"对话框中的"实例名称"编辑框中输入"sp"，然后连续单击"确定"按钮，如图 12-16 所示。

**步骤 3** 在"行为"面板左侧"事件"下拉列表中可以选择当影片剪辑实例或按钮实例处于什么状态时执行后面的"动作"，这里我们选择"释放时"（即单击按钮或影片剪辑实例并释放鼠标时）选项，如图 12-17 所示。

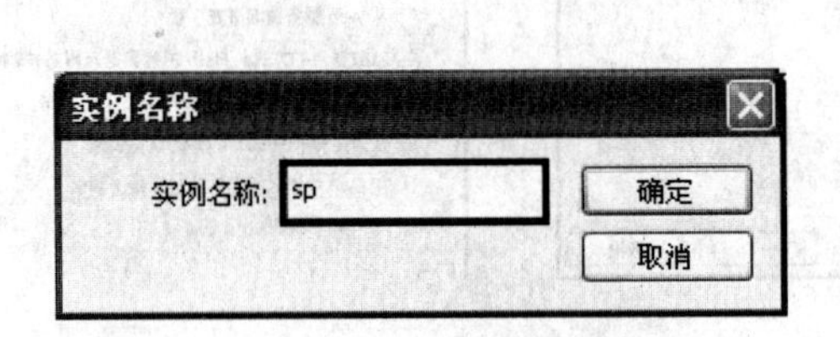


图 12-16 输入视频的实例名称

图 12-17 选择触发事件

**步骤 4** 保持播放按钮的选中状态，再次单击"行为"面板中的"添加行为"按钮，在打开的菜单中选择"声音">"播放声音"菜单，如图 12-18 所示。

**步骤 5** 在打开的"播放声音"对话框中的"键入要播放的声音实例的名称"编辑框中输入"sy"，然后单击"确定"按钮，如图 12-19 所示。

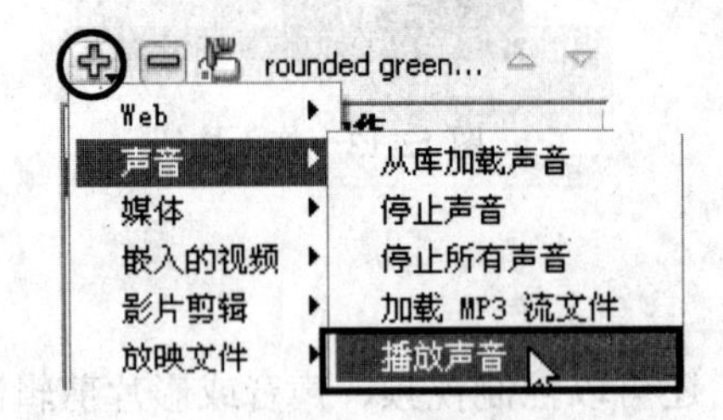


图 12-18 选择"播放声音"菜单

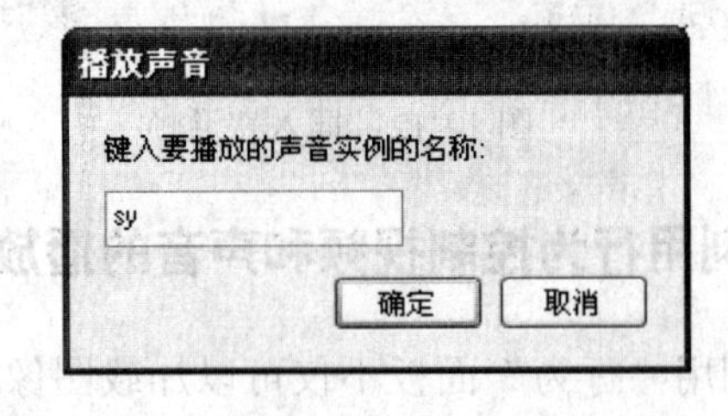


图 12-19 输入声音的实例名称

**步骤 6** 选中舞台上用于停止播放视频和声音的按钮，然后单击"行为"面板中的"添加行为"按钮，在打开的菜单中选择"嵌入的视频">"停止"菜单，如图 12-20 所示。

**步骤 7** 在打开的"停止视频"对话框中，选中我们刚才将实例名称定义为"sp"的视频，然后单击"确定"按钮，如图 12-21 所示。

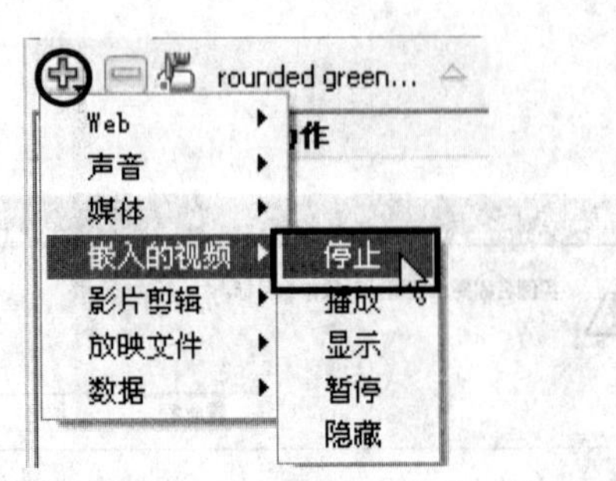


图 12-20 选择"停止"菜单

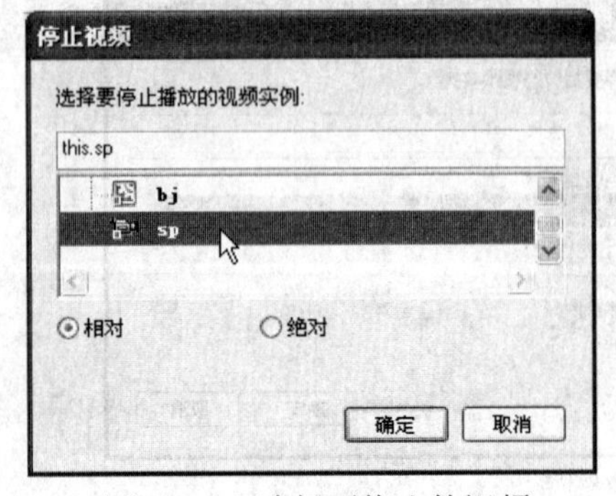


图 12-21 选择要停止的视频

**步骤 8**　保持停止按钮的选中状态，再次单击“行为”面板中的“添加行为”按钮，在打开的菜单中选择“声音”>“停止所有声音”菜单，如图 12-22 所示。

**步骤 9**　在打开的“停止所有声音”对话框中单击“确定”按钮，如图 12-23 所示。至此，本例就完成了，按键盘上的【Ctrl+Enter】键预览一下效果吧。

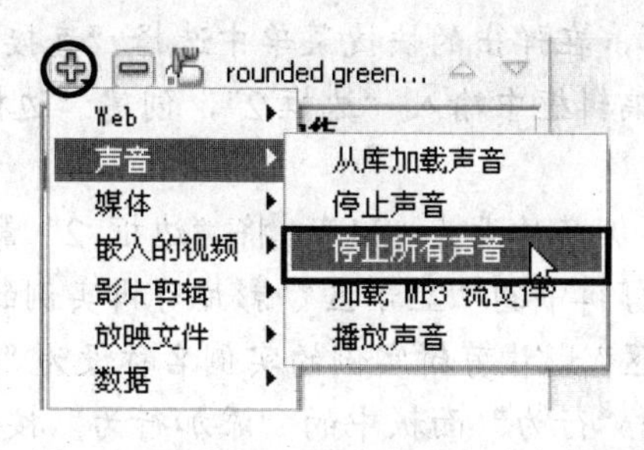


图 12-22　选择“停止所有声音”菜单

图 12-23　单击“确定”按钮

## 检测与评价

本项目主要介绍了使用行为控制视频、声音和影片剪辑播放的方法。一个完整的行为总由两部份组成，一部分是“动作”，例如停止指定视频的播放，另一部分是触发动作的“事件”，例如单击并释放鼠标后，停止视频的播放，其中的单击并释放鼠标便是一个事件。

## 成果检验

结合本项目所学内容，制作图 12-24 所示的活动图片，动画最终效果请参考“素材与实例”>“项目十二”>“活动图片.fla”。

图 12-24　活动图片

**提示**

（1）新建一个 Flash 文档，利用“矩形工具”绘制一个任意颜色的矩形，然后在“属

性”面板中将矩形的“宽”设为“240”像素，将“高”设为“320”像素，并将矩形转换为名为“显示区”的影片剪辑。

（2）在“显示区”影片剪辑实例外围再绘制一个稍大的“白色”矩形，然后同时选中白色矩形和“显示区”影片剪辑，将它们转换为名为“边框”的影片剪辑。

（3）在“库”面板中右击“边框”影片剪辑，在弹出的快捷菜单中选择“直接复制”菜单，并在“直接复制元件”对话框的“名称”编辑框中输入“边框 2”，创建“边框 2”影片剪辑，并将其拖入舞台。

（4）将舞台中的“边框”影片剪辑实例的实例名称设为“kk”，将“边框 2”影片剪辑实例的实例名称设为“kk1”，将“边框”影片剪辑中的“显示区”影片剪辑实例的实例名称设为“pp”，将“边框 2”影片剪辑中的“显示区”影片剪辑实例的实例名称设为“pp1”。

（5）选中“边框”影片剪辑实例，然后单击“行为”面板中的“添加行为”按钮，在打开的菜单中选择“影片剪辑”>“移动到最前”菜单，在打开的“移动到最前”对话框中选择实例名称为“kk”的影片剪辑实例，并将“事件”设为“按下时”。

（6）再次单击“添加行为”按钮，在打开的菜单中选择“影片剪辑”>“开始拖动影片剪辑”菜单，在打开的“开始拖动影片剪辑”对话框中选择实例名称为“kk”的影片剪辑实例，并将“事件”设为“按下时”。

（7）再次单击“添加行为”按钮，在打开的菜单中选择“影片剪辑”>“停止拖动影片剪辑”菜单，并将“事件”设为“释放时”。

（8）参考步骤（5）、（6）、（7）的操作为“边框 2”影片剪辑实例添加行为，注意要把步骤（5）、（6）、（7）操作中的实例名称“kk”换为“kk1”。

（9）在“图层 1”上方新建一个图层，并将其重命名为“命令”，然后选中“命令”图层的第 1 帧，单击“行为”面板中的“添加行为”按钮，在打开的菜单中选择“影片剪辑”>“加载图像”菜单，在打开的“加载图像”对话框中的“输入要加载的.jpg 文件的 URL:”编辑框中输入“图片 1.jpg”，在“选择要将该图像载入到哪个影片剪辑”编辑框中选择“pp”，然后单击“确定”按钮。

（10）再次单击“添加行为”按钮，在打开的菜单中选择“影片剪辑”>“加载图像”菜单，在打开的“加载图像”对话框中的“输入要加载的.jpg 文件的 URL:”编辑框中输入“图片 2.jpg”，在“选择要将该图像载入到哪个影片剪辑”编辑框中选择“pp1”，然后单击“确定”按钮。

# 项目十三　家具订单——应用组件

**课时分配：6 学时**

**学习目标**

| 掌握下拉列表框组件 ComboBox 的使用方法 |
| --- |
| 掌握文本域组件 TextArea 的使用方法 |
| 掌握单选按钮组件 RadioButton 的使用方法 |
| 掌握复选框组件 CheckBox 的使用方法 |
| 掌握按钮组件 Button 的使用方法 |

**模块分配**

| 任务一 | 利用 ComboBox 组件制作下拉列表 |
| --- | --- |
| 任务二 | 利用 TextArea 组件制作文本框 |
| 任务三 | 利用 RadioButton 组件制作单选按钮 |
| 任务四 | 利用 CheckBox 组件制作复选框 |
| 任务五 | 利用 Button 组件制作按钮 |

**作品成品预览**

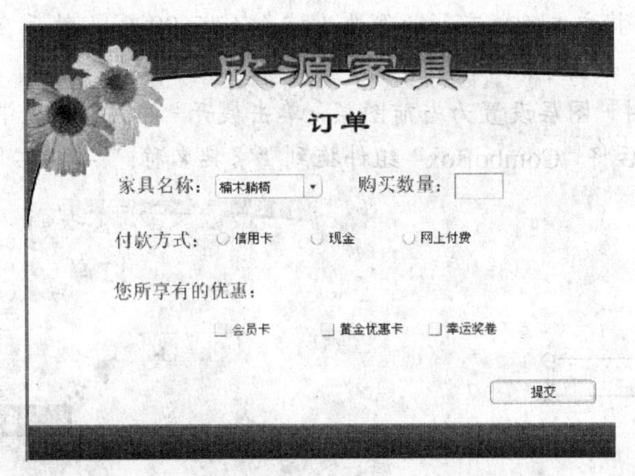


素材位置：光盘\素材与实例\项目十三\订单素材.fla

实例位置：光盘\素材与实例\项目十三\家具订单.fla

本例将通过制作一个网上家具订单，让大家了解 Flash 组件的应用。

# 任务一　利用 ComboBox 组件制作下拉列表

## 学习目标

| | |
|---|---|
|  | 认识“组件”面板 |
| | 掌握 ComboBox 组件的使用方法 |

组件其实就是带有代码的影片剪辑。利用组件，用户只需经过简单的参数设置，以及编写简单的动作脚本，便能完成往往只有专业编程人员才能实现的交互动画。下面我们利用 ComboBox 组件来制作下拉列表。

**步骤 1**　打开本书配套素材“素材与实例”>“项目十三”>“订单素材.fla”文件，在文档中有一个“背景”图层和一个“文字”图层，我们在“文字”图层上方新建一个图层，命名为“组件”，如图 13-1 所示。

**步骤 2**　选择“窗口”>“组件”菜单，打开“组件”面板，该面板包含了 Flash 内置的组件，包括 4 个大类，单击⊞按钮可展开查看每个大类下的组件，如图 13-2 所示。

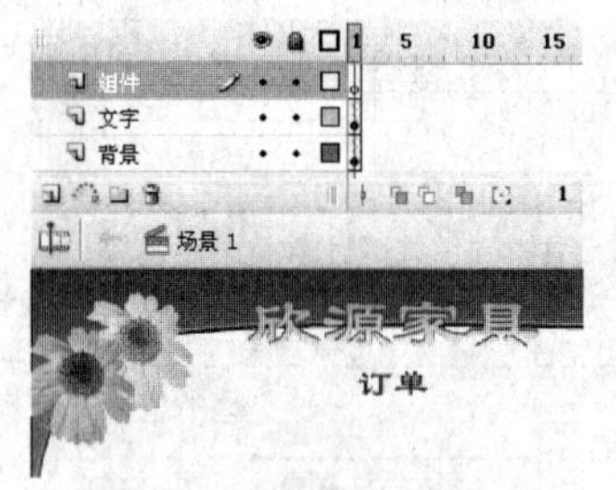


图 13-1　新建“组件”图层

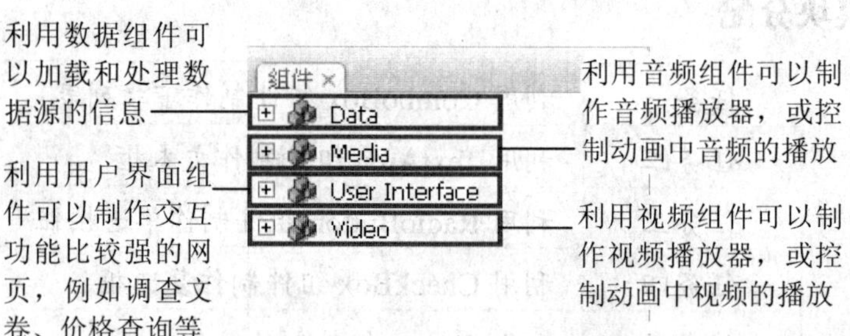


图 13-2　“组件”面板

**步骤 3**　将“文字”图层设置为当前图层，选择“文本工具” T，将字体设为宋体，将字体大小设为 18，将文本（填充）颜色设为棕色（#660000），然后在舞台适当位置输入“家具名称:”字样，如图 13-3 所示。

**步骤 4**　将“组件”图层设置为当前图层，单击展开“组件”面板中的“User Interface”（用户界面）类，然后将“ComboBox”组件拖到“家具名称:”字样右侧，如图 13-4 所示。

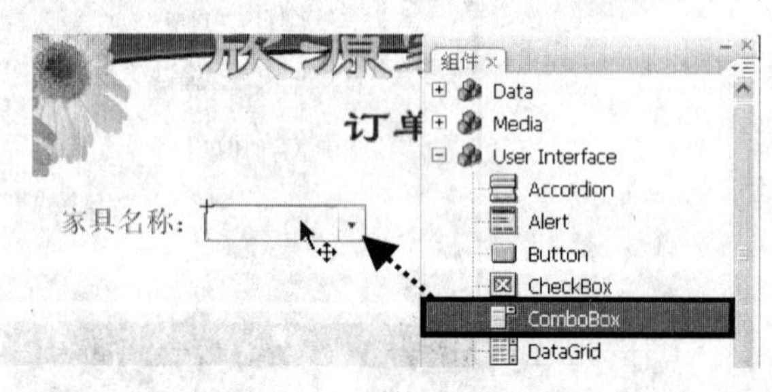


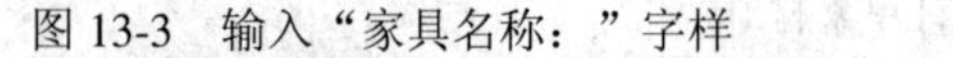
图 13-3　输入“家具名称：”字样　　图 13-4　拖入“ComboBox”组件

**步骤 5**　保持舞台上“ComboBox”组件的选中状态，打开“参数”面板，在“rowCount”项右侧的编辑框中输入“6”，如图 13-5 所示。

**步骤 6**　单击“labels”选项右侧的图标，在弹出的“值”对话框中单击 6 次按钮，然后依次单击各项右侧的“defaultValue”字样，输入“楠木躺椅”、“枣木办公桌”、“真皮沙发”、“豪华双人床”、“包铜衣柜”和“梳妆台”字样，如图 13-6 所示。

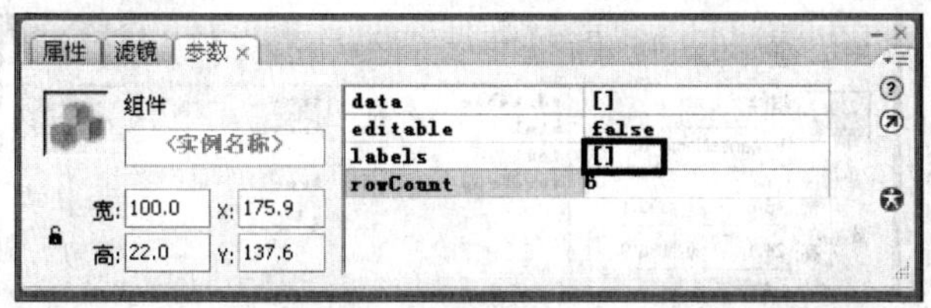

图 13-5　ComboBox 组件的“参数”面板

图 13-6　“值”对话框

ComboBox 组件“参数”面板各选项意义如下：

- **data**：可以在该选项中输入数据，用以对应 Labels 参数中的实际数据值。
- **editable**：用于决定访问者是否能在下拉列表框中输入文本，默认值是“false”，表示不可输入，若选择“true”，则可以输入。
- **labels**：用来输入下拉列表框的显示内容。选择该选项后单击右边的图标，将弹出“值”对话框，单击对话框左上角的按钮可以为下拉列表框添加一个选项，单击按钮可删除当前选中的选项，单击或按钮，可以改变选项的顺序。
- **rowCount**：用于设置在不使用滚动条的情况下，在列表框中同时显示的项目。

将组件添加到舞台中后，同时也会添加到“库”面板中，要再次使用该组件，只需从“库”面板中拖入舞台即可。

## 任务二　利用 TextArea 组件制作文本框

### 学习目标

掌握 TextArea 组件的使用方法

文本框可以让访问者在其中输入文字。利用 Flash 提供的文本域组件 TextArea，可以轻松在动画中制作出文本框。下面，我们就为文档添加文本框。

**步骤 1**　使用“文本工具”在“文字”图层上输入“购买数量:”字样，然后在“组

件”面板中展开“User Interface”（用户界面）类，将“TextArea”组件拖到“组件”图层“购买数量:”字样右侧，并使用“任意变形工具” 调整其大小，如图 13-7 所示。

**步骤 2** 选中舞台上的 TextArea 组件，然后可在“参数”面板中设置其参数，如图 13-8 所示，本例中保持默认参数不变。

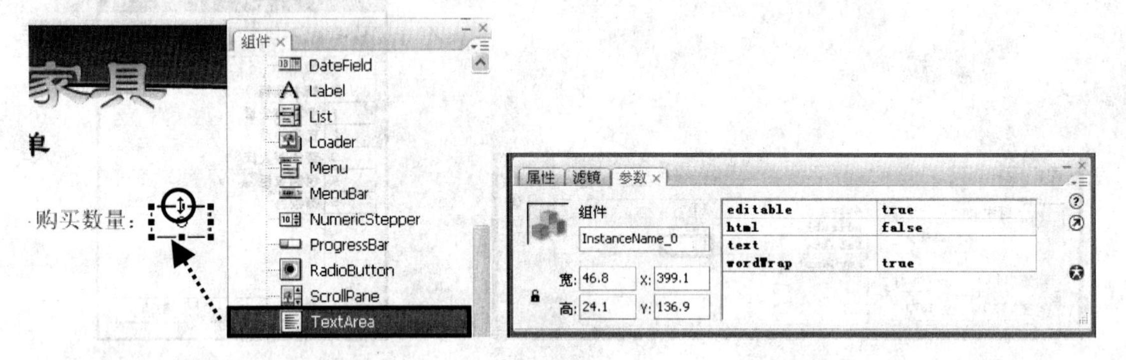


图 13-7 拖入“TextArea”组件并调整大小　　图 13-8 TextArea 组件的“参数”面板

TextArea 组件“参数”面板中各选项意义如下：

- **editable**：用来决定访问者是否可以在文本框中输入文字，默认值为 true，表示可编辑；如果设置为 false，表示不可编辑。
- **html**：是否将文本框中的文字设置为 HTML 格式，默认值为 false。
- **text**：用来输入文本框中默认存在的内容。
- **wordWrap**：指定文本框中的文本是否可以自动换行，默认值为 true。

# 任务三　利用 RadioButton 组件制作单选按钮

## 学习目标

| | 掌握 RadioButton 组件的使用方法 |
|---|---|

单选按钮可以让使用者在多项内容中选取其一。利用 RadioButton 组件可创建单选按钮。创建单选按钮时，必须同时至少创建两个单选按钮，以便让用户可以选择其一。下面，我们就利用 RadioButton 组件在文档中制作单选按钮。

**步骤 1** 使用“文本工具” 在“文字”图层输入“付款方式:”字样，然后在“组件”面板中展开“User Interface”（用户界面）类，将“RadioButton”组件拖到“组件”图层“付款方式:”字样右侧，如图 13-9 所示。

**步骤 2** 选中舞台上的 RadioButton 组件，然后在“参数”面板“label”选项右侧的编辑框中输入“信用卡”字样，如图 13-10 所示。

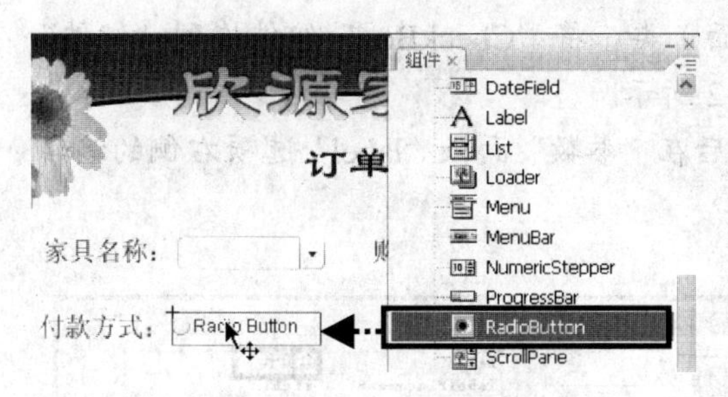


图 13-9　拖入 RadioButton 组件

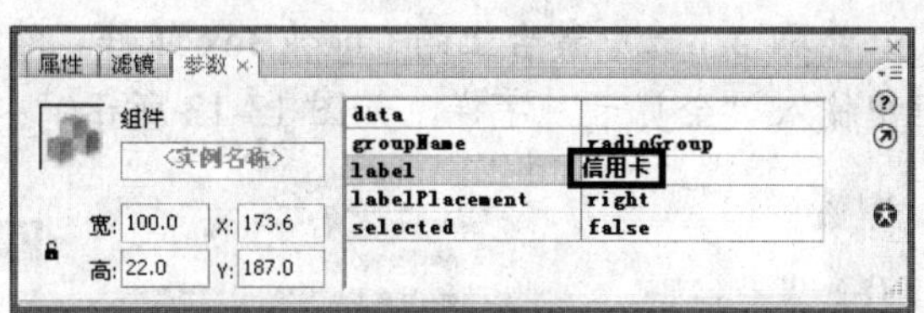


图 13-10　RadioButton 组件的“参数”面板

RadioButton 组件“参数”面板各选项意义如下：

- **data：**可输入在动画播放时，选择该单选按钮后产生的信息。
- **groupName：**设置单选按钮隶属的组别，同一组内的单选按钮只能有一个单选按钮可被选中。设置时为同一组的单选按钮输入相同的组名便可以了。
- **label：**用于设置单选按钮旁的标签文本。
- **labelPlacement：**用于确定单选按钮旁标签文本（label）的方向，包括四个选项："left"（从左到右）、"right"（从右到左）、"top"（标签在复选框上侧）、"bottom"（标签在复选框下侧）。
- **selected：**确认单选按钮的初始状态是否被选中，true 表示被选中，false 表示未被选中。

**步骤 3**　将舞台上的 RadioButton 组件复制 2 份，并利用“对齐”面板使其对齐，然后利用“参数”面板分别为其输入“现金”和“网上付费”标签文本，如图 13-11 所示。

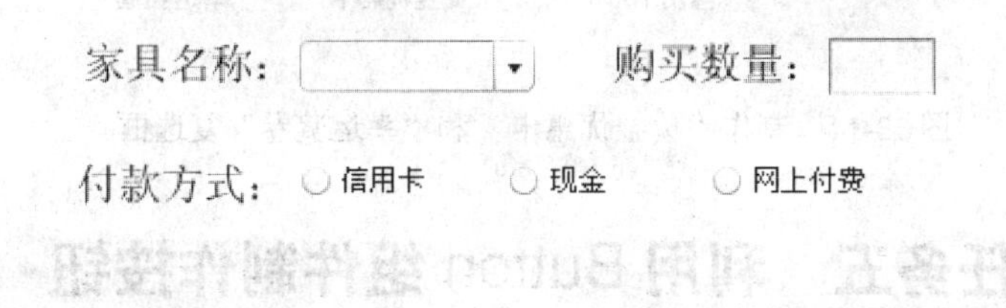


图 13-11　制作“现金”和“网上付费”单选钮

# 任务四　利用 CheckBox 组件制作复选框

## 学习目标

掌握 CheckBox 组件的使用方法

复选框可以让使用者同时选择多个项目。使用 Flash 的 CheckBox（复选框）组件，可以让我们轻松在动画中创建复选框。下面，就利用 CheckBox 组件在文档中制作复选框。

**步骤 1**　使用“文本工具” T 在“文字”图层输入“您所享受的优惠:”字样，然后在

“组件”面板中展开“User Interface”（用户界面）类，将“CheckBox”组件拖到“组件”图层“您所享受的优惠:”字样下方，如图 13-12 所示。

**步骤 2** 选中舞台上的 CheckBox 组件，然后在“参数”面板“label”选项右侧的编辑框中输入“会员卡”字样，如图 13-13 所示。

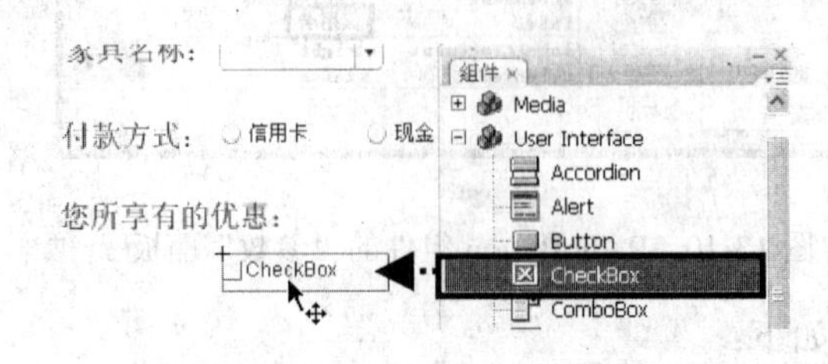

图 13-12 拖入 CheckBox 组件

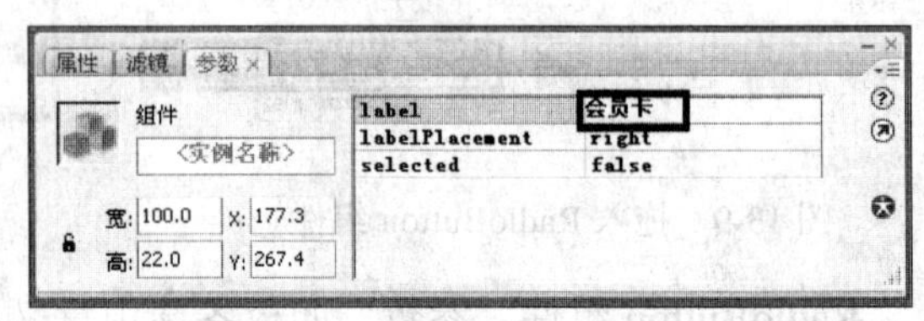

图 13-13 CheckBox 组件的“参数”面板

CheckBox 组件“参数”面板中各选项意义如下：

- **label：**默认值是“RadioButton”，用于设置复选框旁的标签文本。
- **labelPlacement：**用于确定复选框旁的标签文本（label）的方向。
- **selected：**用于确定复选框的初始状态是否被选中。

**步骤 3** 将舞台上的 CheckBox 组件复制 2 份，并利用“对齐”面板使其水平居中对齐和居中分布，然后利用“参数”面板分别为其输入“黄金优惠卡”和“幸运奖卷”标签文本，如图 13-14 所示。

您所享有的优惠：

☐ 会员卡　☐ 黄金优惠卡　☐ 幸运奖卷

图 13-14 制作“黄金优惠卡”和“幸运奖卷”复选框

# 任务五 利用 Button 组件制作按钮

## 学习目标

|  | 掌握 Button 组件的使用方法 |
|---|---|

使用按钮组件 Button 可以创建执行鼠标事件的按钮，具体操作如下。

**步骤 1** 在“组件”面板中展开“User Interface”（用户界面）类，将“Button”组件拖到“组件”图层舞台右下角，如图 13-15 所示。

**步骤 2** 选中舞台上的 Button 组件，然后在“参数”面板“label”选项右侧的编辑框中输入“提交”字样，如图 13-16 所示。

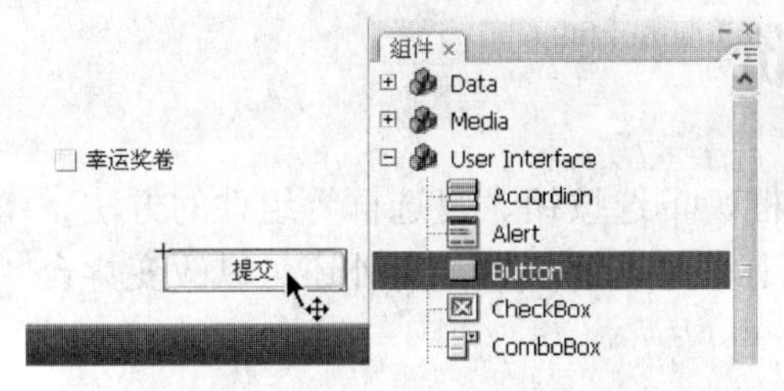


图 13-15　拖入 Button 组件

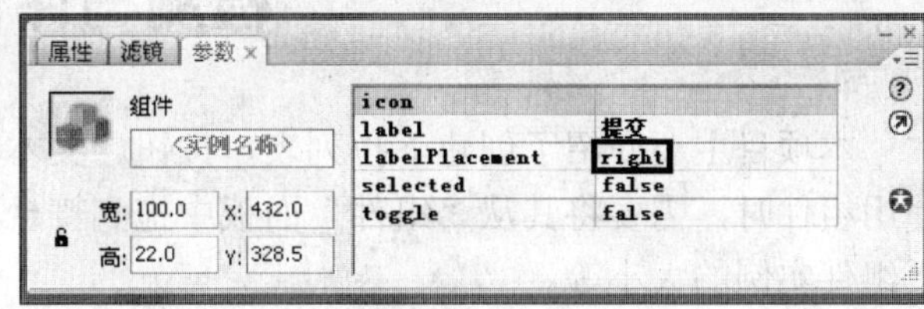


图 13-16　Button 组件的"参数"面板

Button 组件"参数"面板中各选项意义如下：

- **icon**：用于为按钮添加自定义图标。方法是先创建一个用来作图标的影片剪辑或图形元件，并在"库"面板右击元件，选择"链接"选项，在"链接标识"对话框中选择☑为 ActionScript 导出(X)复选框，然后在标识符(I):文本框中输入该元件的链接标识。最后在按钮的"参数"面板"icon"中输入该链接标识即可。
- **label**：用来设置按钮上显示的标签文本。
- **labelPlacement**：用来确定按钮上标签文本的方向。
- **toggle**：用来确定是否将按钮转变为切换开关，如果想让按钮单击后保持按下状态，再次单击才回到弹起状态，则选择"true"选项，否则选择"false"选项。
- **selected**：当"toggle"的值是"true"时，该选项用来指定按钮默认状态下是按下状态还是释放状态。"true"表示按下状态。

**步骤 3**　选中舞台上的 Button 组件，然后打开"动作"面板，在"动作"面板中为 Button 组件添加图 13-17 所示的动作脚本。

**步骤 4**　在"背景"图层第 2 帧处插入普通帧，在"文字"和"组件"图层第 2 帧处插入空白关键帧，再将"文字"图层第 1 帧上的"订单"字样原位复制到第 2 帧，然后选择"文本工具"，将字体改为宋体，将字体大小改为 30，将文本（填充）颜色改为红色（#FF0000），然后在"文字"图层舞台上适当位置输入"您的订单已提交，感谢您的惠顾。"字样，如图 13-18 所示。

**步骤 5**　在"组件"图层上方新建一个图层，命名为"命令"，在"命令"图层第 2 帧插入关键帧，并在该图层第 1 帧和第 2 帧添加"stop"命令。至此，本例就完成了。

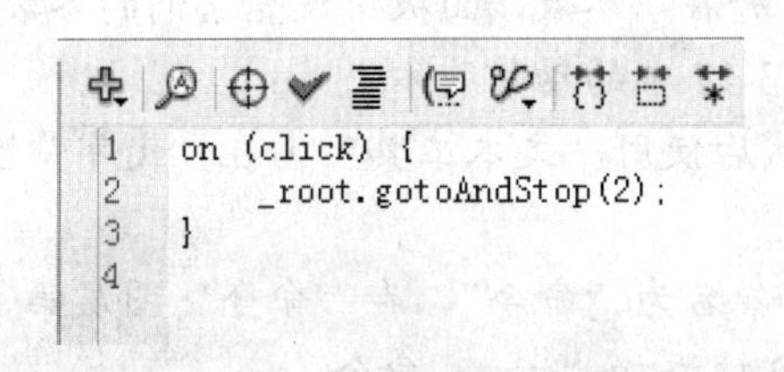


图 13-17　为 Button 组件添加动作脚本

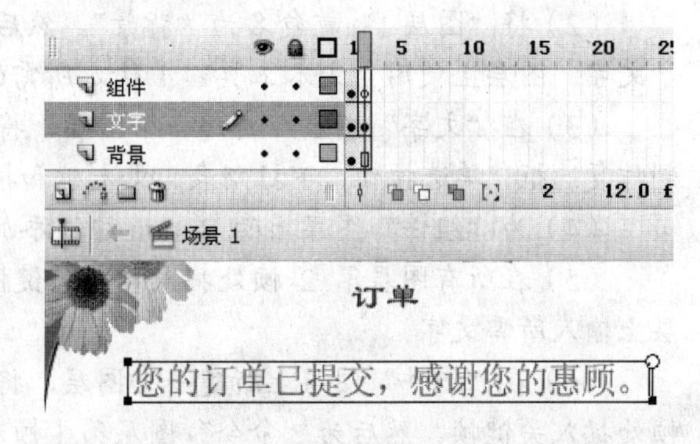


图 13-18　输入文本

# 检测与评价

本项目主要介绍了创建下拉列表、按钮、文本框、单选按钮、复选框等组件的方法。使用组件时，需要将其从“组件”面板中拖到舞台上，并设置参数，另外还可以改变舞台上组件实例的大小等。

# 成果检验

结合本项目所学内容，制作图 13-19 所示的读者调查表，本题最终效果请参考本书配套素材“素材与实例”>“项目十三”>“读者调查表.fla”。

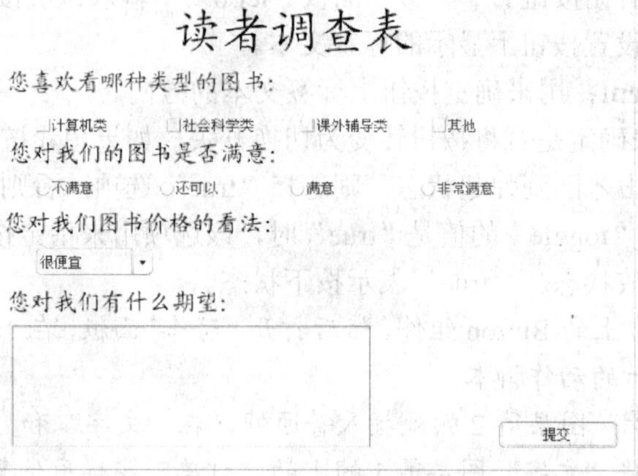

读者调查表

您喜欢看哪种类型的图书：

计算机类　社会科学类　课外辅导类　其他

您对我们的图书是否满意：

不满意　还可以　满意　非常满意

您对我们图书价格的看法：

很便宜

您对我们有什么期望：

提交

图 13-19　读者调查表

**提示**

（1）新建一个 Flash 文档，改变文档的背景颜色，然后在舞台上方绘制一个没有轮廓线，填充色为由“Alpha”值为 100%的白色到“Alpha”值为 30%的白色线性渐变的矩形。

（2）将“图层 1”重命名为“背景”，然后新建一个图层，将其重命名为“文字”。在“文字”图层上使用“文本工具” T 输入所需的文本。

（3）在“文字”图层上新建一个图层，将其重命名为“组件”，参考项目十三的内容制作复选框、单选按钮、下拉列表、文本框和按钮，并在“参数”面板中设置它们的参数。

（4）为“组件”图层上的 Button 组件添加图 13-17 中的动作脚本。

（5）在所有图层第 2 帧处插入空白关键帧，然后使用“文本工具” T 在“文字”图层上输入所需文字。

（6）在“组件”图层上新建一个图层，将其重命名为“命令”，在“命令”图层第 2 帧处插入关键帧，然后为“命令”图层第 1 帧和第 2 帧添加“stop”命令。

# 项目十四　将动画上传到网络

**课时分配：8 学时**

**学习目标**

| | |
|---|---|
| | 掌握测试 Flash 作品的方法 |
| | 了解优化 Flash 作品的方法 |
| | 掌握发布 Flash 作品的方法 |
| | 掌握导出 Flash 作品的方法 |
| | 掌握上传 Flash 作品的方法 |

**模块分配**

| | |
|---|---|
| 任务一 | 测试和优化动画 |
| 任务二 | 发布和导出动画 |
| 任务三 | 将动画上传到网络 |

**作品成品预览**

素材位置：素材与实例\项目十四\水墨动画.fla

实例位置

本例中将学习测试、优化、发布、导出和上传 Flash 动画的方法。

# 任务一　测试和优化动画

## 学习目标

<table>
<tr><td rowspan="2"></td><td>掌握测试 Flash 动画的方法</td></tr>
<tr><td>掌握优化 Flash 动画的方法</td></tr>
</table>

## 一、测试动画

测试动画的目的是为了检查 Flash 作品在本地电脑和 Internet 上的播放效果。为了让别人能更好地欣赏你的作品，做导出或发布动画前最好先测试一下。测试 Flash 动画时，我们应考虑以下几个方面：

- 在本地电脑上，Flash 动画的播放效果是否同预期一样。
- Flash 动画的体积是否已经是最小状态，是不是还可以更小。
- 能否在网络环境下正常地下载和观看 Flash 动画。

下面，我们就来学习测试的方法。

**步骤 1**　打开本书配套素材“素材与实例”>“项目十四”>“水墨动画.fla”文件，按下快捷键【Ctrl+Enter】可测试动画在本地的播放效果。

**步骤 2**　要测试动画在网络中的播放效果，可在动画播放窗口中选择“视图”>“下载设置”菜单，选择一个模拟下载速度，本例选择“56K（4.7KB/S）”，如图 14-1 所示。

**步骤 3**　选择“视图”>“模拟下载”菜单，可启动或关闭模拟下载功能。启动模拟下载功能后，动画播放情况便是根据刚才设置的传输速率，在网络上的实际播放情况，如图 14-2 所示。

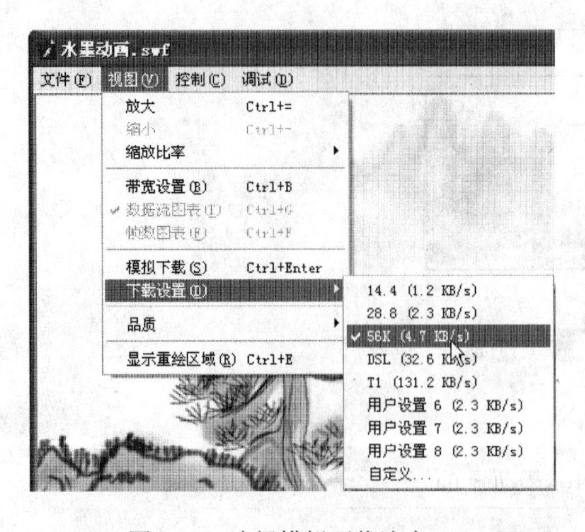


图 14-1　选择模拟下载速度

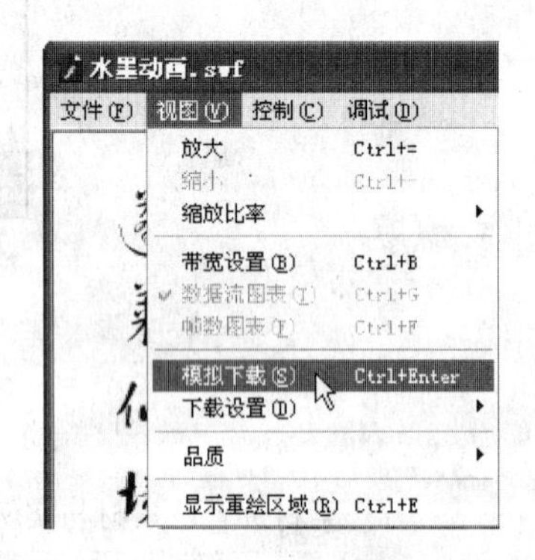


图 14-2　启动或关闭模拟下载功能

**步骤 4**　选择“视图”>“带宽设置”菜单，再选中“视图”>“数据流图标”菜单，将出现一个图表，我们可以通过图表右侧窗格查看各帧数据下载情况，此时选择任意一帧，

播放将停止，可从左边窗格中查看该帧详细信息，如图 14-3 所示。

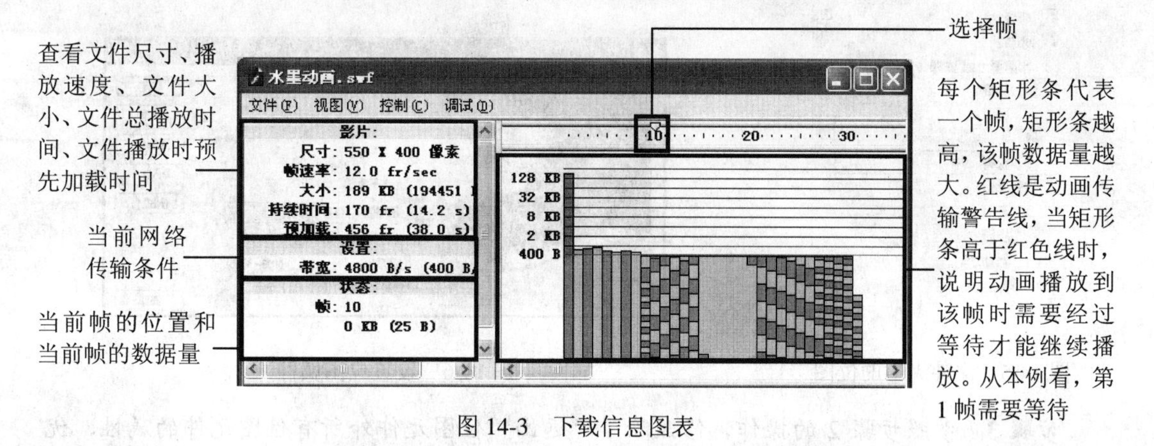


图 14-3　下载信息图表

**步骤 5**　选择“视图”>“帧数图表”菜单，可查看哪个帧需要比较多的时间传输，如图 14-4 所示。

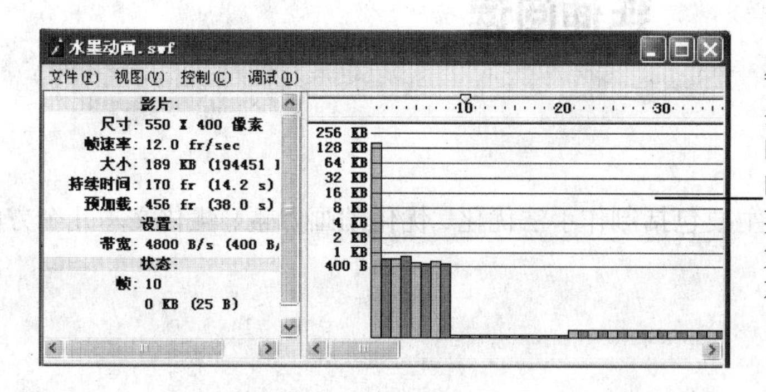


图 14-4　帧数图表

**步骤 6**　测试完毕后，可记下矩形条超过红线的帧，并返回动画文档，对相关帧做相应的修改，以方便在网络上播放，关闭动画播放界面即可返回动画文档。

## 二、优化动画

通过刚才的测试可以看到，Flash 文件体积越大，在网络上下载和播放速度会越慢，中途还会产生停顿现象。由于本项目中使用的位图较多，所以文件较大。下面，我们对动画进行优化。

**步骤 1**　打开“库”面板，我们发现由于动画中使用的是导入的.psd 格式的位图，所以所有位图都包含在“水墨画.psd 资源”文件夹中，如图 14-5 所示。

**步骤 2**　双击“水墨画.psd 资源”文件夹中的“松树”位图元件，在打开的“位图属性”对话框中取消勾选“使用文档默认品质”复选框，然后在“品质”编辑框中输入“50”，并单击“确定”按钮，如图 14-6 所示。

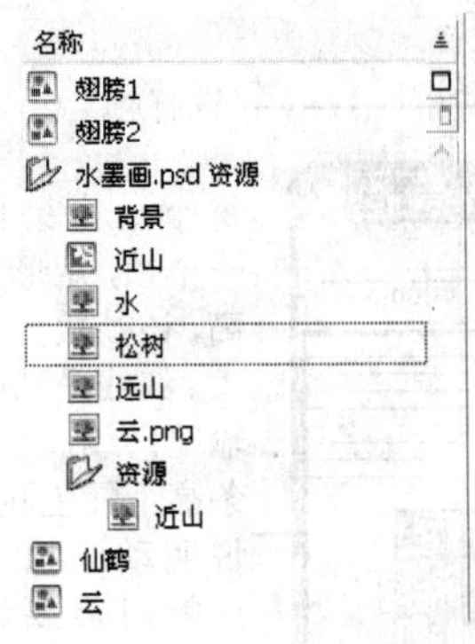

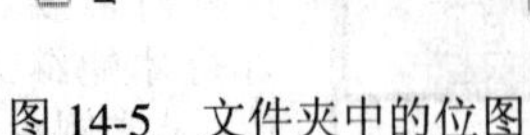


图 14-5　文件夹中的位图

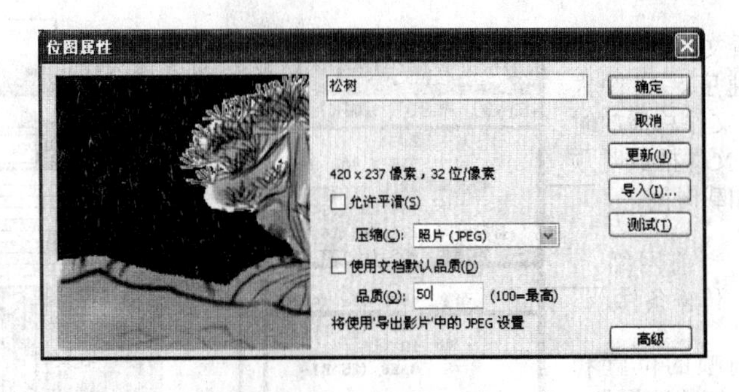


图 14-6　设置位图属性

**步骤 3**　参照步骤 2 的操作，修改除了“远山”位图元件外所有位图元件的属性，优化就完成了。

# 延伸阅读

## 一、优化动画的方法

优化动画的方法有很多，主要包括制作手法优化、优化动画元素、优化文本几个方面，下面将分别进行介绍。

### 1. 制作手法优化

在制作动画时，我们便应该养成优化动画的习惯，这主要包括以下几方面内容：

- **多使用元件：**在动画中，同一对象只要被使用两次以上，就最好将其转换为元件。重复使用元件并不会使文件增大。
- **尽量使用补间动画：**补间动画中的过渡帧是通过系统计算得到，数据量相对较小，逐帧动画需要用户一帧一帧地添加对象，相对补间动画来说，会增大文件体积。
- **优化帧：**避免在同一个关键帧上放置多个包含动画片断的对象，例如放置多个影片剪辑。这样会增加 Flash 处理文件的时间。
- **优化图层：**不要将包含动画片断的对象与其他静态对象安排在同一个图层里。应该将包含动画片断的对象安排在各自专属的图层内，以便加速 Flash 动画的处理过程。
- **少用位图制作动作：**矢量图可以任意缩放而不影响动画画质和大小，位图图像一般只作为静态元素或背景图，Flash 并不擅长处理位图图像的动作，应尽量避免使用位图制作动作。
- **文档尺寸越小越好：**文档尺寸越小，Flash 文件体积便越小。可以在制作动画时使用小文档尺寸，将动画发布成 HTML 格式时再将文档尺寸设置得大一点。

2. 优化动画元素

下面是优化动画元素需要注意的地方。

- **位图导入优化：**制作动画时，尽量少导入位图，如果必须导入，则导入前最好使用别的软件将位图尺寸修改得小一些，并使用JPEG格式。
- **声音导入优化：**使用声音时，最好导入MP3格式的声音，并优化输出声音。
- **多用结构简单的矢量图形：**矢量图形储存大小同其尺寸没有关系，而是同结构有关，结构越复杂，储存尺寸越大，同时还会影响Flash处理动画的速度。
- **少用虚线：**绘制图形时，尽量少用虚线，多用实线，此外，尽量减少线段节点数。绘制好图形后，可以使用“优化”或“平滑”命令优化图形，减少图形的节点。
- **少用渐变色：**渐变色会增加矢量图形的体积，绘制图形时尽量多使用纯色填充。

3. 优化文本

制作动画时，如果使用文本，需要注意以下几个方面：

- **不要应用太多字体和样式：**尽量不要使用太多不同的字体和样式，使用的字体越多，Flash文件就越大，尽可能使用Flash内定的字体。
- **尽量不要将字体打散：**字体打散后，会使文件增大。

这些优化都是以满足Flash动画的质量要求为前提的，应该在优化与动画的精美程度之间找到一个平衡点。

# 任务二　发布和导出动画

## 学习目标

| 掌握发布Flash作品的方法 |
| --- |
| 掌握导出Flash作品的方法 |

## 一、发布动画

利用Flash的发布功能，可以将Flash作品发布成swf动画影片、html网页以及各种图像形式。下面，我们就将“水墨动画.fla”文件发布为swf动画影片。

**步骤1**　选择“文件”>“发布设置”菜单，在打开的“发布设置”对话框中的“格式”选项卡中，可以选择动画发布格式，此处我们勾选“Flash（.swf）”复选框和“HTML”复选框，如图14-7所示。

**步骤2**　单击对话框顶部的“Flash”选项卡按钮，可切换到用于设置swf影片格式的“Flash”选项卡，此处我们保持默认不变，如图14-8所示。

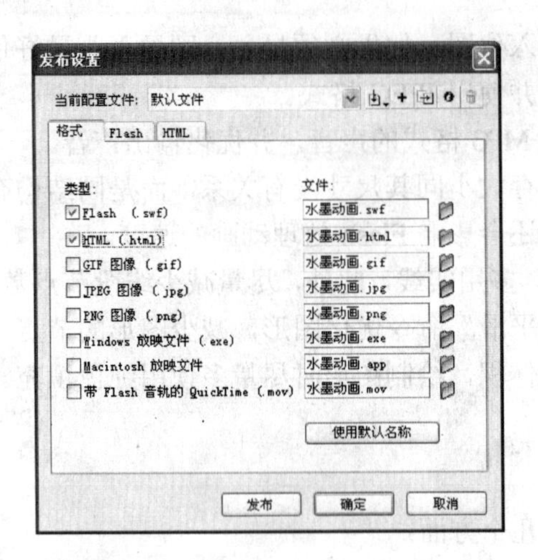

图 14-7 “格式”选项卡

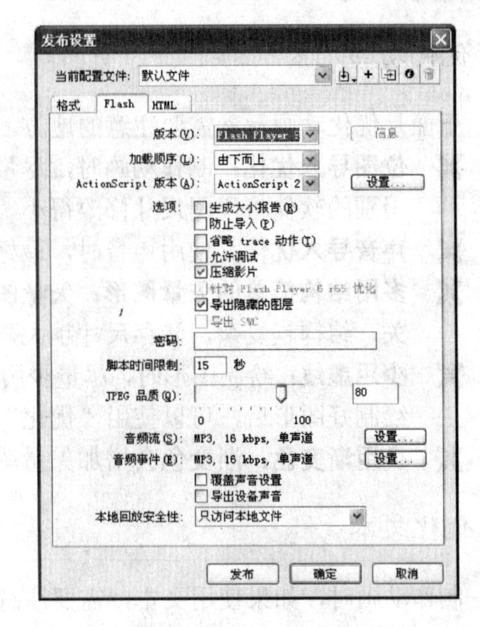


图 14-8 “Flash”选项卡

“Flash”选项卡中部分选项的含义如下：

- **版本：**可以选择以何种版本导出 swf 影片。高版本的影片不能被低版本的 Flash Player 播放器打开，例如将动画导出为 Flash Player 9，则使用 Flash Player 8.0 播放器播放时会出问题。
- **加载顺序：**设置在动画中加载图层的顺序，可选择“由下而上”或“由上而下”。
- **ActionScript 版本：**在此选项的下拉列表中，可选择文件中所使用的动作脚本的版本号。
- **选项：**选择该区中的防止导入(P)复选框，则导出的 swf 文件不能被导入到其他 Flash 文件中；选择压缩影片复选框可以让 Flash 播放器自己压缩影片，默认情况下被选中。
- **密码：**选择防止导入(P)复选框后，可以在此输入密码，这样在别的文档中导入该 swf 动画文件时，需要输入密码。
- **JPEG 品质：**用于调整动画中所有位图的输出品质，品质越高，图像越清晰，但 swf 影片体积也会增大。拖动滚动条可调整品质。
- **音频流：**单击该选项后的“设置”按钮，可以在打开的对话框中调整动画中所有“数据流”声音的压缩，调整方法请参考本书项目九的内容。
- **音频事件：**用来调整动画中所有“事件”声音的压缩。
- **覆盖声音设置：**若要让“音频流”、“音频事件”设置覆盖对个别声音的设置，选择此复选框。如果取消选择此复选框，则导出 swf 文件时，Flash 会扫描文档中的所有音频（包括导入视频中的声音），然后按照各个设置中最高的设置发布所有音频流。如果一个或多个音频具有较高的导出设置，会增大文件大小。

- ☐导出设备声音：设备声音是一种以设备的本机音频格式（如 MIDI 或 MFi）编码的声音。一般情况下，不要选择此项。

**步骤 3** 再单击“HTML”选项卡按钮，切换到“HTML”选项卡，保持默认参数不便，并单击“发布”按钮，如图 14-9 所示。

**步骤 4** 设置好发布格式后，单击“发布设置”对话框底部的“发布”按钮，即可完成动画的发布。动画发布后，发布的影片或网页等将保存在动画文档所在的文件夹中，如图 14-10 所示。双击这些文件即可播放发布的影片。

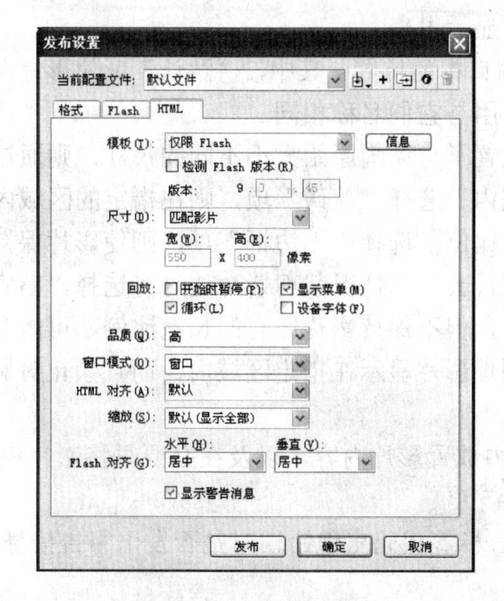


图 14-9 “HTML”选项卡

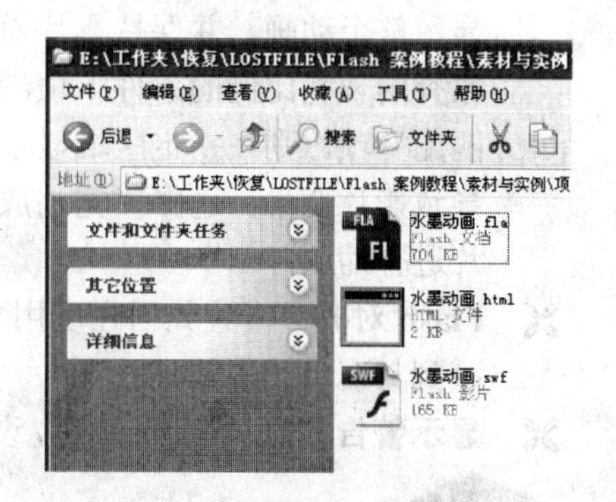


图 14-10 发布的影片和网页

“HTML”选项卡中各参数的含义如下：

- **模板：**用于选择网页使用的模板，单击后面的“信息”按钮，会显示选中的模板信息。
- **检测 Flash 版本：**选择该复选框，则网页中的动画影片会自动检测浏览者使用的 Flash Player 播放器版本，并以浏览者的播放器版播放影片。通常不用选择此项。
- **尺寸：**设置网页中影片的宽度和高度。选择“匹配影片”选项，则发布的动画尺寸同原文件相同。选择“像素”选项，可在下面的文本框中设置发布影片的高度和宽度。选择“百分比”选项，可以设置影片相对于浏览器窗口的百分比大小。
- **回放：**用来设置影片在网页中的播放情况。选择☐开始时暂停(P)复选框，则网页中的动画开始时处于暂停状态，只有当用户单击动画中的“播放”按钮，或右击动画，选择“播放”菜单项，动画才开始播放；选择☑显示菜单(M)复选框，则用户右击动画时，弹出的菜单命令才有效；选择☑循环(L)复选框，动画会反复循环播放；选择☐设备字体(F)复选框，在影片会用消除锯齿（边缘平滑）的系统字体替换用户系统上未安装的字体。
- **品质：**该选项可以让影片在播放品质和播放速度之间取得一个平衡点。由“低”到“最佳”，其中，如果选择“低”，则不考虑影片播放质量，不消除影片锯齿，只考虑播放速度；“最佳”提供最佳的显示品质而不考虑播放速度，所有的输出都已消除锯齿，而且始终对位图进行光滑处理。

- **窗口模式：**用于设置影片同网页中其他内容的关系。选择“窗口”选项，则影片的背景不透明，网页背景为网页默认的颜色，网页其他内容不能位于影片上方或下方；选择“不透明无窗口”选项，则影片的背景不透明，网页其他内容可以在影片下方移动，但不会穿过影片显示出来；选择“不透明无窗口” 选项，则影片的背景为透明，网页中的其他内容可以位于影片上方和下方，位于影片下方的网页其他内容可以穿过动画透明的地方显示出来。
- **HTML 对齐：**用来设置影片在浏览器窗口中的位置。其中，“默认”可使影片在浏览器中居中显示；其他几个选项的作用与它们名称相同。
- **缩放：**如果在前面的“尺寸”选项中设置了与动画原始大小不同的尺寸，则通过该选项可以将影片放在指定的网页区域内。选择“默认”项，则在指定的区域内显示整个动画，并保持影片原有的长宽比例；选择“无边框”项，则使影片保持原有的长宽比例的条件下填满指定区域，会根据情况裁剪影片边缘；选择“精确匹配”项，则在指定区域显示整个影片，但不保持影片原有的长宽比例，可能会导致影片变形；选择“无缩放”项，则使影片显示在指定区域内，而且禁止对影片进行缩放。
- **Flash 对齐：**设置如何在应用程序窗口内放置影片内容，以及在必要时将影片裁减到与窗口相同的尺寸。
- **显示警告信息：**设计网页时，设置 HTML 标签代码出现错误时是否发出警告信息。

将动画发布为网页主要有两个作用，一是可以测试动画在网页中的播放效果；二是在做网站的时候，可以直接使用这个网页。

## 二、导出静态图片

我们可以从动画中导出 swf、gif、avi 等格式的动画影片，也可导出各种格式的静态图像。由于上传的需要，我们要从“水墨动画.fla”文件中导出一幅.jpg 格式的位图。具体操作如下：

**步骤 1** 单击主时间轴的第 56 帧将播放头转到第 56 帧，然后选择“文件”>“导出”>“导出图像”菜单，在打开的“导出图像”对话框中选择保存路径，在“文件名”编辑框中输入“水墨动画”字样，在“保存类型”下拉列表中选择“JPEG（*.jpg）”选项，然后单击“保存”按钮，如图 14-11 所示。

**步骤 2** 在打开的“导出位图”对话框的“包含”下拉列表中选择“完整文档大小”选项，然后单击“确定”按钮，完成位图的导出。如图 14-12 所示。要导出某元件内部的图像，可双击进入该元件的编辑状态，再执行上述操作。

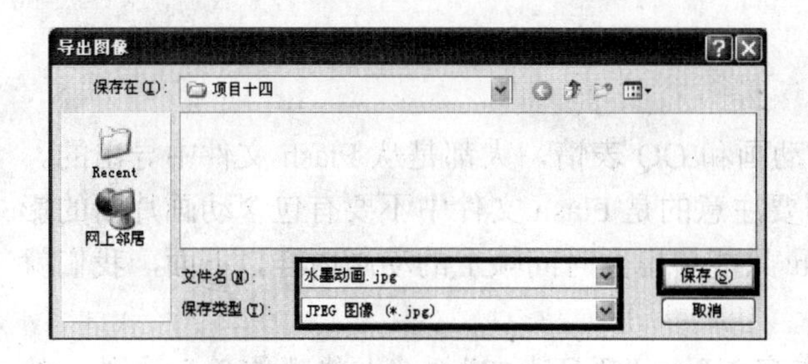
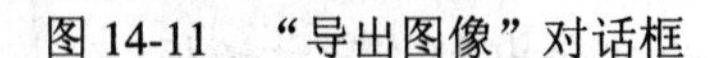

图 14-11　“导出图像”对话框

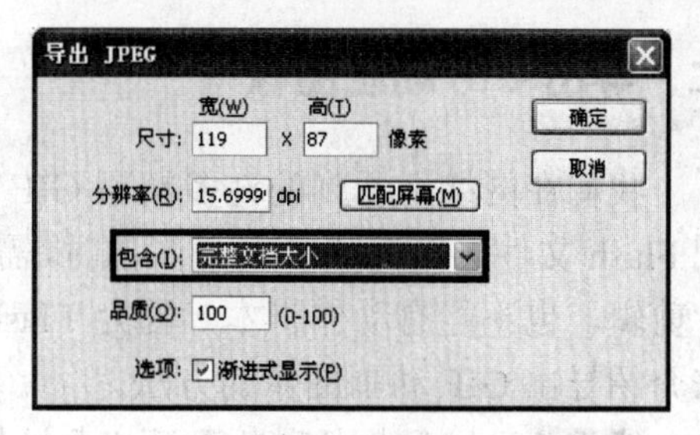

图 14-12　“导出位图”对话框

# 延伸阅读

## 一、导出 swf 动画影片

swf 格式是 Flash 默认的播放格式，也是用于在网络上传输、播放，或制作网页时嵌入动画的格式。下面，我们就来介绍导出 swf 格式动画影片的方法。

**步骤 1**　打开 Flash 文档后，选择“文件”>“导出”>“导出影片”菜单，在打开的“导出影片”对话框中设置保存路径，在“保存类型”下拉列表框中选择“Flash 影片(*.swf)”选项并在“文件名”文本框中输入名称，然后单击单击“保存”按钮，如图 14-13 所示。

**步骤 2**　在打开的“导出 Flash Player”对话框中设置相关参数后，单击“确定”按钮，即可将动画导出为 swf 格式的动画影片，如图 14-14 所示。“导出 Flash Player”对话框中的参数与“发布设置”对话框中“Flash”选项卡中的参数一样，在此不再赘述。

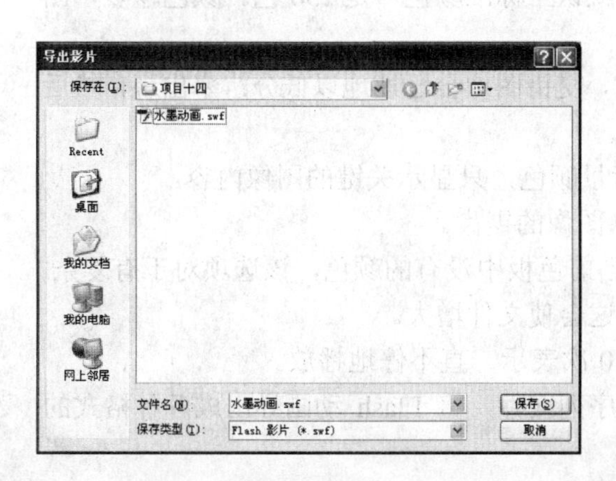

图 14-13　“导出影片”对话框

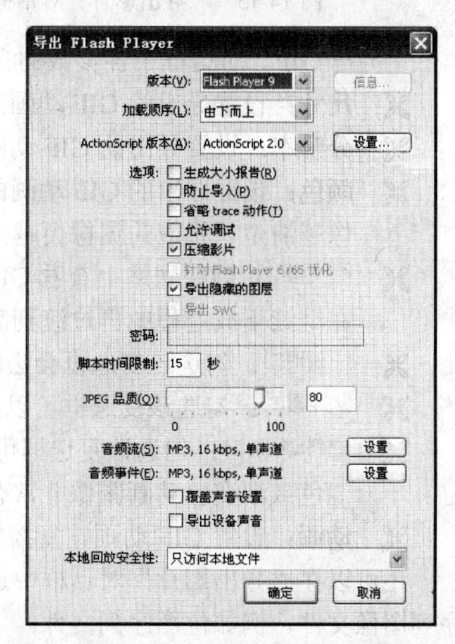

图 14-14　“导出 Flash Player”对话框

## 二、导出 GIF 动画图像

我们在网络上看到的许多精彩 GIF 动画和 QQ 表情，大都是从 Flash 文件中导出的。把 Flash 文件导出为 GIF 动画图像时，需要注意的是 Flash 文件中不要有包含动画片断的影片剪辑，也不能有动作脚本，因为 Flash 只能导出主时间帧上的动画内容。下面，我们就来介绍导出 GIF 动画图像的方法。

**步骤 1** 打开本书配套素材“素材与实例”＞“项目十四”＞“小熊跳舞.fla”文件，然后选择“文件”＞“导出”＞“导出影片”菜单，打开“导出影片”对话框。

**步骤 2** 在“导出影片”对话框“保存类型”下拉列表框中选择“GIF 动画”类型，然后选择文件保存路径，输入文件名称，完成后单击“保存”按钮，如图 14-15 所示。

**步骤 3** 在打开的“导出 GIF”对话框中设置相关参数，这里我们保持参数默认不变，单击“确定”按钮，完成 GIF 动画图形的导出。如图 14-16 所示。

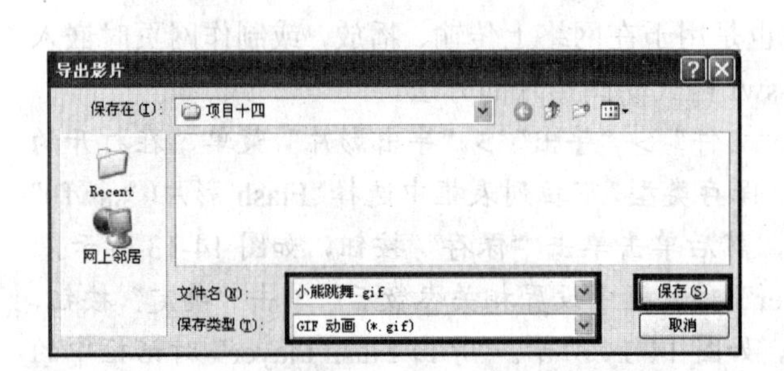


图 14-15 “导出影片”对话框

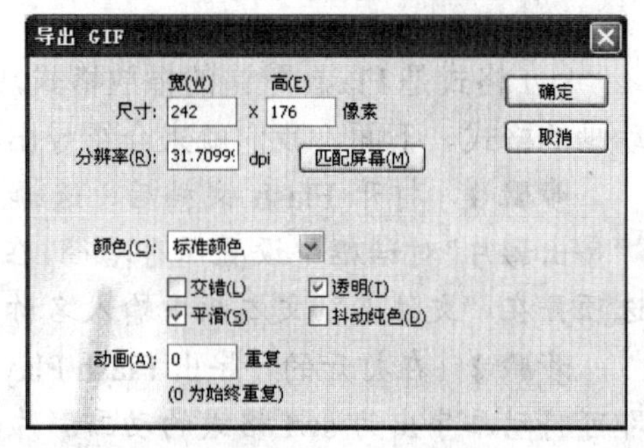


图 14-16 “导出 GIF”对话框

“导出 GIF”对话框中各参数的含义如下：

- **尺寸：**设置导出的 GIF 动画高和宽。
- **分辨率：**设置导出的 GIF 动画分辨率。
- **颜色：**设置导出的 GIF 动画的颜色，默认“标准颜色”是 256 色。颜色越多，图像越清楚，相应的图像会越大。
- 交错(L)：当在网络上查看 GIF 图像时，交错图像会迅速地以低分辨率出现，然后在继续下载过程中再过渡到高分辨率。
- 透明(T)：勾选该复选框会去除文档背景颜色，只显示关键的图像内容。
- 平滑(S)：勾选该复选框可以消除 GIF 图像的锯齿。
- 抖动纯色(D)：勾选该复选框可以补偿当前色板中没有的颜色，该选项对于有复杂混色或渐变色动画图像非常有用。但这会使文件增大。
- **动画：**设置 GIF 动画重复播放次数，0 次表示一直不停地播放。

还可以在“导出影片”对话框中选择各种序列文件，将 Flash 动画导出成各种格式的序列图像文件，例如位图序列文件。

# 任务三　将动画上传到网络

## 学习目标

|  | 掌握上传 Flash 作品的方法 |
|---|---|

## 一、注册用户

大多数提供动画上传的网站都要求上传者为该网站用户，所以我们要先在网站注册一个用户名。下面我们以在 TOM 网站的 Flash 频道注册为例进行介绍。

**步骤 1**　打开 TOM 网站的 Flash 频道，网址为“http://flash.tom.com”，在打开的网页中单击“注册”按钮，如图 14-17 所示。

**步骤 2**　在打开的“用户注册”页面中，按照网页上的提示填写相关内容，然后在“验证码”编辑框中输入右侧显示的验证码，这里需要注意区分大小写，填写完毕后单击“下一步”按钮，如图 14-18 所示。

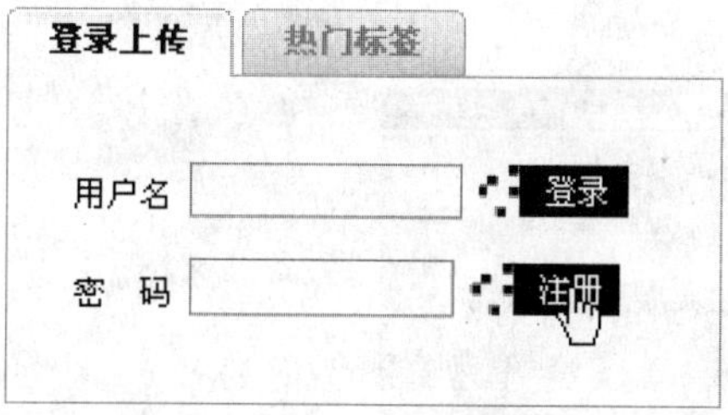

图 14-17　单击“注册”按钮

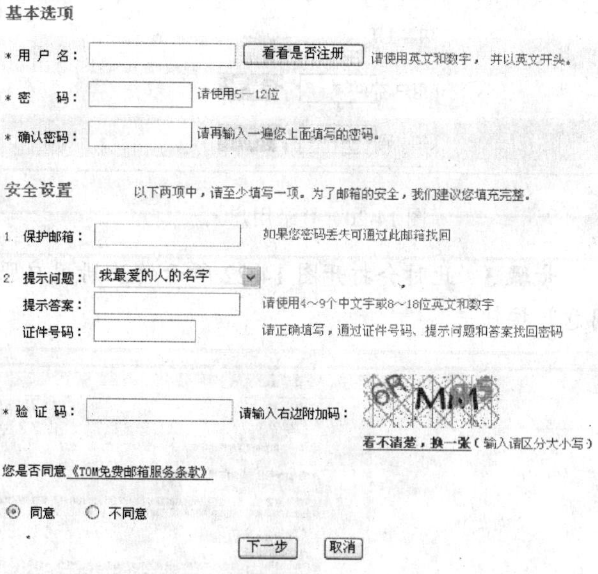

图 14-18　填写相关内容

**步骤 3**　在打开的“激活帐号”页面中根据提示填写更加详细的资料，然后单击“下一步”按钮，如图 14-19 所示。至此，注册就完成了。

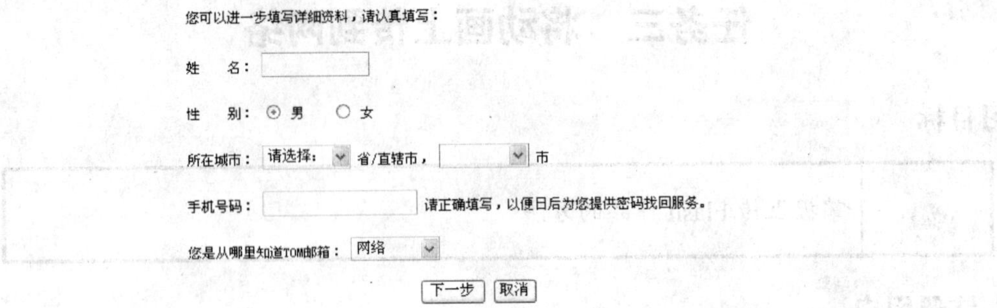

您可以进一步填写详细资料，请认真填写：

姓　名：

性　别：⊙ 男　○ 女

所在城市：请选择： 省/直辖市， 市

手机号码：　请正确填写，以便日后为您提供密码找回服务。

您是从哪里知道TOM邮箱：网络

下一步　取消

图 14-19　“激活帐号”页面

## 二、上传动画

要将 Flash 动画上传到网络，首先需要将它导出或发布为.swf 格式的影片。下面以将“水墨动画.swf”动画文件上传到 TOM 网站的 Flash 频道为例，说明上传动画的方法。

**步骤 1**　打开 TOM 网站的 Flash 频道，网址为“http://flash.tom.com”，在打开的网页中输入刚才注册的用户名和密码，然后单击“登录”按钮，如图 14-20 所示。

**步骤 2**　此时登陆画面会变为图 14-21 所示的样子，单击“上传作品”按钮。

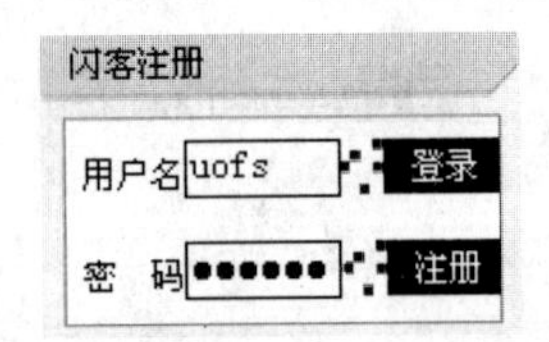


图 14-20　登录用户

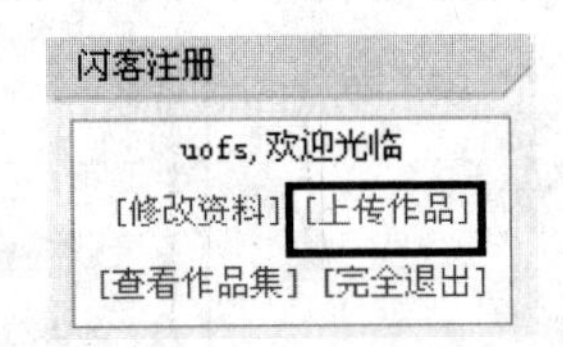


图 14-21　单击“上传作品”按钮

**步骤 3**　此时会打开图 14-22 所示的注册用户服务协议的页面，仔细阅读后，单击“我同意”按钮。

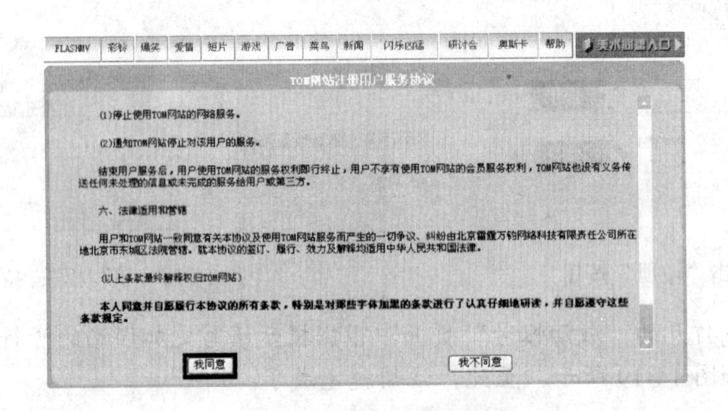


图 14-22　用户服务协议

**步骤 4**　打开如图 14-23 所示的“上传作品”页面，在该页面中进行设置后，单击“确定上传”按钮。

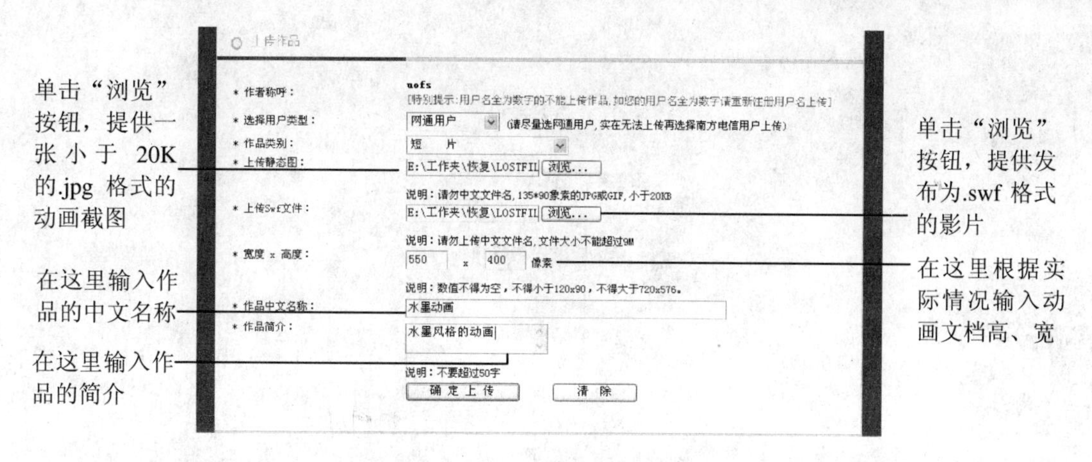


图 14-23　“上传作品”页面

**步骤 5**　弹出图 14-24 所示的对话框提示上传成功，单击“确定”按钮即可完成上传。

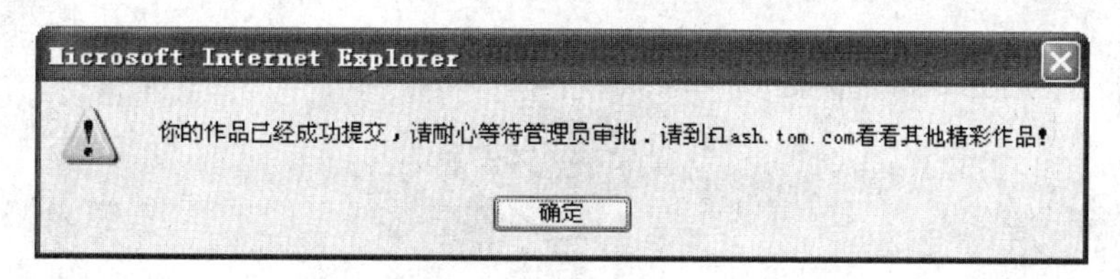


图 14-24　弹出提示框

## 检测与评价

本章介绍了测试、优化、导出、发布和上传 Flash 动画的方法。用户在学完本章内容后，应重点注意有以下几点：

- 测试动画时，除了考虑动画在本地的播放效果外，还应考虑在网络环境下是否能正常下载及播放。
- 在制作 Flash 动画时，要尽量少用位图。
- 优化动画必须以满足 Flash 动画的质量要求为前提，应该在优化与动画的精美程度之间找一个平衡点。
- 要导出元件内部的图像，可先进入元件的编辑状态，再执行导出操作。

## 成果检验

运用本章所学知识，对自己制作的 Flash 动画进行测试和优化，然后导出.swf 格式的影片和上传所需的静态图片，并参考模块三的内容将其上传到网站中。